KB234567

Inside
통계분석 &
SPSS

Inside 통계분석 & SPSS

이현섭 · 강현민 지음

머리말

　학문을 하다 보면 전공하는 영역은 물론 인접 분야에 대해서도 심도 있게 공부해야 할 필요성을 느끼게 된다. 특히 학제 간 연구가 강조되고 있는 시점에서, 다양한 학문 분야를 두루 섭렵하여 학자로서의 통찰력을 배양한다는 것은 상당히 어려운 일이다. 하지만 이러한 노력과 병행하여 최선의 연구 성과나 결과 최적화를 위해 공통적으로 요구되고 빈번하게 사용되는 것이 바로 통계학일 것이다.

　논리적 구조 속에서 정량적인 분석을 통해 규명하고자 하는 연구 문제에 대한 보다 심도 있는 해답을 도출하고, 자신의 연구 결과에 객관성을 부여하는 강력한 도구로서 통계학은 그 중요성에도 불구하고 다수 학생이나 연구자들이 개별 기법들의 실질적인 적용이라는 측면에서 상당한 어려움을 호소하고 있음도 사실이다. 이는 통계학이 지니고 있는 다양한 이론의 복잡성에도 기인하지만, 수리적 사고에 어려움을 느끼는 연구자들의 막연한 두려움이나 컴퓨터화된 프로그램 사용에 따른 생소함도 커다란 작용을 하고 있는 것으로 판단된다.

　과거 본 저자는 통계학의 이론을 초보자들도 쉽게 접할 수 있도록 하기 위한 목적으로 체육통계학 기초라는 서적을 출간한 적이 있다. 6년이라는 시간의 흐름 속에 색이 바랜 책장을 넘기면서, 젊음의 열정 하나로 집필에 몰두했던 졸저가 지나치게 통계학의 이론과 관련한 내용 전달에 집중하여 자칫 독자들의 어려움을 가중시키지는 않았나 하는 아쉬움이 남는다. 이에 본서는 체육학 연구를 위한 최종 결과 도출에 있어서 통계적 기법 적용을 보다 용이하게 수행하도록 도움을 주는데 목적을 두었다. 따라서 구성된 내용들은 기초 이론에 대한 소개보다는, 현재 체육학에서 빈번하게 확인되고 있는 연구 설계나 상황에 맞는 실용적인 분석 방법을 설명함을 물론, 분석된 결과들을 어떻게 연구보고서나 논문에 구체화할 것인가에 대해서도 함께 소개하고자 노력하였다.

통계학을 이용하여 자신의 연구 성과를 집대성하고자 하는 체육학자들이 갖는 공통적인 물음은, 첫째 어떤 통계 기법이 본인의 연구에 가장 적합한 것인가, 둘째 최적 결과 도출을 위한 방법론적 적용상의 절차는 무엇인가, 셋째 통계 프로그램을 통해 제시된 결과는 어떻게 해석하여야 하는가, 그리고 마지막으로 이들 결과를 어떻게 본문 상에 기술하고 보고해야 하는가이다. 본 저서는 상기한 네 가지 상황에 대한 근본적이고 상세한 이해를 도모하기 위해, 보편적이고 빈번하게 사용되는 분석 기법들을 대상으로 하여 작성되었다. 모쪼록 통계학에 대한 학문적 통찰과 독자적인 활용 능력을 배양하는 것을 희망하는 독자들에게 미력하나마 도움이 되기를 기대한다.

끝으로 본 책을 출판할 수 있도록 도와주신 한국학술정보(주) 채종준 사장님과 이주은 씨에게 깊은 감사의 말을 드리며, 항상 곁에서 삶의 의미가 되어주는 가족에게도 고마움과 사랑을 전합니다.

차 례

Chater Ⅰ: 기본 내용(Basic Contents) / 1

1. 자료의 종류: 척도(Scale)   1

2. 자료 코딩: Coding   5

   1) 엑셀(Excel)을 이용하여 코딩하기   6

   2) 코딩 내용 점검하기   9

Chater Ⅱ: SPSS 기능 다루기 / 13

1. 자료의 입력, 저장, 불러오기   13

   1) 엑셀(Excel) 파일 불러오기: 텍스트 파일로 변환   17

2. 데이터 다루기: 특정 데이터(케이스)만을 분석 대상으로 하기   25

3. 변수 생성하기: 기존 변수를 이용한 새로운 변수 생성하기   30

Chater Ⅲ: 상관분석(Correlation Analysis) / 37

1. 상관분석의 개념   37

   1) 상관계수의 의미   39

   2) 상관계수의 특징   41

2. 상관분석 시 고려 사항   43

3. 상관분석 방법   44

   1) 상관분석의 절차 및 내용   45

   2) 상관분석의 실행 방법   46

   3) 상관분석 결과의 해석   53

4. 상관분석 결과의 보고 방법   55

5. 편상관(Partial Correlation) 분석   57

6. 설문자료에 대한 상관분석   62

Chater Ⅳ : t-검정(Student's t-test) / 73

1. t-검정의 개념 73

2. 독립 t-검정 방법 76

 1) 독립 t-검정의 절차 및 내용 76

 2) 독립 t-검정의 실행 방법 77

 3) 독립 t-검정 분석결과의 해석 83

3. 독립 t-검정 분석결과의 보고 방법 86

4. 대응 t-검정(paired t-test) 방법 87

 1) 대응 t-검정의 절차 및 내용 88

 2) 대응 t-검정의 실행 방법 88

 3) 대응 t-검정 분석결과의 해석 91

5. 대응 t-검정(paired t-test) 분석결과의 보고 방법 92

6. 단일집단 t-검정 방법 93

Chater Ⅴ : 분산분석(ANOVA)(Analysis of Variance) / 97

1. 분산분석의 개념 97

 1) 분산분석의 가설 및 가정 99

2. 분산분석의 전개 과정 101

 1) 일원분산분석(one-way ANOVA) 전개 과정 101

 2) 이원분산분석(two-way ANOVA) 전개 과정 104

 3) 주 효과(Main effect) & 상호작용 효과(Interaction effect) 107

 4) 사후검정(Post-hoc test) 또는 다중비교(Multiple comparison) 109

3. 일원분산분석(One-way ANOVA) 방법 117

 1) 일원분산분석의 절차 및 내용 117

 2) 일원분산분석의 실행 방법 119

 3) 일원분산분석의 결과 해석 122

 4) 일원분산분석 결과의 보고 방법 127

4. 이원분산분석(Two-way ANOVA) 방법 129

 1) 데이터의 반복이 없는 이원분산분석 방법 129

 2) 데이터의 반복이 있는 이원분산분석 방법 139

5. 반복측정 분산분석(Repeated ANOVA) 방법 159

1) 일원 반복측정 분산분석 방법 ... 160

2) 이원 반복측정 분산분석 방법 ... 185

3) 집단 간 구별이 있는 이원반복측정 분산분석 방법(집단 간 & 집단 내 포함) ... 199

Chater Ⅵ : 회귀분석(Regression Analysis) / 215

1. 회귀분석의 개념 ... 215

1) 회귀 모형 ... 216

2) 표본회귀식의 결정 기준 ... 220

3) 표본회귀식의 산출 ... 222

4) 상관계수 과 회귀계수 와의 관계 ... 224

2. 단순회귀분석(Simple regression analysis) ... 225

1) 표본회귀식에 대한 적합도 검정 ... 226

3. 단순회귀분석 방법 ... 240

1) 단순회귀분석의 절차 및 내용 ... 240

2) 단순회귀분석의 실행 방법 ... 242

3) 단순회귀분석의 결과 해석 ... 246

4) 단순회귀분석 결과의 보고 방법 ... 257

4. 다중회귀분석(Multiple regression analysis) ... 259

1) 다중회귀 모형 ... 260

2) 표본의 다중회귀식 ... 261

3) 다중회귀식의 적합도 추정 ... 263

4) 다중회귀식의 선형 유의성 검정 ... 265

5. 다중회귀분석 방법 ... 268

1) 다중회귀분석의 절차 및 내용 ... 268

2) 다중회귀분석의 실행 방법 ... 269

3) 다중회귀분석의 결과 해석 ... 277

4) 다중회귀분석 결과의 보고 방법 ... 290

6. 질적 자료에 대한 회귀분석 방법 - 더미변수 사용 ... 291

1) 더미변수를 이용한 다중회귀분석의 절차 및 내용 ... 292

2) 더미변수를 이용한 다중회귀분석의 실행 방법 ... 294

3) 더미변수를 이용한 다중회귀분석의 결과 해석 ... 297

7. 질적 자료에 대한 회귀분석 방법 - 요인점수 사용 ... 300

1) 요인점수를 이용한 다중회귀분석의 절차 및 내용　302

2) 요인점수 산출을 위한 탐색적 요인분석 실행 방법　303

3) 요인점수 산출을 위한 탐색적 요인분석 결과 해석과 회귀분석　308

4) 요인점수를 이용한 회귀분석 결과 해석 방법　316

Chater Ⅶ : 교차 분석(Cross tabulation) / 319

1. 교차분석의 개념　319

2. 설문지 데이터 코딩　320

1) 복수응답 문항의 코딩(문항종류 2) 및 분석　321

2) 복수응답 문항의 코딩(문항종류 3) 및 분석　325

3) 순위응답 형태의 복수응답 문항의 코딩(문항종류 4) 및 분석　332

4) 순위응답 형태의 복수응답 문항의 코딩(문항종류 5) 및 분석　334

3. 교차분석　335

1) 교차분석의 데이터 코딩 시 값 항목 설정 방법　336

2) 교차분석: 데이터 분포(도수) 확인하기　339

3) 교차분석: 데이터 분포 비율 확인하기　342

4) 교차분석　344

Chapter Ⅰ

기본 내용
(Basic Contents)

1. 자료의 종류: 척도(Scale)

본 장에서는 자료의 특성에 대해서 살펴본다. 먼저 자료는 일반적으로 데이터 (data)라고도 한다. 즉, 연구 대상자로부터 구해진 측정치들로서 분석의 직접적인 대상이 되는 것을 말한다. 자료의 종류 및 특성을 이해하는 것은 매우 중요하다. 차후 통계적 가설검정 시 분석 방법을 선택하는 데 있어 중요한 기준이 된다. 어떠한 자료를 사용하고 있느냐에 따라 분석 기법이 달라지기 때문이다. 따라서 자료의 종류 및 특성을 정확히 이해하고 있어야 정확한 통계적 분석이 가능하다.

자료를 설명하기 전에 자주 사용되는 변수(variable)라는 것에 대해서 먼저 살펴보자.

변수는 상수(constant value)의 반대되는 개념으로, 상수라 하면 그 자체로서 변하지 않는 수를 의미한다. 즉, 3이나 7같이 항상 일정한 값을 가지고 있는 것을 의미한다. 반면, 변수는 사용자의 의도에 따라 내재된 값이 변하는 것을 의미한다. 변수는 일반적으로 문자를 이용하여 나타내는데 아래에 나타낸 바와 같이 특정한 문자에 숫자를 부여하는 방식을 취한다. 예를 들면, 키를 나타내는 문자 height라는 변수에 사용자가 170을 입력하면 height는 170을 나타내게 되지만, 150을 대입한다면 height는 150을 나타내게 된다. 즉, 상황에 따라 그 의미하는 값이 변하는 것을 변수라 한다. 통계학에서는 변수 대신에 변인이라는 용어를 같은 의미로 사용하기도 하지만 엄격하게는 다른 의미를 지니고 있다.

$$\text{상수(constant):} \ 10, \ 20.5$$

$$\text{변수(variable):} \ height, \ weight, \ a, \ b$$

변수를 사용하는 방법은 다음과 같다.

$$height = 176$$

위의 형태는 height라는 변수에 176을 대입한다는 것이다. 따라서 height는 176이 된다. 즉, height는 대입하는 값이 무엇이냐에 따라 항상 변하게 되는 것이다. 변수에 대한 확실한 개념을 잡기 위해서 아래의 예제를 통해 알아보자.

예제) 연구자는 고등학생들의 등급(grade)에 따라 100m 달리기 기록(record)을 측정하여 기록하고자 한다.

위의 예제에서 연구자는 고등학생들의 등급(grade)과 100m 달리기의 기록 (record)을 측정하게 된다. 그리고 연구자는 <표 1-1>과 같은 형태의 자료를 얻었다고 하자.

표 1-1 100m 달리기 기록

연구대상자	1	2	3	4	5	6
grade	1	1	2	2	3	3
record	14.3	13.8	13.3	13.1	13.3	12.9

위의 <표 1-1>에서 연구대상자 번호나 등급(grade), 기록(record)들의 각각의 값들은 상수 즉, 자료가 되며, 그 값들을 나타내는 연구대상자, grade, record 가 변수가 되는 것이다.

임의의 자료들, 즉 측정하고자 하는 대상의 값을 측정하는 데 사용되는 척도는 명목척도, 순위척도, 등간척도, 비율척도 네 가지로 구별된다.

명목척도(Nominal scale) : 명명척도로 측정된 자료는 숫자적 의미가 없다. 즉, 가감승제의 의미가 없다는 것이다. 단지 분류를 하기 위해서 사용된 것이다. 예를 들어 설문지 등에서 남자에게 1을 부여하고 여자에게 2를 부여하였을 경우, 부여된 1과 2는 숫자적 의미는 없고, 단지 남성 집단을 1로, 여성 집단을 2로 표현한 것일 뿐이다. 위의 예제에서 학년을 나타내는 것이 이에 해당된다. 1학년 두 명을 더했다고 해서 2학년이 되는 것은 아니다. 이렇듯 분류나 특정 표현을 위해서 사용된 척도를 명목척도 또는 명명척도라 한다.

순위 또는 순서척도(Ordinal scale) : 순서척도란 측정 대상에 순서적 의미만을 부여한 것을 뜻한다. 따라서 가감승제가 불가능하며, 단순히 순서적 의미만을 내포하고 있다. 순서척도로 측정된 자료는 순서에 따라 숫자를 부여한 경우가 많다. 이러한 자료는 설문지에서 자주 볼 수 있다. 아래와 같은 5점 척도의 설문지 예를 살펴보자.

질문) 체육 수업에 만족하십니까?

1) 매우 불만족한다	2) 불만족한다	3) 보통이다
4) 만족한다	5) 매우 만족한다	

위의 질문에 5번을 선택했다고 해서 3번을 선택한 사람보다 2만큼 더 만족한다고 볼 수 없다. 다만 '매우 만족한다'에 보다 가깝다는 것이다.

등간척도(Interval scale) : 등간척도로 측정된 자료는 숫자의 간격은 의미를 가지나, 그 비율은 의미를 가지지 않는 척도이다. 일반적으로 접하기 드문 척도이기는 하지만, 대표적인 등간척도로는 온도가 있다. 예를 들어 보면 쉽게 이해가 된다.

섭씨 100도는 섭씨 50도보다 2배 더 높다고 할 수 없다. 섭씨를 화씨로 바꾸어 보면 섭씨 100도와 50도는 각각 화씨 212도와 122도가 되기 때문이다. 즉, 등각척도는 가감은 가능하나 비율 계산인 곱하기 나누기는 불가능한 척도이다.

비율척도(Ratio scale): 비율척도는 일반적으로 사용하는 숫자의 의미와 같다. 즉, 숫자의 간격 및 비율까지도 의미를 가지고 있다. 일상생활에서 우리가 사용하는 숫자와 동일한 의미를 가지고 있다. 비율척도가 가장 높은 척도라고 할 수 있다.

위에서 우리는 척도의 종류를 4가지로 분류하였으나, 다른 분류 방법도 있다. 척도가 질적이냐 양적이냐에 따라 분류하는 방법이다. 위에서 논의한 명목척도와 순위척도를 **질적 자료(Qualitative data)**라고 한다. 질적 자료는 남성, 여성 또는 학년 등과 같이 양적인 의미가 아닌 질적인 의미를 가지고 있다. 질적 자료를 **비정량적 자료(Non metric data)** 또는 **비모수화 자료(Non parametric data)**, **범주형 자료(Categorical data)**라고도 한다.

질적 자료와 반대되는 개념으로 **양적 자료(Quantitative data)**라는 것이 있다. 위의 척도 중 등간척도와 비율척도가 이에 속한다. 즉, 양을 나타낼 수 있는 척도라는 것이다. 양적 자료는 **정량적 자료(Metric data)** 또는 **모수화 자료(Parametric data)**라고 한다. 양적 자료는 **이산적 자료(discrete data or variable)**와 **연속적 자료(continuous data orvariable)**로 나누어지며, 이산적 자료는 자녀수, 남성수와 같이 정수 값으로 나타낼 수 있는 것을 의미하며, 길이나 몸무게와 같이 연속적인 실수 값으로 나타낼 수 있는 것을 연속적 자료라고 한다.

지금까지의 자료 및 척도의 분류를 구조적으로 살펴보면 아래의 <그림 1-1>과 같다.

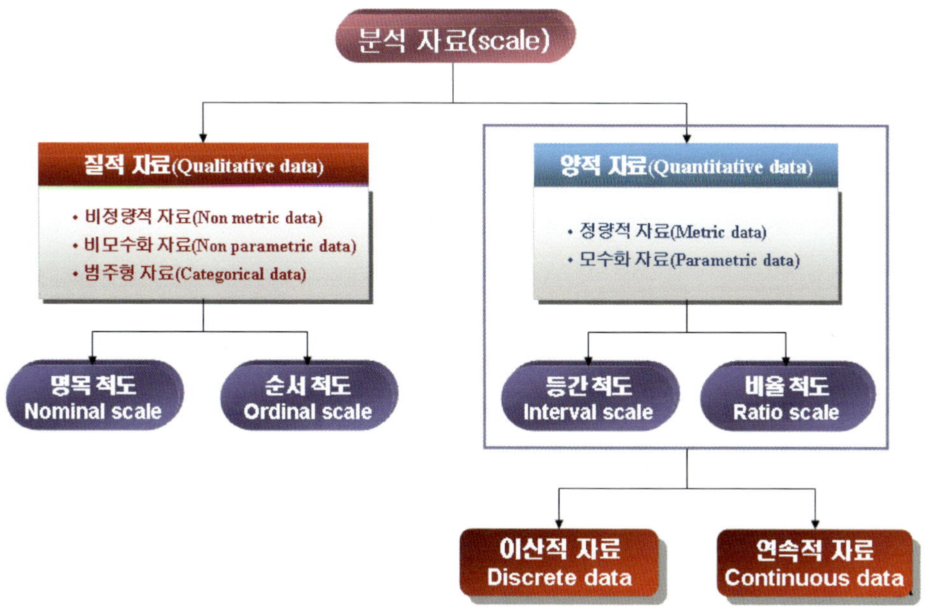

그림 1-1 척도의 분류 구조

2. 자료 코딩: Coding

실험이나 조사 등을 통해 얻어진 자료를 컴퓨터 프로그램으로 분석하기 위해서는 각각의 프로그램에 맞게 자료의 형태를 변환하여야 한다. 이러한 작업을 보통 코딩(coding) 단계라 한다. 일반적으로 설문지나 실험을 통해 얻어진 자료를 통계 소프트웨어로 분석하기 위해서는 이 과정이 반드시 요구된다. 코딩 과정은 다양한 방법이 있을 수 있으나 가장 많이 사용되는 것이 엑셀을 이용하여 코딩하는 과정이다. 여기서는 엑셀을 포함하여 자주 사용되는 코딩 방법을 소개하고 그것들을 통계 소프트웨어로 어떻게 불러오는지를 알아볼 것이다.

코딩은 연구자마다 자신의 취향에 따라 달라질 수 있으나 가장 좋은 방법은 관련된 모든 항목을 코딩하는 것이 바람직하다. 설문지의 경우, 설문지 문항과 응답 번호뿐만 아니라 설문지 번호를 비롯해서 설문 응답 신뢰도를 측정하였다면 그 또한 코딩하는 것이 필수적이다. 코딩용 프로그램으로 간혹 흔글을 사용할 경우가 있으나 코딩 양이 많거나 설문지 내의 응답할 문항수가 많을 경우 여러 가지로 불편한 점이 있기 때문에 가능하면 텍스트(text) 에디터나 엑셀을 사용하는 것을 권장한다.

테스트 에디터를 사용할 경우 아래와 같이 두 가지 형태로 코딩할 수 있다.

코딩 예 1
1 2 3 4 5 6 7 8 9 10 11 9 8 7 5 4 3 5 2 3 5
3 5 3 4 2 2 5 3 2 9 4 9 7 5 5 4 3 2 4 4 11
1 2 3 4 5 6 7 8 9 10 11 9 8 7 5 4 3 5 2 3 5
3 5 3 4 2 2 5 3 2 9 4 9 7 5 5 4 3 2 4 4 11

코딩 예 2
1234567891011987543523 5
3534225329497554324411
1234567891011987543523 5
3534225329497554324411

코딩 예 1은 각 자료를 공백으로 분리한 형태이며, 코딩 예 2는 자료를 공백 없이 나열한 형태이다. 코딩 예 2보다는 코딩 예 1이 코딩 시 작업량이 많지만 더 바람직한 형태라고 할 수 있다. 경우 2의 형태를 띠면 각 항목에 대한 자리 수를 정확히 알고 있어야 하는 번거로움이 있다. 또한 실수에 의해 자료가 코딩 되지 않았을 경우에도 경우 1은 쉽게 끝 라인을 통해 구별이 되지만 경우 2는 끝 라인이 들쑥날쑥하여 확인하기 어렵다. 경우 1의 경우 각 자료 간에 공백이 분리 기호로 사용된 경우이다. 공백 대신에 탭을 사용해도 동일하다. 중요한 것은, 자료 간에 분리 기호가 동일하게 들어가는 것이 바람직하고 관리상에도 용이하다.

1) 엑셀(Excel)을 이용하여 코딩하기

설문지나 실험 자료들을 코딩할 때 가장 많이 사용하는 것이 엑셀이며, 이는 엑셀이 가지고 있는 범용성 및 다양한 기능들이 코딩 작업 및 코딩된 자료를 통계 소프트웨어로 이동시키기 편하기 때문이다. 여기서는 엑셀을 이용한 코딩 방법에 대해서 살펴볼 것이다.

아래 <그림 1-2>는 엑셀을 이용한 전형적인 코딩 모습이다. 맨 윗줄에 변수명들이 존재하고 각 열은 조사 항목이 되며, 각 행은 응답자가 된다.

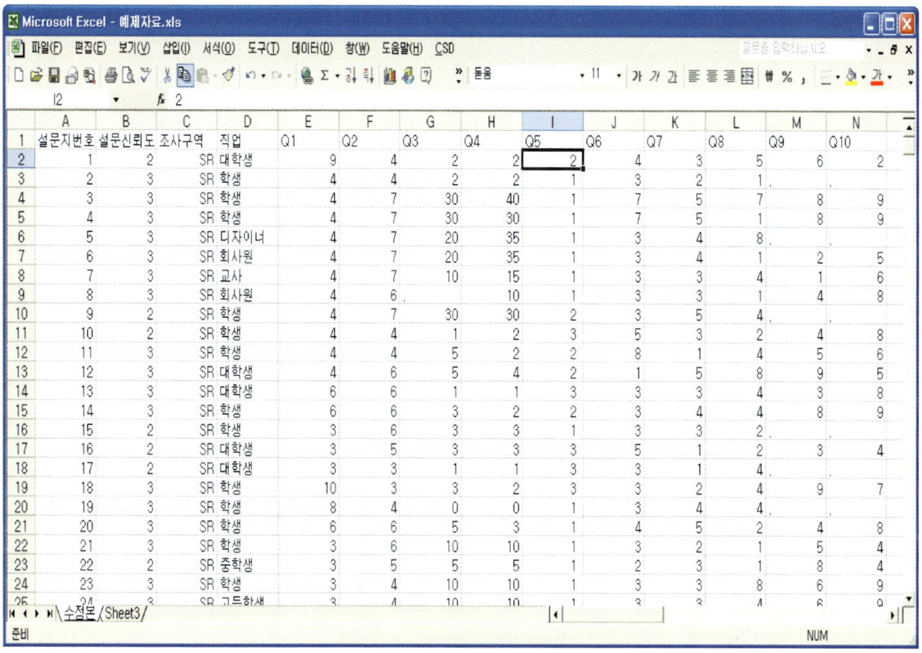

그림 1-2 엑셀로 코딩한 화면

위와 같은 형태로 코딩을 쉽게 하기 위해서는 엑셀의 기능을 변경할 부분이 있다. 엑셀의 특성상 데이터를 입력한 후 엔터를 치면 아래 셀로 내려가게 되어 있어, 한 설문지의 각 문항을 코딩할 경우 엔터 키가 아닌 화살표 키나 탭 키를 이용해야 하는 불편함이 있다. 그래서 코딩을 시작하기 전에 엑셀의 엔터 키에 대한 동작을 변경시켜 놓는 것이 편하다. 즉 엔터 키를 치면 아래 셀로 내려가는 것이 아니라 오른쪽 셀로 이동하도록 만들어 놓는 것이다. 엑셀을 실행한 후 아래 <그림 1-3>과 같이 【도구】－【옵션】 메뉴를 클릭한다.

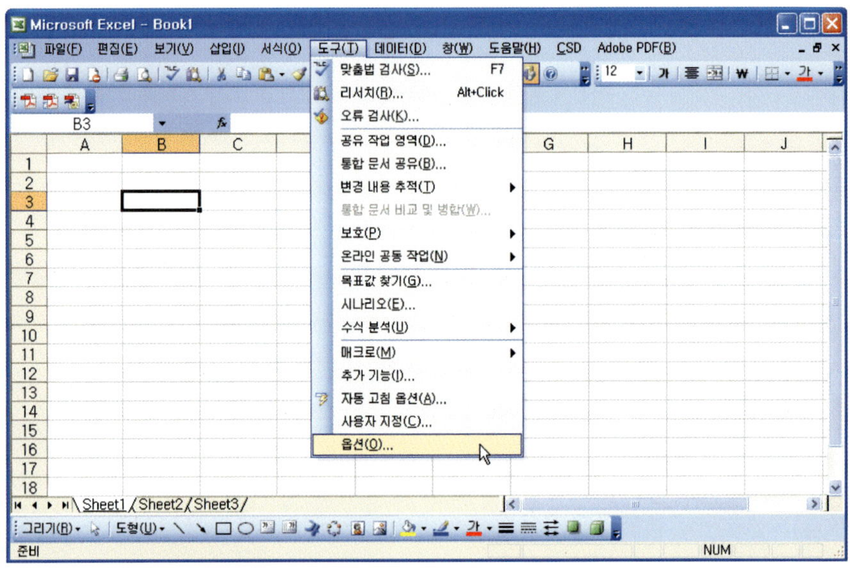

그림 1-3 엔터키 변경을 위한 메뉴 선택

아래 <그림 1-4>와 같이 옵션창이 나타나면 『편집』 탭을 클릭하여 『<Enter> 키를 누른 후 다음 셀로 이동 』항목을 아래쪽에서 오른쪽으로 변경한 후 [확인]을 누른 후 빠져나온다.

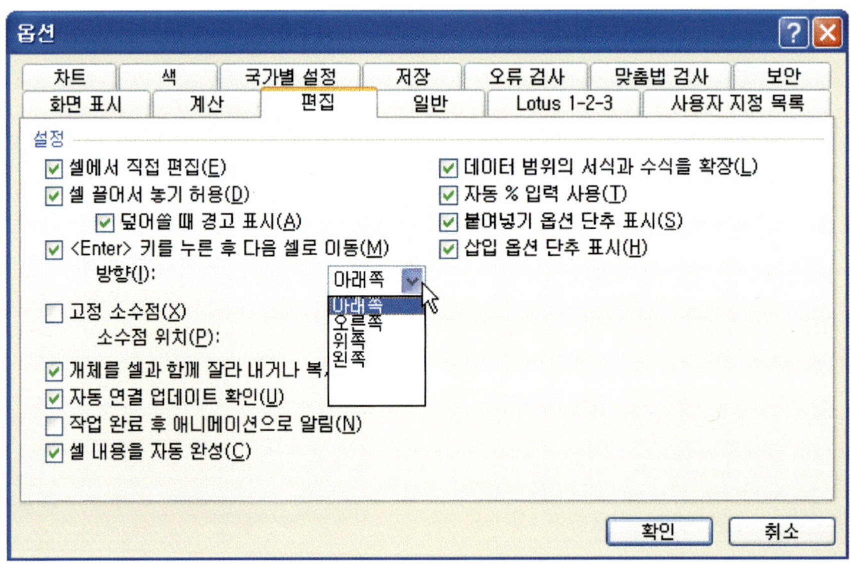

그림 1-4 옵션 윈도우 화면

이제부터 엑셀에서 엔터 키를 치면 오른쪽 셀로 이동하는 것을 확인할 수 있다.

2) 코딩 내용 점검하기

코딩이 완료된 다음에는 수집된 자료가 정확하게 코딩되었는지, 그리고 코딩된 내용상에 불필요한 자료가 없는지 확인해야 한다. 일반적으로 설문지 조사의 경우 회수된 설문지를 코딩해 보면 분석에 사용할 수 없는 설문지나, 코딩을 수행한 사람의 실수 등으로 인해 제거되어야 할 자료들이 포함되는 경우가 많다. 중복 응답이나, 미응답 문항이 있는 설문지 등은 분석 대상에서 제외하는 것이 좋다. 또한 응답 범위를 벗어난 코딩 실수도 존재할 수 있다. 이렇게 잘못된 코딩 부분을 찾아내는 일은 정확한 분석을 위해서 반드시 선행되어야 할 작업이다. 코딩된 내용을 점검하는 방법은 엑셀을 이용하여 점검하는 방법과 통계 소프트웨어를 이용하여 점검하는 방법이 있다. 여기서는 엑셀을 이용하여 점검하는 방법만을 설명하고 통계소프트웨어를 이용하여 점검하는 방법은 뒤에서 설명하겠다.

위의 <그림 1-2>와 같이 코딩이 완료되면 엑셀의 조건부 서식 기능을 통해 코딩 내용에 이상이 있는지를 확인할 수 있다. <그림 1-2>의 문항 5번(Q5)이 성별을 나타내는 문항이고 이 항목에는 1과 2만이 입력된다고 가정하자. 이제 Q5 문항에 1과 2 이외의 숫자가 실수로 입력되었는지를 알아보자.

1. 아래 <그림 1-5>와 같이 Q5 문항을 선택한 다음 【서식】 - 【조건부 서식】을 선택한다.

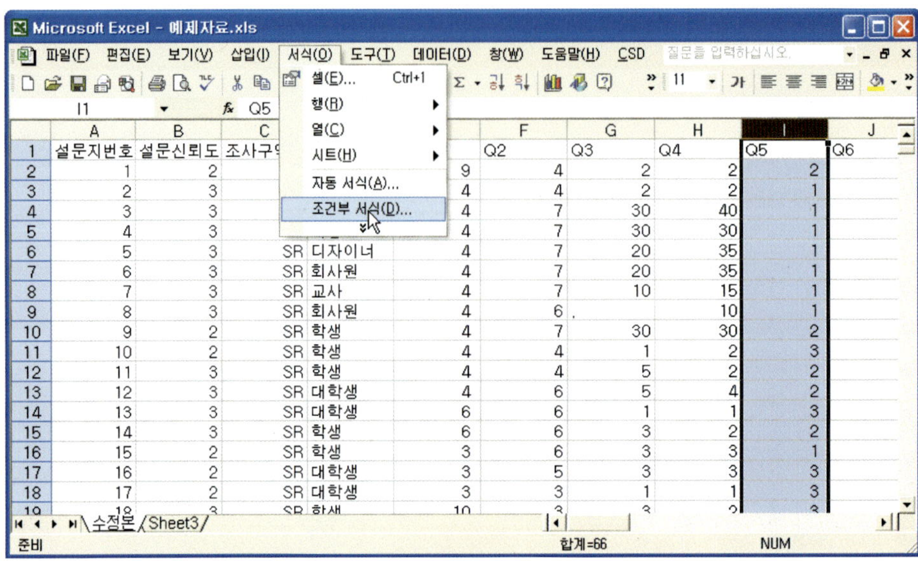

그림 1-5 조건부 서식을 위한 엑셀 화면

2. 조건부 서식 창이 열리면 아래 <그림 1-6>과 같이 『다음 값의 사이에 있지 않음』을 선택하고 코딩 시 입력될 수 있는 값인 1과 2를 각각 입력한다.

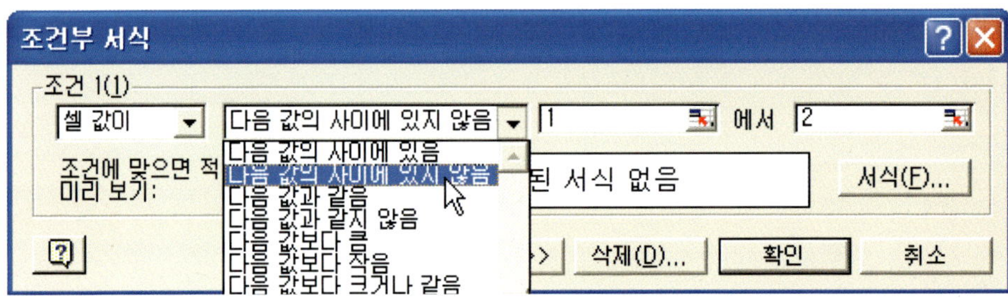

그림 1-6 조건 설정 화면

3. 아래 <그림 1-7>과 같이 [서식] 버튼을 선택하여 글꼴스타일을 굵게, 배경색을 노란색으로 설정한 다음 확인을 눌러 빠져나온 후 [확인] 버튼을 누른다.

그림 1-7 서식 설정 화면

위의 지시대로 수행하게 되면 1과 2를 제외한 숫자가 입력된 셀은 노란색의 바탕에 굵은 글씨로 표시가 되어 한눈에 알아볼 수 있게 된다. 그 결과 화면은 아래 <그림 1-8>과 같다.

	A	B	C	D	E	F	G	H	I	J
1	설문지번호	설문신뢰도	조사구역	직업	Q1	Q2	Q3	Q4	Q5	Q6
2	1	2	SR	대학생	9	4	2	2	2	
3	2	3	SR	학생	4	4	2	2	1	
4	3	3	SR	학생	4	7	30	40	1	
5	4	3	SR	학생	4	7	30	30	1	
6	5	3	SR	디자이너	4	7	20	35	1	
7	6	3	SR	회사원	4	7	20	35	1	
8	7	3	SR	교사	4	7	10	15	1	
9	8	3	SR	회사원	4	6		10	1	
10	9	2	SR	학생	4	7	30	30	2	
11	10	2	SR	학생	4	4	1	2	3	
12	11	3	SR	학생	4	4	5	2	2	
13	12	3	SR	대학생	4	6	5	4	2	
14	13	3	SR	대학생	6	6	1	1	3	
15	14	3	SR	학생	6	6	3	2	2	
16	15	2	SR	학생	3	6	3	3	1	
17	16	2	SR	대학생	3	5	3	3	3	
18	17	2	SR	대학생	3	3	1	1	3	
19	18	3	SR	학생	10	3	3	2	3	

그림 1-8 조건부 서식 설정 결과 화면

위와 같은 방법을 이용하여 설문지 데이터의 경우 결측값이 존재하는지 또는 잘못 입력된 값들이 있는지 확인할 수 있다. 많은 양의 데이터를 처리하게 되는 설문지 조사 연구의 경우에는 이 같은 과정이 매우 중요하다.

Chapter Ⅱ   SPSS 기능 다루기

1. 자료의 입력, 저장, 불러오기

SPSS를 처음 실행한 모습은 아래 <그림 2-1>과 같다. 활성화된 처음 창의 [취소] 버튼을 누르면 데이터를 입력할 수 있는 데이터 편집기 화면만 남게 된다.

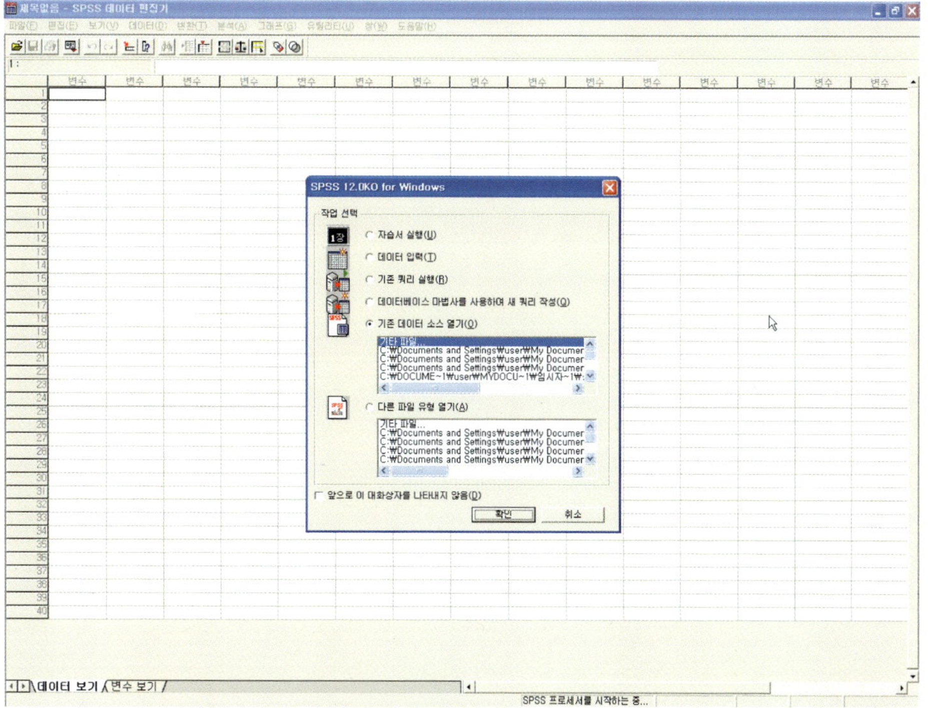

그림 2-1 SPSS 초기 로딩 화면

데이터 편집기 화면을 살펴보면, 아래 <그림 2-2>와 같이 위쪽에 메뉴들과 명령 버튼으로 이루어진 툴바(toolbar)가 존재하며, 데이터 입력 화면 위쪽에는 "변수"라는 이름들이 나열되어 있고 왼쪽에는 번호들이 순서대로 나열되어 있다. 그리고 아래쪽에는 『데이터 보기』 탭과 『변수 보기』 탭이 존재한다. 『변수 보기』 탭에서는 우리가 입력하고자 하는 변수들의 이름과 척도 종류 등 변수의 속성과 관련된 부분을 정의하도록 되어 있으며, 『데이터 보기』 탭에는 실제 데이터를 입력하도록 되어 있다. 따라서 우리가 실험 데이터나 설문지 등과 같이 조사된 데이터를 입력할 때는 먼저 『변수 보기』 탭에서 변수들을 정의하고 그 순서에 맞게 『데이터 보기』 탭에서 입력하면 된다. 물론 반대로 수행해도 된다.

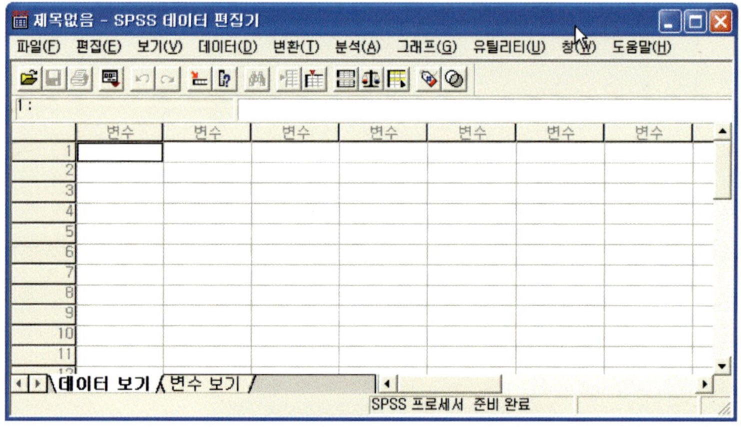

그림 2-2 데이터 편집기 화면

다음과 같은 설문지 내용을 조사한 데이터를 입력한다고 가정하자.

> 1. 귀하의 성별은?
>
>   ① 남성   ② 여성
>
> 2. 귀하의 연령은? (만   세)
>
> 3. 귀하는 직업은? (   )
>
> 4. 귀하는 프로 축구 구단의 팬서비스에 만족하십니까?
>
>   ① 매우 불만족한다 ② 불만족한다 ③ 보통이다 ④ 만족하다 ⑤ 매우 만족하다
>
> 5. 귀하는 프로 축구 구단의 정보 제공에 만족하십니까?
>
>   ① 매우 불만족한다 ② 불만족한다 ③ 보통이다 ④ 만족하다 ⑤ 매우 만족하다

아래의 <그림 2-3>은 『변수 보기』 탭 화면에 변수 속성을 입력한 모습
이다.

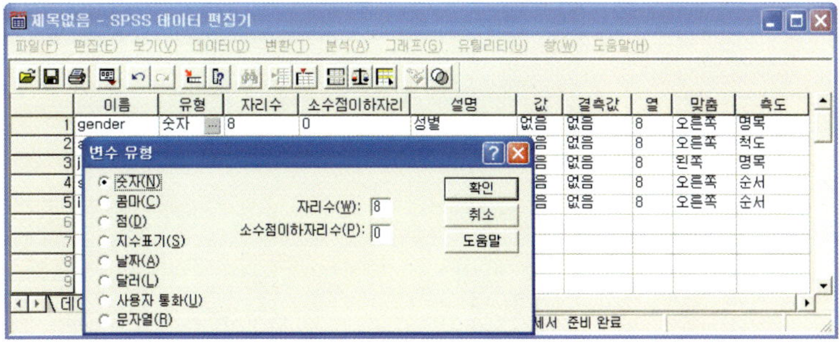

그림 2-3 변수 속성 입력 화면

설문지의 각 문항에 대한 변수 이름을 gender, age, job, service, information으
로 입력하였다. 『이름』 항목 옆의 『유형』 난에는 입력되는 데이터의 속성 및
형태를 지정하도록 되어 있다. 『유형』 입력란을 클릭하면 아래 <그림 2-4>
와 같이 {변수 유형} 윈도우가 열리고 여기서 입력 형태를 지정하면 된다.

그림 2-4 변수 유형 설정 화면

『자리수』 입력란에는 데이터 입력의 전체 자리수를 입력하는 곳이다. 옆의 『소
수점이하자리수』 입력란에서 입력한 자릿수까지 전체 자릿수에 포함된다는 것
을 알아야 한다. 『설명』 입력란에는 말 그대로 변수에 대한 설명을 입력하는
곳이다. 위 <그림 2-4>의 가장 오른쪽에 있는 『측도』 입력란에는 데이터의
척도를 지정하는 곳이다. 이곳에서 지정할 수 있는 측도는 명목, 순서, 척도 3가

지이다. 이곳에서 데이터를 어느 것으로 지정하느냐에 따라 분석과정과 분석결과에 영향을 미치므로 가장 정확하게 지정해야 한다.

위의 <그림 2-3>을 보면 변수 이름으로 영어를 사용한 것을 볼 수 있다. 설문지의 성별 문항에 대해서도 변수 이름을 "성별"이 아닌 "gender"로 한 것은 변수 이름을 영어로 하는 것이 차후 데이터 호환에 도움이 되기 때문이다. 한글을 변수 이름으로 사용할 수 있으나 가능한 영어로 하는 것이 바람직하다. 아래 <그림 2-5>는 『변수 보기』 탭에서 변수 내용을 입력하고, 실제 데이터를 입력한 후의 모습이다. 이와 같이 되면 분석을 수행할 모든 준비가 끝난 것이다.

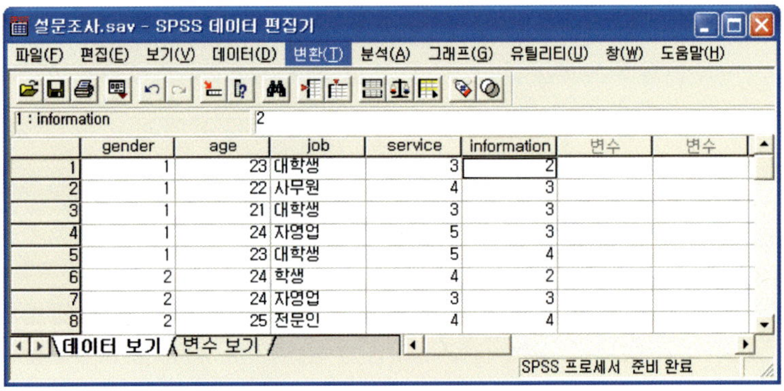

그림 2-5 데이터 입력 후 화면

위의 <그림 2-5>와 같이 입력을 마친 후 저장을 하기 위해서는 【파일】 - 【저장】 메뉴를 이용하거나, 툴바의 [저장] 버튼을 이용하면 된다. 파일 이름 입력 시 확장명을 생략하여도 파일 이름에 자동적으로 확장명이 붙게 된다. SPSS에서 분석용 데이터 파일을 저장하기 위한 확장명은 .SAV을 사용한다. 위의 데이터 저장 시 파일이름으로 "설문조사"라고 입력하면 컴퓨터에 "설문조사.SAV"로 저장된다. 참고로 분석 결과 내용을 저장할 때는 확장명으로 .SPO을 사용한다.

저장된 데이터를 불러올 때는 【파일】 - 【불러오기】 메뉴를 사용하거나 또는 툴바의 [불러오기] 버튼을 사용하면 된다.

1) 엑셀(Excel) 파일 불러오기: 텍스트 파일로 변환

SPSS에서 데이터를 입력하는 기능을 제공하고는 있지만 여러 가지로 불편한 점이 많다. 그래서 대부분 유저는 데이터를 코딩할 때 주로 엑셀을 사용한다. 코딩하는 방법은 Chapter Ⅰ에서 다룬 바 있다. 여기서는 SPSS에 직접 데이터를 입력하는 것이 아니라 엑셀을 이용하여 코딩된 데이터를 SPSS로 불러오는 방법에 대해서 소개할 것이다. 정확히 말하면 엑셀 파일을 텍스트 파일로 변환하여 SPSS에서 불러오는 방법을 소개하는 것이다. 엑셀 파일을 직접 불러올 수도 있으나 여러 가지 호환성의 문제로 인해 추천할 만한 방법은 아니다. 통계분석에 있어서 데이터의 잘못된 입력은 그 결과에 심각한 영향을 끼칠 수 있으며, 많은 양의 데이터일 경우에는 정상적으로 입력이 된 것인지 판별하기 쉽지 않기 때문에 가능한 한 안전한 방법을 사용하는 것이 바람직하다. 따라서 조사된 데이터를 코딩할 때는 엑셀을 이용하여 코딩하고 이를 분석하기 위해서 SPSS를 사용할 때는 엑셀 파일을 텍스트 파일로 변환하여 불러오는 것이 안전하다.

아래의 <그림 2-6>은 설문조사한 내용을 엑셀로 코딩한 화면이다. 화면을 살펴보면 가장 윗줄에 변수 이름(No, degree, Q1, ……, Q5)들이 나열되어 있다. No는 설문지 부수를 나타내는 것이고 degree는 학년, Q로 시작되는 변수들은 문항 번호를 나타낸 것이다. 총 30개의 데이터가 입력되었다(화면에는 11개의 데이터만 보임).

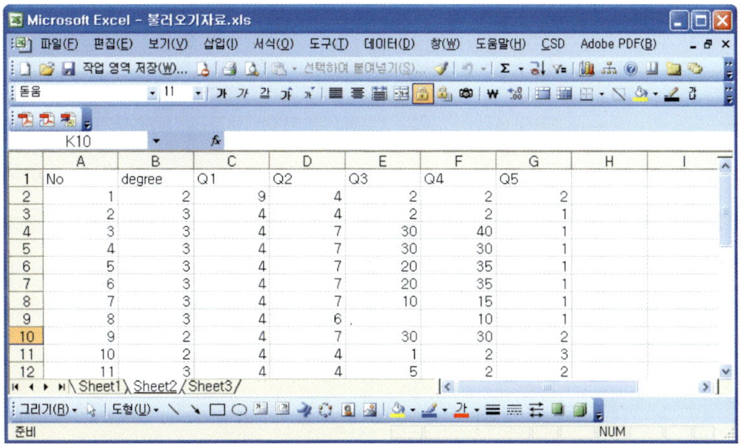

Microsoft Excel - 불러오기자료.xls

No	degree	Q1	Q2	Q3	Q4	Q5
1	2	9	4	2	2	2
2	3	4	4	2	2	1
3	3	4	7	30	40	1
4	3	4	7	30	30	1
5	3	4	7	20	35	1
6	3	4	7	20	35	1
7	3	4	7	10	15	1
8	3	4	6		10	1
9	2	4	7	30	30	2
10	2	4	4	1	2	3
11	3	4	4	5	2	2

그림 2-6 엑셀을 이용한 코딩 화면

위 <그림 2-6>과 같이 입력된 데이터를 텍스트 파일로 변화하는 과정은 아래 <그림 2-7>과 같이【파일】-【다른 이름으로 저장】 메뉴를 이용하여 간단하게 수행할 수 있다.

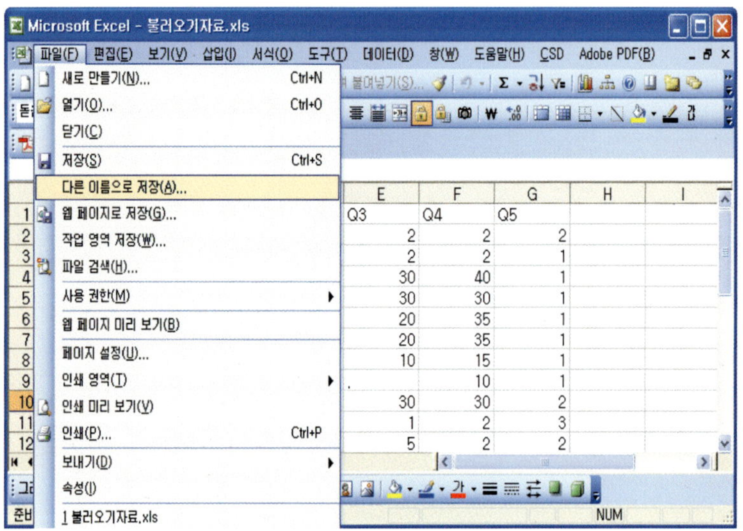

그림 2-7 엑셀 데이터를 텍스트 파일로 변환

【파일】-【다른 이름으로 저장】 메뉴를 클릭하면 아래의 <그림 2-8>과 같은 {다른 이름으로 저장} 윈도우가 나타난다. 윈도우 화면 내의『파일 형식』부분의 콤보 박스를 클릭해서『텍스트(탭으로 분리)』를 선택한 다음『파일 이름』난에 파일 이름을 입력한 후 [저장] 버튼을 누르면 된다.

이렇게 해서 변환된 텍스트 파일은 엑셀 화면의 각 셀 사이를 탭으로 분리해서 텍스트 파일로 저장하게 된다.

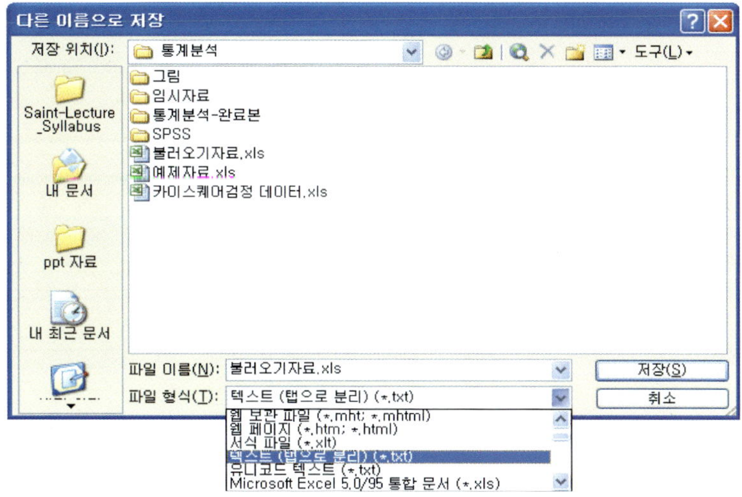

그림 2-8 텍스트(탭으로 분리) 선택 화면

   텍스트 파일로 변환된 파일을 메모장을 이용하여 불러온 화면은 아래의 <그림 2-9>와 같다. 내용을 보면 각 변수들 사이의 값들이 탭으로 분리되어 있음을 볼 수 있다.

그림 2-9 텍스트(탭으로 분리) 파일 변환 결과

이렇게 변환된 텍스트 파일을 SPSS에서 불러오는 방법은 다음과 같다. 아래 <그림 2-10>과 같이 SPSS를 실행한 후【파일】-【텍스트 데이터 읽기】 메뉴를 클릭한다.

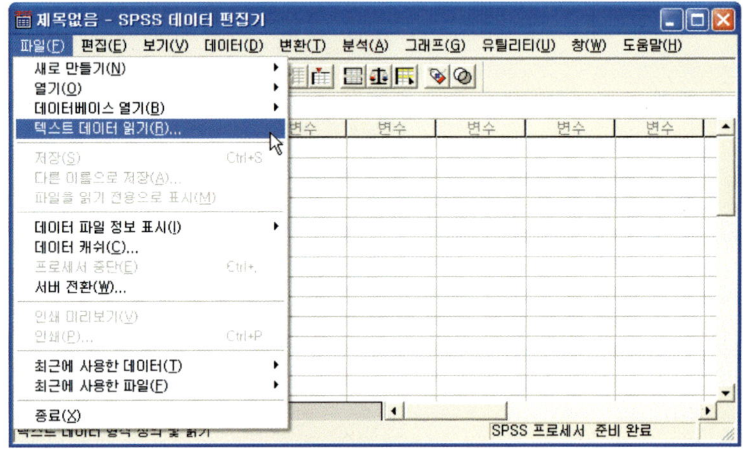

그림 2-10 텍스트 파일 불러오기 위한 메뉴 선택

메뉴를 클릭하면 파일을 불러오는 윈도우가 나타나고 거기서 불러올 텍스트 파일을 지정하면 아래 <그림 2-11>과 같은 윈도우가 열린다. 윈도우의 타이틀 바를 자세히 보면 6단계 중 1단계임을 알 수 있다.

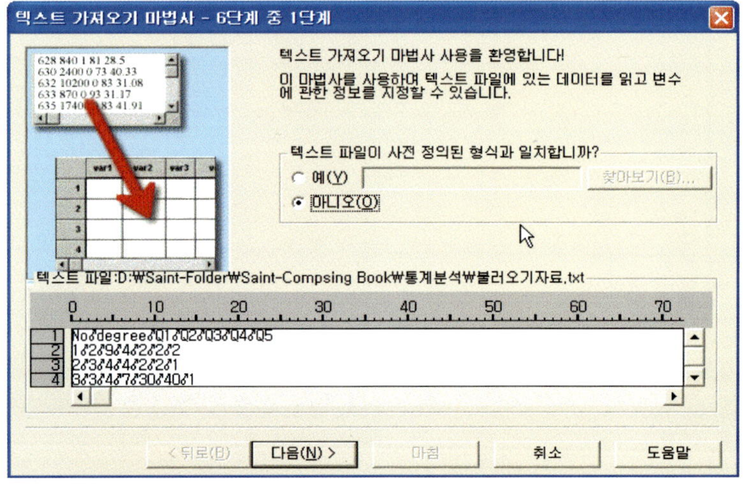

그림 2-11 텍스트 가져오기 마법사-6단계 중 1단계

위의 윈도우 화면에서는 현재 『아니오』 항목이 선택되어 있다. 만약 텍스트 파일을 불러오는 것이 사전 정의된 것이 있으면 『예』 항목을 선택한 후 해당 파일을 지정하면 된다. 그러나 여기서는 사전에 정의한 적이 없으므로 『아니오』 항목을 선택한 상태로 놔두고 [다음] 버튼을 눌러 2단계 윈도우 화면으로 이동한다. 2단계 윈도우 화면에서는 변수의 배열 상태와 변수 이름의 존재 여부를 지정하게 된다. 아래 <그림 2 - 12>와 같다.

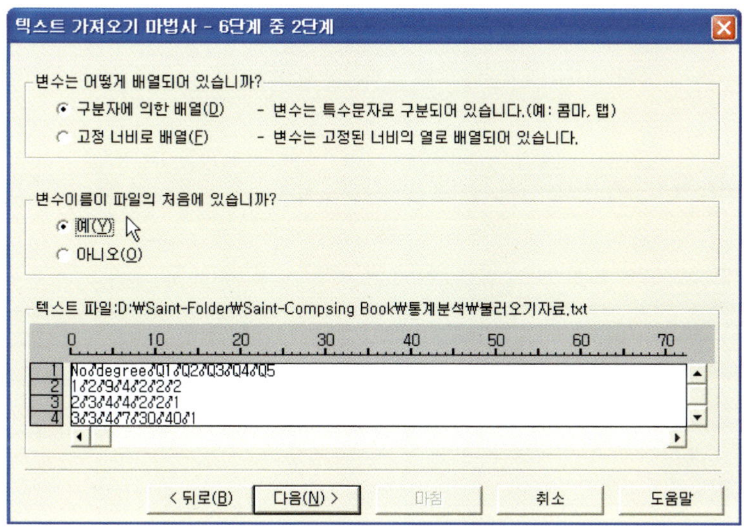

그림 2-12 텍스트 가져오기 마법사 -6단계 중 2단계

우리가 불러올 텍스트 파일은 변수 간에 탭으로 분리되어 있는 형태이다. 따라서 위의 그림 중 위쪽에 있는 『구분자에 의한 배열』을 선택한다. 만약 데이터가 구분자로 구분되어 있지 않고 고정된 너비를 갖고 있다면 『고정 너비로 배열』을 선택해야 한다. 그런 다음 그림의 아래쪽에 나타나 있는 화면에서 일일이 자리를 지정해야 하는 번거로움을 거쳐야 한다. 우리가 텍스트 파일을 최초에 탭으로 분리시켜 저장한 이유가 바로 여기에 있다.

다음은 변수 이름이 파일 내에 존재하는가를 지정해야 한다. 우리가 불러올 텍스트 파일의 첫 줄에는 변수 이름이 있다. 따라서 우리는 위의 <그림 2-12>와 같이 『예』를 선택해야 한다. 만약 파일 내에 데이터만 있고 변수 이름이 존재하지 않는다면 『아니오』를 선택한다. 이럴 경우 SPSS는 자동으로 "var0001"

의 일련번호 형태로 변수명을 입력한다. 추후에 다시 변수 이름을 변경하면 된
다. [다음] 버튼을 클릭하여 3단계 화면으로 이동한다.

　3단계 화면에서는 손댈 것이 별로 없다. 왜냐하면 2단계에서 지정한 내용에
따라 자동적으로 설정되어 나오기 때문이다. 아래의 3단계 화면(<그림 2-1
3>)의 첫 줄에는 데이터가 시작하는 줄번호를 지정하게 되어 있는데 자동으로
2로 되어 있다. 이는 2단계에서 우리가 첫 줄에 변수 이름이 있음을 지정하였기
때문에 2로 되어 있는 것이다. 만약 변수 이름이 없는 것으로 지정하였다면 2
대신 1로 나타난다. 만약 유저가 임의의 줄부터 읽어 오기를 바란다면 여기서
지정하면 된다. 케이스와 관련된 부분은 쉽게 이해할 수 있는 부분이다.

　아래의 <그림 2-13>과 같이 설정이 되었다면 [다음] 버튼을 클릭하여 4단
계 윈도우 화면으로 이동한다.

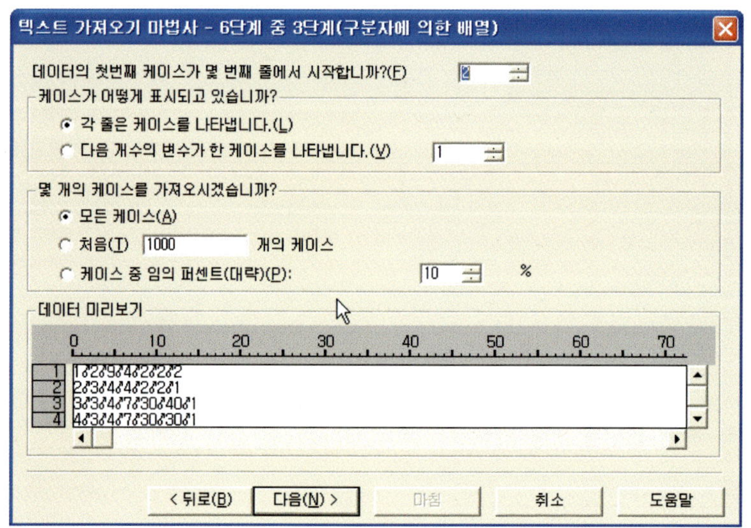

그림 2-13 텍스트 가져오기 마법사-6단계 중 3단계

　4단계 윈도우 화면은 아래 <그림 2-14>와 같다. 먼저 변수 사이가 어떤
문자로 분리되어 있는지를 지정한다. 우리가 불러올 파일은 탭으로 분리되어 있
으므로『탭』항목을 선택한다. 화면의 아래쪽을 보면『데이터 미리보기』항목
이 있는데 이것을 통해 우리가 정상적으로 데이터를 불러왔는지 확인할 수 있
다. [다음] 버튼을 눌러 5단계 윈도우로 이동한다.

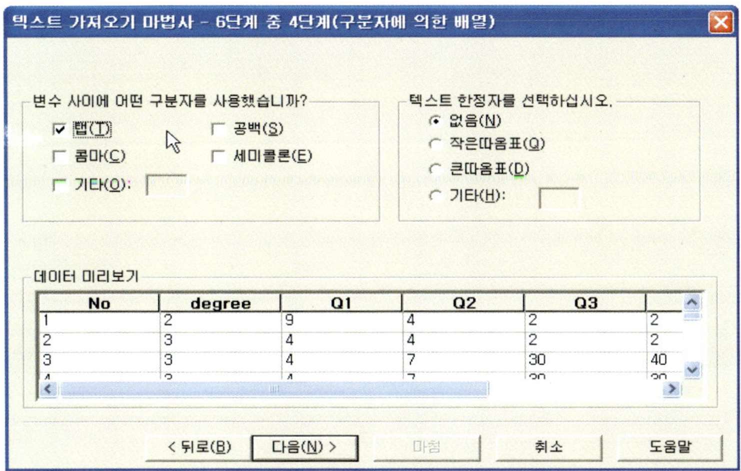

그림 2-14 텍스트 가져오기 마법사 -6단계 중 4단계

5단계의 윈도우는 아래 <그림 2-15>와 같다. 5단계에서는 변수에 대한 정확한 속성을 부여하는 곳이다. 즉 각각의 변수 이름과 데이터 척도를 지정하는 곳이다. 화면 아래의 『데이터 미리보기』 항목 부분에서 변수 이름 부분을 클릭하면 그 부분이 선택되어 변수 이름과 데이터 형식을 지정할 수 있다. 그러나 여기서 지정하지 않아도 차후에 다시 변경할 수 있기 때문에 이 과정이 귀찮다고 생각되면 『데이터 미리보기』에서 내용만 확인하고 [다음] 버튼을 눌러 마지막 단계로 이동한다.

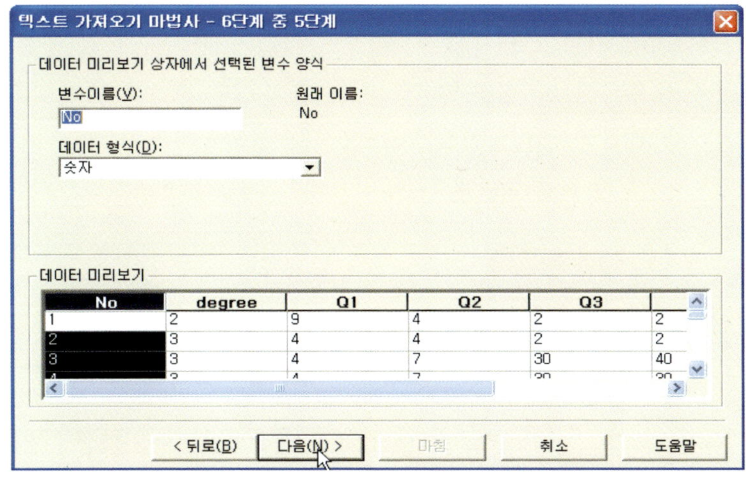

그림 2-15 텍스트 가져오기 마법사 -6단계 중 5단계

　　마지막 6단계 화면은 아래의 <그림 2-16>과 같다. 한번 불러온 데이터는 SPSS 파일 형태로 다시 저장하면 되기 때문에 일반적으로 다시 텍스트 파일을 불러올 이유가 없다. 따라서 『아니오』 항목을 선택하고 [마침] 버튼을 클릭하여 과정을 끝내면 된다. 일반적으로 화면 밑에 나타나 있는 데이터 형태를 확인하고 이상이 없으면 과정을 마치게 된다.

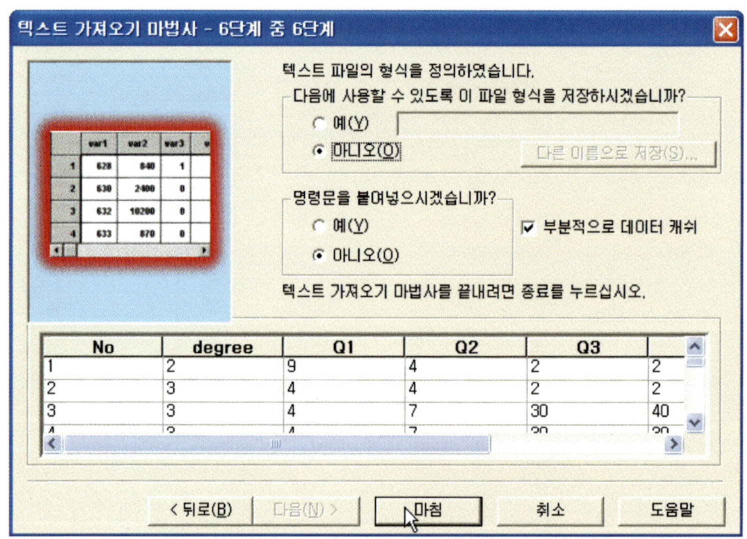

그림 2-16 텍스트 가져오기 마법사-6단계 중 6단계

　　6단계 화면에서 [마침] 버튼을 클릭하면 아래의 <그림 2-17>과 같이 SPSS 편집기의 『데이터 보기』 탭 화면에 텍스트 파일이 불러와져 있는 것을 볼 수 있다. 불러온 내용을 보면 몇몇 변수 데이터들이 소수점으로 표현되어 있음을 알 수 있다. 이 같은 경우는 『변수 보기』 탭 화면으로 가서 소수점 이하 자리수를 0으로 하면 정상적으로 표시된다.

	No	degree	Q1	Q2	Q3	Q4	Q5
1	1.0	2	9.0	4	2.0	2.0	2
2	2.0	3	4.0	4	2.0	2.0	1
3	3.0	3	4.0	7	30.0	40.0	1
4	4.0	3	4.0	7	30.0	30.0	1
5	5.0	3	4.0	7	20.0	35.0	1
6	6.0	3	4.0	7	20.0	35.0	1
7	7.0	3	4.0	7	10.0	15.0	1
8	8.0	3	4.0	6	.	10.0	1
9	9.0	2	4.0	7	30.0	30.0	2
10	10.0	2	4.0	4	1.0	2.0	3
11	11.0	3	4.0	4	5.0	2.0	2
12	12.0	3	4.0	6	5.0	4.0	2
13	13.0	3	6.0	6	1.0	1.0	3

그림 2-17 텍스트 파일 불러오기 결과 화면

　우리가 지금까지 해 본 과정을 이용하면 분석에 필요한 데이터를 SPSS 내로 쉽게 불러올 수 있다. 다만 초기 코딩 과정과 데이터를 텍스트 데이터로 변환할 때 SPSS에서 보다 쉽게 불러올 수 있도록 전략적으로 변환할 필요가 있다는 것이다. 항상 염두에 두어야 할 것은 분석 결과만이 중요한 것이 아니라 조사된 내용을 어떻게 효과적으로 코딩을 하고, 코딩 내용을 정확하게 점검을 하며, 그 데이터를 얼마나 안전하게 보관하느냐 하는 것 또한 결과만큼이나 중요한 과정이라는 것이다.

2. 데이터 다루기: 특정 데이터(케이스)만을 분석 대상으로 하기

　데이터를 분석하다 보면 특정 데이터만을 대상으로 분석하여야 할 때가 있다. 그러나 특정 데이터를 다시 코딩할 수도 없는 노릇이고, 원래의 데이터를 몇 개의 데이터 파일로 분리해서 보관하는 것은 매우 비효율적이다. 다행히 SPSS는 이런 경우를 대비하여 데이터 내에서 특정 데이터만을 선택할 수 있는 기능을 제공하고 있다. 여기서는 이 기능에 대해서 알아볼 것이다.

　아래의 <그림 2-18>은 우리가 위에서 텍스트 파일을 SPSS로 불러들인 화면으로 <그림 2-17>과 동일한 내용이다. 아래의 데이터 중에서 "degree" 변수에서 3인 데이터(케이스)만을 선택해서 분석하고자 한다. 즉 degree = 3을 만족하는 데이터(케이스)만을 대상으로 분석을 수행하고자 하는 것이다.

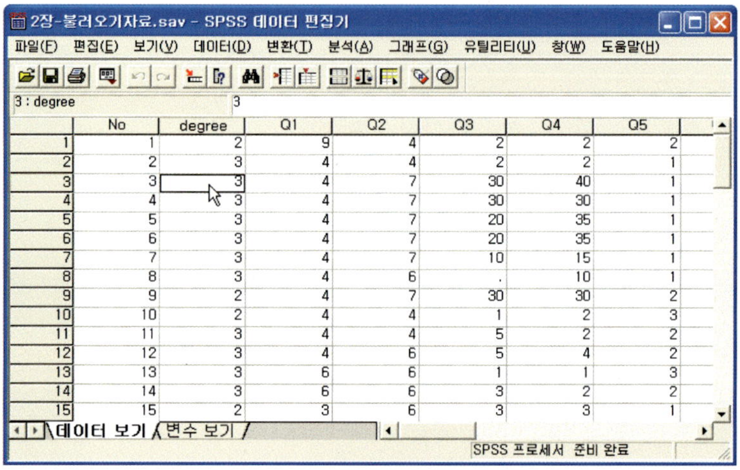

그림 2-18 코딩 완료 화면

이 같은 조건의 분석을 수행하기 위해서는 degree = 3인 조건에 맞지 않는 데이터는 분석 대상에서 모두 제외되어야 한다. 이를 위해서는 아래 <그림 2-19>와 같이 【데이터】-【케이스 선택】 메뉴를 사용한다. 메뉴를 실행하면 아래 <그림 2-20>과 같은 {케이스 선택} 윈도우가 열린다.

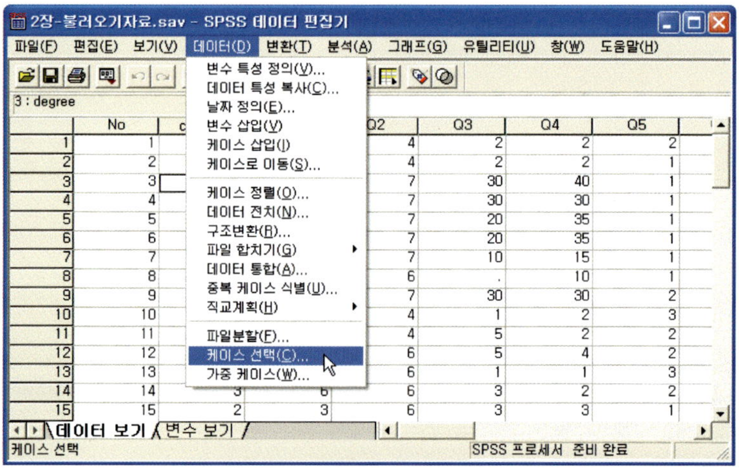

그림 2-19 특정 데이터 선택 화면

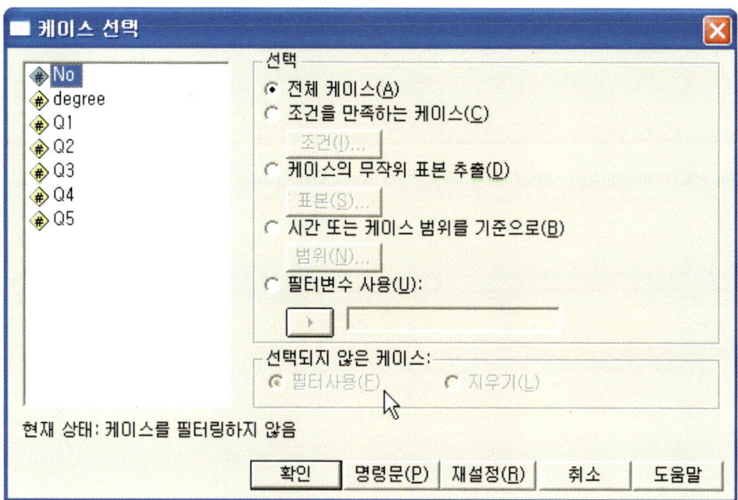

그림 2-20 케이스 선택 화면

{케이스 선택} 윈도우의 왼쪽에는 데이터에 사용된 변수 이름들이 나열되어 있으며, 오른쪽에는 특정 데이터를 선택할 수 있는 선택 조건들이 나열되어 있다.

우리가 원하는 작업을 수행하기 위해서는 아래 <그림 2-21>과 같이 오른쪽 화면 중에서 『조건을 만족하는 케이스』를 선택한 다음 아래에 있는 [조건] 버튼을 클릭한다.

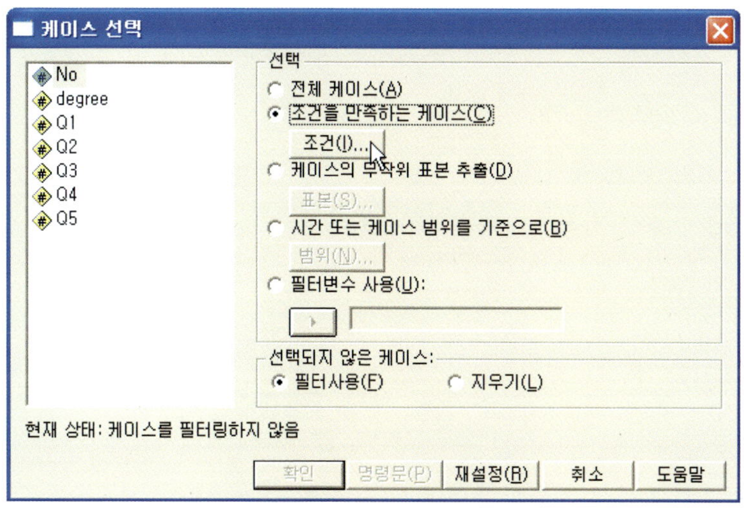

그림 2-21 케이스 선택 조건 설정 화면

[조건] 버튼을 클릭하였을 때 나타나는 윈도우는 아래의 <그림 2 – 22>와 같다. 윈도우 왼쪽에는 역시 변수 이름들이 나열되어 있으며, 오른쪽에는 조건을 입력하는 빈 공간과 계산기 모양의 단추들이 나열되어 있다. 우리가 해야 할 일은 조건을 입력하는 빈 공간에 적당한 조건식을 입력하는 것이다.

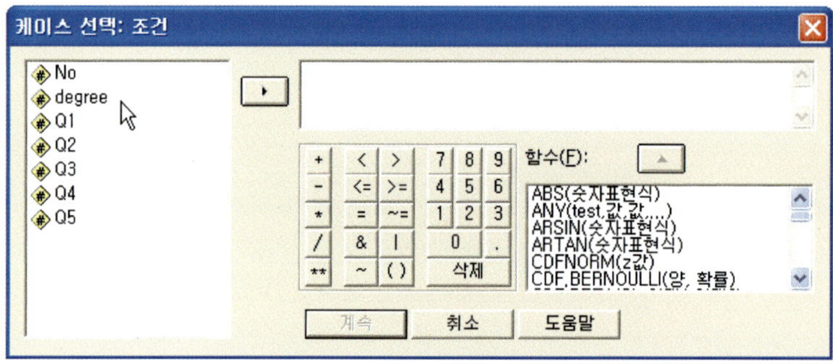

그림 2-22 조건 설정 화면

우리가 원하는 조건식은 degree 변수가 3인 조건이다. 이 조건을 입력하는 방법은 다음과 같다. 먼저 변수 이름이 나열되어 있는 왼쪽 화면에서 degree를 선택한 후 화살표 버튼을 누른다. 그러면 degree 변수가 오른쪽 화면으로 이동한다. 다음은 오른쪽 화면의 아래쪽 버튼 중에서 등호(=) 버튼을 클릭한 다음 숫자판에서 3을 클릭한다. 그러면 조건식 입력창에 아래 <그림 2 – 23>과 같이 조건식이 입력됨을 볼 수 있다. 조건식의 입력이 완료되었으면 [계속] 버튼을 누르고 윈도우 화면을 빠져나온다.

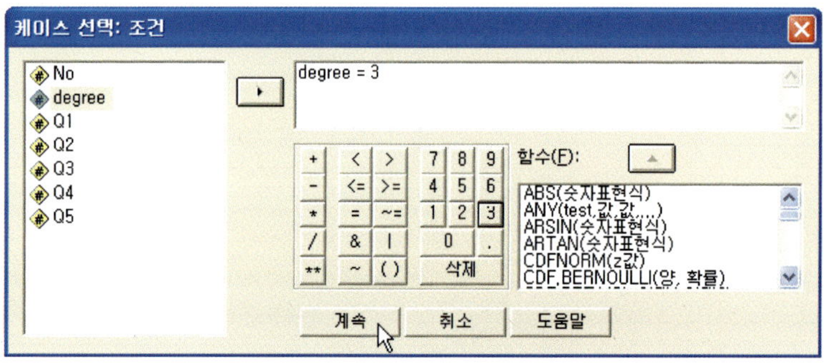

그림 2-23 조건식 설정 화면

　　아래 <그림 2-24>를 보면 우리가 위에서 입력한 조건식이 [조건] 버튼 옆에 표시되고 있음을 알 수 있다. 모두 확인이 되었으면 [확인] 버튼을 눌러 모든 과정을 끝낸다.

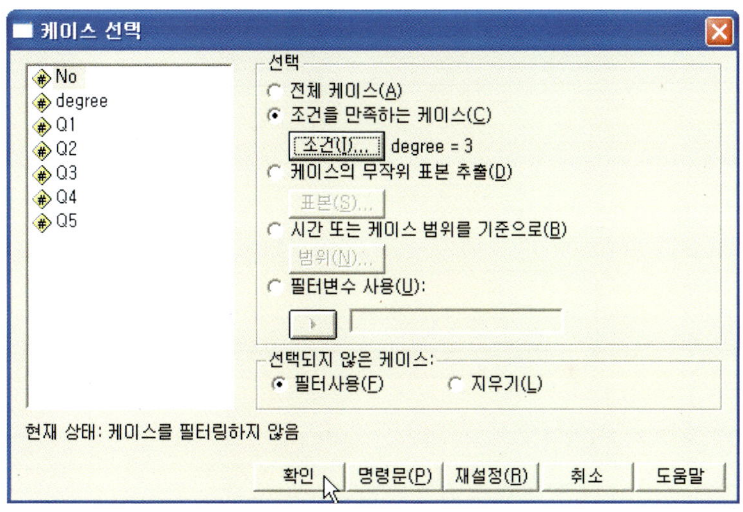

그림 2-24 조건식 설정 확인 화면

　　아래 <그림 2-25>는 위 그림에서 [확인] 버튼을 눌러서 모든 과정을 끝냈을 때 나타나는 SPSS 화면이다. 화면을 살펴보면, 화면 왼쪽의 데이터(케이스) 번호를 나타내는 부분에 사선이 그어져 있음을 볼 수 있다. 즉 degree = 3 조건에 맞지 않는 개개의 데이터 번호에는 사선을 그어 분석 대상에 포함되지 않음을 나타낸 것이다. 이후 어떠한 분석을 수행하더라도 분석 대상은 degree = 3인 데이터, 즉 사선이 그어져 있지 않은 데이터만이 분석 대상이 된다. Q5 변수 옆을 보면 filter_$라는 변수가 추가되어 있음을 볼 수 있다. 이 변수는 새롭게 생성된 것으로 분석 대상에서 제외된 데이터는 0으로, 분석 대상이 되는 데이터는 1로 구분되어 있는 변수이다. 이 변수를 이용하여 차후에도 데이터를 구분(집단화)할 수 있다.

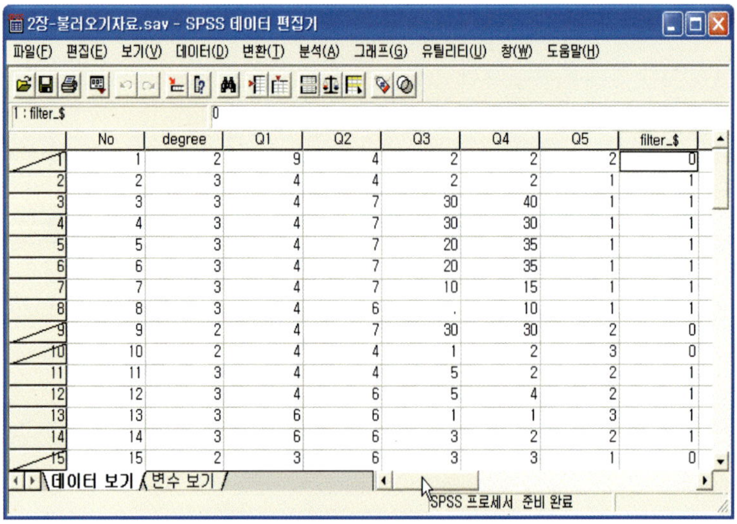

그림 2-25 케이스 선택 설정 결과 화면

만약 최초의 모습과 같이 모든 데이터를 분석의 대상으로 하기 위해서는 위에서 수행한 과정 중 {케이스 선택} 윈도우에서 『전체 케이스』를 선택한 후 [확인] 버튼을 누르고 빠져나오면 된다. 이러한 과정을 통해서 자신이 원하는 어떠한 데이터도 선별적으로 분석 대상으로 만들 수 있다.

3. 변수 생성하기: 기존 변수를 이용한 새로운 변수 생성하기

데이터를 다루다 보면 기존의 데이터를 다른 형태로 변환하여 분석할 필요가 생길 때가 있다. 예를 들어, 설문조사 시 경력을 연수로 조사하였다고 하자. 이 데이터를 개월 수로 변환할 필요가 있을 때 데이터의 개수가 많을 경우는 암담하게 된다. 또는 그 반대의 경우도 마찬가지이다. 다른 예로는, 개방형 질문으로 조사된 데이터를 구간을 가진 순서형 데이터로 변환할 필요가 있을 때도 있다. 아래와 같은 질문이 있다고 하자.

귀하의 운동 참여 경력은? (개월)

위와 같은 개방형 질문을 할 경우 응답자들은 자유롭게 자신의 경력을 개월 수로 입력하게 된다. 그러나 연구자가 응답자들의 경력을 다음과 같은 순서형 데이터로 범주화하기를 원할 수도 있다.

① 6개월 미만 ② 1년 미만 ③ 1년 6개월 미만 ④ 2년 미만 ⑤ 2년 이상

위와 같은 경우 데이터를 일일이 확인하여 새롭게 작성한다는 것은 매우 번거로운 일이며, 어떤 경우에는 많은 노력과 시간이 필요하게 된다. 여기서는 이런 경우에 대처할 수 있는 방법에 대해서 설명할 것이다. 기존 변수에 요구되는 조작을 가한 후 그 결과를 새로운 변수를 생성하여 데이터 파일에 추가하는 방법에 대해서 배우게 될 것이다.

아래의 <그림 2－26>은 위에서 사용했던 데이터이다. Q4 변수의 값들을 살펴보면, 1～40까지 값이 분포되어 있다. 이 값들을 우리는 1～10까지는 1로, 11～20까지는 2, 21～30까지는 3, 31～40까지는 4로 분류하여 그 결과를 새로운 변수로 저장할 것이다.

	No	degree	Q1	Q2	Q3	Q4	Q5	filter_$
1	1	2	9	4	2	2	2	0
2	2	3	4	4	2	2	1	1
3	3	3	4	7	30	40	1	1
4	4	3	4	7	30	30	1	1
5	5	3	4	7	20	35	1	1
6	6	3	4	7	20	35	1	1
7	7	3	4	7	10	15	1	1
8	8	3	4	6	.	10	1	1
9	9	2	4	7	30	30	2	0
10	10	2	4	4	1	2	3	0
11	11	3	4	4	5	2	2	1
12	12	3	4	6	5	4	2	1
13	13	3	6	6	1	1	3	1

그림 2－26 분석 대상 화면

먼저 새로운 변수를 만들기 위해서는 <그림 2-27>과 같이【변환】-【코딩변경】-【새로운 변수로】 메뉴를 클릭한다. 그러면 {새로운 변수로 코딩변경}이란 윈도우가 아래 <그림 2-28>과 같이 나타난다.

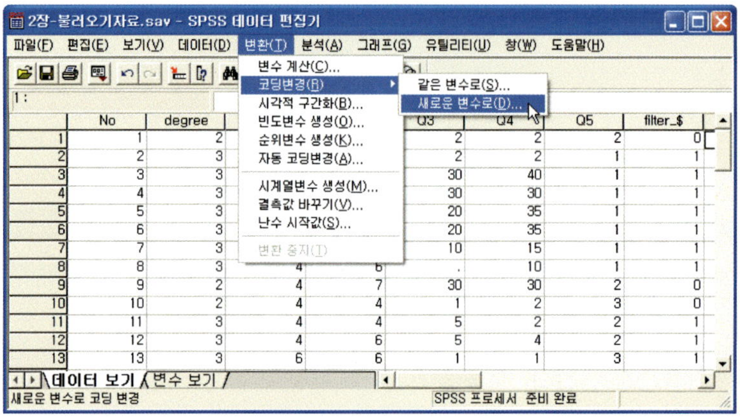

그림 2-27 새로운 변수 생성을 위한 메뉴 선택 화면

왼쪽에는 변수명들이 출력되어 있고, 오른쪽에는 변수를 입력받는 창으로 구성되어 있다.

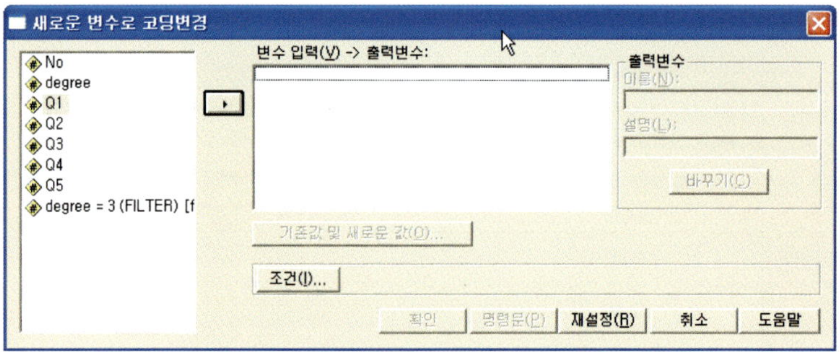

그림 2-28 새로운 변수로 코딩변경을 위한 윈도우 화면

우리는 Q4 변수를 이용하여 새로운 변수를 만들고자 하는 것이므로 왼쪽 변수목록에서 Q4를 선택하여 화살표 버튼을 누르면 아래 <그림 2-29>의 오른쪽 화면과 같이 나타난다. 『출력변수』 항목의 『이름』란에 "New"라고 입력한다. 이 New가 우리가 새롭게 만들어 낼 변수의 이름이다. <그림 2-30>과 같

이 [바꾸기] 버튼을 누르면 오른쪽 화면의 "?"가 "New"로 바뀌게 된다.

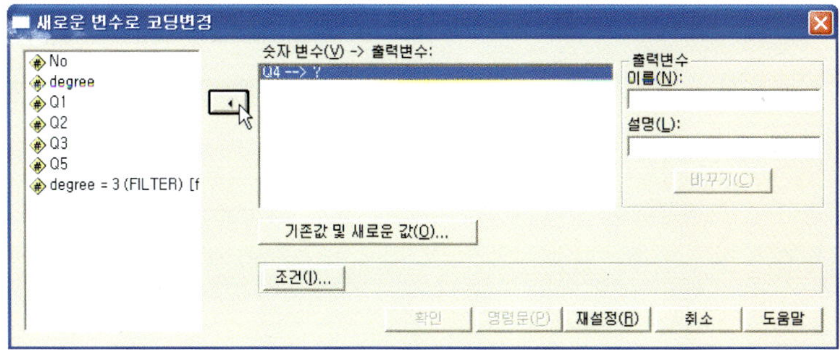

그림 2-29 변환 방식 설정 화면-01

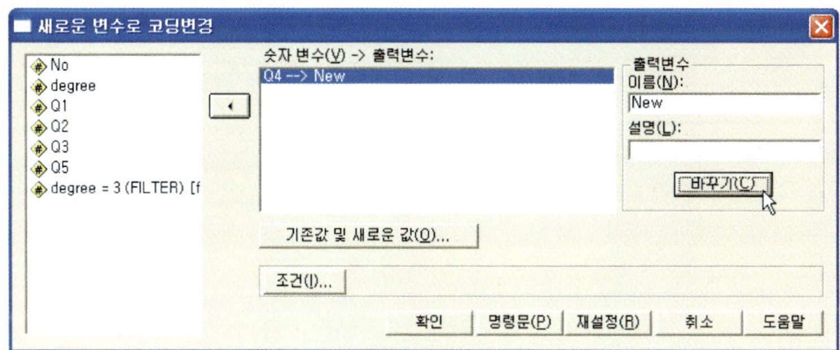

그림 2-30 변환 방식 설정 화면-02

다음은 <그림 2-30>에서 [기존값 및 새로운 값] 버튼을 누르면 아래 <그림 2-31>과 같이 {새로운 변수로 코딩변경: 기존값 및 새로운 값}이란 윈도우가 열린다.

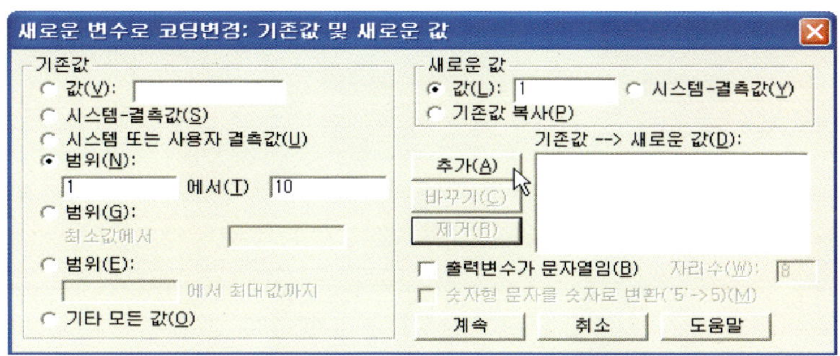

그림 2-31 변환 방식 설정 화면-03

　화면 왼쪽은 기존 값을 설정하는 곳이고 오른쪽은 새로운 값을 지정하는 곳이다. 우리는 1~10까지의 범위를 1로 설정하고자 하는 것이므로 『기존값』에서 『범위』를 선택한 다음 위 그림과 같이 1과 10을 입력한다. 그리고 『새로운 값』에서 『값』을 선택한 후 1을 입력한다. 이후 [추가] 버튼을 누르면 아래의 <그림 2-32>와 같이 입력된다.

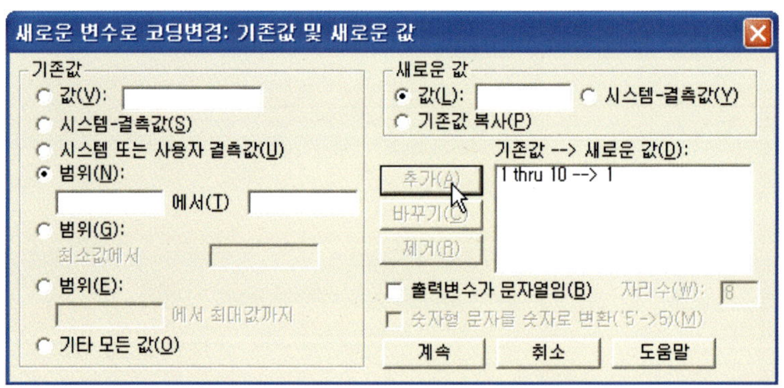

그림 2-32 변환 방식 설정 화면-04

　나머지도 위와 동일한 방법으로 계속 입력하면 최종적으로 아래의 <그림 2-33>과 같이 된다. [계속] 버튼을 누르고 윈도우를 빠져나오면 아래 <그림 2-34>와 같이 된다.

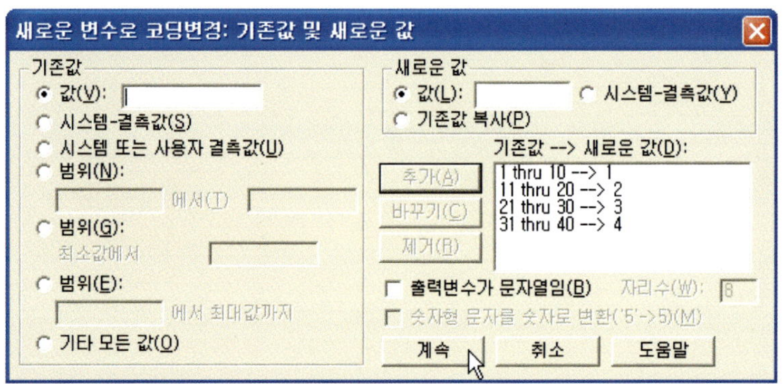

그림 2-33 변환 방식 설정 화면-05

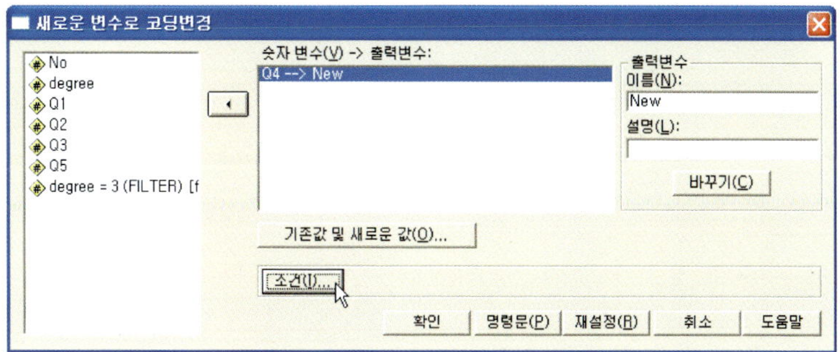

그림 2-34 변환 방식 설정 화면-06

[조건] 버튼을 누르면 아래 <그림 2-35>와 같은 윈도우가 열린다. 여기서 우리는 모든 데이터를 대상으로 하고 있기 때문에 맨 위에 있는『모든 케이스 포함』을 선택한 다음 [계속] 버튼을 누른다.

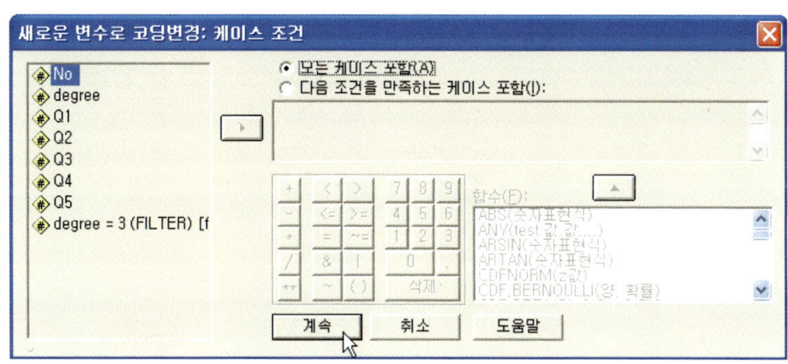

그림 2-35 변환 방식 설정 화면-07

이 과정을 모두 끝마치면 아래의 <그림 2-36>과 같은 결과를 얻을 수 있다. "New"라는 새로운 변수가 생성되어 있는 것을 볼 수 있으며 Q4의 값에 따라 1, 2, 3, 4 값이 입력되어 있음을 알 수 있다. 소수점 처리는 위에서 배운 바와 같이 『변수 보기』 화면에서 조정하면 된다.

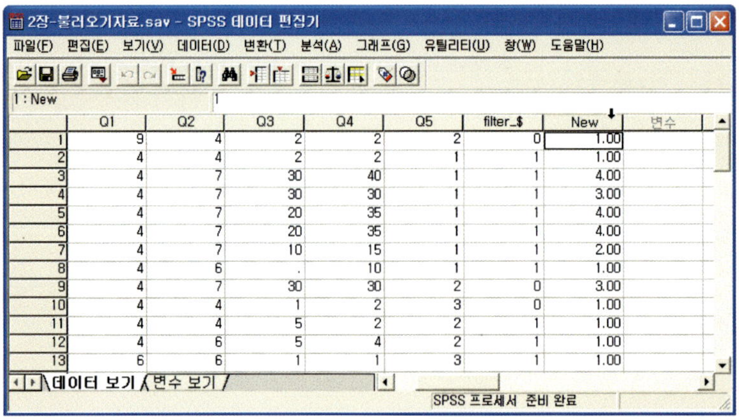

2장-불러오기자료.sav - SPSS 데이터 편집기

파일(F) 편집(E) 보기(V) 데이터(D) 변환(T) 분석(A) 그래프(G) 유틸리티(U) 창(W) 도움말(H)

1 : New   1

	Q1	Q2	Q3	Q4	Q5	filter_$	New	변수
1	9	4	2	2	2	0	1.00	
2	4	4	2	2	1	1	1.00	
3	4	7	30	40	1	1	4.00	
4	4	7	30	30	1	1	3.00	
5	4	7	20	35	1	1	4.00	
6	4	7	20	35	1	1	4.00	
7	4	7	10	15	1	1	2.00	
8	4	6	.	10	1	1	1.00	
9	4	7	30	30	2	0	3.00	
10	4	4	1	2	3	0	1.00	
11	4	4	5	2	2	1	1.00	
12	4	6	5	4	2	1	1.00	
13	6	6	1	1	3	1	1.00	

◀▶ \데이터 보기 / 변수 보기 /

SPSS 프로세서 준비 완료

그림 2-36 새로운 변수 생성 결과 화면

상관분석
Correlation Analysis

1. 상관분석의 개념

　상관분석은 두 변수(변인) 또는 그 이상의 변수들 간의 관련성을 알아보고자 할 때 자주 사용되는 분석기법으로 독립변인이나 종속변인이 존재하지 않는 구조이다. 상관분석이 사용되는 연구문제의 변인 구조를 나열하면 다음과 같다.

　① 종업원의 친절함과 고객의 만족도 간에는 관련이 있는가?
　② 하지의 길이와 100m 달리기 기록 간에는 관련이 있는가?
　③ 순발력과 유연성, 지구력 간에는 관련이 있는가?

　위의 연구문제들을 살펴보면, 변인들 간에 관련성의 존재 여부만을 파악하고자 하고 있다. 즉 인과관계나 영향의 방향 등은 고려하고 있지 않다. 이렇듯 상관분석은 관련성의 존재 여부와 만약 관련이 있다면 그것이 어떠한 관련성(양 또는 음의 관련성)이 있는지를, 그리고 관련성의 강도는 어느 정도인지를 분석할 때 사용하게 된다. 정리하면 상관분석을 통해서 얻을 수 있는 결과들은 다음과 같다.

【상관분석을 통해 분석할 수 있는 내용】

1) 변수들 간의 관련성 존재 여부
2) 양(＋)의 관련성인지 음(－)의 관련성인지의 여부
3) 관련성의 강도

상관분석에서는 관련 정도를 수치적으로 나타내기 위해서 관련 변수들의 공분산을 이용한 **상관계수(correlation coefficient)**를 구하게 되는데 공분산은 두 변수의 측정단위에 따라 커다란 차이가 나는 문제점이 있으므로 상대적인 강도를 나타내는 좋은 지표가 되지 못한다. 예를 들어, 길이를 나타내는 두 변수의 공분산을 구할 때 그 변수들이 센티미터(㎝)로 측정되는 경우보다 미터(m)로 측정되는 경우 공분산의 절댓값은 훨씬 작아지게 된다. 이렇듯 공분산은 두 변수 X와 Y의 단위에 의존하는 양이므로, 단위와는 무관한 척도를 얻기 위하여 공분산을 X와 Y의 표준편차의 곱으로 나누어서 얻은 값을 X와 Y의 상관계수라 하며, $Corr(X, Y)$ 또는 ρ(rho)로 나타낸다. 즉, 상관계수는 선형관계의 강도에 대한 척도로서 단위에 무관한 양이다. 상관계수 식은 아래의 <식 3－1>과 같다.

$$Corr(X, Y) = \rho = \frac{Cov(X, Y)}{sd(X)sd(Y)} = \frac{공분산}{두\ 변수의\ 표준편차} \qquad \text{<식 3-1>}$$

위의 <식 3－1>은 모집단에서의 공분산과 상관계수를 계산할 때 사용된다. 추출된 표본에 대해서 표본의 상관계수를 구할 때는 기호만 다를 뿐 계산방식은 모집단의 상관계수를 구할 때와 동일하다. 표본의 공분산 S_{XY}을 구한 다음 각각의 표본표준편차 S_X와 S_Y을 구하여 계산하면 된다. 모집단의 상관계수를 ρ(rho)로 표시하고, 표본의 상관계수는 r로 표시한다. 표본의 공분산과 상관계수 식은 아래의 <식 3－2>, <식 3－3>과 같다.

$$S_{XY} = \frac{\sum(X_i - \overline{X})(Y_i - \overline{Y})}{n} = \frac{\sum X_i Y_i}{n} - \overline{X}\,\overline{Y} \qquad \text{<식 3-2>}$$

$$r = \frac{S_{XY}}{S_X \cdot S_Y}$$

<식 3-3>

1) 상관계수의 의미

상관계수는 두 변수의 관계를 선형으로 나타낼 때 그 밀접한 정도가 어느 정도 되는지를 나타내 주는 것으로서 +1~-1의 범위를 갖게 된다. 상관계수가 + 일 경우를 양의 상관 또는 정상관이라 하고 - 일 경우를 음의 상관 또는 역상관이라 한다. 이를 그림으로 나타내면 아래의 <그림 3-1>, <그림 3-2>와 같다.

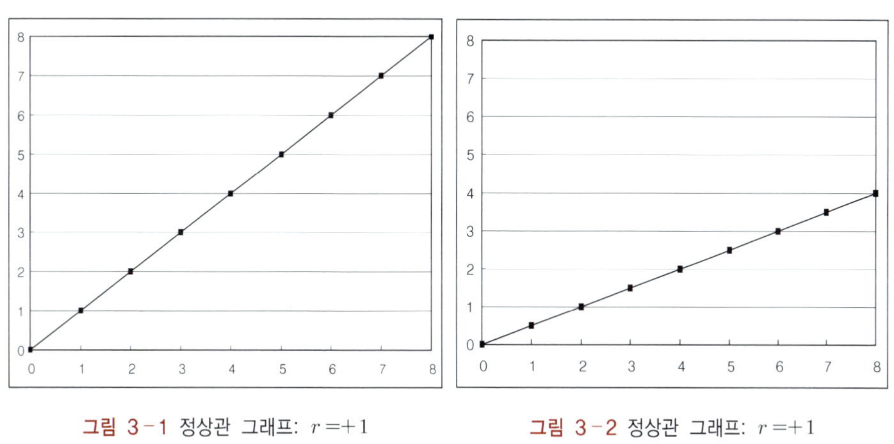

그림 3-1 정상관 그래프: $r = +1$ 그림 3-2 정상관 그래프: $r = +1$

<그림 3-1>과 <그림 3-2>를 보면 x축에 따른 y축의 변화가 하나의 직선으로 표시되어 있다. 따라서 모든 데이터는 직선상에 존재하게 된다. 이러한 형태를 선형관계라 한다. 그러므로 선형관계의 강도를 측정한다는 것은 변수들의 관계가 직선에 얼마나 가까운가를 측정하는 것이다.

<그림 3-1>과 <그림 3-2>는 모두 상관계수가 $r = +1$일 때의 그래프이다. 그러나 두 직선의 기울기는 다르다. <그림 3-1>의 직선의 기울기는 +1이고, <그림 3-2>의 직선의 기울기는 +0.5이다. 따라서 상관계수는 직선의 기울기와는 상관이 없다. 물론 기울기가 0이 되면 상관계수는 존재하지 않게 된다. 상관계수의 값은 데이터들의 변화 양상이 직선에서 벗어난 정도에 의해 결정된다. 즉,

데이터들이 직선상에 존재하지 않고 넓게 퍼져 있을수록 상관계수 값은 낮아진다. 변수들 간의 어떠한 관계성도 나타나지 않으면 상관계수 값은 0이 된다.

　상관계수가 음(−)의 값을 가진다는 것은 역상관이 된다는 것을 의미한다. 즉, 하나의 변수가 증가하였을 때 또 다른 하나의 변수도 감소하였다는 뜻이다. 이를 그림으로 나타내면 아래의 <그림 3−3>과 같다. 역상관 그래프를 보면 직선의 방향이 반대로 되어 있음을 알 수 있다. 직선의 기울기가 −1인 것이다. 즉, 상관계수의 절댓값은 변수들 간의 관계 정도를 나타내고, 상관계수의 부호는 방향성을 나타낸다.

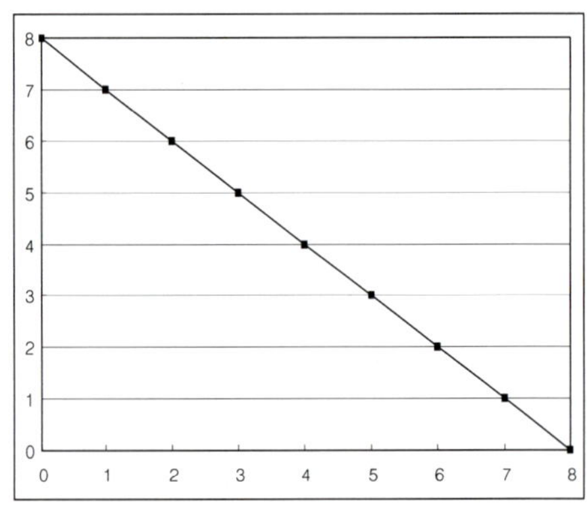

그림 3−3 역상관 그래프: $r = -1$

아래의 <그림 3−4>는 상관계수가 +1이 아닐 때의 데이터 분포 모양들이다.

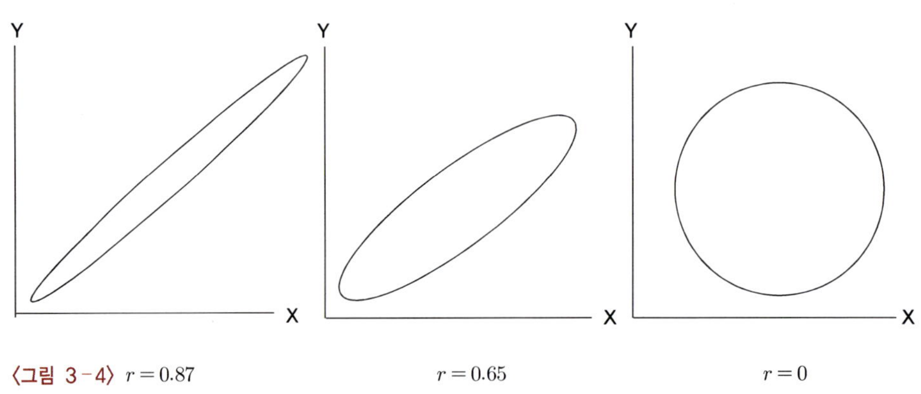

<그림 3−4> $r = 0.87$　　　　　$r = 0.65$　　　　　$r = 0$

위의 <그림 3-4>를 살펴보면, 데이터의 분포가 직선에서 벗어나 원형에 가까울수록 상관계수 값이 낮아지고 있음을 알 수 있다. 특히 $r=0$일 때는 데이터가 완전한 원형임을 알 수 있다. 상관도가 높기 위해서는 한 변수의 증가에 따라 다른 변수의 값이 증가하거나 또는 낮아지는 일정한 패턴이 있어야 한다. 이러한 일정한 패턴이 약할수록 상관계수 값은 낮아진다. 위 그림 중 $r=0$인 그림을 보면 X축이 증가함에 따라 Y축 값의 증가와 감소 비율이 동일하게 나타나고 있다.

2) 상관계수의 특징

상관분석을 통해 상관계수를 구하고자 할 때는 추출된 표본이 어느 범위에 존재하느냐가 매우 중요하다. 추출된 표본이 변수들을 충분히 설명할 수 있는 범위를 포함하고 있느냐에 따라 상관계수의 값은 크기가 달라지며 그 방향성 또한 달라질 수 있다. 따라서 상관계수를 구하고자 할 때는 표본 추출에 각별히 신경을 써야 한다.

아래 <그림 3-5>, <그림 3-6>, <그림 3-7>을 통해 추출된 표본에 따라 상관계수가 어떻게 달라지는지를 살펴보자.

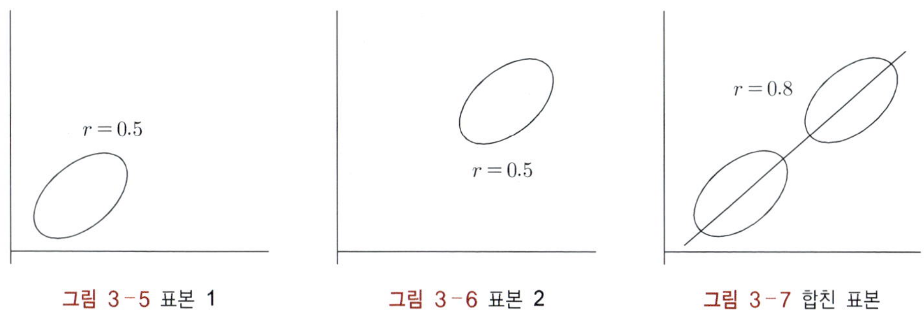

| 그림 3-5 표본 1 | 그림 3-6 표본 2 | 그림 3-7 합친 표본 |

<그림 3-5>와 <그림 3-6>은 상관계수의 값이 작으며, 표본의 범위가 한쪽에 치우쳐져 있다. 이렇게 한쪽으로 치우쳐져 있으며, 상관계수 값이 작은 두 표본을 합치면 <그림 3-7>과 같이 상관계수 값이 증가하게 된다. 위와 같은

경우는 동일 모집단에서 상이한 범위를 갖고 있는 두 표본에서도 자주 발생되며, 성격이 다른 두 모집단에서 표본을 추출하였을 경우에도 발생한다. 따라서 상관분석을 하기 위해서 표본을 추출할 때는 표본의 범위가 모집단을 설명할 수 있을 만큼의 범위를 포함하고 있는지를 살펴볼 필요가 있다. 상관분석 시 표본의 범위가 충분하지 않을 경우 그릇된 결과와 해석을 하게 될 수도 있다.

이번에는 상관계수의 부호가 바뀌는 경우를 살펴보자. 먼저 아래의 <그림 3－8>, <그림 3－9>를 살펴보자.

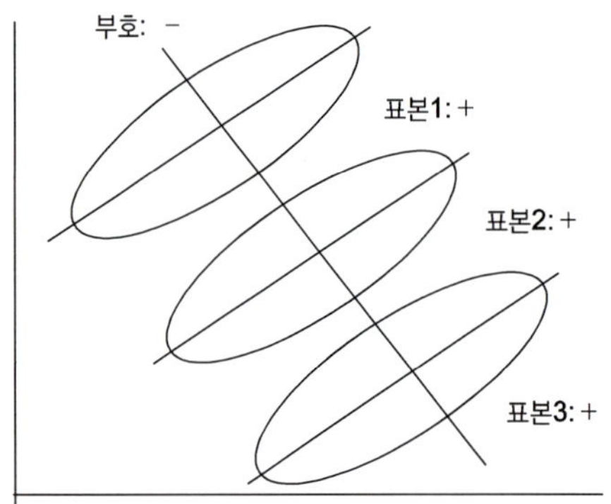

그림 3-8 부호변경: +→-

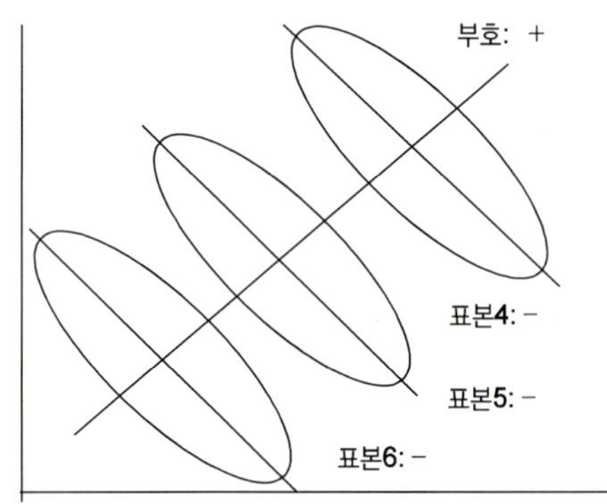

그림 3-9 부호변경: -→+

위의 그림들을 살펴보면 상관계수의 부호가 어떻게 변경되는지 충분히 이해할 수 있을 것이다. <그림 3－8>의 경우는 양의 상관계수를 지니는 표본 3개를 합칠 경우 전체에 대한 상관계수의 부호는 음의 값을 지니게 되는 경우이고, <그림 3－9>는 반대로 음의 상관계수를 지닌 표본 3개를 합쳤을 경우 전체에 대한 상관계수의 부호가 양의 값을 지니게 되는 경우이다.

위에서 살펴본 바와 같이 상관계수는 추출된 표본의 범위가 모집단을 설명할 수 있을 만큼 충분하여야 정확한 분석을 수행할 수 있다. 추출된 표본의 범위가 충분하지 못할 경우에는 상관계수의 값이 크게 나오더라도 그 값을 옳은 값으로 받아들이기 힘들다. 따라서 상관분석을 수행할 경우에는 매우 조심하여야 한다. 상관분석이 다른 분석들에 비해 분석 방법이 쉽다는 장점이 있기는 하지만 위에서 살펴본 바와 같이 추출된 표본의 범위에 의해 상관계수 값의 변화가 심하고, 부호 또한 변경될 수 있음을 꼭 기억하여야 한다.

2. 상관분석 시 고려 사항

상관분석 시 고려할 사항은 크게 두 가지이며 아래와 같다.

① 표본이 모집단을 충분히 대표할 수 있는가?
② 수집된 자료(데이터)의 척도에 맞는 분석 방법을 선택하였는가?

표본과 관련된 첫 번째 내용은 위에서 알아본 바와 같이 표본의 범위가 결과에 영향을 미치기 때문이다. 표본 크기(sample size)와는 상관이 없으며 범위와 관련되어 있음을 인지하여야 한다.

두 번째 고려 사항은 매우 중요한 부분이다. 통계학 입문자들의 통계분석 시 가장 자주 나타나는 오류 중의 하나가 자료의 척도 종류와 상관없이 분석기법들을 사용하는 것이다. 상관분석은 자신이 수집한 자료의 척도가 무엇이냐에 따라 분석 방법이 달라진다. 일반적으로 상관분석의 대상은 등간척도 이상의 자료이나 설문지 데이터와 같이 순위 데이터도 상관분석은 가능하다. 그러나 명명척도는 분석의 대상이 될 수 없다. 이를 정리하면 아래의 <그림 3 – 10>과 같다.

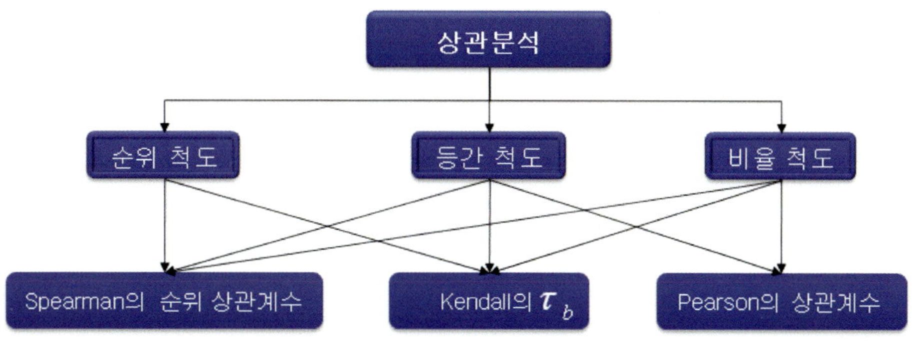

그림 3 – 10 척도에 따른 상관분석 방법

상관분석으로 가장 많이 사용하는 것은 **피어슨(Pearson)**의 상관계수이다. 피어슨의 경우 데이터가 등간척도, 비율척도일 경우 사용할 수 있다. 그러나 피어슨 상관계수의 경우 선형의 관계성만을 분석할 수 있다. **스피어만(Spearman)**의 순위 상관계수와 **켄달(Kandall)**의 타우(tau) − b는 비모수통계로서 순위척도, 등간척도, 비율척도 모두에 사용할 수 있다. 스피어만과 켄달 모두 분석 시 원데이터를 사용하지 않고 데이터를 순위화한 자료를 사용하며, 반드시 선형의 관계가 아니라도 증가나 감소가 발생하는 형태에 대해서 분석할 수 있기 때문에 비선형상관계수라고 한다. 스피어만의 경우 상관계수의 기호로 r이 아닌 ρ나 r_s를 사용하고 켄달의 경우에는 π(tau)를 사용한다. A변수의 순위를 x, B변수의 순위를 y라 하면 스피어만의 상관계수 계산식은 <식 3 − 4>와 같다.

$$\rho = 1 - \frac{6\sum_{i=1}^{n}(x_i - y_i)^2}{n(n^2 - 1)} \qquad \text{<식 3-4>}$$

켄달의 상관계수 계산식은 <식 3 − 5>와 같다.

$$\tau = 1 - \frac{4Q}{n(n-1)} \qquad \text{<식 3-5>}$$

여기서 Q는 오름차순으로 순위가 정리된 한 변수에 대응되는 또 다른 변수의 순위를 오름차순으로 정리하기 위해 순서가 교환되는 횟수이다.

3. 상관분석 방법

상관분석을 수행하기 위한 연구 문제는 다음과 같다.

상관분석을 위한 연구문제-01

연구자는 체력과 지구력, 순발력, 균형성이 상호 관련성이 있는지를 알아보기 위해서 12명의 피험자를 대상으로 각각의 측정 점수를 얻었으며 그 점수는 아래의 표와 같다.

endurance	power	balance	fitness
19.000	28.500	26.500	74.000
18.333	24.000	33.000	75.333
18.333	27.000	31.000	76.333
2.333	27.900	20.000	50.233
18.333	18.000	16.000	52.333
14.666	23.400	25.000	63.066
18.000	26.700	22.500	67.200
10.666	25.500	23.000	59.166
18.333	29.100	17.000	64.433
16.666	24.600	28.000	69.266
19.666	25.200	21.500	66.366
11.666	26.400	27.500	65.566

지구력, 순발력, 균형성, 체력 간에 상관관계가 있는지 분석하라.

1) 상관분석의 절차 및 내용

상관분석을 수행하는 순서는 아래 <그림 3-11>과 같다.

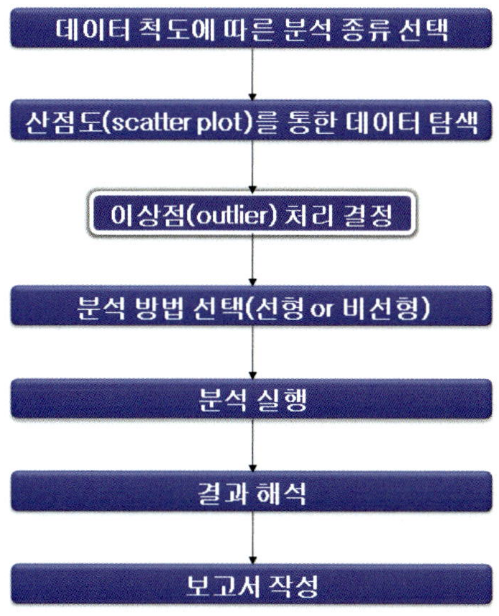

그림 3-11 상관분석 수행 순서

먼저 얻어진 자료의 척도가 무엇인지를 확인해야 한다. 위의 연구문제에서 얻어진 자료는 수치 자료이므로 비율척도라 할 수 있다. 따라서 피어슨, 스피어만, 켄달 모두를 사용할 수 있다. 다음은 얻어진 데이터를 이용하여 산점도를 그려 보는 것이다. 산점도를 그려 보는 것은 분석하고자 하는 변수들의 관계성을 분석 전에 어느 정도 예측해 보기 위한 것도 있지만 무엇보다 **이상점**(outlier)의 존재 여부를 확인하기 위한 것이다. 이상점이란 자료의 전체적인 분포에서 크게 벗어난 특정 데이터를 말하는 것으로 이상점이 존재할 경우 상관계수의 값이 크게 왜곡될 수 있기 때문에 반드시 살펴봐야 한다. 대부분의 연구자들이 산점도를 그려 보지 않고 바로 분석을 수행하는 경우가 많은데 이는 정확한 분석을 위한 좋은 자세라 할 수 없다. 산점도를 통해 이상점이 발견될 경우 연구자는 이상점을 제거하고 분석할 것인지 아니면 포함하여 분석할 것인지를 면밀히 검토할 필요가 있다.

이상점에 대한 결정이 이루어졌다면 산점도를 통해 전체적인 데이터의 분포 모양을 보고 선형상관분석을 할 것인지 아니면 비선형상관분석을 할 것인지를 결정하여야 한다. 두 변수의 분포 모양이 직선 형태라면 선형상관분석을 수행하는 피어슨의 상관계수를 구하고, 분포 모양이 직선에서 많이 벗어났을 경우에는 비선형상관분석을 수행하는 스피어만이나 켄달의 상관계수를 구하는 것이 보다 바람직하다.

이 단계까지 결정이 되었다면 이제 실제 분석을 수행하고 그 결과를 해석하여 보고서를 작성하면 된다.

2) 상관분석의 실행 방법

위의 연구문제를 분석하기 위해서 얻어진 자료를 SPSS에 입력한 모양은 <그림 3 - 12>와 같다.

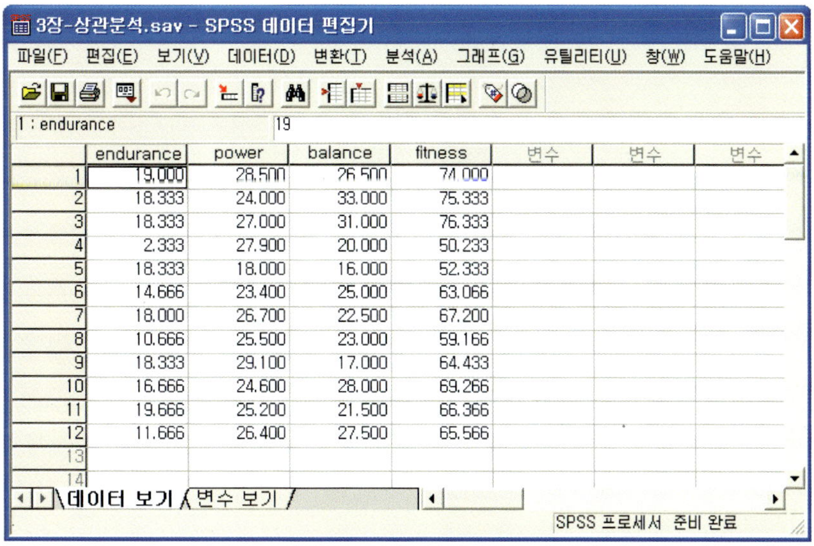

그림 3-12 데이터 입력 화면

위의 데이터를 가지고 먼저 산점도를 그려 보자. 산점도를 그리기 위해서는 <그림 3-13>과 같이 【그래프】 - 【산점도】 를 선택하여 실행한다.

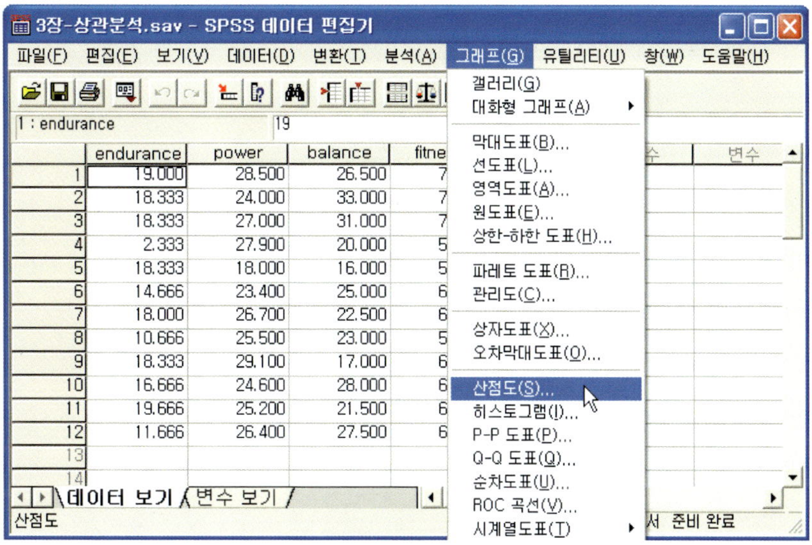

그림 3-13 산점도를 위한 메뉴 선택 화면

산점도 메뉴를 클릭하면 아래의 <그림 3-14>와 같이 {산점도} 윈도우가 나타난다. 『단순』 항목을 선택한 후 [정의] 버튼을 누른다.

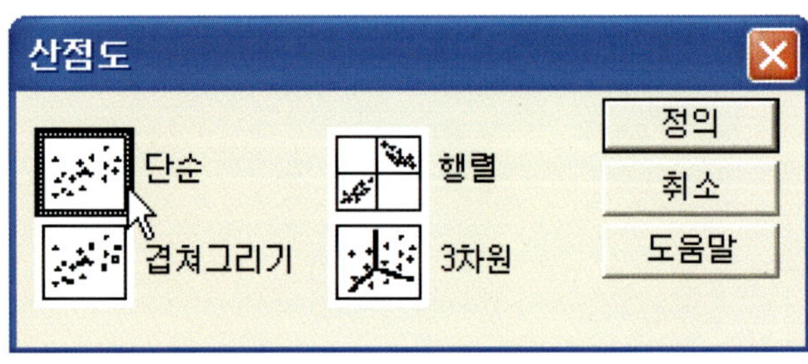

그림 3-14 산점도 윈도우 화면

아래 <그림 3-15>와 같이 {단순 산점도} 윈도우가 나타난다. 윈도우 화면 왼쪽에는 데이터에 사용된 변수 이름들이 나열되어 있고 오른쪽에는 변수를 입력받을 수 있는 축들로 구성되어 있다.

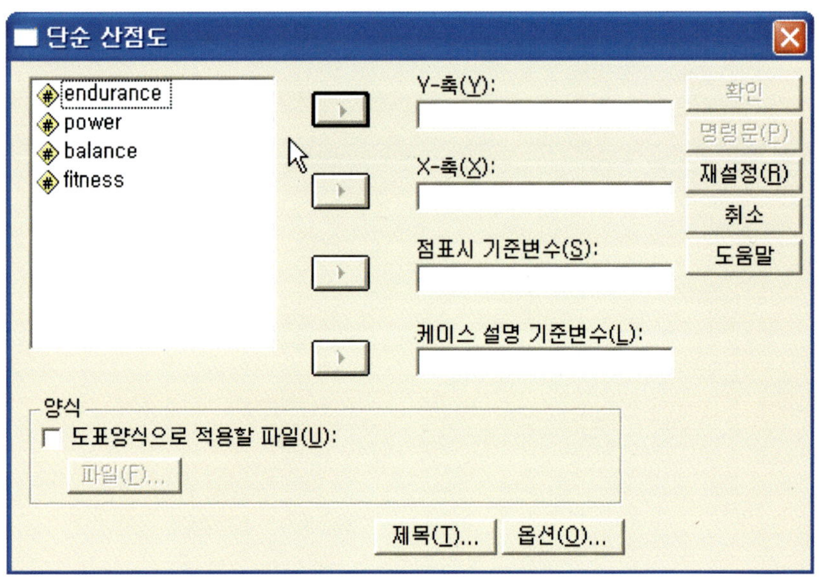

그림 3-15 단순 산점도 화면

<그림 3-16>과 같이 "endurance" 변수를 선택한 후 이동 버튼을 눌러 『X-축』 항목에 할당하고 "fitness" 변수를 선택하여 『Y-축』 항목에 할당한다. [확인] 버튼을 눌러 실행하면 <그림 3-17>과 같이 결과를 볼 수 있다.

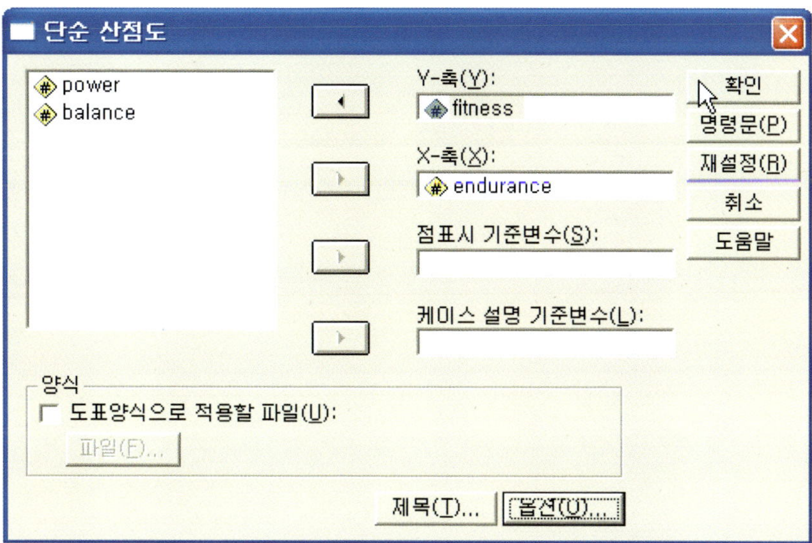

그림 3-16 단순 산점도 변수 설정 화면

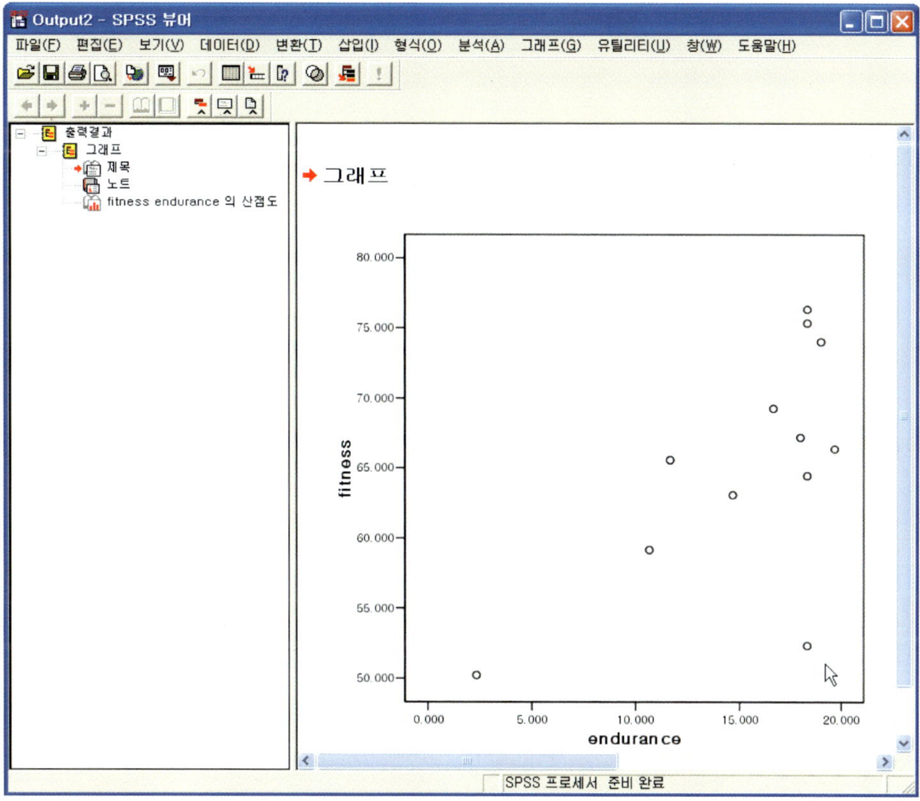

그림 3-17 산점도 실행 결과 화면

결과를 살펴보면, 전체적으로 데이터들이 선형의 형태에 가깝게 분포되어 있으나 X축의 아래쪽에 위치하고 있는 두 개의 데이터가 전체적인 분포 경향에서 떨어져 있음을 볼 수 있다. 이러한 특정 데이터를 이상점(outlier)이라고 한다. 이상점이 발견되면 연구자는 이상점을 분석에 포함할 것인지 아니면 삭제하고 분석할 것인지 결정해야 한다. 본 연구문제에서는 일단 포함하여 분석할 것이다.

위에서 실행한 방법대로 나머지 변수 "power"와 "balance"들도 산점도를 그려보면 아래의 <그림 3-18>과 같다. power-fitness 산점도에서도 이상점이 발견되고 있다. 이상점의 삭제 여부 결정과 관련해서는 주의를 기울여야 한다. 진짜 이상점인지 아니면 표본추출 시 충분한 범위를 포함하지 못한 것인지 판별하여야 하기 때문이다.

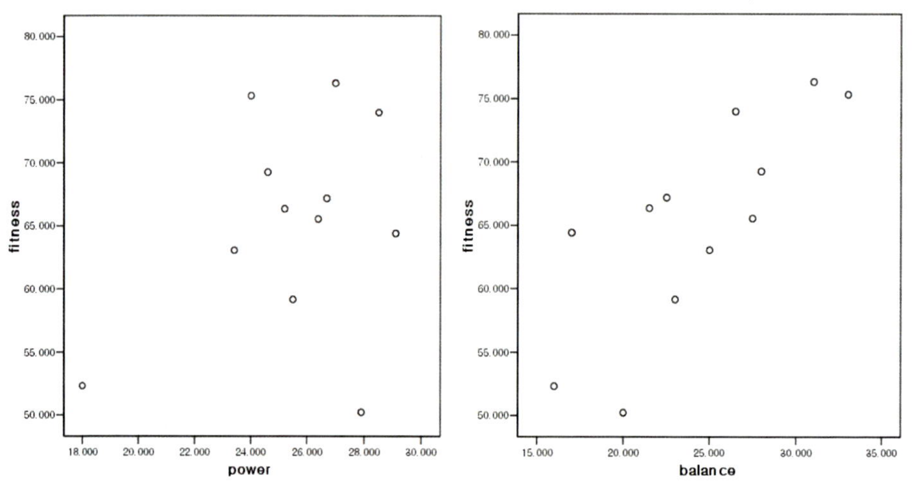

그림 3-18 산점도 분석 결과 화면

지금까지 산점도를 통해 수집된 데이터의 전체적인 경향을 살펴보았다. 이 과정을 통해 전반적인 분석 방향을 잡았다면 이제 상관분석을 실행할 차례이다.

상관분석을 실행하기 위해서는 <그림 3-19>와 같이 【분석】 - 【상관분석】 - 【이변량 상관계수】를 선택한다.

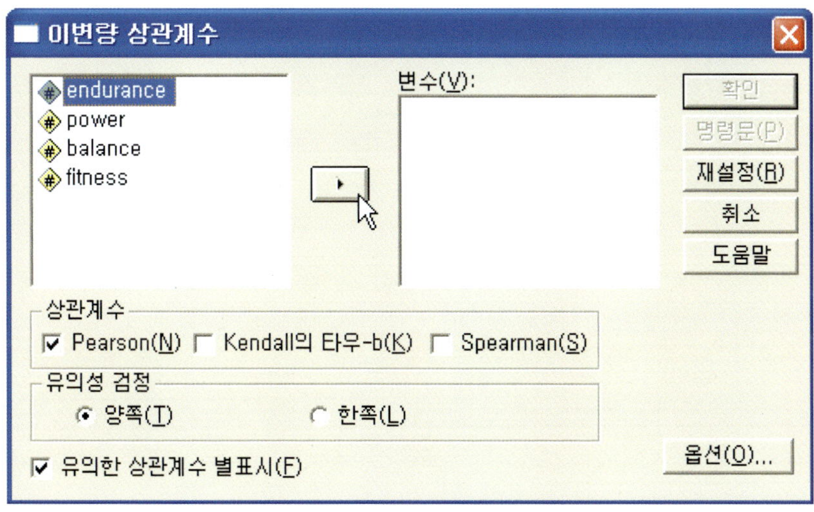

그림 3-19 상관분석을 위한 메뉴 선택 화면

    메뉴를 실행하면 {이변량 상관계수} 윈도우가 <그림 3-20>과 같이 나타난다. 화면의 왼쪽에는 데이터에 사용된 변수 이름들이 나열되어 있고 오른쪽에는 선택된 변수들을 나타내는 항목이 존재한다. 아래쪽『상관계수』항목에는『Pearson』이 선택되어 있다. SPSS의 경우 피어슨의 상관계수가 디폴트로 되어 있다. 본 연구문제의 데이터는 등간척도 이상이므로 피어슨의 상관계수를 이용하게 된다.

그림 3-20 이변량 상관계수 윈도우 화면

<그림 3-21>과 같이 변수 모두를 선택하여 『변수』 항목으로 이동시켜 모든 변수를 분석 대상으로 한다. 그리고 데이터의 척도가 등간척도 이상이므로 『Kendall의 타우-b』와 『Spearman』 모두를 선택(체크)하여 분석에 포함시키도록 한다.

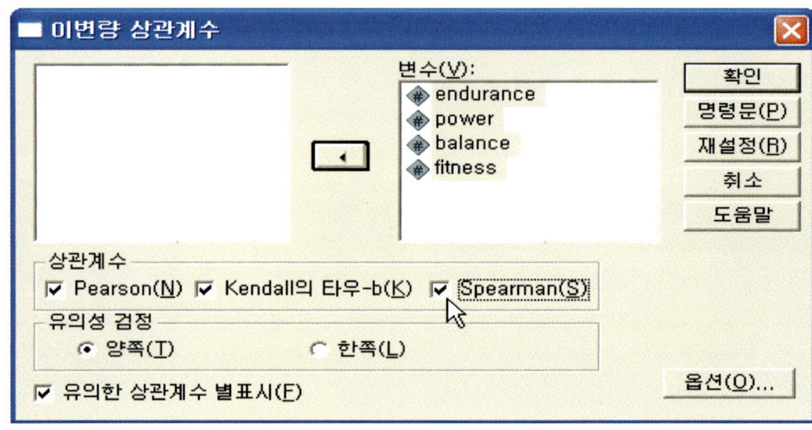

그림 3-21 이변량 상관계수 변수 설정 화면

모든 설정을 완료한 후 [확인] 버튼을 클릭하여 분석을 실행하면 아래의 <그림 3-22>와 같은 분석 결과를 볼 수 있다.

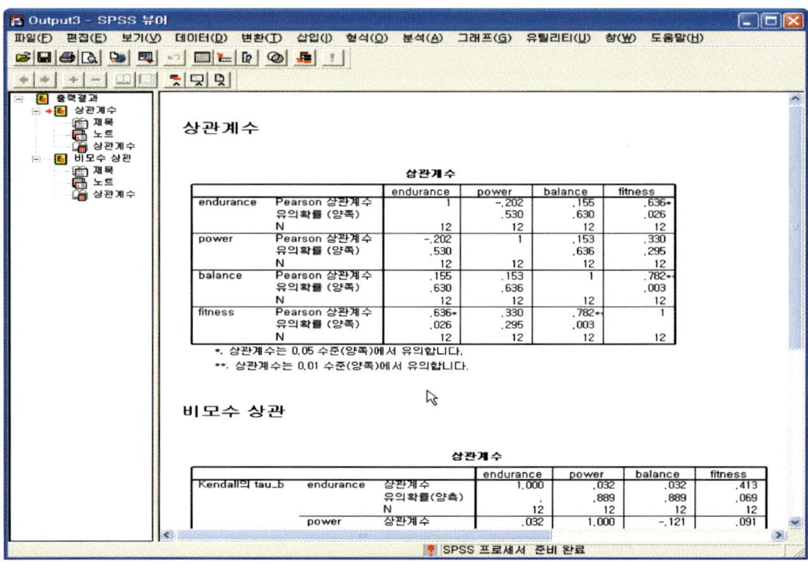

그림 3-22 상관분석 결과 출력 화면

3) 상관분석 결과의 해석

분석 결과를 살펴보면, "상관계수"와 "비모수상관"이란 제목의 결과가 출력되어 있다. 처음에 나타나 있는 상관계수는 디폴트로 지정되어 있는 피어슨의 상관계수를 나타내는 것이고 두 번째 나타나 있는 비모수상관 내용은 켄달과 스피어만의 상관계수를 나타내고 있는 것이다. 만약 <그림 3-21>에서 켄달과 스피어만을 선택하지 않는다면, 처음에 나타나는 피어슨의 상관계수 내용만 출력되고 비모수상관 내용은 출력되지 않았을 것이다.

첫 번째 분석 결과인(<표 3-1> 참조) 상관계수 표를 보면 Pearson 상관계수, 유의확률(양쪽), N이 차례대로 출력되어 있다. 표의 대각 성분 값들이 모두 1로 되어 있음을 볼 수 있는데 이는 자기와의 상관이기 때문에 모두 1이 된다. 그리고 대각 성분을 중심으로 위, 아래 값들이 동일함을 볼 수 있다. 따라서 대각 성분을 중심으로 위쪽이나 아래쪽, 한쪽만 보면 된다. 결과를 보면 endurance-fitness의 상관계수가 0.636, balance-fitness의 상관계수가 0.782로 상호 간에 관련성이 있는 것으로 분석되었으며 유의확률 값도 각각 0.026, 0.003으로 유의수준 0.05보다 낮게 나타나 통계적으로도 의미가 있는 것으로 분석되었다.

상관계수 값에 대한 평가는 학자에 따라 다소 다르지만 일반적으로 다음과 같은 기준을 사용한다.

$$0.8 \leq |r| : 강한\ 상관있음$$
$$0.6 \leq |r| < 0.8: 상관있음$$
$$0.4 \leq |r| < 0.6: 약한\ 상관있음$$
$$|r| < 0.4: 상관없음$$

다소 보수적인 입장의 학자인 경우 0.5 이하인 경우 상관이 없는 것으로 판단하기도 함.

표 3-1 상관분석 결과 1: 피어슨 상관계수

상관계수

		endurance	power	balance	fitness
endurance	Pearson 상관계수	1	-.202	.155	.636(*)
	유의확률(양쪽)		.530	.630	.026
	N	12	12	12	12
power	Pearson 상관계수	-.202	1	.153	.330
	유의확률(양쪽)	.530		.636	.295
	N	12	12	12	12
balance	Pearson 상관계수	.155	.153	1	.782(**)
	유의확률(양쪽)	.630	.636		.003
	N	12	12	12	12
fitness	Pearson 상관계수	.636(*)	.330	.782(**)	1
	유의확률(양쪽)	.026	.295	.003	
	N	12	12	12	12

* 상관계수는 0.05 수준(양쪽)에서 유의합니다.
** 상관계수는 0.01 수준(양쪽)에서 유의합니다.

두 번째 분석 결과인 <표 3-2>를 보면 켄달과 스피어만의 상관계수가 출력되어 있다. 출력결과(<그림 3-22>)의 상단에 보면 "비모수 상관"이라는 제목을 볼 수 있다. 이는 켄달과 스피어만의 상관분석은 비모수 통계분석 방법 중의 하나임을 나타내는 것이다. 상관계수 표를 보는 방법은 첫 번째 결과인 피어슨의 상관계수 표를 보는 것과 동일하다. 결과를 살펴보면, 켄달의 경우 balance-fitness의 상관계수가 0.606, endurance-fitness의 상관계수가 0.413으로 나타났으나 통계적으로 유의한 것은 balance-fitness뿐인 것으로 분석되었다. 스피어만의 경우는 balance-fitness의 상관계수가 0.769, endurance-fitness의 상관계수가 0.541로 나타났으나 balance-fitness만이 통계적으로 유의한 것으로 분석되었다.

3종류의 상관계수를 상호 비교해 보면 피어슨의 상관계수 값이 크게 나왔고, 통계적 유의한 차이가 있는 것으로 분석되었다. 따라서 연구자는 피어슨의 분석 결과를 취하여 보고하는 것이 바람직하다. 결론적으로 분석을 통해 연구자는 balance와 fitness 간에 그리고 endurance와 fitness 간에 관련성이 있는 것을 알게 되었으며, endurance보다는 balance가 fitness와 관련이 강한 것을 알게 되었다.

본 분석에서는 나타나지 않았지만, 비모수 분석 시 대각 성분의 값이 1이 아닌 경우도 발생하는데 이는 순위 분석 시 등순위의 경우 평균 순위로 대체하기 때문에 발생하게 된다.

표 3-2 상관분석 결과 2: 켄달 & 스피어만 상관계수

상관계수

			endurance	power	balance	fitness
Kendall의 tau_b	endurance	상관계수	1.000	.032	.032	.413
		유의확률(양측)	.	.889	.889	.069
		N	12	12	12	12
	power	상관계수	.032	1.000	−.121	.091
		유의확률(양측)	.889	.	.583	.681
		N	12	12	12	12
	balance	상관계수	.032	−.121	1.000	.606(**)
		유의확률(양측)	.889	.583	.	.006
		N	12	12	12	12
	fitness	상관계수	.413	.091	.606(**)	1.000
		유의확률(양측)	.069	.681	.006	.
		N	12	12	12	12
Spearman의 rho	endurance	상관계수	1.000	.039	.000	.541
		유의확률(양측)	.	.904	1.000	.069
		N	12	12	12	12
	power	상관계수	.039	1.000	−.112	.133
		유의확률(양측)	.904	.	.729	.681
		N	12	12	12	12
	balance	상관계수	.000	−.112	1.000	.769(**)
		유의확률(양측)	1.000	.729	.	.003
		N	12	12	12	12
	fitness	상관계수	.541	.133	.769(**)	1.000
		유의확률(양측)	.069	.681	.003	.
		N	12	12	12	12

** 상관 유의수준이 0.01입니다(양측).

4. 상관분석 결과의 보고 방법

　분석 결과를 논문에 포함시켜 보고하는 방법은 각 학교나 학회에 따라 정해진 규정이 있으나 세세한 부분까지 규정되어 있지는 않다. 그러나 국제적으로 통용되고 있는 APA(American Psychological Association)의 publication manual과 대부분의 학회에서 요구하는 것은 정확한 분석 결과의 정보 제공과 독자가 읽기 쉽도록 구성하도록 하고 있다. 이 같은 구성은 후학들의 연구에 도움이 될

수 있도록 충분하고 명확한 정보를 제공하기 위한 것이라 할 수 있다.

상관분석 결과를 보고서에 기록함에 있어 중요한 부분은 상관계수 표에 대한 편집과 결과 해석의 명확성이라 할 수 있다.

<표 3-3>은 <표 3-1>의 피어슨 상관계수 분석표를 보고용으로 편집한 예이다. 대각 성분을 중심으로 아래쪽 결과는 위쪽 결과와 동일하기 때문에 삭제하였으며, 표 내에 유의확률 값이 나타나 있으므로 (*) 기호와 그에 대한 설명글을 삭제한 것이다.

<표 3-4>는 유의확률 값을 (*) 기호에 대한 설명으로 대체하였고, 중복되고 있는 표본 크기(N=12) 값을 단일화하여 위쪽에 기록하였다.

표 3-3 상관계수 분석표 예 1: 피어슨 상관계수 표

		endurance	power	balance	fitness
endurance	Pearson 상관계수		-.202	.155	.636
	유의확률(양쪽)	1	.530	.630	.026
	N		12	12	12
power	Pearson 상관계수			.153	.330
	유의확률(양쪽)		1	.636	.295
	N			12	12
balance	Pearson 상관계수				.782
	유의확률(양쪽)			1	.003
	N				12
fitness	Pearson 상관계수				
	유의확률(양쪽)				1
	N				

표 3-4 상관계수 분석표 예 2: 피어슨 상관계수 표

	endurance	power	balance	fitness
		N=12		
endurance	1	-.202	.155	.636(*)
power		1	.153	.330
balance			1	.782(**)
fitness				1

* 상관계수는 0.05 수준(양쪽)에서 유의합니다.
** 상관계수는 0.01 수준(양쪽)에서 유의합니다.

결과에 대한 해석은 상관분석 시 매우 조심할 필요가 있다. 위 결과에 대한 정확한 해석은 다음과 같다.

> "지구력(endurance)과 체력(fitness) 간에는 피어슨의 상관계수 $r = .636$으로 분석되어 관련성이 있는 것으로 나타났으며, 통계적 유의한 의미가 있는 것으로 나타났다."

피어슨이 아닌 스피어만에 대해서 기술할 때에는 r 대신에 ρ 또는 r_s을 사용하면 되고 켄달에 대해서 기술할 때에는 τ을 사용하면 된다.

결과 해석 시 자주 나타나는 오류는 다음과 같은 두 종류의 진술이다.

> "지구력(endurance)과 체력(fitness) 간에는 피어슨의 상관계수 $r = .636$으로 분석되어 지구력이 체력에 영향을 미치는 것으로 나타났으며, 통계적 유의한 의미가 있는 것으로 나타났다."

> "지구력(endurance)과 체력(fitness) 간에는 피어슨의 상관계수 $r = .636$으로 분석되어 지구력이 증가할수록 체력이 증가하는 것으로 나타났으며, 통계적 유의한 의미가 있는 것으로 나타났다."

상관분석은 인과관계를 분석하는 기법이 아니므로 인과관계로 설명해서는 안 된다. 특히 잘못된 진술의 두 번째 것은 인과관계의 방향성까지 결정하고 있는 오류를 범하고 있다. 연구자는 지구력이 증가할수록 체력이 증가하는 것으로 진술하고 있으나 분석결과에는 그러한 증거를 제공하고 있지 않다. 왜냐하면 지구력이 증가하여 체력이 증가한 것인지, 체력이 증가하여 지구력이 증가한 것인지 알 수 없으며, 더욱이 다른 요소로 인해 증가되었을 수도 있기 때문이다.

5. 편상관(Partial Correlation) 분석

상관계수는 근본적으로 두 변수 간의 관련성을 재는 이변량 척도이다. 그러나 수집된 자료에 셋 이상의 변수가 있고, 그중 한 쌍의 변수들에 대하여 상관계수를 구하고 싶은데, 나머지 변수들이 선택된 두 변수의 값에 영향을 미치고 있다고 가정하자. 나머지 변수들의 영향을 배제하지 않고 그대로 상관계수를 구하면, 상관계수의 값이 크게 나오더라도 그 값이 순전히 선택된 두 변수 사이의 상관도인지, 아니면 나머지 변수들의 영향에 의한 것인지 분간할 방법이 없다.

편상관계수는 이와 같은 상황에서 선택된 두 변수에 대한 나머지 변수들의 효과를 제외(억제: control)시키고, 선택된 두 변수들만의 순수한 상관도를 계산하는 척도이다.

예를 들어, x, y, z 세 변수가 있고, z의 효과를 억제한 후 x와 y 사이의 상관도를 측정한다고 하자. x와 y에 대한 z의 효과는 단순회귀분석을 사용하여 제거할 수 있다. 즉, 먼저 x을 종속변수로 놓고 z을 독립변수로 간주하여 회귀식을 구한 다음, 잔차(residual) r_x을 구한다. 즉, x에 대한 z의 효과를 회귀직선으로 설명한 후 그 회귀 관계를 제거한 것이다. 이번에는 y을 종속변수로 놓고, z을 독립변수로 간주하여 회귀식을 구한 다음, 잔차 r_y을 구한다. 이때 변수 z의 효과를 억제한 x와 y 사이의 편상관계수는 바로 r_x와 r_y 간의 상관계수가 된다.

편상관분석에 대한 이해를 돕기 위해서 SPSS에서 제공하는 편상관분석과 관련된 예제를 아래에 실어 놓았다.

【편상관분석에 대한 SPSS의 예제】

의료보험료와 질병률 사이에 관계가 있습니까? 이 두 요소가 서로 음수 관계일 것으로 예상하지만 연구 자료에서는 상당한 양의 상관관계가 있다고 보고합니다. 즉, 의료보험료가 증가할 때 질병률도 증가하는 것으로 나타납니다. 그러나 의료 기관에 대한 방문 비율을 제어하면 관측된 양의 상관관계가 사실상 없어집니다. 이는 보험료가 증가할 때 더 많은 사람들이 의료 기관에 액세스하여, 결국 의사와 병원에서 더 많은 질병을 보고하게 되므로 의료 보험료와 질병률이 서로 양의 상관관계가 있는 것으로 나타나기 때문입니다.

위에서 다루었던 상관분석에 대한 연구문제를 이용하여 편상관분석 방법을 알아보자.

편상관계수를 구하기 위해서 <그림 3 - 23>과 같이 【분석】 - 【상관분석】 - 【편상관계수】를 선택한다.

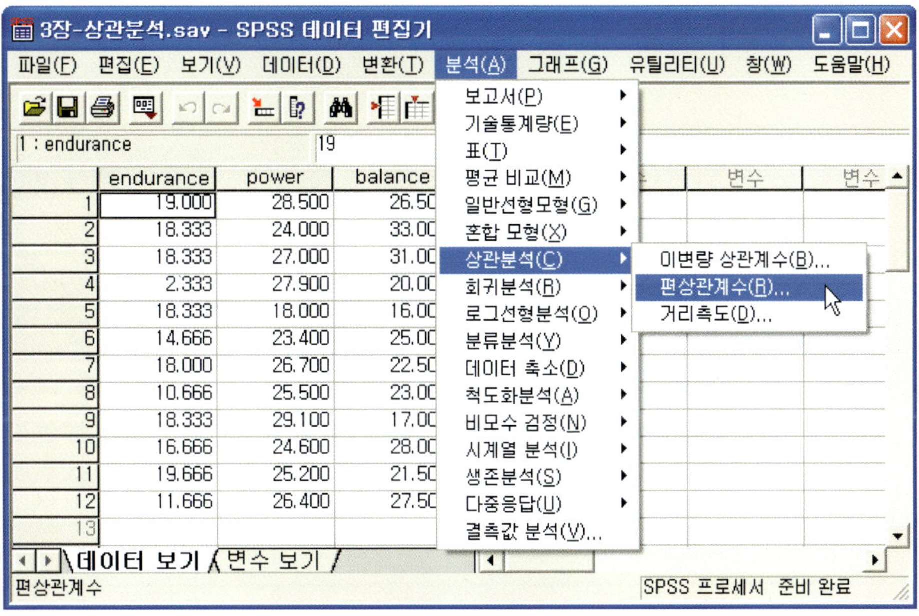

그림 3 - 23 편상관분석을 위한 메뉴 선택 화면

<그림 3 - 24>와 같이 {편상관계수} 윈도우가 열린다. 화면의 왼쪽에는 변수들이 나열되어 있고 오른쪽에는 편상관계수를 구할 변수들을 입력받는 곳과 오른쪽 아래에 통제 변수로 사용할 변수를 입력받는 『통제변수』 항목 창이 존재한다.

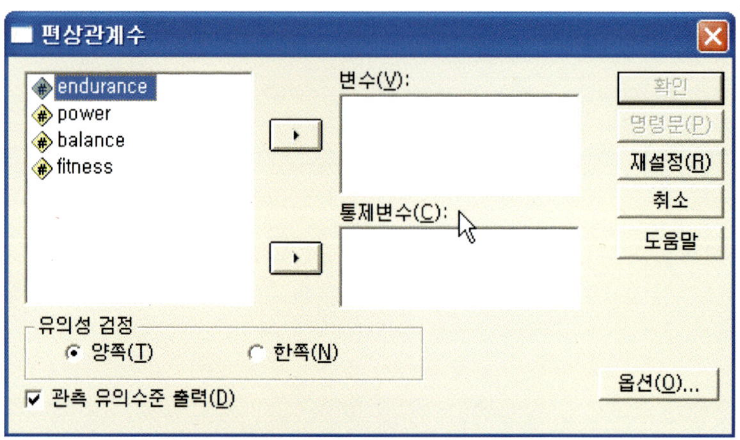

그림 3-24 편상관계수 윈도우 화면

<그림 3-25>와 같이 순발력(power) 변수를 통제변수로 이동시키고, 나머지 변수들을 『변수』 항목으로 이동시킨다. [옵션] 버튼을 누르면 <그림 3-26>과 같이 {편상관계수: 옵션} 윈도우가 나타난다.

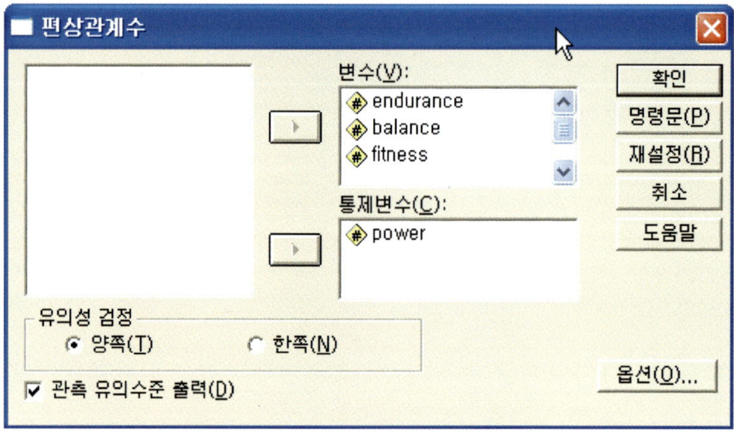

그림 3-25 편상관분석을 위한 변수 설정 화면

『0차 상관』 항목을 선택한다. 0차 상관이란 통제변수가 하나도 없을 경우를 의미한다. 따라서 위에서 구한 상관계수 값이 다시 출력된다.

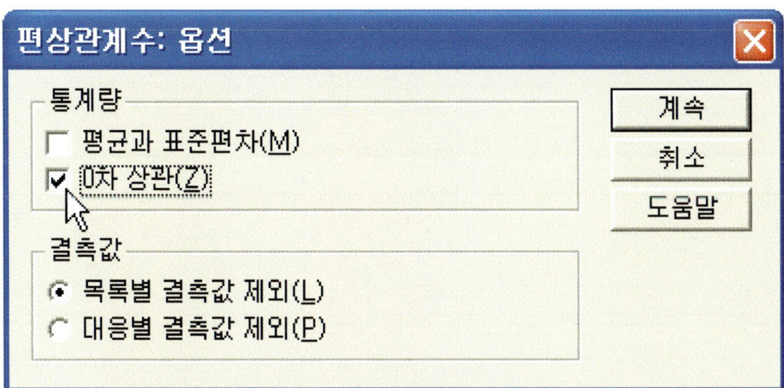

그림 3-26 편상관계수 옵션 화면

[계속] 버튼을 누르고 빠져나온 다음 <그림 3-25>의 화면에서 [확인] 버튼을 누르면 <그림 3-27>과 같은 출력결과를 볼 수 있다.

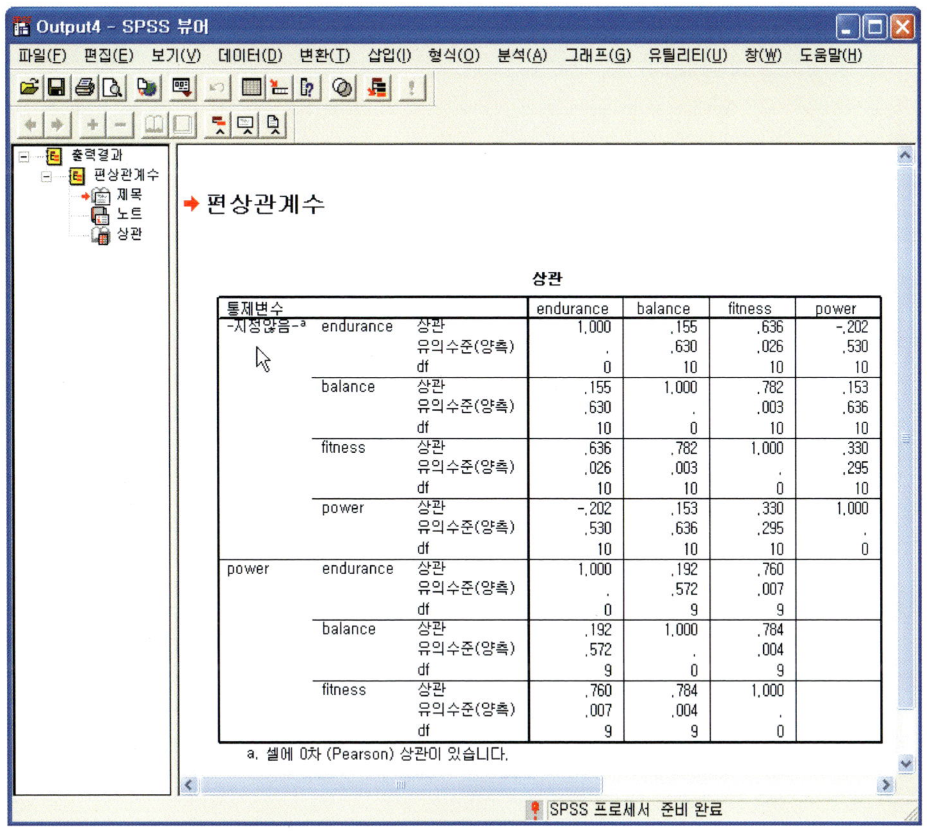

상관

통제변수			endurance	balance	fitness	power
-지정않음-[a]	endurance	상관	1,000	,155	,636	-,202
		유의수준(양측)	.	,630	,026	,530
		df	0	10	10	10
	balance	상관	,155	1,000	,782	,153
		유의수준(양측)	,630	.	,003	,636
		df	10	0	10	10
	fitness	상관	,636	,782	1,000	,330
		유의수준(양측)	,026	,003	.	,295
		df	10	10	0	10
	power	상관	-,202	,153	,330	1,000
		유의수준(양측)	,530	,636	,295	.
		df	10	10	10	0
power	endurance	상관	1,000	,192	,760	
		유의수준(양측)	.	,572	,007	
		df	0	9	9	
	balance	상관	,192	1,000	,784	
		유의수준(양측)	,572	.	,004	
		df	9	0	9	
	fitness	상관	,760	,784	1,000	
		유의수준(양측)	,007	,004	.	
		df	9	9	0	

a. 셀에 0차 (Pearson) 상관이 있습니다.

그림 3-27 편상관계수 분석 결과 출력 화면

출력결과를 살펴보면, 크게 통제변수를 "지정 않음"과 power 변수를 통제한 것으로 나누어져 있다. "지정 않음" 내용이 옵션에서 선택한 0차 항목에 대한 내용이고 통제변수로 power를 설정한 부분이 편상관계수 내용이다. 0차 항목의 내용을 보면, 위에서 상관분석을 실행한 결과와 동일함을 알 수 있다. 즉 endurance − fitness 간의 상관계수가 0.636, balance − fitness 간의 상관계수가 0.782로 동일하다.

편상관계수 내용을 살펴보면, endurance − fitness의 상관계수가 0.760으로 향상되었고, balance − fitness의 상관계수도 0.784로 향상되었음을 볼 수 있다. 즉, 기존의 상관계수는 power 변수에 의해 endurance와 fitness가 영향을 받은 상태에서 구해진 것임을 알 수 있다. 이렇듯 변수 간의 순수한 상관계수를 구하기 위해서는 편상관계수를 구해 보아야 한다. 통제변수로 사용된 변수를 **교란변수(confounding variable)**라고 한다. 편상관분석에서 통제 변수로 사용할 수 있는 것은 이분형 변수, 양적 변수 등을 사용할 수 있다. 의학 분야에서는 주로 연령을 통제변수로 많이 사용하곤 한다.

위의 편상관계수 예제에서도 현재 endurance, balance, fitness 이렇게 3개의 변수가 포함되어 있다. 따라서 어느 하나의 변수가 다른 변수들에게 영향을 끼치고 있을 수 있다.

편상관계수를 구해 보면, 상관계수 값이 변할 수도 있으며, 상관계수의 방향(부호)까지도 변할 수 있음을 반드시 인지하여야 한다. 따라서 상호 영향을 줄 수 있는 변수들을 이용하여 상관분석을 수행할 때에는 편상관계수를 분석해 보는 것이 정확한 분석을 위해서 필요하다.

6. 설문자료에 대한 상관분석

위에서 우리는 등간척도 이상의 데이터를 이용하여 상관분석을 수행하였다. 여기서는 설문조사를 통해 얻어진 순서척도 데이터를 이용하여 상관분석을 수행할 것이다. 설문지 내용과 조사를 통해 얻어진 데이터는 아래와 같다(<표 3 − 5> 참조).

〈설문지 내용〉

1. 귀하의 나이는? (   )

2. 귀하의 자동차 안전도는 어느 정도라고 생각하십니까?

　　① 매우 불안하다   ② 불안하다   ③ 보통이다   ④ 안전하다   ⑤ 매우 안전하다

3. 귀하의 자동차 편리성 정도는 어느 정도라고 생각하십니까?

　　① 매우 불편하다   ② 불편하다   ③ 보통이다   ④ 편리하다   ⑤ 매우 편리하다

4. 귀하의 자동차에 대한 전반적인 만족도는 어느 정도입니까?

　　① 매우 불만족한다   ② 불만족한다   ③ 보통이다   ④ 만족하다   ⑤ 매우 만족하다

표 3-5 설문 조사 데이터

<설문 조사 데이터>								
No	연령 (age)	안전도 (safe)	편리성 (utility)	만족도 (satisfaction)	No	연령	안전도	편리성	만족도
1	17	5	4	5	11	25	4	4	5
2	18	3	4	3	12	24	3	5	4
3	16	4	4	5	13	26	4	4	4
4	19	3	4	4	14	23	1	4	3
5	15	3	5	4	15	25	4	4	5
6	18	4	5	5	16	24	4	4	5
7	17	3	3	3	17	27	3	4	4
8	16	1	4	2	18	26	2	4	4
9	18	3	4	5	19	28	4	4	5
10	19	2	4	4	20	25	5	3	4

위의 자료를 통해 연구자가 분석하고자 하는 연구문제는 아래와 같다.

상관분석을 위한 연구문제-02

연구자는 자동차의 안전도와 편리성이 만족도와 상관이 있는지를 알고 싶어 하며, 연령 변수를 통제하였을 경우 상관도가 어떻게 변화하는지 알고 싶어 한다.

위의 연구문제를 해결하기 위해서는 상관분석과 편상관분석을 실행하여야 한다. 위의 자료를 살펴보면, 연령 변수는 비율척도이며 안전도, 편리성, 만족도 변수는 순서척도임을 알 수 있다. 즉 순서척도와 비율척도가 함께 존재하는 데

이터이다. 데이터를 SPSS에 입력한 모양은 <그림 3 - 28>과 같다.

	No	age	safe	utility	satisfaction	변수	변수
1	1	17	5	4	5		
2	2	18	3	4	3		
3	3	16	4	4	5		
4	4	19	3	4	4		
5	5	15	3	5	4		
6	6	18	4	5	5		
7	7	17	3	3	3		
8	8	16	1	4	2		
9	9	18	3	4	5		
10	10	19	2	4	4		
11	11	25	4	4	5		
12	12	24	3	5	4		
13	13	26	4	4	4		
14	14	23	1	4	3		
15	15	25	4	4	5		
16	16	24	4	4	5		
17	17	27	3	4	4		
18	18	26	2	4	4		
19	19	28	4	4	5		
20	20	25	5	3	4		
21							

그림 3 - 28 데이터 입력 화면

우선 상관분석을 실행하기 위해서 <그림 3 - 29>와 같이 【분석】 - 【상관분석】 - 【이변량 상관계수】를 선택한다.

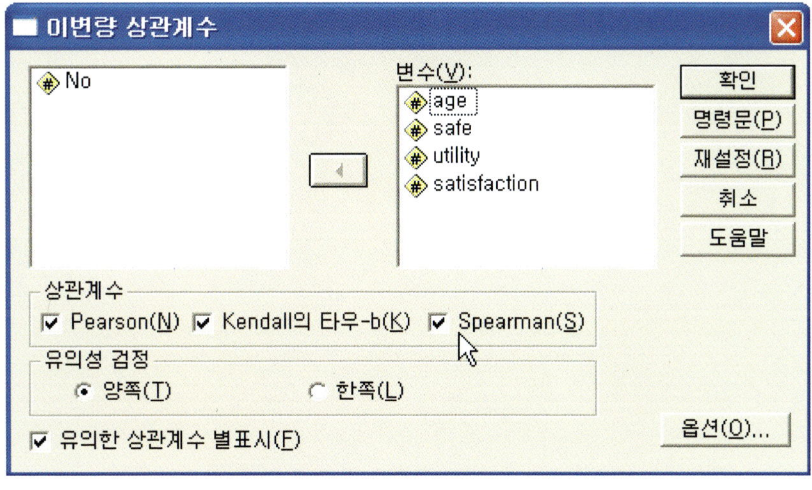

그림 3-29 상관분석을 위한 메뉴 선택 화면

아래의 <그림 3-30>와 같이 {이변량 상관계수} 윈도우가 나타나면 age, safe, utility, satisfaction 변수를 『변수』 항목으로 이동시킨다. 여기서 다루게 되는 변수들의 척도를 살펴보면 age는 비율척도, safe, utility, satisfaction는 순서척도이다. 따라서 『상관계수』 항목에서 Pearson을 선택해서는 안 되고, Kendall의 타우-b나 Spearman을 선택해야 한다. 그러나 여기서는 두 자료를 비교해 보기 위해서 Pearson을 함께 선택하였다.

그림 3-30 상관분석을 위한 변수 설정 화면

[확인] 버튼을 누르면 아래 <그림 3-31>과 같은 출력결과를 볼 수 있다.

상관계수

			age	safe	utility	satisfaction
Kendall의 tau_b	age	상관계수	1.000	.137	-.141	.144
		유의확률(양측)	.	.450	.461	.439
		N	20	20	20	20
	safe	상관계수	.137	1.000	-.111	.617**
		유의확률(양측)	.450	.	.588	.002
		N	20	20	20	20
	utility	상관계수	-.141	-.111	1.000	.184
		유의확률(양측)	.461	.588	.	.379
		N	20	20	20	20
	satisfaction	상관계수	.144	.617**	.184	1.000
		유의확률(양측)	.439	.002	.379	.
		N	20	20	20	20
Spearman의 rho	age	상관계수	1.000	.184	-.172	.171
		유의확률(양측)	.	.437	.469	.471
		N	20	20	20	20
	safe	상관계수	.184	1.000	-.124	.696**
		유의확률(양측)	.437	.	.603	.001
		N	20	20	20	20
	utility	상관계수	-.172	-.124	1.000	.210
		유의확률(양측)	.469	.603	.	.375
		N	20	20	20	20
	satisfaction	상관계수	.171	.696**	.210	1.000
		유의확률(양측)	.471	.001	.375	.
		N	20	20	20	20

**. 상관 유의수준이 0.01입니다(양측).

그림 3-31 상관분석 결과 출력 화면

출력결과를 살펴보면, safe 변수와 satisfaction 변수 간에 켄달의 경우 $\tau=0.617$, 스피어만의 경우 $\rho=0.696$로 나타나 두 변수 간에 관련성이 있는 것으로 나타났으며 통계적으로도 유의한 의미가 있는 것으로 분석되었다. 연령이나 편리성은 만족도와 관련성이 없는 것으로 분석되었다. 참고로 위 데이터를 이용한 Pearon의 상관계수는 $r=0.713$으로 나왔다. 이를 기억하고 다음 단계로 넘어가자.

이제 편상관분석을 실행해 보자. <그림 3-32>와 같이 【분석】-【상관분석】-【편상관계수】를 선택한다.

그림 3-32 편상관분석을 위한 메뉴 선택 화면

<그림 3-33>과 같이 {편상관계수} 윈도우가 나타나면 safe, satisfaction 변수를 『변수』 항목으로 이동시키고, age 변수를 『통제변수』 항목으로 이동시킨다. 통제변수가 없을 때와 비교하기 위해서 [옵션] 버튼을 눌러 {편상관계수: 옵션} 윈도우를 나타나게 한다.

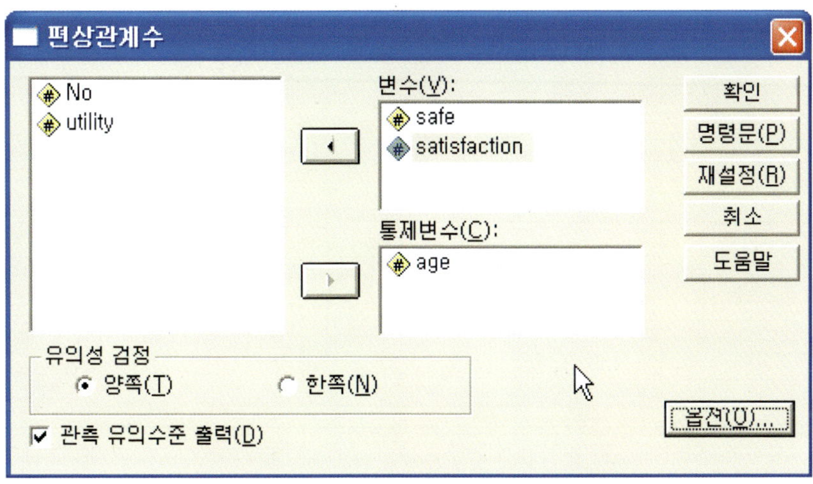

그림 3-33 편상관계수 윈도우의 변수 설정 화면

<그림 3-34>와 같이 0차 상관을 선택한 다음 [계속] 버튼을 클릭하여 빠져 나온 다음 [확인] 버튼을 누르면 <그림 3-35>와 같은 출력결과를 볼 수 있다.

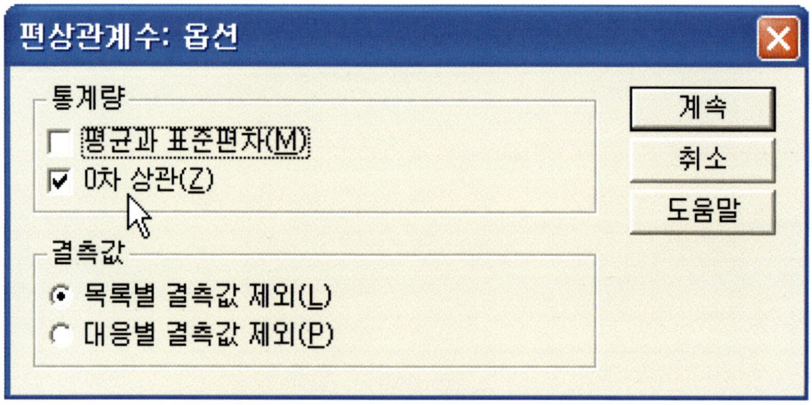

그림 3-34 편상관분석을 위한 옵션 설정 화면

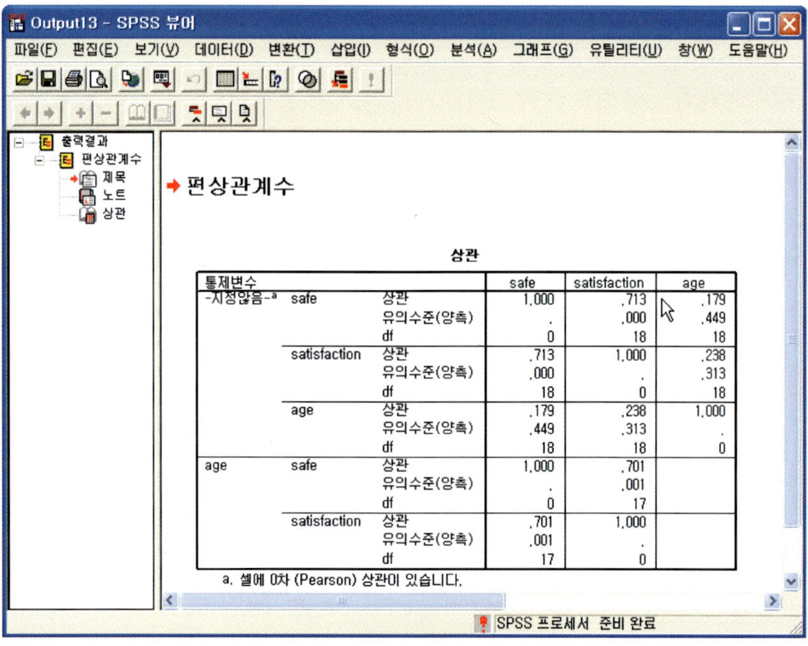

그림 3-35 편상관분석 결과 출력 화면

먼저 age 변수를 통제한 내용을 살펴보면, safe와 satisfaction 변수 간의 상관관계가 0.701로 나타나 있다. 위에서 분석해 본 켄달의 0.617, 스피어만의 0.696보다는 향상되어 있으나 통제변수가 지정되지 않은 내용의 0.713보다는 낮아져 있다. 그런데 이상한 결과가 나타나 있다. 통제 변수를 지정하지 않은 상관계수 값이 0.713으로 위에서 실행한 상관분석의 켄달과 스피어만의 상관계수 값과 다르고 피어슨의 $r = 0.713$과 동일하게 나타나 있다. 이것은 바로 편상관분석은 피어슨의 상관계수를 구하고 있음을 나타내는 것이다. 문제는 분석 대상인 데이터의 척도가 순서척도인데 피어슨의 상관계수를 구하고 있다는 것이다. 위에서 우리는 순서척도이기 때문에 켄달과 스피어만의 상관계수를 사용하였는데 편상관계수는 피어슨을 구하고 있는 것이다. 이러한 현상을 바로잡기 위해서는 순서척도로 조사된 safe, satisfaction 변수를 그대로 사용해서는 안 되고 순위변수로 변환하여 분석에 사용해야 한다.

순위변수로 변환하기 위해서는 <그림 3-36>과 같이 【변환】-【순위변수 생성】을 선택한다.

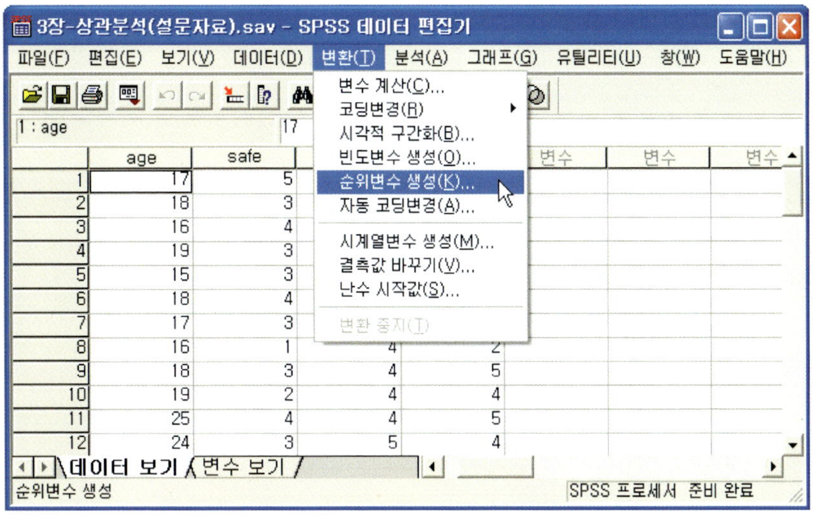

그림 3-36 순위변수 생성을 위한 메뉴 선택 화면

<그림 3-37>과 같이 {순위변수 생성} 윈도우가 나타나면 순위변수로 변환할 safe, satisfaction 변수를 『변수』 항목으로 이동시킨다.

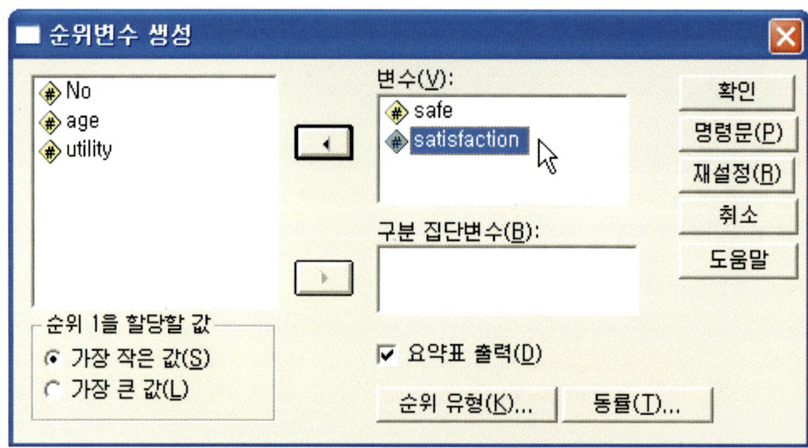

그림 3-37 순위변수 생성 윈도우 화면

[확인] 버튼을 누르면 변환이 시작되고 <그림 3-38>과 같은 출력결과가 나타난다. 만약 <그림 3-37>에서 『요약표 출력』 항목을 선택하지 않으면 출력결과 화면은 나타나지 않는다. 출력결과는 단순히 변환이 이루어졌음을 알려 주는 문장일 뿐이다.

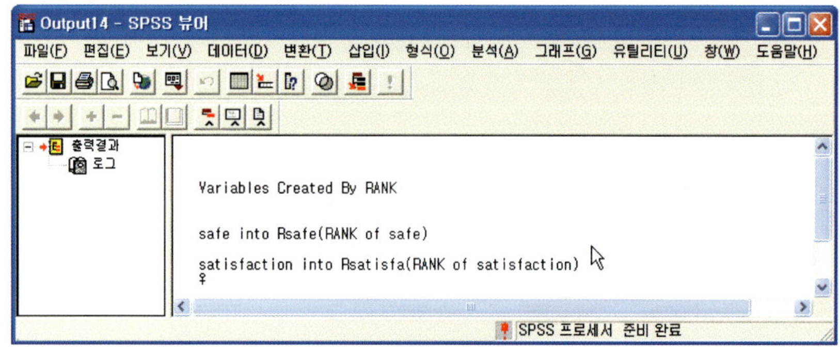

그림 3-38 결과 출력 화면

출력결과 화면을 지우고 데이터 화면을 보면 <그림 3-39>와 같이 Rsafe, Rsatista란 변수가 새로 생성되어 있음을 볼 수 있다. 이 변수들이 safe와 satisfaction 변수를 순위변수로 변환한 것이다.

	age	safe	utility	satisfaction	Rsafe	Rsatisfa	
1	17	5	4	5	19.500	16.500	
2	18	3	4	3	8.000	3.000	
3	16	4	4	5	15.000	16.500	
4	19	3	4	4	8.000	8.500	
5	15	3	5	4	8.000	8.500	
6	18	4	5	5	15.000	16.500	
7	17	3	3	3	8.000	3.000	
8	16	1	4	2	1.500	1.000	
9	18	3	4	5	8.000	16.500	
10	19	2	4	4	3.500	8.500	
11	25	4	4	5	15.000	16.500	
12	24	3	5	4	8.000	8.500	

그림 3-39 생성된 순위변수 결과 출력 화면

순위변수로 변환이 완료되었으므로 이제 상관분석을 다시 선택하여 <그림 3-40>과 같이 편상관계수 화면에서 safe, satisfaction 변수 대신에 Rsafe, Rsatisfa 변수를 『변수』 항목으로 이동시키고, age 변수를 『통제변수』 항목으로 이동시킨다. [확인] 버튼을 클릭하면 <그림 3-41>과 같은 출력결과를 볼 수 있다.

출력결과에서 통제변수가 지정되지 않은 부분을 보면 순위변수로 변환한 safe와 satisfaction 변수 간에 상관계수가 0.696으로 나타나 있음을 볼 수 있다. 이 값은 순위 변환을 하지 않은 스피어만의 상관계수 값과 동일한 것이다. 따라서 이제 정상적으로 분석되었음을 알 수 있다. age 변수를 통제한 편상관계수 내용을 보면 순위변수로 변환한 safe와 satisfaction 변수 간의 편상관계수 값이 0.685 값으로 나타나, age 변수를 통제할 경우 두 변수 간의 상관도가 조금 낮아짐을 알 수 있다.

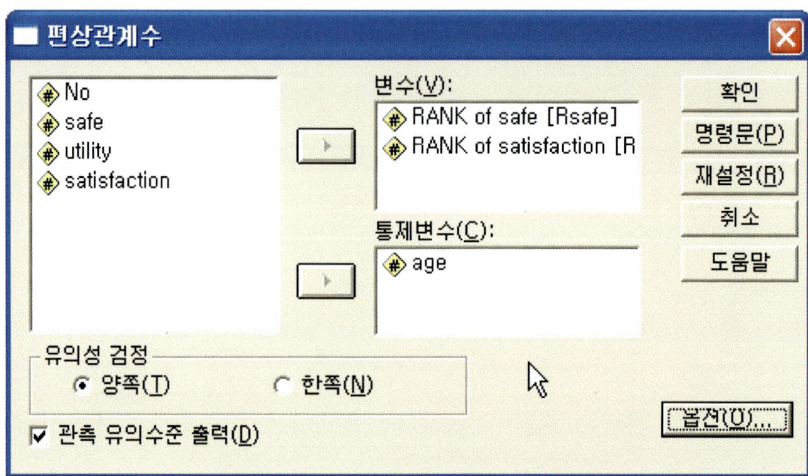

그림 3-40 편상관분석을 위한 변수 설정 화면

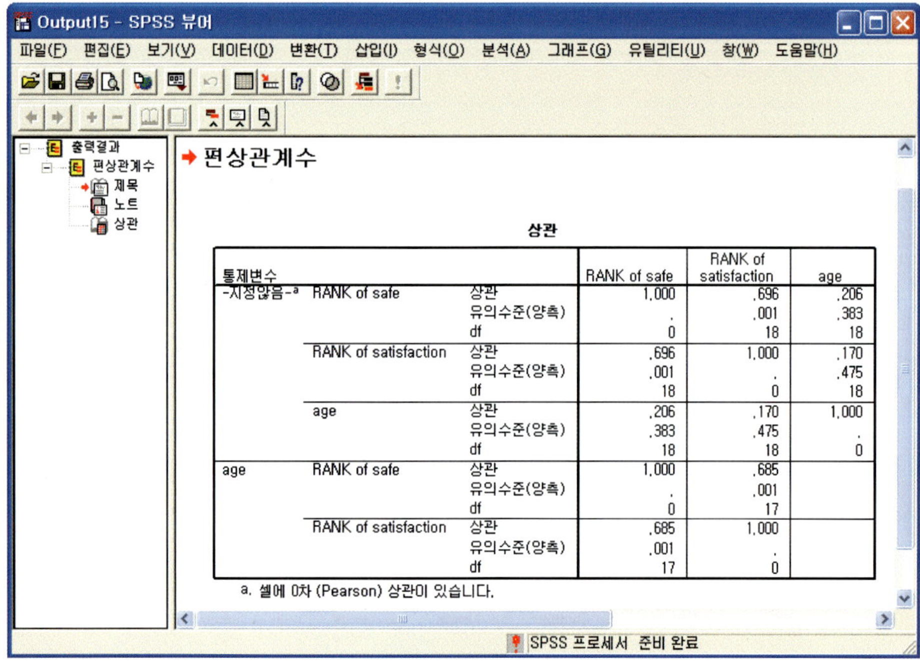

그림 3-41 편상과분석 결과 출력 화면

위의 연구문제를 통해서 설문지 데이터와 같은 순서척도에 대한 편상관계수를 구할 때는 순서척도로 이루어진 변수를 순위 데이터로 이루어진 변수로 변환하여 분석해야 됨을 알았다.

Chapter Ⅳ t-검정
Student's t-test

1. t-검정의 개념

t-검정의 정확한 명칭은 Student's t-test이나 일반적으로 t-test로 표기한다. t-검정은 두 집단 간 평균값의 차이를 분석할 때 사용하는 검정 기법이다. 따라서 t-검정이 사용되는 연구문제 및 변인 구조들은 다음과 같다.

① 성별에 따라 체력의 차이가 있는가?
   변인구조: 체력＝성별(남, 여)
② 중학생과 고등학생의 체력에는 차이가 있는가?
   변인구조: 체력＝학력(중학생, 고등학생)
③ 생활체육 참여 전후의 스트레스에 차이가 있는가?
   변인구조: 스트레스＝생활체육 참여 전후(참여 전, 참여 후)

연구문제들의 변인구조를 살펴보면, 독립변수에는 두 집단을 구분하는 이분형 척도의 변수가 사용되었고, 종속변수에는 평균값의 차이를 비교할 변수가 사용되었다. 즉 독립변수에는 이분형 척도의 명목척도, 종속변수에는 양적 척도인 등간척도나 비율척도가 사용되었다. 이렇듯 t-검정은 두 집단으로 구별되는 이분형 명목척도에 따른 양적 척도의 평균값 차이 비교를 할 때에 사용되는 검정 방법이다. 위의 연구문제들 중 ①, ②번과 ③번에는 연구 설계상 다른 점이 있다. ①번과 ②번은 연구 대상 집단이 서로 다르다. 성별의 경우 남성과 여성은 전혀 다른 집단이며, 중학생과 고등학생도 상호 간에 다른 집단이다. 그러나 ③

번의 경우 연구 설계상 동일 집단이다. 특정 집단의 참여 전후의 차이를 알아보기 위해서 설계된 것으로 연구 대상자는 동일하고 측정 시점만 달리하여 측정 시점으로 집단이 구분되는 형태이다. t - 검정은 연구 설계에 따라 적용하는 기법이 두 가지로 달라지는데 ①, ②번과 같이 연구 대상 집단이 상호 간에 독립적일 때는 **독립 t - test(independent t - test)**를 사용하고 ③번과 같이 연구 대상 집단이 동일 집단일 경우에는 **대응 t - test(paired t - test)** 또는 짝진 t - test라 불리는 방법을 사용한다. 이를 정리하면 <그림 4 - 1>과 같다.

　t - 검정은 검정 방법에 따라 **단측검정(one - tailed test)**과 **양측검정(two - tailed test)** 두 가지가 존재한다. 단측검정과 양측검정을 그림으로 나타내면 <그림 4 - 2>와 같다. 단측검정의 경우는 가설설정을 어떻게 하느냐에 따라 왼쪽 단측검정과 오른쪽 단측검정으로 나뉜다. 한 집단의 평균값이 비교 집단의 평균값보다 작은가를 가설로 설정하면 왼쪽 단측검정이 되고 평균값이 큰가를 가설로 설정하면 오른쪽 단측검정이 된다. 만약 한 집단의 평균값이 비교 집단의 평균값보다 큰지 작은지 모두를 검정하고자 한다면 양측검정이 된다. 유의수준을 $\alpha = 0.05$로 설정한다면, 단측검정의 유의수준은 변화가 없으나 양측검정을 한다면 전체적인 유의수준을 유지하기 위해서 음의 방향과 양의 방향을 각각 $\frac{\alpha}{2}$씩 설정하게 된다.

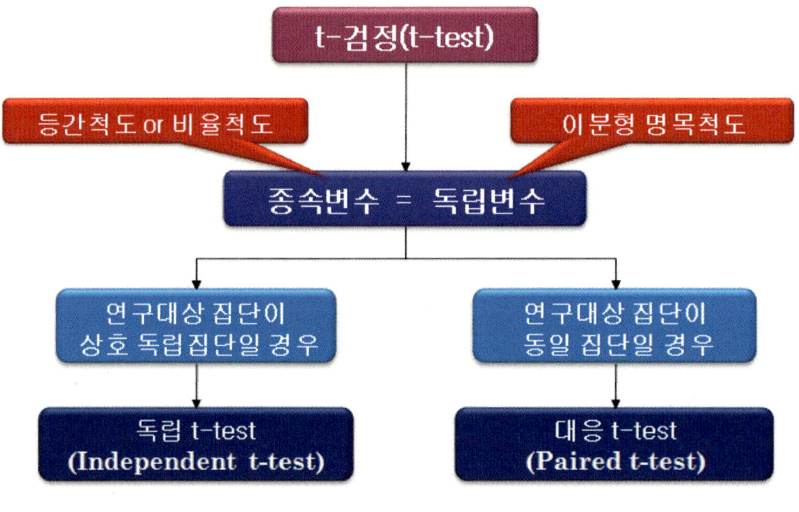

그림 4 - 1 t - test의 두 종류

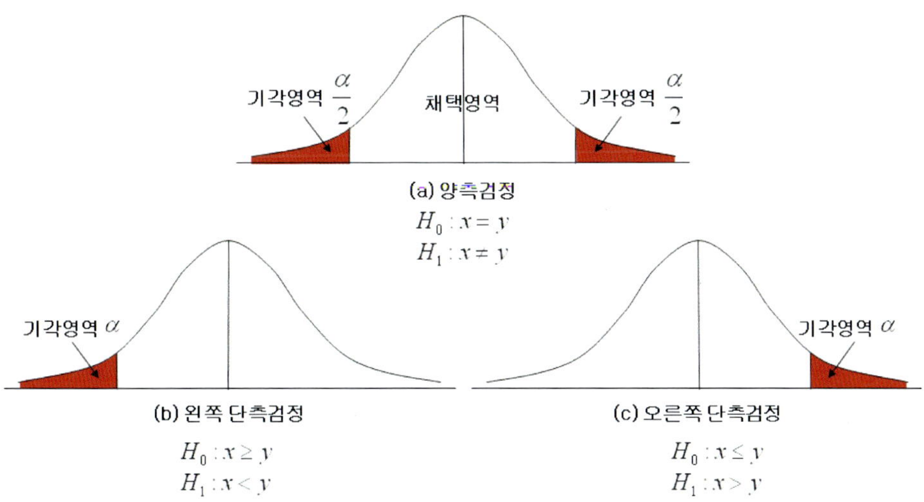

그림 4-2 검정 방법에 따른 차이

위의 내용을 정리하면 다음과 같다.

【t-검정의 방법 및 가설 설정】

1) 양측검정: 한 집단의 평균값이 비교 대상 집단의 평균값보다 큰지 작은지 모두를 검정하는 것.
   $H_0 : x = y$ $\qquad$ $H_1 : x \neq y$
2) 단측검정: 한 집단의 평균값이 비교 대상 집단의 평균값보다 큰지 작은지 한 방향으로만 검정하는 것.
   ① 왼쪽 단측검정: 한 집단의 평균값이 비교 대상 집단의 평균값보다 작은지를 검정하는 것.
   $H_0 : x \geq y$ $\qquad$ $H_1 : x < y$
② 오른쪽 단측검정: 한 집단의 평균값이 비교 대상 집단의 평균값보다 큰지를 검정하는 것.
   $H_0 : x \leq y$ $\qquad$ $H_1 : x > y3$

t-검정의 경우 단측검정 또는 양측검정이냐에 따라 검정 결과가 달라질 수 있기 때문에 검정의 목적에 맞게 가설을 설정하고 검정 방법을 잘 선택해야 한다.

2. 독립 t - 검정 방법

t - 검정을 수행하기 위한 연구문제는 다음과 같다.

독립 t - 검정을 위한 연구문제 - 01

연구자는 남성과 여성 간의 레저스포츠에 사용하는 비용에 차이가 있는지를 알아보기 위해서 조사를 한 결과 다음과 같은 데이터를 얻었다.

No	gender	cost	No	gender	cost
1	1	60	11	2	80
2	1	65	12	2	90
3	1	70	13	2	85
4	1	65	14	2	80
5	1	75	15	2	75
6	1	50	16	2	70
7	1	80	17	2	85
8	1	80	18	2	90
9	1	75	19	2	95
10	1	70	20	2	85

성별에 따라 레저스포츠에 사용하는 비용에 차이가 있는지 유의수준 $\alpha = 0.05$ 수준에서 검정하라.

1) 독립 t - 검정의 절차 및 내용

독립 t - 검정을 수행하는 절차는 아래의 <그림 4 - 3>과 같다.

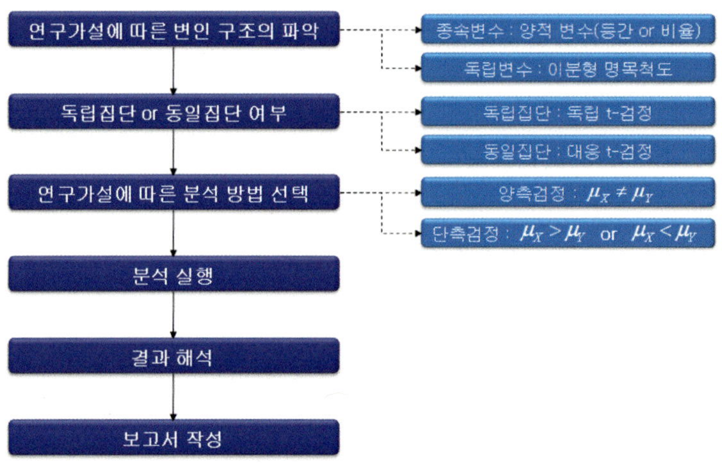

그림 4 - 3 t - 검정 수행 절차

연구문제의 내용을 살펴보면, 성별에 따라 비용에 차이가 있는가를 검정하는 것이므로 귀무가설과 연구가설(대립가설)은 다음과 같다.

귀무가설: 성별에 따라 레저스포츠에 사용되는 비용에는 차이가 없을 것이다.

$$H_0 : \mu_X = \mu_Y$$

연구가설: 성별에 따라 레저스포츠에 사용되는 비용에는 차이가 있을 것이다.

$$H_1 : \mu_X \neq \mu_Y$$

가설에 따른 변인구조는 cost＝gender이다. 종속변수인 cost 변수는 비용으로서, 비율척도로 측정된 것이고 독립변수인 gender 변수는 1과 2로 표기하였으나 남녀를 지칭하는 것으로 사용되었으므로 이분형 명목척도이다. 따라서 변인구조는 t－검정을 수행하는 데 적당하다. 분석의 대상이 되는 집단은 남녀 집단으로 두 집단이고 각 집단은 대응되지 않으며 상호 간에 독립적으로 존재한다. 따라서 독립 t－검정을 수행한다. 위의 연구가설에 따라 차이검정을 하는 것이므로 양측검정을 수행한다.

2) 독립 t－검정의 실행 방법

연구문제의 데이터를 SPSS에 입력한 모양은 ＜그림 4－4＞와 같다.

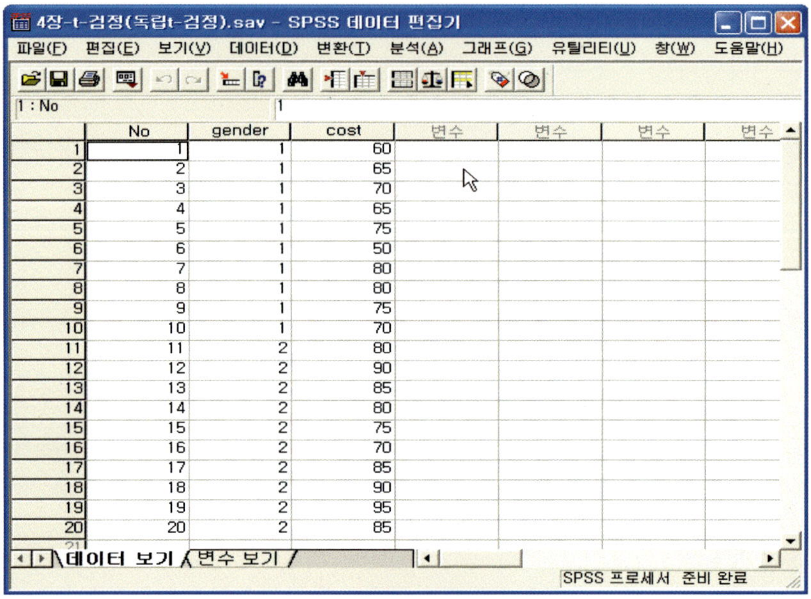

	No	gender	cost	변수	변수	변수	변수
1	1	1	60				
2	2	1	65				
3	3	1	70				
4	4	1	65				
5	5	1	75				
6	6	1	50				
7	7	1	80				
8	8	1	80				
9	9	1	75				
10	10	1	70				
11	11	2	80				
12	12	2	90				
13	13	2	85				
14	14	2	80				
15	15	2	75				
16	16	2	70				
17	17	2	85				
18	18	2	90				
19	19	2	95				
20	20	2	85				

그림 4-4 데이터 입력 화면

여기서 차후 분석결과를 편하게 보기 위해서 추가 작업을 수행한다. 『변수보기』 탭을 선택하여 <그림 4-5>와 같이 변수 보기 화면에서 gender 변수의 『값』 항목의 버튼을 누른다.

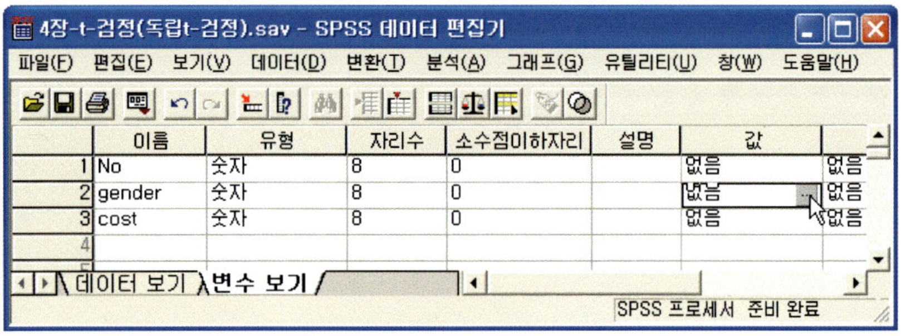

	이름	유형	자리수	소수점이하자리	설명	값	
1	No	숫자	8	0		없음	없음
2	gender	숫자	8	0		없음	없음
3	cost	숫자	8	0		없음	없음
4							

그림 4-5 변수 보기 탭 화면

<그림 4-6>과 같이 {변수값 설명} 윈도우가 나타나면 『변수값』 항목에 "1"을 입력하고 『변수값 설명』 항목에 "남자"라고 입력한 다음 [추가] 버튼을 누르면 <그림 4-7>과 같이 내용이 추가된다.

그림 4-6 변수값 설명 윈도우 화면

같은 방법으로 "2"와 "여자"를 차례대로 입력한 후 추가한 다음 [확인] 버튼을 누른다.

그림 4-7 변수값 항목에 내용 입력 화면

모든 과정을 끝마친 후의 모습은 <그림 4-8>과 같다. 여기서 입력된 내용은 분석결과에 반영되어 1 대신 남자, 2 대신 여자로 표기되어 나온다.

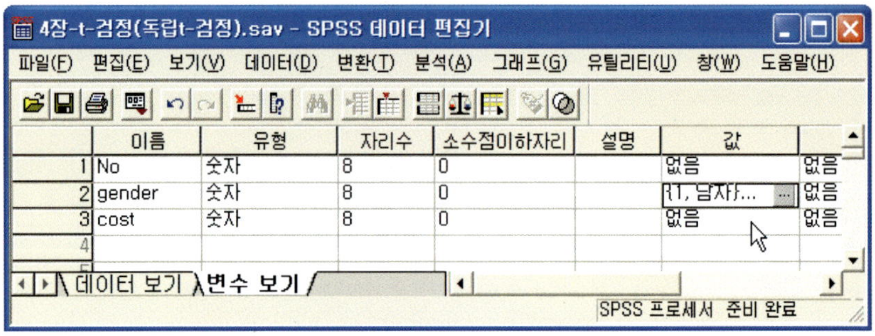

그림 4-8 변수값 입력 완료 화면

　　《데이터 보기》 탭을 선택하여 화면을 변경한 후 <그림 4-9>와 같이 단
축메뉴 버튼 중 [변수값 설명] 버튼을 누르면 <그림 4-10>과 같이 gender 변
수의 1, 2 값들이 남자, 여자로 변경되어 나타난다. 다시 한 번 버튼을 누르면
원래 상태로 나타난다.

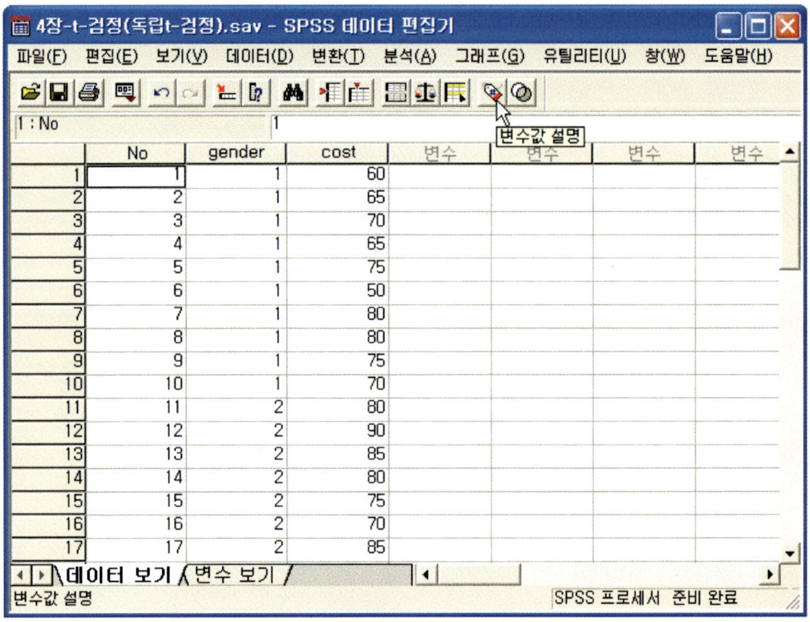

그림 4-9 데이터 보기 화면

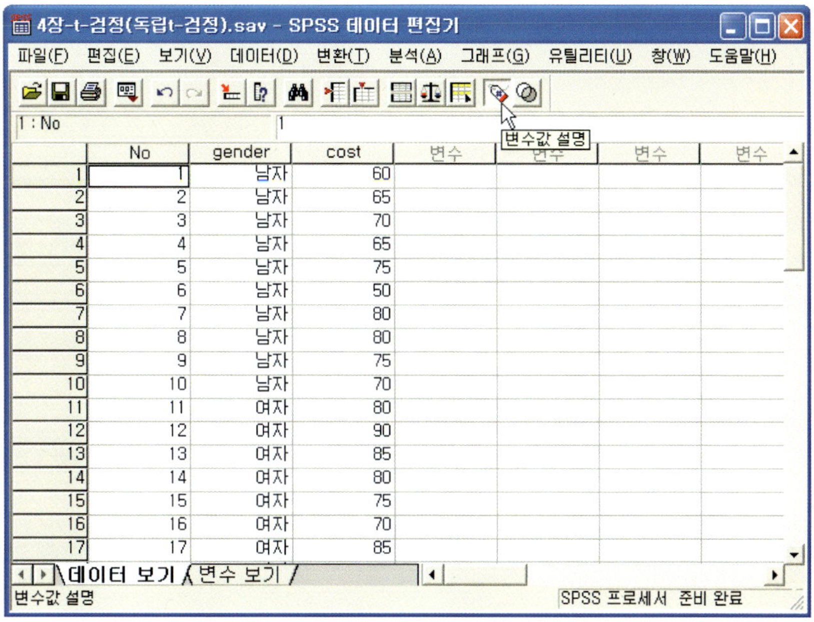

그림 4-10 변수값 설명 출력 화면

이제 본격적으로 독립 t-검정을 수행하자. 독립 t-검정을 수행하기 위해서는 <그림 4-11>과 같이 【분석】-【평균비교】-【독립표본 T검정】을 선택한다.

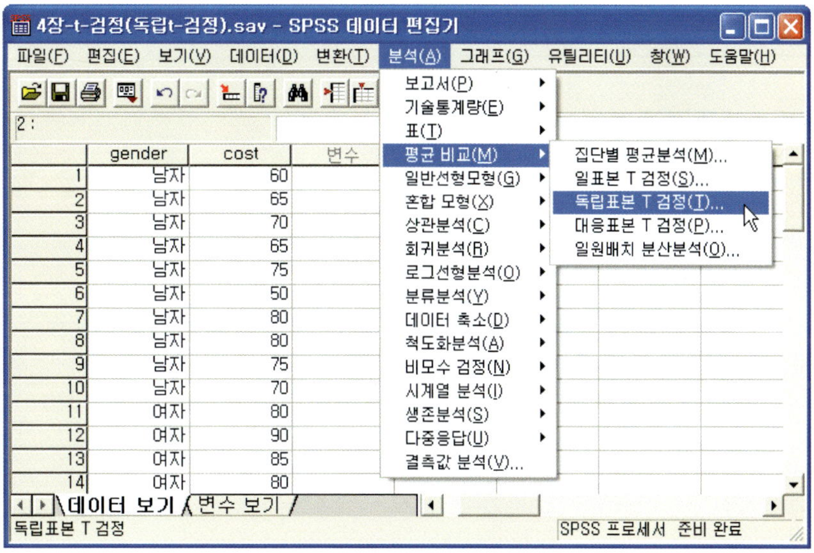

그림 4-11 독립 t-test를 위한 메뉴 선택 화면

<그림 4-12>와 같이 {독립표본 T검정} 윈도우가 나타나면 cost 변수를 『검정변수』 항목으로 이동시키고 gender 변수를 『집단변수』 항목으로 이동시킨다. [집단정의] 버튼이 활성화되면 클릭한다.

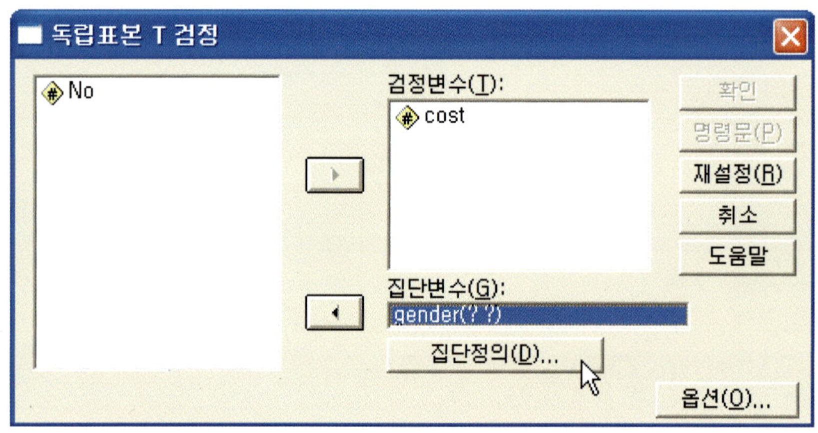

그림 4-12 독립표본 t-검정 윈도우 화면

<그림 4-13>과 같이 {집단정의} 윈도우가 나타나면 『집단 1』 항목에 "1"을 입력하고 『집단 2』 항목에 "2"를 입력한다. [계속] 버튼을 클릭하여 빠져나온 다음 <그림 4-12> 화면에서 [옵션] 버튼을 클릭한다.

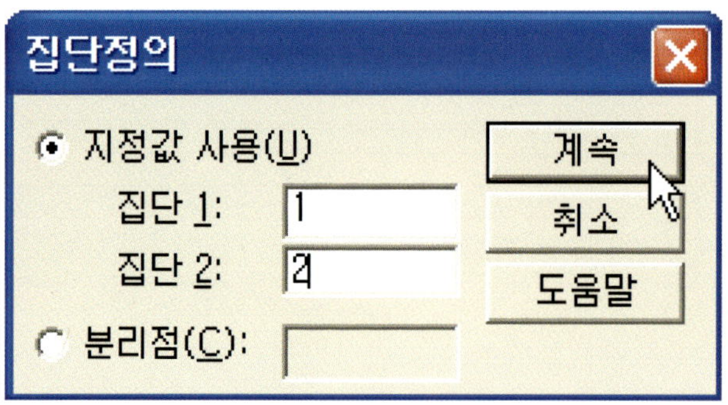

그림 4-13 집단 정의 화면

<그림 4-14>와 같이 {독립표본 T검정: 옵션} 윈도우가 나타나면 『신뢰구간』 항목의 값이 95%인가를 확인한다. 신뢰구간은 $1-\alpha$로 연구문제에서

$\alpha = 0.05$로 설정하였기 때문에 95%로 한다. SPSS는 신뢰구간 값 95%를 디폴트로 한다. 만약 연구자가 유의수준을 $\alpha = 0.1$로 설정하였다면 여기서 신뢰구간을 90%로 설정하면 된다.

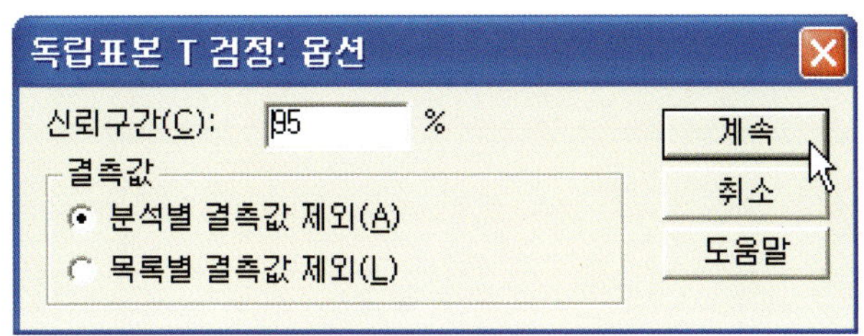

그림 4-14 옵션 윈도우

[계속] 버튼을 누른 후 <그림 4-12>에서 [확인] 버튼을 누르면 <그림 4-15>와 같은 분석결과를 볼 수 있다.

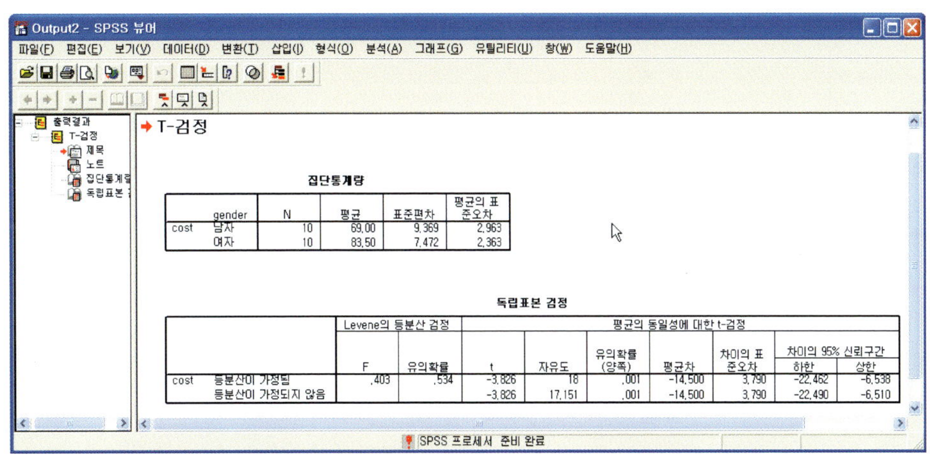

집단통계량

	gender	N	평균	표준편차	평균의 표준오차
cost	남자	10	69,00	9,369	2,963
	여자	10	83,50	7,472	2,363

독립표본 검정

		Levene의 등분산 검정		평균의 동일성에 대한 t-검정					차이의 95% 신뢰구간	
		F	유의확률	t	자유도	유의확률 (양쪽)	평균차	차이의 표준오차	하한	상한
cost	등분산이 가정됨	,403	,534	-3,826	18	,001	-14,500	3,790	-22,462	-6,538
	등분산이 가정되지 않음			-3,826	17,151	,001	-14,500	3,790	-22,490	-6,510

그림 4-15 독립 t-검정 분석 결과 출력 화면

3) 독립 t-검정 분석결과의 해석

분석결과를 살펴보면, "집단통계량"과 "독립표본 검정" 결과가 나와 있다. "집단통계량"은 각 변수의 기술통계량을 보여 주고 있다.

표 4-1 독립 t-검정 분석결과: 집단통계량

집단통계량

	gender	N	평균	표준편차	평균의 표준오차
cost	남자	10	69.00	9.369	2.963
	여자	10	83.50	7.472	2.363

<표 4-1>의 『gender』 항목을 보면 "남자", "여자"로 표기되어 있음을 볼 수 있다. 이것은 위에서 우리가 변수값 설명을 입력하였기 때문에 출력된 것이다. 만약 우리가 위에서 변수값 설명을 입력하지 않았다면 "1", "2"로 출력되었을 것이다. 『평균의 표준오차』 항목의 값들은 다음과 같이 계산된다.

$$\text{평균의 표준오차: } \frac{\text{표준편차}}{\sqrt{n}} = \frac{9.369}{\sqrt{10}} = 2.963$$

"독립표본 검정" 결과 중 "차이의 95% 신뢰구간" 항목을 제외한 결과는 <표 4-2>와 같다. 이 부분이 독립 t-검정의 주요 부분으로 검정 결과를 확인할 수 있는 곳이다.

두 집단의 평균값의 차이를 분석하기 위해서는 먼저 두 집단의 분산이 동일한가를 검정해야 한다. 이 확인을 『Levene의 등분산 검정』 항목에서 확인한다. 즉 독립 t-검정의 해석 순서는 두 집단의 등분산성을 먼저 확인한 후 그에 따른 평균차의 검정을 해석하는 것이다.

Levene의 등분산 검정의 귀무가설은 다음과 같다.

$$\text{Levene의 } H_0 : \sigma_X^2 = \sigma_Y^2 : \text{ 두 집단의 분산은 동일하다.}$$

분석결과의 『Levene의 등분산 검정』 항목을 보면은 F＝.403, 유의확률＝.534
로 유의확률이 .05보다 크기 때문에 귀무가설은 채택되어 두 집단의 분산이 동
일한 것으로 나타났다. 따라서 <표 4－2>의 『등분산이 가정됨』에 해당하는
행만 보면 된다. 『등분산이 가정되지 않음』에 해당하는 행은 볼 필요가 없다.

표 4－2 독립 t－검정 분석결과: 독립표본 검정

독립표본 검정

	Levene의 등분산 검정		평균의 동일성에 대한 t-검정				
	F	유의확률	t	자유도	유의확률 (양쪽)	평균차	차이의 표준오차
cost 등분산이 가정됨	.403	.534	-3.826	18	.001	-14.500	3.790
등분산이 가정되지 않음			-3.826	17.151	.001	-14.500	3.790

『등분산이 가정됨』에 해당하는 행의 t－검정 결과를 보면 t＝－3.826, 유의
확률＝.001로 유의수준＝.05보다 작기 때문에 연구문제의 귀무가설은 기각되고
연구가설이 채택되어 "성별에 따라 레저 스포츠에 사용되는 비용에는 차이가
있다."라고 할 수 있다.

위의 분석결과에서 자유도(df: degree of freedom)는 각 집단별로 $n-1$이므로
전체 자유도는 $n-2$가 되어 18이 된 것이다. 『등분산이 가정되지 않음』 행의
자유도는 17.151로 나타나 있는데 이는 등분산이 아닐 경우 SPSS에서 자유도를
조정하여 등분산을 만드는 과정에서 나타난 결과이다. 『평균차』 항목은 집단
간의 평균값 차이로 [집단 통계량] 결과에서 평균값의 차이와 동일하다. 따라서
남자가 여자보다 14.5 적게 사용하고 있는 것이다.

3. 독립 t-검정 분석결과의 보고 방법

　t-검정 분석결과를 보고할 때는 주요 통계량을 함께 보고하는 것이 좋다. 이는 상관분석 부분에서 밝힌 바와 같이 후학 및 후속 연구에 정보를 제공함과 동시에 본 연구에 사용된 자료에 대한 객관성을 유지하기 위해서 필요한 것이다. 더욱이 논문에 게재할 때는 더욱 중요하다.

　논문에 게재할 때 필수적으로 포함해야 하는 통계량들은 평균, 표준편차, 자유도, t값, 유의확률 등이다. Levene의 등분산 검정 결과는 본문에 포함시키거나 분석결과 표에 함께 포함시키는 것이 필요하다. 분석결과를 보고용으로 편집한 형태는 <표 4-3>과 같다. 분석결과 등분산이 가정되었으므로 그에 관한 내용만 포함시키고, 평균(M)과 표준편차(SD)를 포함시킨다. 그리고 각 항목에 대한 기호는 APA의 규정에 따라 변경한다. 각 항목에 쓰인 기호에 대한 설명은 다음과 같다.

M(arithmetic mean): 평균
SD(standard deviation): 표준편차
F(Fisher's F ratio): F-검정 값
p(probability): 확률 값
t(computed value of t-test): t-검정 값
df(degree of freedom): 자유도

표 4-3 독립 t-검정 분석결과 보고 예: **cost**에 대한 독립 t-검정 결과

gender	M	SD	Levene의 등분산 검정		t	df	p
			F	p			
남자	69.00	9.369	.403	.534	-3.826	18	.001
여자	83.50	7.472					

　각 항목의 기호는 통계학적 기호일 경우 모두 이탤릭 문자로 나타낸다. 이러한 규칙은 모든 통계적 분석에서 동일하게 적용된다. 일반적으로 표본 크기(sample size)를 나타내는 N 값을 포함시키나 여기서는 df 값을 이용하여 유추

가 가능하기 때문에 제외하였다. 위의 <표 4-3>에서 등분산 검정 결과를 제
외하기 위해서는 본문에 다음과 같이 기술하면 된다.

"Levene의 등분산 검정 결과 $F = .403$, $p = .534$로 분산이 동일한 것으로 나타남"

t-검정 결과를 해석할 때는 다음과 같이 기술하면 된다.

"사용되는 비용(cost)에 대한 독립 t-검정 결과 $t(18) = -3.826$, $p = .001$(two tailed)
로 나타나 남성과 여성 간에 통계적 유의한 차이가 있는 것으로 분석됨"

4. 대응 t-검정(paired t-test) 방법

대응 t-검정(paired t-test)을 수행하기 위한 연구문제는 다음과 같다.

대응 t-검정을 위한 연구문제-01

연구자가 개발한 트레이닝 방법에 따라 근력에 차이가 나타나는지를 검정하기 위해서 트레이닝 전과 후에 근력
을 측정하였으며 그 내용은 아래와 같다.

No	premuscle	postmuscle	No	premuscle	postmuscle
1	853	926	6	608	1256
2	810	1503	7	830	1303
3	722	962	8	543	594
4	715	848	9	510	731
5	751	1267	10	496	530

트레이닝 전, 후에 근력의 차이가 있는지를 유의수준 $\alpha = .05$에서 검정하라.

---

1) 대응 t - 검정의 절차 및 내용

먼저 연구문제에 따른 가설을 설정하면 다음과 같다.

귀무가설: 트레이닝 전·후의 근력에 차이는 없을 것이다.

$$H_0 : \mu_{\mathrm{premuscle}} = \mu_{\mathrm{postmuscle}}$$

연구가설: 트레이닝 전·후의 근력에 차이는 있을 것이다.

$$H_1 : \mu_{\mathrm{premuscle}} \neq \mu_{\mathrm{postmuscle}}$$

변인구조를 살펴보면, 종속변수의 경우 근력으로 양적 변수라 할 수 있다. 독립변수에는 집단을 구별하는 이분형 명목척도가 필요한데 현재의 상태로는 집단을 구별하는 변수가 존재하지 않는다. 그러나 근력을 전과 후에 측정하고 있으므로 전과 후를 집단으로 생각할 수 있다. 또한 동일 집단에 대해서 2번 측정하고 있으므로 대응 t - 검정을 수행할 수 있다. 이렇게 한 집단에 대해서 시간적 차이를 두고 2번 측정하는 연구 설계를 pre - post 설계라 하며 대응 t - 검정의 전형적인 대상이다.

2) 대응 t - 검정의 실행 방법

<그림 4 - 16>은 연구문제에 사용된 데이터를 SPSS에 입력한 화면이다. 주의해서 볼 점은 집단을 구별하는 변수가 존재하지 않는다는 것이다.

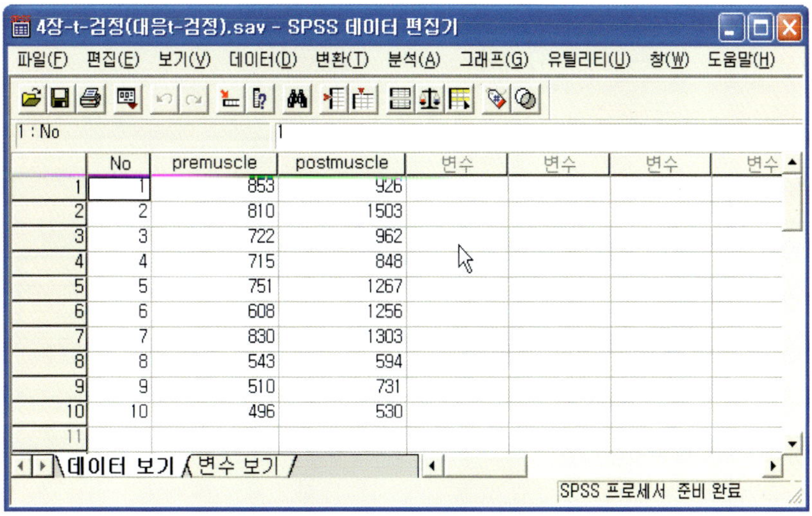

그림 4-16 데이터 입력 화면

대응 t-검정을 실행하기 위해서는 <그림 4-17>과 같이【분석】-【평균비교】-【대응표본 T검정】을 선택하면 된다.

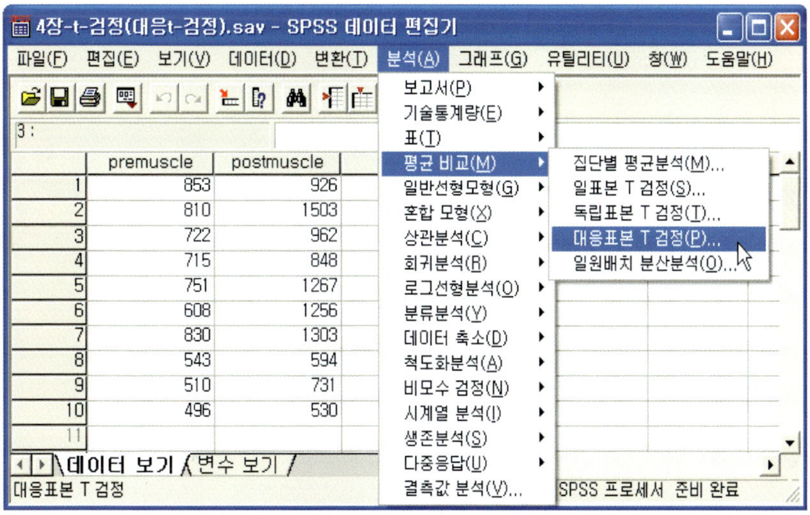

그림 4-17 대응 t-test를 위한 메뉴 선택 화면

<그림 4-18>과 같이 {대응표본 T검정} 윈도우가 나타나면 먼저 "premuscle" 변수를 클릭하여 선택한다. 그러면 『현재 선택』 항목의 「변수 1:」에 premuscle

변수가 나타난다. 다시 "postmuscle" 변수를 클릭하면 『현재 선택』 항목의 「변수 2:」에 postmuscle 변수가 나타난다.

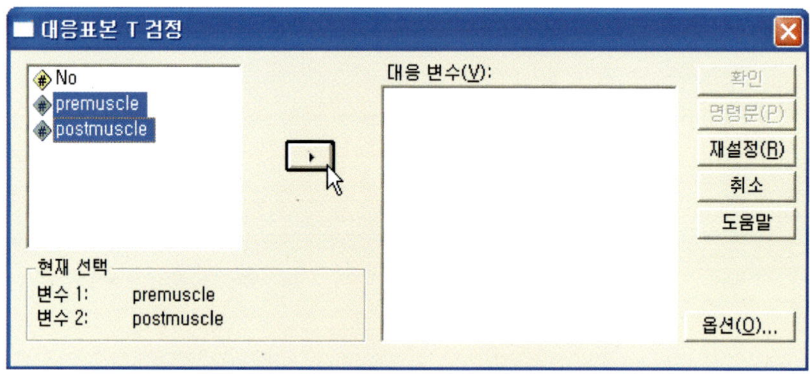

그림 4-18 대응표본 t-검정 윈도우

[▶] 버튼을 누르면 <그림 4-19>과 같이 『대응 변수』 항목에 입력이 된다.

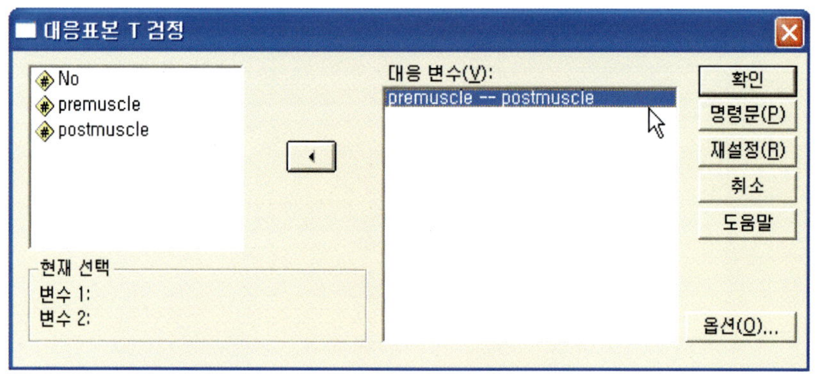

그림 4-19 변수 입력 완료 화면

[확인] 버튼을 누르면 <그림 4-20>과 같은 분석결과를 볼 수 있다.

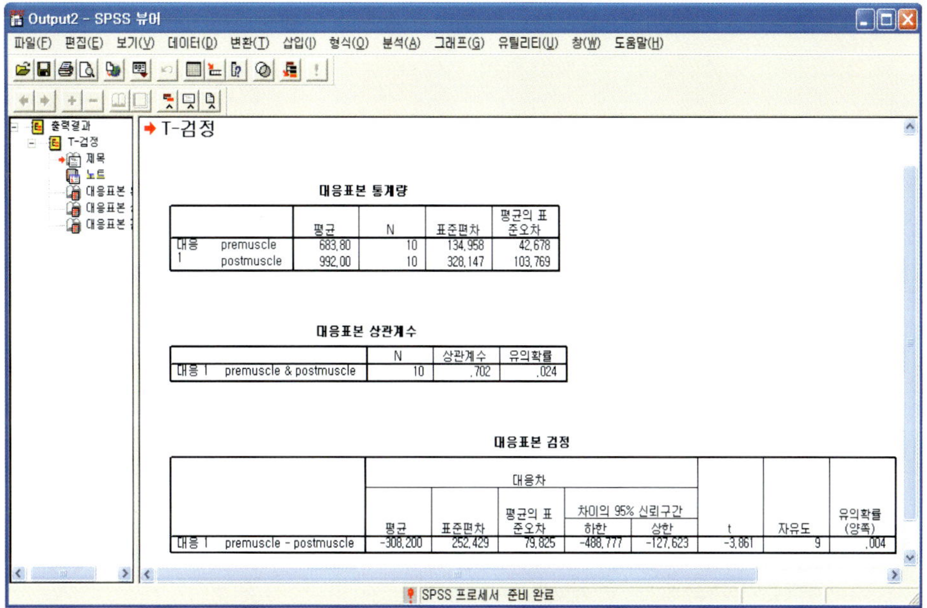

그림 4-20 대응 t-검정 분석 결과 출력 화면

3) 대응 t-검정 분석결과의 해석

분석결과를 살펴보면 [대응표본 통계량], [대응표본 상관계수], [대응표본 검정] 결과표가 나타나 있다. [대응표본 통계량] 표는 각 변수의 기술통계량을 나타내고 있으며, [대응표본 상관계수]는 두 변수의 상관계수를 나타내고 있다. [대응표본 검정] 부분이 대응 t-검정의 주요 부분이다. 『차이의 95% 신뢰구간』 항목과 『평균의 표준오차』 항목을 제거한 결과표는 <표 4-4>와 같다.

표 4-4 대응 t-검정 분석결과: 대응표본 검정

대응표본 검정

		대응차		t	자유도	유의확률 (양쪽)
		평균	표준편차			
대응 1	premuscle - postmuscle	-308.200	252.429	-3.861	9	.004

분석결과를 보면, t=−3.861, 유의확률=.004로 유의수준 α=.05보다 작기 때문에 귀무가설은 기각되어 트레이닝 전·후 간에 근력의 차이가 있는 것으로 나타났다.

<표 4-4>에 있는『대응차』항목의 평균값 −308.200과 표준편차 252.429는 [대응표본 통계량]에 나타나 있는 각 변수의 평균값 차이, 표준편차 차이와 동일하다.

위의 결과에서 주의해서 볼 것은 자유도=9로 나와 있는 부분이다. 연구문제에서 다룬 데이터를 보면 각 집단 간 10개씩 총 20개의 데이터이다. 독립 t-검정에서 다룬 데이터도 각 집단 간 10씩 총 20개의 데이터였다. 자유도는 $n-1$이므로 각 집단에서 하나씩 빠져 총자유도는 18이 되어야 한다. 독립 t-검정에서는 자유도가 18로 나왔으나(<표 4-2> 참조) 대응 t-검정에서는 9로 나타났다. 이러한 결과가 나타난 이유는 대응 t-검정의 경우, 각 피험자의 대응되는 전과 후의 차이 값(premuscle−postmuscle)을 분석 대상으로 삼기 때문이다. 비록 전체 데이터 개수가 20이더라도 대응되는 차이 값은 10개이기 때문에 자유도가 9로 나타난 것이다. 이와 관련된 내용은 단일집단 t-검정에서 다시 한 번 다루게 될 것이다.

5. 대응 t-검정(paired t-test) 분석결과의 보고 방법

분석결과를 논문에 포함시킬 때는 [대응표본 통계량]과 [대응표본 검정] 표를 합쳐서 하나의 표로 제공하면 된다. 분석결과를 보고용으로 편집한 결과는 <표 4-5>, <표 4-6>과 같다.

표 4-5 대응 t-검정 분석결과 보고 예 1: premuscle−postmuscle에 대한 대응 t-검정 결과

group	N	M	SD	t	df	p
premuscle	10	683.80	134.958	−3.861	9	.004
postmuscle	10	992.00	328.147			

<표 4-5>는 주요 분석결과를 표 내에 모두 표기한 형태이다. 각 집단의 크

기(N)와 평균, 표준편차 값을 포함하고 있다. <표 4-6>은 APA에서 추천하고 있는 형태의 표로 중복되는 값들을 표에서 제거하고 그 내용을 첨자에 대한 기술로 대체한 형태이다. 집단의 크기가 모두 동일하기 때문에 첨자에 대한 기술로 대체하였고 유의확률도 첨자에 대한 기술로 대체한 것이다.

표 4-6 대응 t-검정 분석결과 보고 예 2: premuscle-postmuscle에 대한 대응 t-검정 결과

group[a]	M	SD	t	df
premuscle	683.80	134.958	-3.861*	9
postmuscle	992.00	328.147		

[a] $n = 10$ for each group
*$p < .05$

위 두 개의 표 중 어느 것을 사용하든 평균과 표준편차를 함께 제공하고 있다는 것이 중요하다. 간혹 t값만 제공하는 경우가 있는데 이는 바람직하지 못한 것으로 연구결과를 면밀히 검토할 수 없으며 타 연구자에게 중요한 정보를 제공하지 못하게 된다. 최종 연구결과 또한 중요하지만 그만큼 연구에 사용된 데이터에 대한 자세한 정보 제공 또한 중요한 부분이다.

6. 단일집단 t-검정 방법

여기서는 대응 t-검정에서 사용된 데이터를 이용하여 단일집단 t-검정을 수행하고 대응 t-검정 결과에서 자유도가 9로 나온 이유도 함께 살펴볼 것이다.

대응 t-검정 설명에서, 각 피험자의 대응되는 전과 후의 차이 값(premuscle-postmuscle)을 분석 대상으로 한다고 하였다. 따라서 우리는 그 차이 값을 먼저 구해야 한다. 차이 값을 구하기 위해서는 <그림 4-21>과 같이【변환】-【변수 계산】을 선택한다.

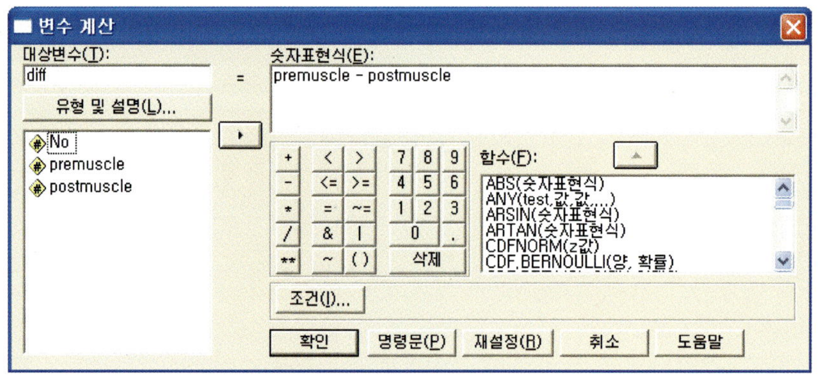

그림 4-21 변수 계산을 위한 메뉴 선택 화면

<그림 4-22>와 같이 {변수 계산} 윈도우가 나타나면 『대상변수』 항목에 "diff"라고 입력한다. 이 변수가 차이 값을 저장할 새로 생성될 변수이다. premuscle 변수를 선택하여 ▶ 버튼을 누르면 『숫자표현식』 항목으로 이동한다. 가운데에 있는 계산기 패널에서 [-] 버튼을 누른다. 다시 postmuscle 변수를 선택하여 ▶ 버튼을 누르면 <그림 4-22>와 같은 화면이 된다.

그림 4-22 변수계산 윈도우 화면

확인 버튼을 누르면 <그림 4-23>과 같은 결과 화면을 볼 수 있다. diff 변수가 생성되어 있으며 차이 값이 구해져 있음을 볼 수 있다.

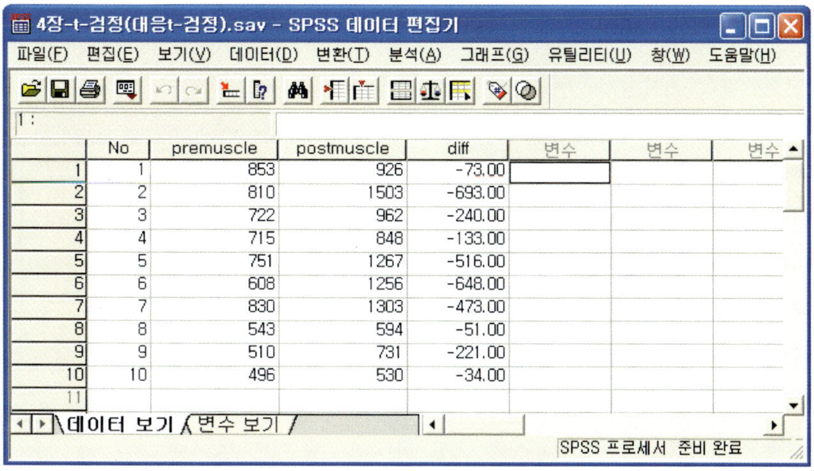

그림 4-23 변수계산 결과 화면

　　위에서 구해진 diff 변수만을 대상으로 하여 분석을 수행하면 단일집단 t-검정이 된다. 단일집단 t-검정을 수행하기 위해서는 <그림 4-24>와 같이【분석】-【평균 비교】-【일표본 T검정】을 선택한다.

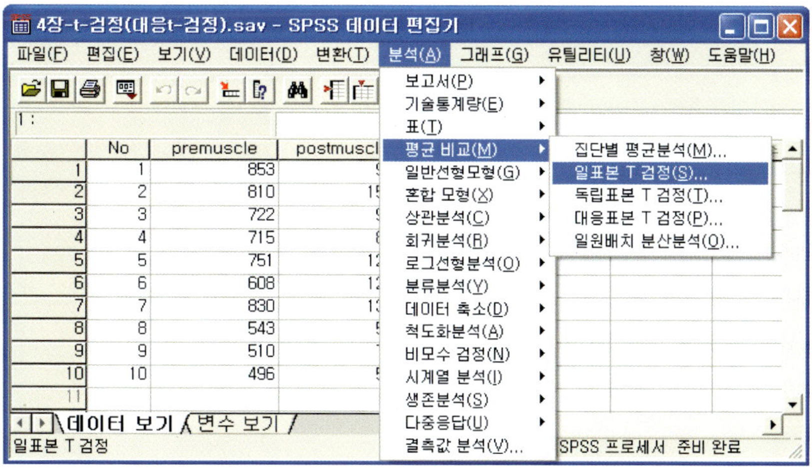

그림 4-24 단일표본 t-검정을 위한 메뉴 선택 화면

　　<그림 4-25>와 같이 {일표본 T검정} 윈도우가 나타나면 diff을 선택하여 『검정변수』 항목으로 이동시킨다. 『검정값』 항목에 0이 디폴트값으로 되어 있는데 이는 diff 변수의 평균값이 0임을 검정하라는 것이다. 만약 평균값이 10임을 검

정하고 싶다면 여기에 10을 입력하면 된다.

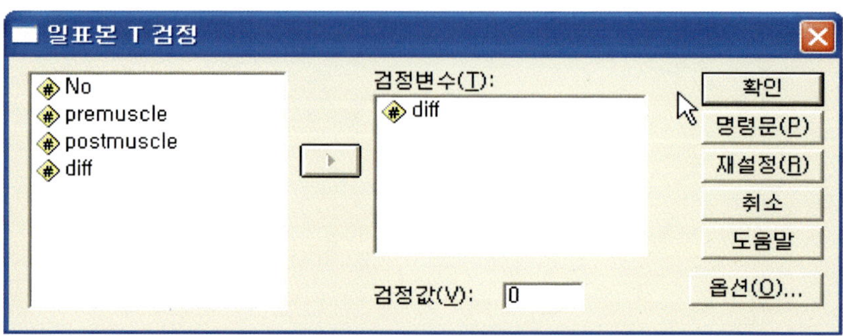

그림 4-25 일표본 t-검정 윈도우

확인 버튼을 누르면 <그림 4-26>과 같은 분석결과를 볼 수 있다. 분석결과 출력 화면에는 [일표본 통계량]과 [일표본 검정] 결과표가 출력되어 있다.
  출력결과를 살펴보면 대응 t-검정 분석 결과와 완벽하게 동일함을 알 수 있다. 즉, 대응 t-검정은 차이 값을 이용하여 단일집단 t-검정을 수행하고 있는 것이다. 따라서 대응 t-검정 시 자유도는 차이 값의 개수에서 얻어진 자유도임을 알 수 있다.

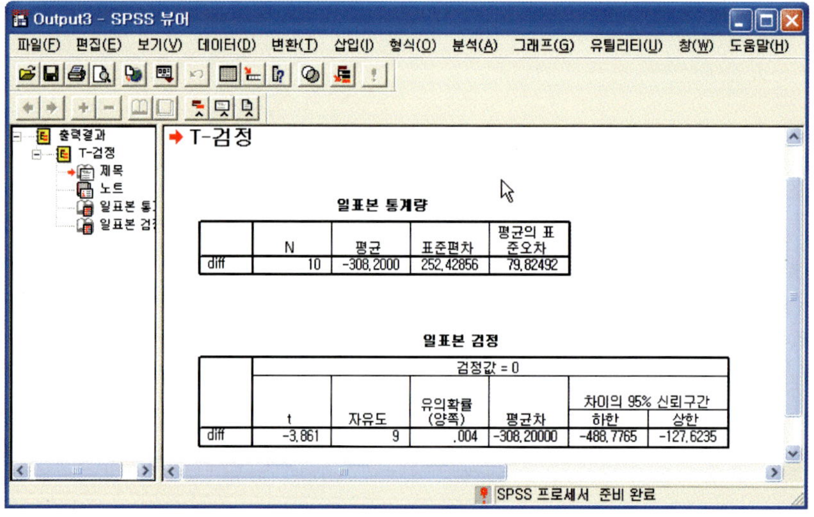

그림 4-26 단일표본 t-검정 분석 결과 출력 화면

Chapter Ⅴ — 분산분석(ANOVA)
Analysis of Variance

1. 분산분석의 개념

<u>분산분석(ANOVA: analysis of variance)</u>은 평균값을 비교한다는 점에서는 t−검정과 유사하나 단순히 평균값만을 비교하는 것이 아니라 집단 간 분산과 집단 내 분산을 비교한다는 점에서 차이가 난다. 또한 t−검정은 두 집단 간 평균값의 차이만을 분석할 수 있는 데 반해 분산분석은 2개 이상의 집단 간 차이를 분석할 수 있다는 점에서 t−검정보다 더 유연하다고 할 수 있다. t−검정도 2개 이상의 집단에 대해서 분석할 수는 있으나 유의수준을 조정해야 하는 번거로움이 있고 더욱이 분산분석이 존재하기 때문에 일반적으로 사용되지 않는다.

만약 t−검정으로 3개 집단에 대해서 유의수준 $\alpha = .05$로 분석하고자 할 때는 전체적인 유의수준이 .05가 되도록 각 분석 시 유의수준을 낮게 설정해야 한다. 3개 집단에 대해서 t−검정을 수행하게 되면 <그림 5−1>과 같이 총 3번의 독립된 t−검정을 수행해야 한다.

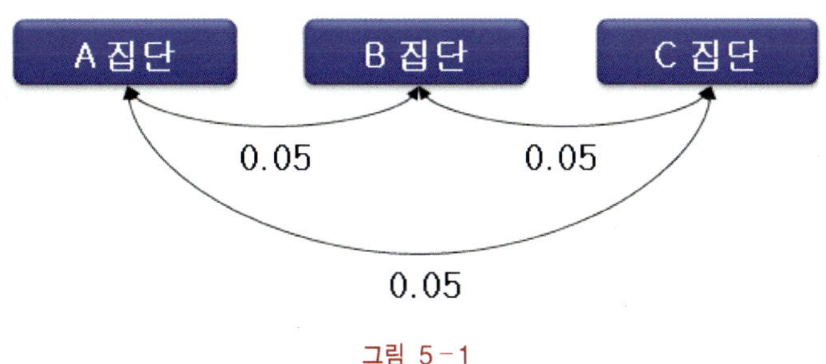

그림 5−1

<그림 5-1>과 같이 각 독립된 분석마다 유의수준을 .05로 하면 전체 유의수준은 다음과 같이 된다.

$$\alpha = 1 - (1-\alpha)^3 = 1 - (1-0.05)^3 = 0.1426$$

이와 같은 문제를 해결하기 위해서는 각 독립된 분석 시 전체적인 유의수준이 .05가 되도록 조정해 주어야 한다. 일반적으로 전체 유의수준을 분석 횟수로 나누어서 사용하면 된다. 위에서 3번의 독립된 분석이 수행되므로 다음과 같이 계산하면 된다.

$$\frac{0.05}{3} = 0.0167$$

구해진 .0167을 각 독립된 분석의 유의수준 값으로 사용하면 된다. 0.0167을 위의 유의수준 계산식에 대입하면 아래와 같이 전체 유의수준 값이 0.0493이 된다.

$$\alpha = 1 - (1-\alpha)^3 = 1 - (1-0.0167)^3 = 0.0493$$

위와 같은 방법으로 t-검정을 이용하여 다수 집단의 평균 차이를 분석할 수 있으나 일반적으로 사용되지 않는다.

분산분석의 변인구조는 다음과 같다.

종속변수 = 독립변수 1, 독립변수 2

종속변수는 1개이며, 독립변수는 보통 1개 또는 2개까지 사용한다. 독립변수로 3개도 사용할 수 있으나 해석상의 어려움과 효율성 문제로 추천되지 않으며 거의 사용되지 않는다. 독립변수는 명목척도나 순서척도인 범주형 자료가 되어야 하며 종속변수는 등간척도나 비율척도인 양적 자료가 되어야 한다. t-검정의 경우 독립변수가 반드시 이분형 명목척도로 두 집단을 구별하는 변수여야 했으나 범주형 자료에서는 이분형 명목척도가 아니어도 된다. 따라서 분산분석의 변인구조는 t‒검정의 변인구조를 포함하고 있으므로 t‒검정 대신 분산분석을 사용해도 된다.

분산분석이 사용되는 전형적인 연구문제들은 다음과 같다.

① 성별에 따라 100m 달리기 기록에 차이가 있는가?
② 중학교 학생의 학년에 따라 체력에 차이가 있는가?
③ 성별과 소득에 따라 레저 참여 정도에는 차이가 있는가?
④ 다이어트 프로그램 참가자들의 기간(전, 2개월 후, 4개월 후)에 따라 효과에는 차이가
   있는가?(동일 집단 반복 측정)

①번 연구문제의 경우 t‒검정에서 본 내용과 동일한 것으로 가장 기본적인 형태이다. ②번 연구문제는 ①번과는 달리 독립변수가 되는 학년이 1학년, 2학년, 3학년으로 3개의 집단으로 구분된다. ①번과 ②번의 공통점은 독립변수가 하나인 점이다. 이렇게 독립변수가 하나인 구조를 분석할 때 사용되는 것을 **일원분산분석(one‒way ANOVA)**이라 한다. ③번의 경우 독립변수가 성별과 소득으로 2개이다. 이렇게 독립변수가 2개인 구조를 분석할 때 사용되는 것을 **이원분산분석(two‒way ANOVA)**이라 한다. ④번은 대응 t‒검정 구조와 비슷하게 시간적 간격을 두고 반복 측정하고 있으나 반복 횟수가 3개인(2개 이상) 형태이다. 이러한 형태를 분석할 때 사용되는 것을 **반복측정 분산분석(repeated ANOVA)**이라 한다.

1) 분산분석의 가설 및 가정

분산분석의 귀무가설은 "각 집단의 평균값이 동일하다."이며 대립가설(연구가설)은 "집단의 평균값이 적어도 어느 하나는 다르다."이다. 따라서 대립가설은 여러 개가 존재할 수 있다. 3개의 집단이 존재할 경우 귀무가설과 대립가설은 다음과 같이 된다.

$$H_0 : \mu_1 = \mu_2 = \mu_3$$

$$H_1 : \mu_1 \neq \mu_2 \neq \mu_3 \ \text{ or } \ \mu_1 = \mu_2 \neq \mu_3 \ \text{ or } \ \mu_1 \neq \mu_2 = \mu_3 \ \text{ or } \ \mu_1 \neq \mu_3 = \mu_2$$

분산분석은 귀무가설에 대해서 검정을 수행하기 때문에 귀무가설이 기각되었을 경우 어떤 대립가설이 채택되는가를 분석해야 하며 그 분석을 **사후분석(post hoc)**이라 한다.

분산분석은 두 집단 이상을 비교하는 방법이므로 두 집단 비교를 확산시킨 것이라고 말할 수 있다. 따라서 분산분석을 할 때는 두 집단 비교를 위한 z – 검정과 t – 검정을 실시할 때와 동일한 가정을 한다. 분산분석을 위한 기본가정은 다음과 같다.

> 가정 1: 각 집단에 해당되는 모집단의 분포는 정규분포여야 한다.
> 가정 2: 각 집단에 해당되는 모집단의 분산이 같아야 한다.
> 가정 3: 각 모집단 내에서의 오차나 모집단 간에 오차는 서로 독립적이다.

첫 번째, 정규분포에 대한 가정에서는 각 모집단이 정규분포에서 많이 벗어났다고 해도 각 집단의 표본 크기 n을 크게 하면 중심극한 정리에 의해 추론의 결과에 미치는 영향은 크지 않다. 따라서 모집단이 정규분포에서 많이 벗어났을 것이라고 예상된다면 표본의 크기를 증가시켜야 한다.

두 번째, 분산에 대한 가정에서는 만일 각 집단의 표본 크기 n이 같다면 이 가정이 만족되지 않아도 결론에 심각한 영향을 미치지 않는다. 반면에 표본의 크기가 서로 다른 경우에는 각 모집단 분산이 같다는 가정이 만족되지 않으면 추정 결과에 심각한 영향을 초래할 수 있다. 따라서 각 집단의 모집단 분산이 동일하다는 가정을 할 수 없을 때는 가능한 한 각 집단의 표본 크기가 같도록 하는 것이 중요하다.

세 번째, 각 관찰치의 오차가 독립적이지 않을 때는 정규분포와 분산에 대한 가정이 충족되지 않으므로 오차가 독립적이라는 가정은 매우 중요하다. 그러므로 통계적 추론에서는 표본을 뽑을 때 확률분포의 방식을 사용하여 분석 자료가 독립 관찰치가 되도록 하는 것이 중요하다. 이 내용은 결국 분산분석 시 표본의 추출 방법이 매우 중요한 부분임을 의미한다.

만약 표본의 크기가 작고 정규분포와 분산에 대한 가정이 충족되지 않으면 **비모수통계**(non‑parametric statistics)를 사용해야 한다.

2. 분산분석의 전개 과정

분산분석을 수행하기 위한 연구 설계나 분석결과를 충분히 이해하기 위해서는 분산분석의 계산 과정을 이해할 필요가 있다. 최종 결론인 각 집단 간의 평균값 차이 여부도 중요하지만 분석에 사용된 자료에 대한 정확한 이해와 분석 결과의 심도 있는 해석을 위해서는 결과로서 주어지는 다양한 통계적 항목들에 대해서 충분히 이해하고 있어야 한다.

1) 일원분산분석(one‑way ANOVA) 전개 과정

일원분산분석은 하나의 독립변수가 여러 개의 수준으로 나누어져 있고, 각 수준에 해당되는 집단에는 여러 관찰치(데이터)들이 포함되어 있는 자료를 분석하는 것이다. 일원분산분석의 자료 구조는 <표 5‑1>과 같다.

표 5‑1 일원분산분석의 자료 구조

관찰치 \ 집단	독립변수(X)				
	집단 1(X_1)	집단 2(X_2)	$\cdots$	집단 $i\,(X_i)$	
1	X_{11}	X_{21}	$\cdots$	X_{i1}	
2	X_{12}	X_{22}	$\cdots$	X_{i2}	
3	X_{13}	X_{23}	$\cdots$	X_{i3}	
$\vdots$	$\vdots$	$\vdots$	$\vdots$	$\vdots$	
j	X_{1i}	X_{2i}	$\cdots$	X_{ij}	
	$\overline{X_1}$	$\overline{X_2}$	$\cdots$	$\overline{X_i}$	$\overline{X}$

X_{ij}: i번째 집단의 j번째 관찰치, $\overline{X_i}$: i번째 집단의 평균, $\overline{X}$: 전체 평균

<표 5-1>을 살펴보면 독립변수 X는 여러 개의 수준(X_1, X_2, ……, X_i)으로 나누어져 있으며 각 수준을 집단으로 표기하고 있다. 그리고 각 집단별로 관찰치들이 존재한다. 관찰치 X_{ij}는 아래 <식 5-1>과 같이 구성되며 이를 일원분산분석의 관찰치 모형이라 한다.

[일원분산분석의 관찰치 모형]
$$X_{ij} = \mu + \alpha_i + \varepsilon_{ij}$$

<식 5-1>

관찰치 모형을 살펴보면, 각 관찰치는 전체평균 μ와, 처리가 다른 집단에 있기 때문에 생기는 전체 평균과의 차이인 α_i, 그리고 각 집단에 있는 관찰치 j의 개인차 또는 오차 ε_{ij}로 이루어져 있음을 알 수 있다. 위 모형을 실제 연구에서 얻을 수 있는 통계치로 표현하면 아래 <식 5-2>와 같다.

[일원분산분석의 관찰치 모형에 대한 통계치 모형]
$$X_{ij} = \overline{X} + (\overline{X_i} - \overline{X}) + (X_{ij} - \overline{X_i})$$
$(\overline{X_i} - \overline{X})$: i번째 집단의 평균과 전체평균 간의 차이
$(X_{ij} - \overline{X_i})$: 각 관찰치와 각 집단평균 간의 차이

<식 5-2>

일원분산분석의 관찰치 모형에 대한 통계치 표현을 그림으로 나타내면 <그림 5-2>와 같다. 관찰치의 모형은 관찰치의 위치를 찾아가는 것과 동일하다. 결국 관찰치 모형은 모든 관찰치를 표현할 수 있는 방법인 것이다.

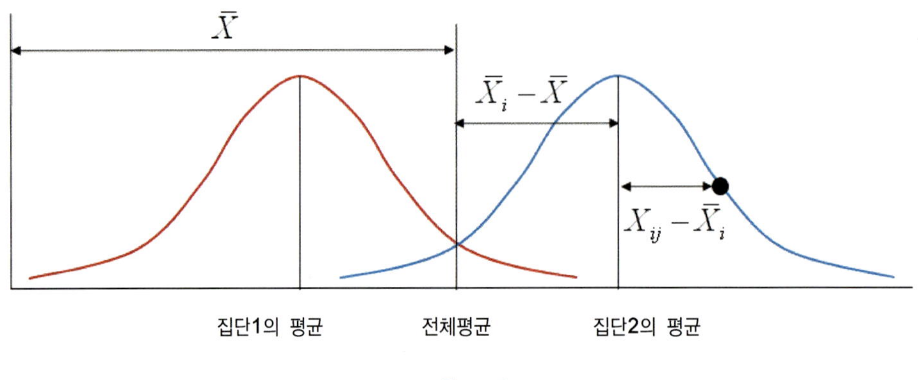

그림 5-2

<식 5-2>의 전체 평균 $\overline{X}$을 왼쪽으로 이항시키면 <식 5-3>과 같은 분산분석의 편차식이 된다.

[일원분산분석의 편차식]
$$(X_{ij} - \overline{X}) = (\overline{X_i} - \overline{X}) + (X_{ij} - \overline{X_i})$$ <식 5-3>

<식 5-3>을 제곱하여 전체 관찰치수만큼 합하면 <수식 5-4>와 같은 분산분석의 총제곱합식이 된다.

[일원분산분석의 총제곱합 식]
$$\sum\sum (X_{ij} - \overline{X})^2 = \sum\sum (\overline{X_i} - \overline{X})^2 + \sum\sum (X_{ij} - \overline{X_i})^2$$ <식 5-4>
총제곱합(SST) = 집단 간 제곱합(SSB) + 집단 내 제곱합(SSW)

위의 <식 5-4>에서 왼쪽 항인 $\sum\sum (X_{ij} - \overline{X})^2$을 총제곱합(sum of squares total: SST)이라 하고, 오른쪽 항의 $\sum\sum (\overline{X_i} - \overline{X})^2$을 집단 간 제곱합(sum of squares between groups: SSB), $\sum\sum (X_{ij} - \overline{X_i})^2$을 집단 내 제곱합(sum of squares within groups)이라 한다.

제곱합은 각각 고유의 자유도를 갖게 되는데, 모든 집단의 관찰치수를 합한 것을 N이라 하고 집단의 수를 r이라 하면 총제곱합은 $N-1$의 자유도를 가지며, 집단 간 제곱합은 $r-1$의 자유도를, 그리고 집단 내 제곱합은 $N-r$의 자유도를 갖게 된다. 총제곱합의 자유도는 집단 간 제곱합의 자유도와 집단 내 제곱합의 자유도를 합한 것과 같다. 이를 식으로 표현하면 <식 5-5>와 같다.

[분산분석에서의 자유도
$$N-1 = (r-1) + (N-r)$$
$$SST = SSB + SSW$$ <식 5-5>

분산분석은 두 분산을 비교하는 것으로서 $F-$검정을 수행하게 된다. 그러므로 분산분석을 수행하기 위해서는 제곱합으로 계산된 집단 간 제곱합과 집단 내 제곱합을 분산으로 나타내어야 하는데 이를 **평균제곱(mean square)**이라고 한다. 평균제곱은 SSB와 SSW 등을 각각의 자유도로 나눈 것으로 분산과 동일한 개념이다. 집단 간 제곱합을 자유도로 나눈 것을 **집단 간 평균제곱**(mean square between groups: MSB)이라고 하며, 집단 내 제곱합을 자유도로 나눈 것을 **집단 내 평균제곱**(mean square within groups: MSW)이라고 한다. 이를 식으로 표현하면 <식 5−6>과 같다.

$$MSB = \frac{SSB}{r-1}, \quad MSW = \frac{SSW}{N-r}$$

<식 5−6>

F 값은 집단 간 분산과 집단 내 분산의 비율로서 <식 5−7>과 같다.

[분산분석에서의 $F-$통계량]
$$F_{r-1,N-r} = \frac{MSB}{MSW}$$

<식 5−7>

분산분석의 과정을 간단하게 표로 나타낼 수 있는데 이를 **분산분석표**(**ANOVA table**)라고 한다. 분산분석표는 회귀분석에서의 회귀분석표와 동일하다. 일원분산분석에서의 분산분석표는 아래의 <표 5−2>와 같다.

표 5−2 일원분산분석의 분산분석 테이블

분산원	제곱합	자유도	평균제곱	$F-$값
집단 간	$SSB=\sum\sum(\overline{X_i}-\overline{X})^2$	$r-1$	$MSB=\dfrac{SSB}{r-1}$	$\dfrac{MSB}{MSW}$
집단 내	$SSW=\sum\sum(X_{ij}-\overline{X_i})^2$	$N-r$	$MSW=\dfrac{SSW}{N-r}$	
합 계	$SST=\sum\sum(X_{ij}-\overline{X})^2$	$N-1$		

2) 이원분산분석(two−way ANOVA) 전개 과정

이원분산분석은 두 개의 독립변수가 있는 경우이다. 이 두 개의 독립변수는 또다시 몇 개의 수준으로 나누어진다. 첫 번째 독립변수를 A라 하고 나누어진

수준의 개수를 i라 하고, 두 번째 독립변수를 B라 하고 나누어진 수준의 개수를 j라 하자. 그러면 관찰치는 X_{ijk}로 나타낼 수 있으며 자료의 구성은 <표 5-3> 같이 된다.

표 5-3 이원분산분석의 자료 구조

B \ A		독립변수 A			
		A_1	A_2	A_3	$\overline{X_{-j}}$
독립변수 B	B_1	X_{111} X_{112} X_{113}	X_{211} X_{212} X_{213}	X_{311} X_{312} X_{313}	$\overline{X_{-1}}$
	$\overline{X_{ij}}$	$\overline{X_{11}}$	$\overline{X_{21}}$	$\overline{X_{31}}$	
	B_2	X_{121} X_{122} X_{123}	X_{221} X_{222} X_{223}	X_{321} X_{322} X_{323}	$\overline{X_{-2}}$
	$\overline{X_{ij}}$	$\overline{X_{12}}$	$\overline{X_{22}}$	$\overline{X_{32}}$	
	$\overline{X_{i-}}$	$\overline{X_{1-}}$	$\overline{X_{2-}}$	$\overline{X_{3-}}$	$\overline{X}$

$\overline{X}$: 전체 평균

$\overline{X_{i-}}$: 독립변수 A의 각 수준에 있는 관찰치들의 평균

$\overline{X_{-j}}$: 독립변수 B의 각 수준에 있는 관찰치들의 평균

$\overline{X_{ij}}$: 독립변수 A의 i 수준과 독립변수 B의 j수준에 있는 관찰치들의 평균

이원분산분석에서 관찰치 X_{ijk}는 아래의 <식 5-8>과 같은 모형을 갖게 된다.

[이원분산분석의 관찰치 모형]

$$X_{ijk} = \mu + \alpha_i + \beta_j + \gamma_{ij} + \varepsilon_{ijk}$$

<식 5-8>

μ : 전체 평균

α_i : 독립변수 A의 효과

β_j : 독립변수 B의 효과

γ_{ij} : 두 독립변수 A, B의 상호작용 효과

ε_{ijk} : 관찰치 i의 개인차 혹인 오차

X_{ijk} : 독립변수 A의 i번째 수준과 독립변수 B의 j번째 수준의 영향을 받은 k번째 관찰치

위의 관찰치 모형에 대한 통계치 모형은 다음의 <식 5-9>과 같다.

> [이원분산분석의 관찰치 모형에 대한 통계치 모형]
>
> $$X_{ijk} = \overline{X} + (\overline{X_{i\_}} - \overline{X}) + (\overline{X_{\_j}} - \overline{X}) + (\overline{X_{ij}} - \overline{X_{i\_}} - \overline{X_{\_j}} + \overline{X}) + (X_{ijk} - \overline{X_{ij}})$$ <식 5-9>

위의 통계치 모형에서 전체평균 $\overline{X}$ 을 왼쪽 항으로 이동시키면 <식 5-10>
과 같다.

> [이원분산분석의 편차식]
>
> $$X_{ijk} - \overline{X} = (\overline{X_{i\_}} - \overline{X}) + (\overline{X_{\_j}} - \overline{X}) + (\overline{X_{ij}} - \overline{X_{i\_}} - \overline{X_{\_j}} + \overline{X}) + (X_{ijk} - \overline{X_{ij}})$$ <식 5-10>

$(X_{ijk} - \overline{X})$	: 각 관찰치와 전체 평균 간의 차이
$(\overline{X_{i\_}} - \overline{X})$	: 독립변수 A 의 i 수준의 영향
$(\overline{X_{\_j}} - \overline{X})$	: 독립변수 B 의 j 수준의 영향
$(\overline{X_{ij}} - \overline{X_{i\_}} - \overline{X_{\_j}} + \overline{X})$	: 독립변수 A 의 i 수준과 독립변수 B 의 j 수준의 상호작용 영향
$(X_{ijk} - \overline{X_{ij}})$	: 개인차 혹은 오차

위의 편차식을 일원분산분석에서와 같이 제곱합으로 표현하면 <식 5-11>
과 같다.

> [이원분산분석의 편차식에 대한 총제곱합 식]
>
> $$\sum\sum\sum(X_{ijk} - \overline{X}) = \sum\sum\sum(\overline{X_{i\_}} - \overline{X}) + \sum\sum\sum(\overline{X_{\_j}} - \overline{X})$$
> $$+ \sum\sum\sum(\overline{X_{ij}} - \overline{X_{i\_}} - \overline{X_{\_j}} + \overline{X}) + \sum\sum\sum(X_{ijk} - \overline{X_{ij}})$$
> $$SST = SSA + SSB + SSAB + SSW$$ <식 5-11>

$$SST = \sum\sum\sum(X_{ijk} - \overline{X})^2 = \sum\sum\sum X_{ijk}^2 - \frac{(\sum\sum\sum X_{ijk})^2}{IJn}$$

$$SSA = \sum\sum\sum(\overline{X_{i\_}} - \overline{X})^2 = \sum Jn(\overline{X_{i\_}} - \overline{X})^2$$

$$SSB = \sum\sum\sum(\overline{X_{\_j}} - \overline{X})^2 = \sum \in (\overline{X_{\_j}} - \overline{X})^2$$

$$SSAB = \sum\sum n(\overline{X_{ij}} - \overline{X_{i\_}} - \overline{X_{\_j}} + \overline{X})^2$$

$$SSW = \sum\sum\sum(X_{ijk} - \overline{X_{ij}})^2$$

여기서 n 은 각 집단의 관찰치수이며 IJn 은 전체 관찰치수 N 이 된다.
이원분산분석에서 제곱합에 대한 자유도는 <식 5-12>와 같다.

[이원분산분석에서의 제곱합과 자유도]

$$SST = SSA + SSB + SSAB + SSW$$

$$IJn - 1 = (I-1) + (J-1) + (I-1)(J-1) + IJ(n-1)$$

<식 5-12>

각각의 제곱합을 자유도로 나누면 평균제곱은 <식 5-13>과 같이 된다.

$$MSA = \frac{SSA}{(I-1)}, \quad MSB = \frac{SSB}{(J-1)}$$

$$MSAB = \frac{SSAB}{(I-1)(J-1)}, \quad MSW = \frac{SSW}{IJ(n-1)}$$

<식 5-13>

유의도를 검정하기 위해서는 각 평균제곱을 오차의 평균제곱인 MSW로 나누어 $F-$검정을 수행하면 된다.

3) 주 효과(Main effect) & 상호작용 효과(Interaction effect)

이원분산분석은 두 개의 독립변수 중 어느 변수에 분산의 원인이 있는지를 밝히는 데 사용될 뿐만 아니라 두 변수의 상호작용 효과도 분석할 수 있으므로 이원분산분석은 두 변수의 영향을 함께 분석할 수 있다는 편리함 외에도 일원분산분석으로는 검정할 수 없는 상호작용의 영향에 대한 가설도 검정할 수 있다.

두 독립변수의 효과를 알아보는 것을 **주 효과(main effect) 분석**이라고 하고, 두 개의 독립변수(주 효과) 간의 상호작용에 의한 효과를 알아보는 것을 **상호작용 효과(interaction effect) 분석**이라고 한다.

상호작용 효과를 쉽게 이해하기 위해 다음과 같은 예를 들어 보자. 레저스포츠 참여도가 교육의 정도와 성별에 따라 어떻게 달라지는지를 알아보고자 한다고 가정하자. 이 경우 종속변수인 레저스포츠 참여도에 원인이 되는 것은 독립변수인 교육수준과 성별 그리고 교육수준과 성별 간의 상호작용으로 다음과 같이 변인 구조를 나타낼 수 있다.

레저스포츠 참여도 = 교육수준 + 성별 + 교육수준과 성별 간의 상호작용

조사를 통해 얻어진 자료를 이용하여 구해진 평균값들은 <표 5-4>와 같다고 하자.

표 5-4 레저스포츠 참여도 평균값

성별＼교육수준	상(Mean)	하(Mean)	행 평균 (Row Mean)
남(Mean)	45	35	40
여(Mean)	25	55	40
열 평균(Column Mean)	35	45	40

교육수준을 고려하지 않고 성별에 따른 남녀의 레저스포츠 참여도를 보면 둘다 평균 40점으로 동일한 정도의 참여도를 나타내고 있다. 성별을 고려하지 않고 교육수준만을 살펴보면, 교육을 많이 받은 사람의 참여도는 35인 데 비해 교육수준이 낮은 사람의 참여도는 45로 높게 나와 있다. 따라서 교육수준과 성별두 독립변수 중 교육수준만이 참여도라는 종속변수에 영향을 끼치는 것으로 나타났다. 그러나 남자의 경우 교육수준이 낮을 때 참여도가 낮지만 여자의 경우에는 반대로 교육수준이 높을 때 참여도가 낮다는 것을 알 수 있다. 이러한 경우 한 독립변수가 다른 독립변수의 수준에 따라 달리 작용하므로 상호작용의 효과가 있다는 것을 알 수 있다. 이 같은 현상을 그래프로 나타내면 <그림 5-3>과 같다. 이렇게 상호작용이 있는 경우 그림을 그려 보면 두 선의 방향이 서로 다르거나 어긋나 있게 된다.

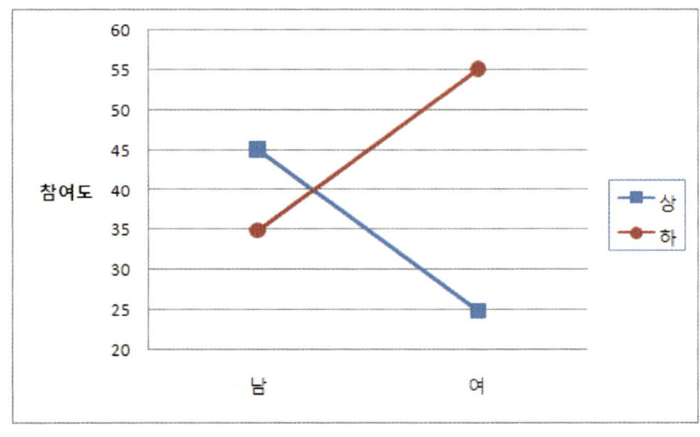

그림 5-3

상호작용 효과가 있는지를 쉽게 알기 위해서는 두 변수에 의한 평균치의 차를 구해 보면 된다.

남녀에 따라 교육수준을 비교해 보면

$(45-35)=10, \ (25-55)=-30$

교육수준에 따라 남녀를 비교해 보면

$(45-25)=20, \ (35-55)=-20$

상호작용이 있는 경우에는 한 독립변수의 수준에 따라 다른 독립변수의 평균치의 차이를 비교해 보면 부호가 서로 다르게 나타난다.

4) 사후검정(Post - hoc test) 또는 다중비교(Multiple comparison)

분산분석을 통해 귀무가설이 기각되었을 경우 어떠한 연구가설(대립가설)이 채택되는지를 구체적으로 알아보는 것을 **사후검정**(post - hoc test) 또는 **다중비교**(multiple comparison)라고 한다. 만약 3개(A, B, C)의 집단에 대해서 분산분석을 수행하였을 때 귀무가설이 기각되었다면 각각의 집단이 어떻게 차이가 나는지 2개의 집단씩 짝을 지어 검정해 보아야 한다. 집단의 짝을 구성하면 AB, AC, BC 3개가 된다. 이들 짝을 family라고 하고 각각의 family를 검정할 때 발생되는 Type Ⅰ Error를 **Familywise Error(FWE)**라 한다. 이 경우 t - 검정을 수행하면 위에서 알아본 바와 같이 Type Ⅰ Error가 증가하는 현상을 막을 수 있는 방법이 필요하게 된다. 사후검정은 이렇게 증가하는 Type Ⅰ Error를 통제하기 위해서 개발된 것이다.

SPSS에서 제공하는 사후검정 방법들을 나열하면 다음과 같다.

등분산을 가정함	
① LSD	⑧ S-N-K
② Bonferroni	⑨ Tukey
③ Sidak	⑩ Tukey의 b
④ Sheffe	⑪ Duncan
⑤ R-E-G-W의 F	⑫ Gabriel
⑥ R-E-G-W의 Q	⑬ Waller-Duncan
⑦ Hochberg의 GT2	⑭ Dunnett
등분산을 가정하지 않음	
① Tamhane의 T2	③ Games-Howell
② Dunnett의 T3	④ Dunnett의 C

사후분석 방법을 비교 평가하는 기준으로는 보수성(conservativeness), 최적성(optimality), 편의성(convenience), 가정위반 둔감성(robustness) 4가지가 있다. 이 중 분석 시 고려해야 할 사항은 보수성과 둔감성이다. 보수성이 강하다는 것은 쉽게 유의한 차이를 나타내지 않는다는 뜻이고, 둔감성은 가정에 대한 위반에 예민하지 않다는 뜻이다. 따라서 분산분석 시 등분산 가정이 어렵다면 둔감성이 큰 Tamhane's T2, Games-Howell, Dunnett's T3, Dunnett's C의 사후검정 방법을 사용하는 것이 적절하다. 분산분석의 정규분포 가정과 관련해서는 위에서 제시한 모든 사후검정 방법이 둔감성이 큰 방법이므로 사용해도 큰 문제가 되지 않는다.

사후검정 방법으로는 크게 쌍별다중비교(pairwise multiple comparison) 검정과 범위(studentized range) 검정이 있다. 쌍별다중비교 검정은 비교 가능한 모든 집단의 쌍을 대상으로 평균값을 비교하는 방법이고 범위 검정은 유사한 집단들끼리 묶는 방법이다. 쌍별다중비교 검정 방법으로는 Bonferroni, Sidak, Dunnett, LSD 등이 있고 범위 검정 방법으로는 Tukey's b, S-N-K, Duncan, R-E-G-W, Waller-Duncan 등이 있다. 범위 검정과 쌍별다중비교를 함께하는 방법으로는 Tukey's HSD, Hochberg's GT2, Gabriel, Scheffe 등이 있다. 일반적으로 가장 많이 사용되는 사후검정 방법 등은 다음과 같은 것들이 있다.

① Fisher's LSD
② Duncan(Duncan's new multiple range test: Duncan's MRT test)
③ Tukey's HSD(honestly significant difference)
④ Sheffé

⑤ Bonferroni
⑥ Dunnet

(1) Duncan(Duncan's multiple range test : Duncan's MRT test)

Duncan의 방법은 과거 집단 내 관찰치수가 동일한 경우(balanced design) 사용하는 다중비교 방법이었으나 최근에는 보완되어 집단 내 관찰치수가 동일하지 않은 경우(unbalanced design)에도 사용될 수 있다. 현재 SPSS에서는 표본 크기가 동일한 집단 비교에서만 사용하도록 권장하고 있다. 보통 농학, 인문사회과학 분야에서 자주 사용한다. HSD, SNK에 비해 기각력이 우수하지만 Type Ⅰ Error에 대한 통제력이 약하다는 단점이 있다.

SPSS의 도움말: Student－Newman－Keuls 검정에서 사용한 순서와 동일한 단계별 비교 순서를 사용하여 대응별 비교를 수행하지만 개별 검정에 대한 오차 비율보다는 전체 검정에 대한 오차 비율에 대해 보호 수준을 설정합니다. 스튜던트화 범위 통계량을 사용합니다.

(2) Tukey's HSD(Honestly significant difference)

Tukey's HSD는 studentized range distribution을 이용하여 검정하는 방법으로 Duncan과 동일하게 표본 크기(집단 내 관찰치수)가 동일한 경우 사용하는 사후 검정 방법이었으나 Kramer에 의해 표본 크기가 다른 경우(unbalanced design)에도 사용할 수 있도록 보완되었으며 이를 Tukey－kramer test라 한다. Tukey－kramer test는 두 집단의 조화평균(harmonic mean)을 이용하여 단일의 임계치를 사용하는 것이 아니라 비교하고자 하는 집단에 따라 통계량이 달라지게 하는 방법이다. Tukey's HSD는 Type Ⅰ Error를 통제하는 데 보수적이기 때문에 기각력이 떨어진다. 주로 공학 분야에서 자주 사용한다. Tukey의 검정방법은 일련의 검정과정에서 발생하는 유의수준 α의 증가 현상(3개 이상의 집단에 대해서 반복적으로 t－검정을 수행할 때 발생하는 유의수준의 증가 현상과 동일)인 실험오류율(experimentalwise error rate: EER)을 일정하게 유지하는 방법을 사용한다.

계산 방법은 분산분석의 개념 부분에서 다루었던 것과 동일하다.

$$\text{EER: } 1-(1-\alpha)^{n}, \ n\text{은 검정 횟수}$$

표본 크기가 동일한 일원분산분석에서는 Tukey's HSD 검정이 정확하게 유의수준과 일치하는 것으로 알려져 있다. 모든 집단의 관찰치수(표본 크기)가 같고 모든 집단 간의 평균치들을 1 대 1로 비교할 경우 다른 사후검정 방법들보다 통계적 검정력이 강하다. 이 방법을 사용하기 위해서는 먼저 귀무가설을 기각할 수 있는 임계치를 결정해야 한다. 두 표본 평균치들 간의 차이가 임계치보다 더 크면 두 집단의 평균이 같다는 귀무가설을 기각하게 된다. 이 검정은 양측검정이며 5%, 1%의 유의도 수준을 사용할 수 있다. Tukey' HSD 임계치는 아래의 <식 5-14>로 구할 수 있다.

$$HSD = q(\alpha, df, v)\sqrt{\frac{MSW}{n}} \qquad \text{<식 5-14>}$$

α : 유의수준, df : 집단 내 자유도, v : 집단 수

Tukey's HSD는 유의수준, 집단 내 자유도, 집단 수가 결정되면 통계학책의 부록에 실려 있는 Tukey's q 테이블을 통해 q값을 얻어 계산할 수 있다.

Tukey's b(wholly significant difference: WSD)는 HSD가 SNK보다 검정력은 떨어지나 Type Ⅰ Error에 대한 통제가 좋다는 점에서 HSD와 SNK의 통계량을 평균을 내서 사용하는 방법이다.

SPSS의 도움말(Tukey): 스튜던트화 범위 통계량을 사용하여 집단 간 대응별 비교를 수행합니다. 대응별 비교 결과 집합에 대한 오차율에 실험별 오차율을 설정합니다.

SPSS의 도움말(Tukey의 b): 스튜던트화 범위 분포를 사용하여 집단 간 대응별 비교를 수행합니다. 기준값은 Tukey의 정직유의차 검정과 Student-Newman-Keuls에 대한 해당 값의 평균이 됩니다.

(3) Fisher's LSD(Least Significant Difference: 최소유의차)

 Fisher's LSD는 보통 최소유의차 검정이라고 하며, 보호된 t - 검정(protected t - test) 또는 restricted LSD라고 불리고, Student t - 검정을 이용해서 조합이 가능한 모든 집단을 검정하는 방법이다.

SPSS의 도움말: 모든 집단 평균 간 대응별 비교를 수행하며 다중비교에 대한 오차 비율을 수정하지 않습니다.

(4) Scheffé

 정확한 검정 이름은 Sheffé's simultaneous joint pairwise comparison for all possible pairwise combinations of means이다. Scheffe는 표본 크기의 동일성 여부와 상관없이 사용되도록 고안된 방법이다. Duncan의 경우는 다른 방법들에 비해 집단 간 차이를 쉽게 나타내지만 Tukey와 Scheffe의 경우는 보수적인 방법을 사용하여 명확한 차이가 존재할 때만 집단 간 차이를 나타낸다. Scheffe의 경우는 표본 크기가 다른 경우를 고려한 방법이기 때문에 표본 크기가 다른 경우에는 Tukey보다 선호된다.

SPSS의 도움말: 가능한 모든 대응별 평균 조합에 대해 동시 결합 대응별 비교를 수행합니다. F 표본 분포를 사용합니다. 이 항목은 단순한 대응별 비교만이 아니라 집단 평균의 가능한 모든 선형 조합을 검토하는 데 사용될 수 있습니다.

(5) Bonferroni

 Fisher's LSD의 약한 검정력을 보완하기 위해서 수정된 검정이 Bonferroni 검정이다. Dunn에 의해서 체계화되었기 때문에 Dunn의 검정법이라고도 한다. Tukey's HSD의 Type Ⅰ Error에 대한 관대한 단점과 Scheffe의 엄격한 임계치를 보완할 수 있는 검정 방법으로 알려져 있으며, 일반적으로는 HSD가 더 검정력이 우수한 것으로 알려져 있으나 전체 비교 수가 적을 때는 Bonferroni 검정법이 더 우수한 것으로 알려져 있다.

SPSS의 도움말: T 검정을 사용하여 집단 평균 간 대응별 비교를 수행하지만 각 검정에 대한 오차 비율을 전체 검정 수로 나눈 실험별 오차 비율로 설정하여 전체 오차 비율을 제어합니다. 따라서 관측 유의 수준은 다중비교 작업에 따라 조정됩니다.

(6) SNK(Students – Newman – Keuls)

SNK의 multiple range test(SNK 다중범위 검정)는 일반적으로 Newman – Keuls 검정으로 불린다. SNK는 다중비교 전체를 통해서 동일한 유의수준을 유지하면서 각각의 범위에 대해 서로 다른 임계값을 이용하는 방법을 취한다. SNK의 경우 비교할 범위가 실제 집단의 수 – 2보다 작거나 같을 때는 해당되는 범위의 임계값이 작기 때문에 Type Ⅰ Error의 확률이 올라가게 되므로 집단의 수가 4 이상인 경우에는 사용하지 않는 것이 바람직하다.

SPSS의 도움말: 스튜던트화 범위 분포를 사용하여 평균 간 모든 대응별 비교를 수행합니다. 표본 크기가 같으면 단계별 프로시저를 사용하여 동일 집단군 내의 대응 평균을 비교할 수도 있습니다. 평균은 최고에서 최하까지 정렬되며 극단차가 먼저 검정됩니다.

(7) Hochberg GT2

Tukey's HSD를 개선한 방법이긴 하지만 HSD보다 검정력이 약한 대신 비교하고자 하는 집단의 표본 크기가 차이가 클 때 사용된다.

SPSS의 도움말: 스튜던트화 최대 상관계수를 사용하는 다중비교 및 범위 검정을 수행하며 Tukey의 정직유의차 검정과 유사합니다.

(8) R – E – G – W

Ryan – Einot – Gabriel – Welsch가 SNK를 수정해서 만든 것으로 R – E – G –

W의 F는 F-분포를 이용하고, R-E-G-W의 Q는 준표준화된 범위분포를 이용한다. R-E-G-W는 집단의 표본 크기가 다른 경우는 사용하지 않는 것이 좋다.

SPSS의 도움말(F): F 검정을 기준으로 하는 Ryan-Einot Gabriel-Welsch 다중 단계감소 프로시저입니다.

SPSS의 도움말(Q): 스튜던트화 범위를 기준으로 하는 Ryan-Einot-Gabriel-Welsch 다중 단계감소 프로시저입니다.

(9) Gabriel

표본 크기가 크게 다를 때 유용한 방법으로 알려져 있다.

SPSS의 도움말: 스튜던트화 최대 상관계수를 사용하며 셀 크기가 동일하지 않을 때 일반적으로 Hochberg의 GT2보다 좀 더 효과적인 대응별 비교 검정을 수행합니다. Gabriel 검정은 셀 크기가 상당히 다를 경우 자유롭게 수행될 수 있습니다.

(10) Waller-Duncan

표본 크기가 동일한 일원분산분석을 기초로 만들어졌으므로 표본 크기가 크게 다를 때에는 사용하지 않는 것이 좋다.

SPSS의 도움말: t 통계량에 기반을 한 다중비교 검정으로 Bayesian 접근법을 사용합니다.

(11) Dunnett

Dunnett의 방법은 지금까지 살펴본 것들과는 비교 방법이 다르다. 위에서 살펴본 방법들은 비교 가능한 모든 집단쌍을 대상으로 비교하였지만 Dunnett의 방법은 특정 집단을 대조군으로 하여 나머지 집단을 실험군으로 비교한다. 또한 양측검정과 단측검정 모두를 수행할 수 있다. 주로 하나의 집단에 비해 다른 집단이 어떻게 차이가 나는지 살펴보고자 할 때 사용된다.

SPSS의 도움말: 단일 통제 평균에 대해 처리군을 비교하는 대응별 다중비교 t 검정을 수행합니다. 마지막 범주는 디폴트 통제 범주가 됩니다. 또는 처음 범주를 선택할 수도 있습니다. 한 요인수준(통제 범주 제외)에서의 평균이 통제 범주에서의 평균과 동일하지 않은지 검정하려면 양쪽검정을 사용합니다. 한 요인수준에서의 평균이 통제 범주에서의 평균보다 작은지를 검정하려면 <통제를 선택합니다. 한 요인수준에서의 평균이 통제 범주에서의 평균보다 큰지를 검정하려면> 통제를 선택합니다.

(12) Games – Howell

Games – Howell 검정은 등분산성의 가정이 만족되지 않을 경우에 사용하는 것으로 집단의 표본 크기가 6 이상인 경우 Dunnett's C보다 검정력이 우수한 것으로 알려져 있으나 표본 크기가 50 이상인 경우 Dunnett's C가 더 우수한 것으로 알려져 있다.

SPSS의 도움말: 경우에 따라 자유롭게 수행되는 대응별 비교 검정을 수행합니다. 이 검정은 분산들이 동일하지 않을 때 적합합니다.

(13) Tamhane's T2 & Dunnett's T3

Tamhane's T2도 등분산성이 만족되지 않을 경우에 사용하는 것으로 Games – Howell보다 보수적인 것으로 알려져 있으나 신뢰구간이 Dunnett's T3보다 항상 넓어 자주 사용되지는 않고 있다. Dunnett's T3은 각 집단의 표본 크기가 50 미만일 경우에 Games – Howell보다 더 적절한 것으로 알려져 있다.

SPSS의 도움말(T2): t 검정을 기준으로 한 보수적 대응별 비교를 수행합니다. 이 검정은 분산들이 동일하지 않을 때 적절합니다.

SPSS의 도움말(T3): 스튜던트화 최대 상관계수를 기준으로 하는 대응별 비교 검정을 수행합니다. 이 검정은 분산들이 동일하지 않을 때 적합합니다.

(14) Dunnett's C

Dunnett's C 또한 등분산성이 만족되지 않을 경우에 사용되는 것으로 각 집단 표본 크기가 50 이상인 경우에 Games – Howell보다 신뢰구간은 좁으나 검정력은 높은 것으로 알려져 있다.

SPSS의 도움말: 스튜던트화 범위를 기준으로 하는 대응별 비교 검정을 수행합니다. 이 검정은 분산들이 동일하지 않을 때 적합합니다.

3. 일원분산분석(One – way ANOVA) 방법

일원분산분석을 위한 연구문제는 다음과 같다.

분산분석을 위한 연구문제 – 01

스포츠 용품 회사에서 스키를 판매하고 있다. 지역에 따라 스키 판매량에 차이가 있는지 알아보기 위해서 A~D 지역의 판매량을 조사하였다. 조사된 판매량은 아래와 같다.

	지역(Region)			
	A	B	C	D
판매량 (Sale)	54	45	32	29
	53	43	36	31
	50	41	28	30
	48	42	32	28

지역에 따라 판매량에 차이가 있는지 검정하라.

---

1) 일원분산분석의 절차 및 내용

일원분산분석을 수행하는 절차는 <그림 5 – 4>와 같다.

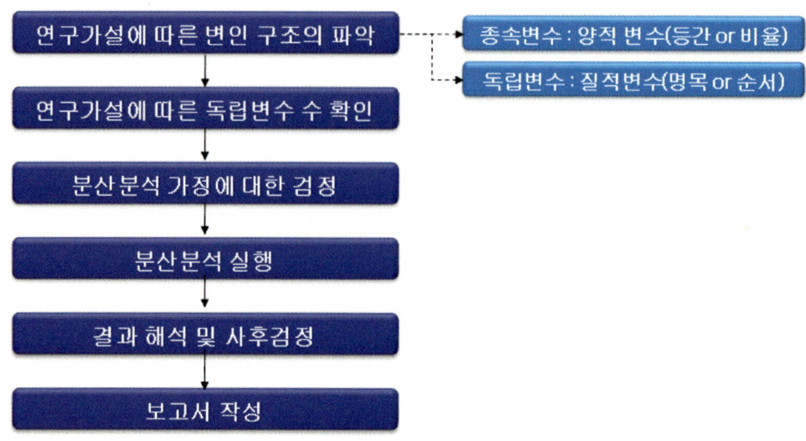

그림 5-4 일원분산분석 수행 절차

위의 연구문제에 따른 귀무가설과 대립가설은 다음과 같다.

H_0 : 지역에 따라 판매량에는 차이가 없을 것이다.

μ_1(A지역 판매량) = μ_2(B지역 판매량) = μ_3(C지역 판매량) = μ_4(D지역 판매량)

H_1 : 지역에 따라 판매량에 차이가 나는 것이 적어도 하나는 있을 것이다.

가설에 따른 변인구조를 살펴보면, 독립변수는 1개로 지역(region)이란 이름으로 되어 있으며, 4개의 수준(A∼D)으로 나누어져 있다. 종속변수도 판매량(sale)으로 1개가 된다. 지역을 나타내는 변수의 종류는 명목척도로서, 질적 자료이고 판매량은 양적 자료이다. 따라서 일원분산분석을 수행하면 된다. 분산분석의 가정으로는 정규분포 가정, 등분산성 가정, 오차의 독립성 가정 이렇게 3개가 존재한다. 정규분포 가정은 표본 크기가 클 경우 문제가 되지 않지만 위의 연구문제와 같이 표본 크기가 작을 경우 문제가 될 수 있다. 그러나 위의 자료가 한 스키장의 여러 판매점의 수량을 합한 것으로 생각한다면 표본 크기에 변화가 생길 수 있고, 실습을 위한 것이므로 그냥 넘어가자. 등분산성 가정은 분석 시 처리하게 될 것이므로 지금은 고려할 필요가 없다. 오차의 독립성에 대한 가정은 표본 추출 방법과 밀접한 관련이 있는 것이나 업체의 판매처 모두를 조사한 전수 조사로 생각하고 넘어가자. 분산분석 실행 후 연구가설이 채택된다면 사후검정을 통해 정확한 차이를 확인한 후 보고서를 작성하면 된다.

2) 일원분산분석의 실행 방법

일원분산분석을 수행하기 위해 연구문제에서 제시된 자료를 SPSS에 입력한 모습은 <그림 5 - 5>와 같다.

자료가 입력된 모습을 보면 연구문제에서 제시한 표의 형태와 다른 것을 알 수 있다. 만약 표에서 제시한 형태로 SPSS에 입력하면 분석이 불가능하다. 비록 자료가 표의 형태로 제시되더라도 분석을 위한 형태로 변형해서 코딩해야 한다. 독립변수가 지역(region)이므로 지역을 나타낼 수 있는 변수가 하나 필요하다. 여기서는 그 변수를 region으로 하였다. 그리고 지역의 종류를 1~4로 대체하여 입력하였다. 만약 지역 종류를 입력할 시 표에서와 같이 A~D로 입력하면 분석이 수행되지 않는 문제점이 있다. 종속변수인 판매량을 입력하기 위한 변수 이름은 sale로 하였다. 여기서 주의할 것은 지역을 나타내는 region 변수의 속성 이다. 만약 코딩 시 이를 숫자가 아닌 문자형으로 입력하게 되면 차후 변수 선택화면에서 나타나지 않는다. 따라서 반드시 숫자형으로 입력하고 척도(SPSS에 서는 이를 측도로 표기한다.)를 명목척도로 설정하면 된다.

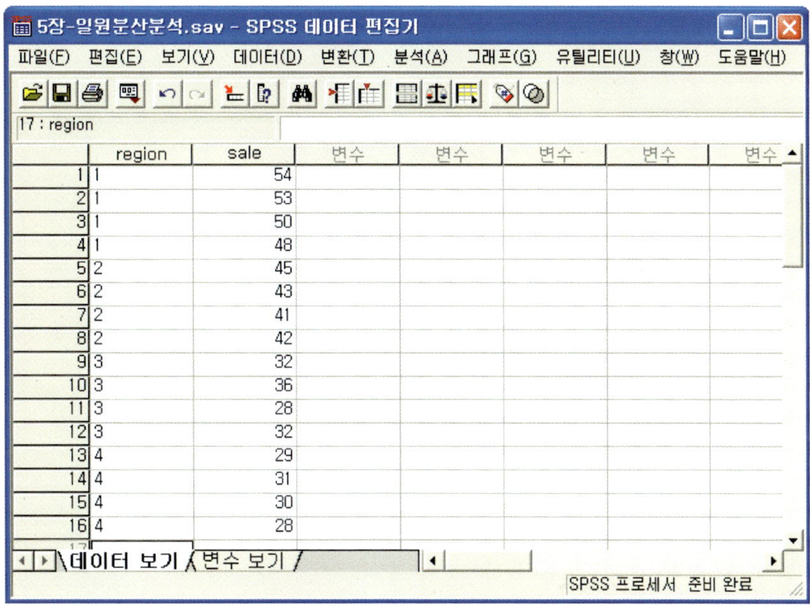

그림 5 - 5 데이터 코딩 완료 화면

일원분산분석을 실행하기 위해서는 <그림 5-6>과 같이 【분석】 - 【평균 비교】 - 【일원배치 분산분석】 을 선택하면 된다.

그림 5-6 일원분산분석을 위한 메뉴 선택 화면

<그림 5-7>과 같이 {일원배치 분산분석} 윈도우가 나타나면 sale 변수를 『종속변수』 항목으로 이동시키고 region 변수를 『요인』 항목으로 이동시킨다.

그림 5-7 변수 설정 화면

[옵션] 버튼을 눌러 {일원배치 분산분석: 옵션} 윈도우가 나타나면 <그림 5-8>과 같이 『기술통계』, 『분산 동질성 검정』, 『평균 도표』를 선택한다.

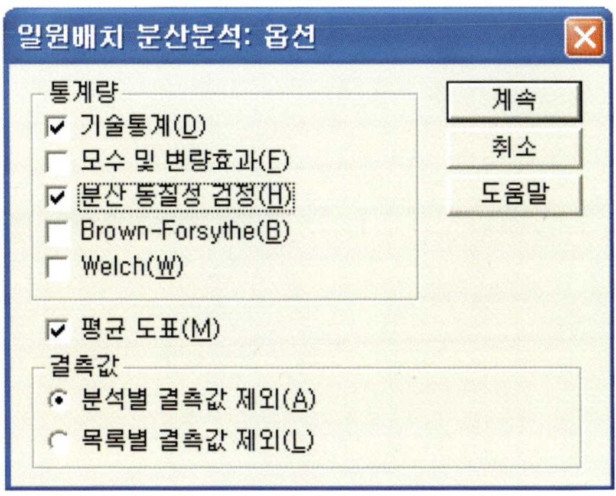

그림 5-8 옵션 설정 화면

『기술통계』항목은 분석결과에 기술통계 결과를 함께 보여 준다.『분산 동질성 검정』은 분산분석의 가정 중 등분산성 가정을 분석하기 위해서 선택한 것이다.『평균 도표』는 분석결과에 각 집단의 평균을 그림으로 나타내기 위해서 선택한 것이다. 따라서 반드시 선택해야 하는 것은 아니다.

　계속　버튼을 누르고 나간 다음 <그림 5-7>에서 [사후분석] 버튼을 누르면 <그림 5-9>와 같이 {일원배치 분산분석: 사후분석-다중비교} 윈도우가 나타난다. 윈도우의 내용을 살펴보면, 크게『등분산을 가정함』과『등분산을 가정하지 않음』으로 나누어져 있음을 볼 수 있다. 일단 등분산을 가정한다고 생각하고 <그림 5-9>와 같이「LSD」,「Tukey」,「Duncan」을 선택한다.

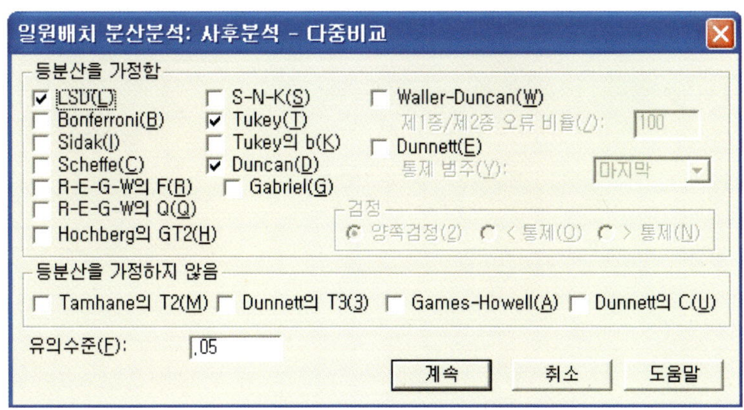

그림 5-9 사후분석 설정 화면

계속 버튼을 누른 다음 <그림 5 - 7> 화면에서 확인 을 누르면 <그림 5 - 10>과 같은 분석결과를 볼 수 있다.

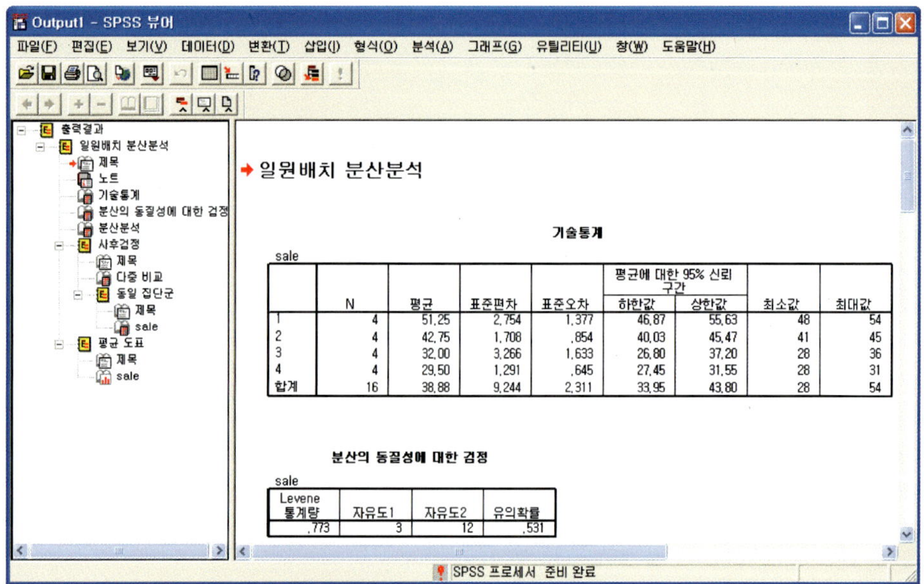

그림 5 - 10 일원분산분석 결과 화면

3) 일원분산분석의 결과 해석

출력된 일원분산분석 결과를 살펴보면, [기술통계], [분산의 동질성에 대한 검정], [분산분석], [사후검정 - 다중비교], [동일 집단군], [평균 도표] 내용이 차례대로 출력되어 있다. [기술통계] 결과는 sale 변수에 대한 평균과 표준편차 등 기술통계량을 나타내고 있다. 옵션에서 지정하였기 때문에 출력된 것으로 옵션에서 선택하지 않으면 출력되지 않는다.

표 5-5 일원분산분석 결과: 기술통계

기술통계

sale

	N	평균	표준편차	표준오차	평균에 대한 95% 신뢰구간		최솟값	최댓값
					하한 값	상한 값		
1	4	51.25	2.754	1.377	46.87	55.63	48	54
2	4	42.75	1.708	.854	40.03	45.47	41	45
3	4	32.00	3.266	1.633	26.80	37.20	28	36
4	4	29.50	1.291	.645	27.45	31.55	28	31
합계	16	38.88	9.244	2.311	33.95	43.80	28	54

출력된 결과들 중 가장 먼저 살펴볼 것은 [분산의 동질성에 대한 검정] 부분이다(<표 5-6> 참조).

표 5-6 일원분산분석 결과: 분산의 동질성에 대한 검정

분산의 동질성에 대한 검정

sale

Levene 통계량	자유도1	자유도2	유의확률
.773	3	12	.531

Levene의 등분산성 검정의 귀무가설은 "분산이 동일하다."이다. 위의 결과를 보면 유의확률이 .531로 유의수준 .05보다 크기 때문에 귀무가설이 채택되어 등분산임이 확인되었다. 따라서 분산분석의 등분산성 가정이 성립되었으므로 다음 분석결과를 확인하면 된다. 만약 등분산성 검정에서 귀무가설이 기각되어 분산이 동일하지 않은 것으로 판명되면 사후분석 시 등분산이 가정되지 않는 사후분석 방법을 선택해야 한다. 분산이 동일하지 않을 경우는 자료를 더 수집하여 표본 크기를 키우고 각 집단의 표본 크기를 동일하게 하는 것이 좋다. 자료 수집 단계에서 등분산성이 걱정이 될 경우에는 각 집단의 표본 크기를 동일하게 하는 것이 무엇보다 중요한 것으로 알려져 있다.

분산분석의 주요 결과 부분은 [분산분석] 부분이다(<표 5-7> 참조). <표 5-7>을 분산분석 테이블이라 한다. <표 5-7>과 <표 5-2>를 비교해 보면 동일한 것임을 알 수 있다. 결과를 먼저 확인하면 $F = 70.847$, 유의확률= .000으로 유의수준 $\alpha = .05$보다 작게 나타나 집단 간에 차이가 있는 것으로 나타났

다. 따라서 귀무가설인 "지역에 따른 판매량에 차이가 없다."는 기각되고, "지역에 따른 판매량에 차이가 있다."는 연구가설이 채택된다.

표 5-7 일원분산분석 결과: 분산분석

분산분석

sale

	제곱합	자유도	평균제곱	F	유의확률
집단 - 간	1213.250	3	404.417	70.847	.000
집단 - 내	68.500	12	5.708		
합계	1281.750	15			

연구가설인 "지역에 따른 판매량에 차이가 있다."는 가설이 채택되었으므로 이제는 구체적으로 어떻게 집단 간에 차이가 나타나는지 확인해야 한다. 이러한 확인을 사후검정(Post Hoc)이라고 한다. 사후검정 결과는 <표 5-8>, <표 5-9>와 같다.

아래의 사후검정 결과들을 보면, 다중비교(<표 5-8>)에서는 「Tukey HSD」, 「LSD」만 나와 있고 동일 집단군(<표 5-9>)에서는 「Tukey HSD」, 「Duncan」만 나와 있다. 사후분석 부분에서 살펴본 바와 같이 Tukey는 다중비교와 범위검정 둘 다 수행하고, LSD는 다중비교만, Duncan은 범위검정만을 수행하기 때문에 서로 다른 종류의 결과가 나타난 것이다. 이렇게 SPSS에서는 선택된 사후검정 방법에 따라 나타나는 결과 종류가 다르다.

<표 5-8>의 다중비교 중 Tukey HSD를 보면, 유의수준 $\alpha = .05$보다 작은 유의확률을 나타내 차이가 있는 것으로 분석된 것은 다음과 같다.

region1 - region2, region1 - region3, region1 - region4
region2 - region3, region2 - region4

LSD - 검정에 의해 차이가 있는 것으로 분석된 것은 다음과 같다.

region1 - region2, region1 - region3, region1 - region4
region2 - region3, region2 - region4

양쪽의 결과를 살펴보면, Tukey HSD의 결과와 LSD - 검정에서는 결과가 동일하게 나타나 있다. 그러나 항상 동일한 것은 아니며 다르게 나타날 수 있다. Tukey HSD가 LSD보다 차이 검정이 보수적인 것으로 알려져 있으며, 표본 크기가 동일한 분석에서는 Tukey HSD가 유의수준과 정확히게 일치하는 것으로 알려져 있다.

표 5-8 일원분산분석 결과: 사후검정 - 다중 비교

다중 비교

종속변수: sale

| | (I) region | (J) region | 평균차 (I - J) | 표준오차 | 유의확률 | 95% 신뢰구간 | |
						하한 값	상한 값
Tukey HSD	1	2	8.500*	1.689	0.001	3.484	13.516
		3	9.250*	1.689	0.000	14.234	24.266
		4	21.750*	1.689	0.000	16.734	26.766
	2	1	- 8.500*	1.689	0.001	- 13.516	- 3.484
		3	10.750*	1.689	0.000	5.734	15.766
		4	13.250*	1.689	0.000	8.234	18.266
	3	1	- 19.250*	1.689	0.000	- 24.266	- 14.234
		2	- 10.750*	1.689	0.000	- 15.766	- 5.734
		4	2.500	1.689	0.478	- 2.516	7.516
	4	1	- 21.750*	1.689	0.000	- 26.766	- 16.734
		2	- 13.250*	1.689	0.000	- 18.266	- 8.234
		3	- 2.500	1.689	0.478	- 7.516	2.516
LSD	1	2	8.500*	1.689	0.000	4.819	12.181
		3	19.250*	1.689	0.000	15.569	22.931
		4	21.750*	1.689	0.000	18.069	25.431
	2	1	- 8.500*	1.689	0.000	- 12.181	- 4.819
		3	10.750*	1.689	0.000	7.069	14.431
		4	13.250*	1.689	0.000	9.569	16.931
	3	1	- 19.250*	1.689	0.000	- 22.931	- 15.569
		2	- 10.750*	1.689	0.000	- 14.431	- 7.069
		4	2.500	1.689	0.165	- 1.181	6.181
	4	1	- 21.750*	1.689	0.000	- 25.431	- 18.069
		2	- 13.250*	1.689	0.000	- 16.931	- 9.569
		3	- 2.500	1.689	0.165	- 6.181	1.181

* .05 수준에서 평균차가 큽니다.

결과 중 「평균차 (I - J)」 항목은 집단 간 평균값의 차이를 나타낸 것이다. 첫

번째 줄의 8.500은 region1 − region2의 값이다. 위의 기술통계(<표 5 − 5>) 결과를 보면 1집단의 평균이 51.25, 2집단의 평균이 42.75로 평균차 값과 동일하다.

범위검정인 [동일 집단군] 분석결과를 살펴보면, Tukey HSD는 동일 집단으로 3개의 부집단을 다음과 같이 나타내고 있다.

region4 − region3, region2, region1

Duncan의 분석결과도 동일 집단으로 3개의 부집단을 다음과 같이 나타내었다.

region4 − region3, region2, region1

Tukey HSD 범위검정 결과를 가지고 동일 집단을 선으로 표현하면 다음과 같이 된다. 이 결과는 Tukey HSD 다중비교 결과와 동일한 것이다.

4	3	2	1

표 5-9 일원분산분석 결과: 동일 집단군 − **sale**

Sale

region		N	유의수준 = .05에 대한 부집단		
			1	2	3
Tukey HSD[a]	4	4	29.5		
	3	4	32		
	2	4		42.75	
	1	4			51.25
	유의확률		0.478174	1	1
Duncan[a]	4	4	29.5		
	3	4	32		
	2	4		42.75	
	1	4			51.25
	유의확률		0.164698	1	1

동일 집단군에 있는 집단에 대한 평균이 표시됩니다.
a. 조화평균 표본 크기 = 4.000을(를) 사용

[평균 도표] 결과는 옵션에서 지정하였기 때문에 출력된 것으로 각 집단별(디자인별) 평균값의 변화를 그래프로 출력해 준다.

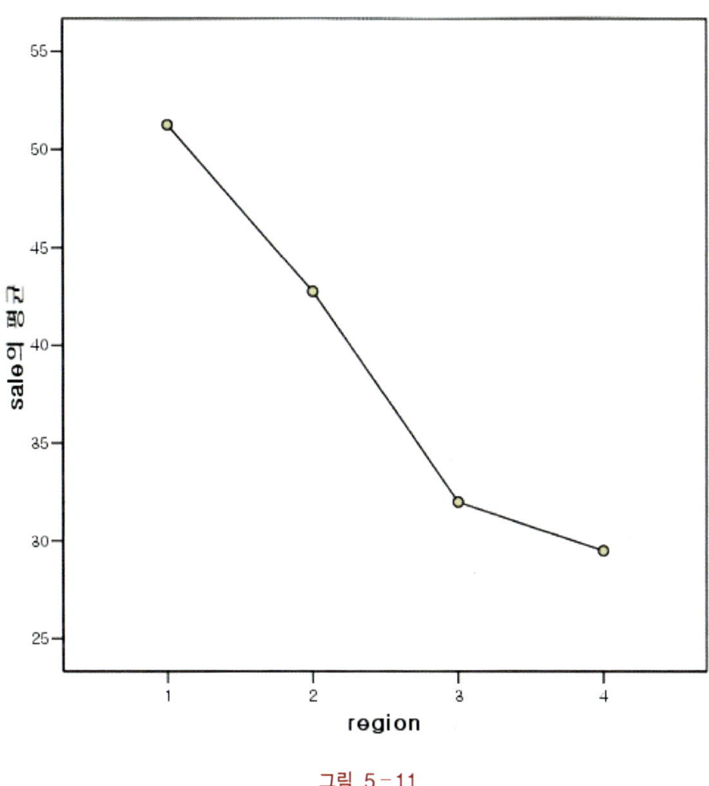

그림 5-11

4) 일원분산분석 결과의 보고 방법

일원분산분석의 결과를 보고하기 위해서는 먼저 Levene의 등분산성(분산 동질성) 검정 결과를 제시하여야 한다. 본문 내에서 제시하여도 좋고 또는 검정 결과표를 함께 제시하여도 좋으나 Levene의 통계량과 유의확률 값은 반드시 제시하여야 한다. 간혹 기술통계 결과를 제공하지 않는 경우가 있는데, 이는 정보의 상세한 제공이라는 논문작성 규정에 위배되는 것으로 어떠한 통계적 분석을 수행하든지 간에 각 변인에 대한 기술통계 분석 결과를 제공하는 것이 바람직하

다. 특히 통계적 분석은 그 결과만이 의미가 있는 것이 아니고 분석 중에 계산
되는 각각의 통계량들 또한 후학이나 이후 연구에 도움이 될 수 있으므로 제공
하는 것이 좋다. 일원분산분석의 결과 보고는 분산분석 테이블의 제공과 사후검
정 결과를 제시하는 것으로 마무리된다. 가능하면 분산분석 테이블과 사후검정
을 같은 표에 나타내어 한눈에 알아보기 쉽게 작성하는 것이 바람직하다. 위에
서 다룬 연구문제 분석 결과를 보고하는 방법은 다음과 같다(기술통계 보고 방
법은 이전 장에서 다루었기 때문에 여기서는 생략한다.).

먼저 등분산 검정에 대한 기술은 다음과 같이 한다.

"등분산 검정 결과 Levene의 통계량 = .773, 유의확률 = .531로 등분산임이 확인되었다."

이후 분산분석 테이블과 사후검정 내용은 아래의 <표 5 - 10>과 같이 작성
하여 제시하면 된다.

표 5 - 10 일원분산분석 결과 보고 예: 분산분석 및 사후검정 결과

	분산분석					사후검정			
	SS	df	MS	F	p				
집단 - 간	1213.250	3	404.417	70.847	.000				
집단 - 내	68.500	12	5.708			4	3	2	1
합계	1281.750	15							

1, 2, 3, 4는 각 A, B, C, D 지역을 나타냄

분산분석 결과와 사후검정 결과를 본문에서 기술할 때는 다음과 같이 한다.

"일원분산분석 결과 $F = 70.847$, $p = .000$으로 유의수준 $\alpha = .05$하에서 지역 간에 판
매량의 차이가 있는 것으로 확인되었으며, 사후검정 결과 1지역과 2지역은 다른 모든
지역과 차이가 있는 것으로 나타났으며, 3지역과 4지역 간에는 차이가 없는 것으로 분
석되었다."

4. 이원분산분석(Two-way ANOVA) 방법

이원분산분석은 데이터의 반복이 없는 경우와 반복이 있는 경우로 나눌 수 있다. 반복이 없는 데이터의 경우에는 주 효과만을 분석하고, 데이터의 반복이 있는 경우에는 상호작용 효과(교호작용 효과라고도 함)도 함께 분석을 하여야 한다. 여기서 언급하고 있는 데이터의 반복은 향후 다루게 될 반복측정과 다른 것임을 인지하여야 한다.

1) 데이터의 반복이 없는 이원분산분석 방법

데이터의 반복이 없는 이원분산분석을 위한 연구문제는 다음과 같다.

분산분석을 위한 연구문제 - 02

대학에서 각 학년의 학업성취도를 알아보기 위해서, 서로 다른 측정 방법을 사용하는 3개의 검사 기관에 의뢰를 하였다. 그 결과는 아래와 같다. 학생들의 학업성취도 결과가 검사 기관과 학년에 따라 차이가 나타나는지 분석하라.

		학년			
		1	2	3	4
검사 기관	1	72	81	90	85
	2	80	99	97	91
	3	85	88	96	85

(1) 데이터의 반복이 없는 이원분산분석의 절차 및 내용

위의 연구문제를 살펴보면, 종속변수는 학생의 학업성취도이며, 독립변수는 학년과 검사 기관으로 되어 있다. 학년은 4개의 수준으로 나누어져 있으며, 검사 기관은 3개의 수준으로 나누어져 있다. 그리고 각 처리마다 단일의 데이터가 존재하므로 데이터의 반복이 없는 이원분산분석에 해당한다. 귀무가설과 대립가설은 다음과 같다.

H_0 : 학업성취도는 학년 간에 차이가 없다.

학업성취도는 검사 기관 간에 차이가 없다.

H_1 : 학업성취도는 학년 간에 차이가 나는 것이 적어도 하나는 있을 것이다.

학업성취도는 검사 기관 간에 차이가 나는 것이 적어도 하나는 있을 것이다.

독립변수가 집단을 나타내는 질적 변수로서 2개가 존재하고, 독립변수는 양적 변수이므로 2원분산분석을 수행하면 된다.

(2) 데이터의 반복이 없는 이원분산분석의 실행 방법

위의 연구문제에서 제시된 데이터를 SPSS에 입력한 모습은 아래의 <그림 5 - 12>와 같다.

	검사기관	학년	성취도	변수	변수	변수	변수
1	1	1	72				
2	1	2	81				
3	1	3	90				
4	1	4	85				
5	2	1	80				
6	2	2	99				
7	2	3	97				
8	2	4	91				
9	3	1	85				
10	3	2	88				
11	3	3	96				
12	3	4	85				

그림 5 - 12 이원분산분석을 위한 데이터 코딩 완료 화면

위의 데이터를 이용하여 이원분산분석을 수행하기 위해서는 <그림 5 - 13> 과 같이 【분석】 - 【일반선형모형】 - 【일변량】 을 선택하면 된다.

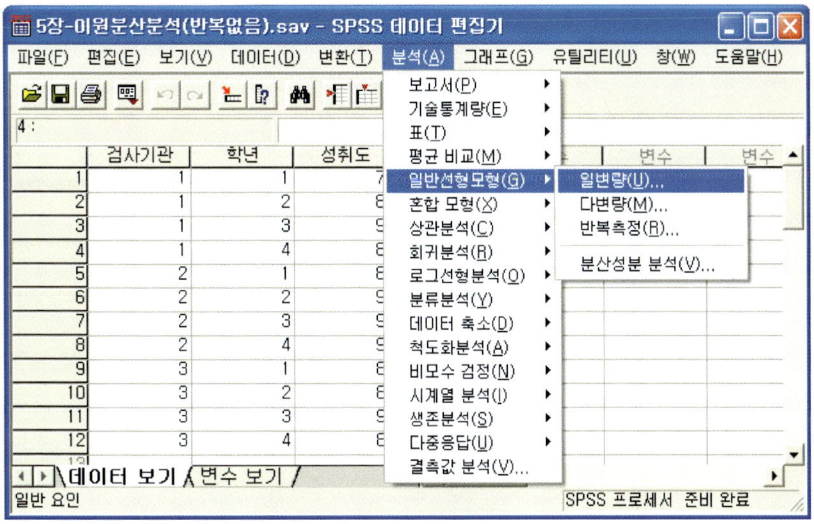

그림 5-13 이원분산분석 수행을 위한 메뉴 선택 화면

<그림 5-14>와 같이 {일변량} 윈도우가 나타나면, <그림 5-15>와 같이 『종속변수』 항목에 성취도 변수를 이동시키고, 『모수요인』 항목에 검사 기관 변수와 학년 변수를 이동시킨다.

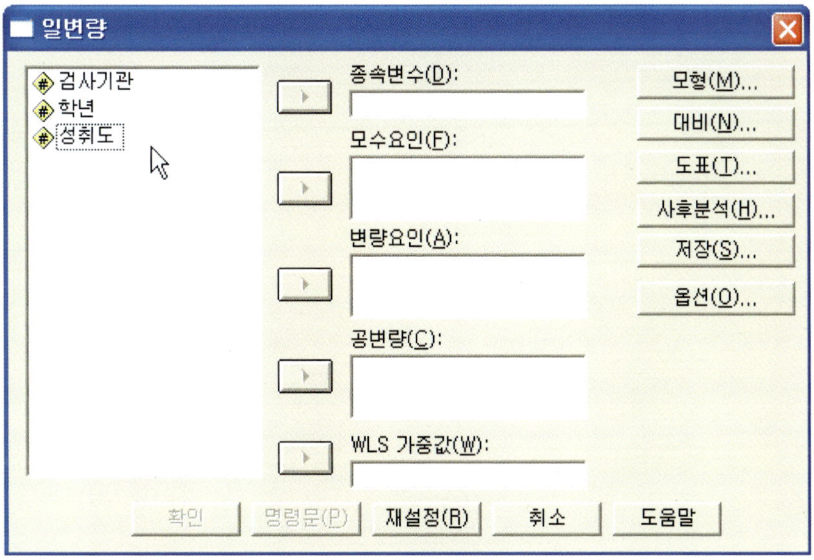

그림 5-14 변수 설정 화면

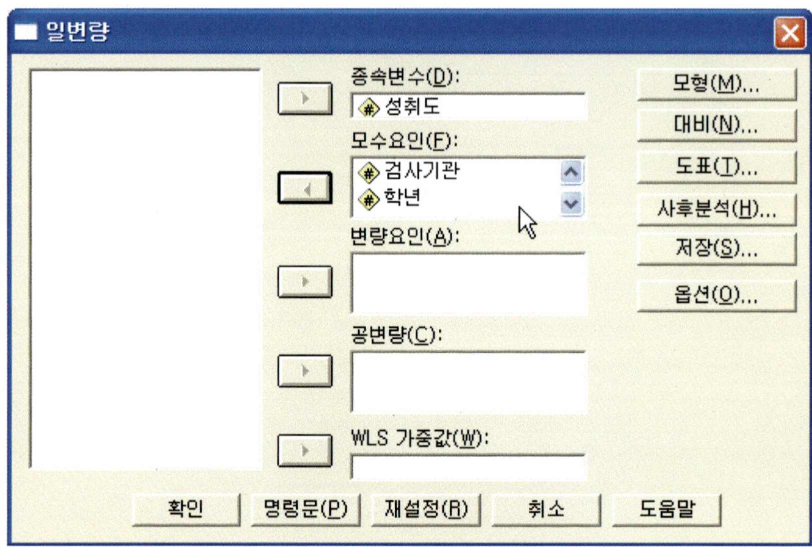

그림 5-15 변수 입력 완료 화면

위 그림에서 [모형] 버튼을 클릭하면 아래의 <그림 5 – 16>과 같이 {일변량: 모형} 윈도우가 나타난다.

그림 5-16 모형 설정 화면

『모형설정』에서「사용자 정의」를 선택하고, 화면의 중앙에 있는 『항 설정』에서 "주 효과"를 선택한 다음, 검사 기관과 학년 변수를 『모형』 화면으로 이동시킨다. 계속 버튼을 클릭한 다음, <그림 5 – 15> 화면에서 [사후분석] 버튼을

클릭하면 아래의 <그림 5 – 17>과 같이 {일변량: 관측평균의 사후분석 다중비
교} 윈도우가 나타난다.

　검사 기관과 학년 모두 사후분석을 수행할 필요가 있으므로 두 변수를 『사후
검정변수』 항목으로 이동시키고, 사후분석 방법으로는 Scheffe를 선택한다.

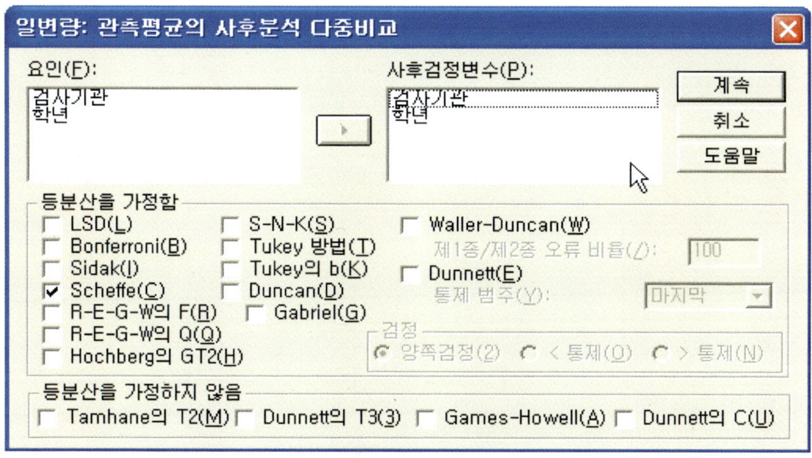

그림 5–17 사후분석 설정 화면

　　계속　버튼을 클릭한 다음, <그림 5 – 15> 화면에서　확인　버튼을 실행
하면 아래의 <그림 5 – 18>과 같이 분석결과가 출력된다.

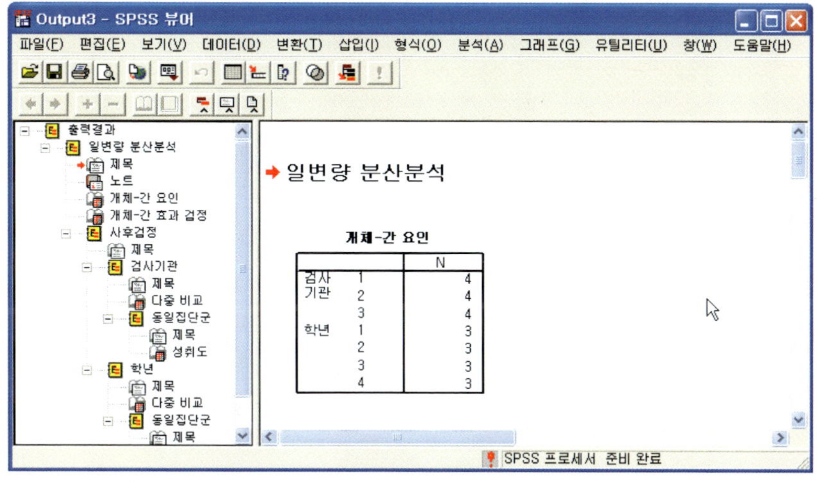

그림 5–18 이원분산분석 결과 출력 화면

(3) 데이터의 반복이 없는 이원분산분석의 결과 해석

출력된 내용을 살펴보면, [개체 – 간 요인], [개체 – 간 효과 검정]이 나타나 있으며, [사후검정]으로 다중비교와 동일 집단군 분석 결과가 나타나 있다. 기술통계 분석 결과는 옵션에서 선택하지 않았기 때문에 나타나 있지 않다.

<표 5 – 11>의 내용은 각 변인별로 몇 개의 데이터가 존재하는지 요약하여 알려 주는 내용이다.

표 5-11 이원분산분석 결과 출력: 개체-간 요인

		N
검사	1	4
기관	2	4
	3	4
학년	1	3
	2	3
	3	3
	4	3

이원분산분석의 가장 핵심적인 부분은 아래의 <표 5 – 12> [개체 – 간 효과 검정] 부분이다. 이 분석결과 부분을 통해 가설의 성립 여부를 판단할 수 있다. 먼저 검사 기관에 대한 분석 결과를 살펴보면, $F = 5.571$, 유의확률 $= .043$으로 유의수준 $\alpha = .05$보다 작게 나타났으므로 귀무가설인 "학업성취도는 검사 기관 간에 차이가 없다."는 기각되고, "학업성취도는 검사 기관 간에 차이가 나는 것이 적어도 하나는 있다."는 연구가설이 채택된다. 학년에 해당하는 분석결과를 살펴보면, $F = 6.925$, 유의확률 $= .022$로 유의수준 $\alpha = .05$보다 작게 나타나 역시 학년 간에도 차이가 있는 것으로 분석되어 귀무가설인 "학업성취도는 학년 간에 차이가 없다."는 기각되고 연구가설인 "학업성취도는 학년 간에 차이가 나는 것이 적어도 하나는 있다."가 채택된다.

표 5-12 이원분산분석 결과 출력: 개체-간 효과 검정

종속변수: 성취도

소스	제 Ⅲ 유형 제곱합	자유도	평균제곱	F	유의확률
수정 모형	564.750[a]	5	112.950	6.383	.022
절편	91700.083	1	91700.083	5182.422	.000
검사기관	197.167	2	98.583	5.571	.043
학년	367.583	3	122.528	6.925	.022
오차	106.167	6	17.694		
합계	92371.000	12			
수정 합계	670.917	11			

a. R 제곱=.842 (수정된 R 제곱=.719)

위에서 우리는 검사 기관 간에, 그리고 학년 간에 학업성취도가 차이가 나타나는 것을 알았다. 그러나 구체적으로 어떻게 차이가 나타나는지는 알고 있지 않다. 즉, 어느 학년 간에 차이가 있는 것인지, 그리고 어느 기관 간에 차이가 있는 것인지 알고 있지 않다. 따라서 우리는 구체적으로 어떻게 차이가 나타나는지를 확인하여야 하며, 이를 확인하는 과정을 사후분석(Post-hoc)이라고 한다. 사후분석은 크게 다중비교 분석과 동일 집단군 분석으로 나누어지며, 어떤 사후분석 방법을 선택하느냐에 따라 두 가지 중 하나만 출력하는 경우도 있으며, 두 가지 모두를 출력해 주는 경우도 있다. 본 연구문제에서 선택한 Scheffe 방법은 다중비교와 동일 집단군 모두를 출력해 주는 방법이다.

아래의 <표 5-13>는 검사 기관에 대해서 Scheffe의 다중비교를 출력한 결과이다. 검사 기관 1번과 2번 간에는 유의확률=.046으로 유의수준 α=.05보다 작게 나타나 차이가 있는 것으로 분석되었으며, 1번과 3번 간에는 유의확률=.173으로 차이가 없는 것으로 분석되었다. 또한 2번과 3번 간에도 유의확률=.580으로 차이가 없는 것으로 나타났다. 이 같은 결과를 선을 이용하여 표현하면 다음과 같다.

1	3	2

표 5-13 이원분산분석 결과 출력: 사후분석-다중비교(검사 기관)

다중 비교

종속변수: 성취도
Scheffe

(I) 검사기관	(J) 검사기관	편균차(I − J)	표준오차	유의확률	95% 신뢰구간 하한값	95% 신뢰구간 상한값
1	2	−9.75*	2.974	.046	−19.29	−.21
	3	−6.50	2.974	.173	−16.04	3.04
2	1	−9.75*	2.974	.046	.21	19.29
	3	3.25	2.974	.580	−6.29	12.79
3	1	6.50	2.974	.173	−3.04	16.04
	2	−3.25	2.974	.580	−12.79	6.29

관측된 평균에 기 초합니다.
* .05 수준에서 평균차는 유의합니다.

아래의 <표 5-14>은 검사 기관에 대해서 동일 집단군 분석 결과를 나타내고 있는 것으로 1번 기관과 3번 기관이 동일 집단으로, 2번 기관과 3번 기관이 동일 집단으로 분석되어 있음을 알 수 있으며, 이 같은 결과는 위의 다중비교 분석 결과와 일치함을 알 수 있다.

표 5-14 이원분산분석 결과 출력: 사후분석-동일 집단군(검사 기관)

성취도

Scheffe[a,b]

검사기관	N	집단군 1	집단군 2
1	4	82.00	
3	4	88.50	88.50
2	4		91.75
유의확률		.173	.580

동일집단군의 그룹에 대한 평균이 표시됩니다.
유형 Ⅲ 제곱합에 기초합니다
오차항은 평균제곱(오차) = 17.694입니다.
 a. 조화평균 표본 크기 4.000을(를)사용합니다.
 b. 유의수준 = .05.

아래 <표 5-15>는 학년에 대해서 다중비교를 실시한 결과이다. 1학년과 3학년 간에만 유의확률 = .025로 차이가 나타나고 있으며, 나머지에서는 차이가 나타나 있지 않다. 선을 이용하여 다중비교 결과를 표현하면 다음과 같다.

| 1 | 4 | 2 | 3 |

표 5-15 이원분산분석 결과 출력: 사후분석 - 다중비교(학년)

종속변수: 성취도
Scheffe

(i) 학년	(J) 학년	평균차(I - J)	표준오차	유의확률	95% 신뢰구간 하한값	95% 신뢰구간 상한값
1	2	−10.33	3.435	.116	−23.31	2.64
	3	−15.33*	3.435	.025	−28.31	−2.36
	4	−8.00	3.435	.246	−20.97	4.97
2	1	10.33	3.435	.116	−2.64	23.31
	3	−5.00	3.435	.582	−17.97	7.97
	4	2.33	3.435	.923	−10.64	15.31
3	1	15.33*	3.435	.025	2.36	28.31
	2	5.00	3.435	.582	−7.97	17.97
	4	7.33	3.435	.303	−5.64	20.31
4	1	8.00	3.435	.246	−4.97	20.97
	2	−2.33	3.435	.923	−15.31	10.64
	3	7.33	3.435	.303	−20.31	5.64

관측된 평균에 기초합니다.
 * .05 수준에서 평균차는 유의합니다.

아래 <표 5-16>는 학년에 대해서 동일 집단군 분석을 수행한 결과이다. 1학년, 4학년, 2학년이 동일 집단으로 구성되었고, 4학년, 2학년, 3학년이 동일 집단군으로 구성되어, 1학년과 3학년 간에만 차이가 있는 것으로 나타나 위에서 수행한 다중비교 결과와 동일함을 알 수 있다.

표 5-16 이원분산분석 결과 출력: 사후분석 - 동일 집단군(검사 기관)

성취도

Scheffe[a,b]

학년	N	집단군 1	집단군 2
1	3	79.00	
4	3	87.00	87.00
2	3	89.33	89.33
3	3		94.33
유의확률		.116	.303

동일집단군의 그룹에 대한 평균이 표시됩니다.
유형 Ⅲ 제곱합에 기초합니다
오차항은 평균제곱(오차) = 17.694입니다.
 a. 조화평균 표본 크기 3.000을(를) 사용합니다.
 b. 유의수준 = .50.

(4) 데이터의 반복이 없는 이원분산분석의 결과 보고 방법

데이터의 반복이 없는 이원분산분석 결과에 대한 보고 방법은 일원분산분석 결과 보고 방법과 크게 다르지 않다. 다른 점이 있다면 분산의 동질성 검사를 수행하지 않는다는 것이다. 데이터의 반복이 없기 때문에 각 셀의 오차항의 분산을 계산할 수 없기 때문에 동질성 검사는 의미가 없기 때문이다. <그림 5-15> 화면의 [옵션] 단추를 클릭하면 동질성 검사 항목이 존재하지만 이를 선택하여도 계산된 값을 볼 수 없다.

데이터의 반복이 없는 이원분산분석 결과를 보고할 때는 아래의 <표 5-17>과 같이 개체-간 효과 검정을 수행한 분산분석 테이블과 사후검정 결과를 보고하면 된다.

표 5-17 데이터의 반복이 없는 이원분산분석 결과 보고 예: 분산분석 및 사후검정 결과

소스	Type Ⅲ SS	df	MS	F	p	사후검정\
수정 모형	564.750	5	112.950	6.383	.022	
절편	91700.083	1	91700.083	5182.422	.000	
검사 기관	197.167	2	98.583	5.571	.043	1 3 2
학년	367.583	3	122.528	6.925	.022	1 4 2 3
오차	106.167	6	17.694			
합계	92371.000	12				
수정 합계	670.917	11				

위의 표에서 통계량을 나타내는 이탤릭체 기호들은 APA에서 정해진 것이나 각 학회마다 고유의 기호들이 있으므로 그 규칙에 따르면 된다. 한글 SPSS를 사용할 경우 앞에서 본 것과 같이 통계량들이 한글로 표기되나 보고를 할 때는 해당 학회의 규칙에 따르는 것이 바람직하다. 위의 분석결과를 본문에 기술할 때는 다음과 같이 한다.

"학업성취도에 대한 검사 기관 간 및 학년 간 이원분산분석 결과 검사 기관 간 ($F=5.571$, $p=.043$)과 학년 간($F=6.925$, $p=.022$) 모두에서 차이가 있는 것으로

나타났다. 사후검정 결과 검사 기관의 경우 1기관과 2기관 간에 차이가 있는 것으로 나타났으며, 학년의 경우에는 1학년과 3학년 간에 차이가 있는 것으로 나타났다."

2) 데이터의 반복이 있는 이원분산분석 방법

데이터의 반복이 있는 이원분산분석을 위한 연구문제는 다음과 같다.

분산분석을 위한 연구문제 – 03

과목과 학년에 따라 학생들의 학업성취도에 차이가 있는지를 알아보고자 한다. 과목 인자(또는 요인)의 수준은 영어, 수학, 과학으로 정하였고, 학년 인자의 수준은 1학년, 2학년, 3학년으로 정하였다. 따라서 전체 처리 수는 3×3＝9개가 된다. 각 처리에서 3개의 표본을 추출한 결과는 아래와 같다. 학생들의 학업성취도는 과목과 학년에 따라 차이가 나타나는지 분석하라.

		학년		
		1	**2**	**3**
	영어(1)	72, 75, 78	85, 87, 88	90, 88, 92
과목	수학(2)	80, 79, 84	99, 95, 91	97, 93, 94
	과학(3)	85, 88, 87	88, 87, 88	96, 92, 93

---

(1) 데이터의 반복이 있는 이원분산분석의 절차 및 내용

위의 연구문제를 살펴보면, 종속변수는 학생의 학업성취도이며, 독립변수는 과목과 학년으로 과목은 명목척도에 해당하고, 학년은 순서척도로 볼 수 있다. 따라서 종속변수는 양적 척도, 독립변수는 집단을 나타내는 질적 척도로 분산분석을 위한 구조에 합치된다고 할 수 있다. 또한 각 처리에 해당하는 데이터들이 복수이므로 데이터의 반복이 있는 이원분산분석을 수행하여야 한다. 데이터의 반복이 있는 이원분산분석을 수행할 때에는 독립변수의 주 효과(main effect)뿐만 아니라 상호작용 효과(또는 교호작용이라고도 함: interaction effect)도 함께 분석하여야 한다. 위 연구문제에 대한 귀무가설과 연구가설은 다음과 같다.

H_0 : 학생들의 학업성취도에는 과목과 학년 간의 교호작용은 없다.

학생들의 학업성취도는 과목에 따른 차이가 없다.

학생들의 학업성취도는 학년에 따른 차이가 없다.

H_1 : 학생들의 학업성취도에는 과목과 학년 간의 교호작용이 있을 것이다.

학생들의 학업성취도는 과목과 학년 간의 교호작용에 의해 차이가 있을 것이다.

or

학생들의 학업성취도에는 과목과 학년 간의 교호작용은 없을 것이다.

학생들의 학업성취도는 과목과 학년에 따른 차이가 있을 것이다.

데이터의 반복이 있는 이원분산분석을 수행하는 순서는 먼저 각 독립변인들 간에 교호작용이 있는지를 확인한 후 교호작용이 존재하면, 처리의 수자로 분류된 일원분산분석을 수행하면 된다(여기서는 3×3＝9개의 집단으로 이루어진 일원분산분석이 된다.). 교호작용이 존재할 경우 각각의 독립변인에 의한 주 효과 분석은 의미가 없게 된다. 교호작용이 없는 것으로 확인되면, 각 독립변인들에 대한 주 효과 분석을 수행하면 된다. 이를 그림으로 나타내면 아래의 <그림 5－19>과 같다.

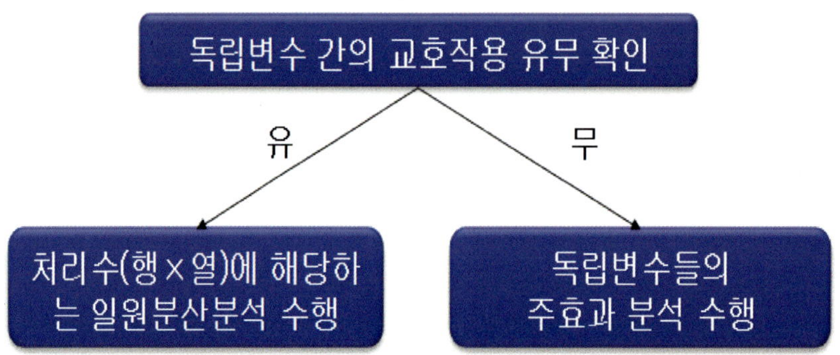

그림 5－19 데이터의 반복이 있는 분산분석 수행 절차

(2) 데이터의 반복이 있는 이원분산분석의 실행 방법

데이터의 반복이 있는 이원분산분석을 수행하기 위한 데이터의 입력 화면은 아래 <그림 5－20>과 같다.

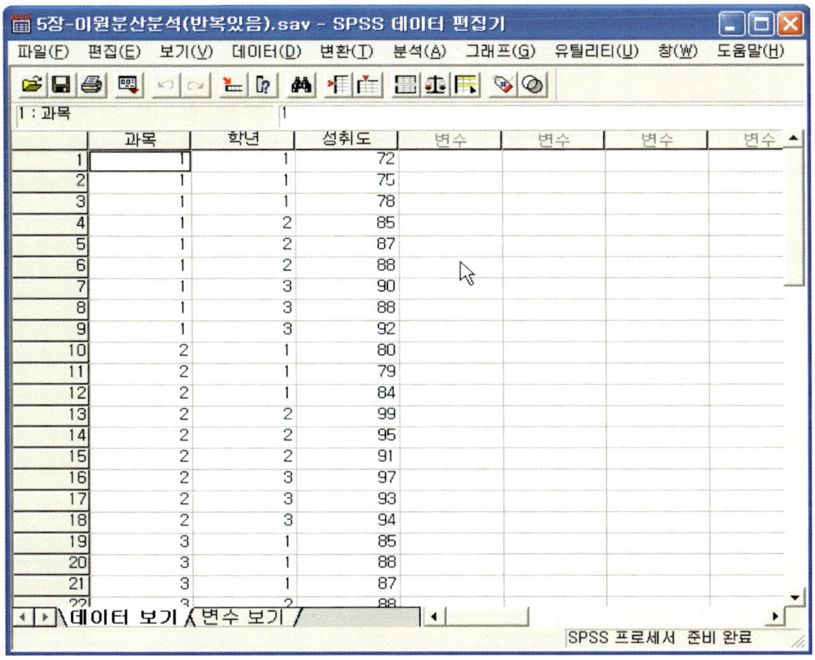

그림 5-20 데이터 입력 화면

데이터의 반복이 있는 이원분산분석을 수행하기 위해서는 <그림 5-21>과 같이【분석】-【일반선형모형】-【일변량】을 선택하면 된다.

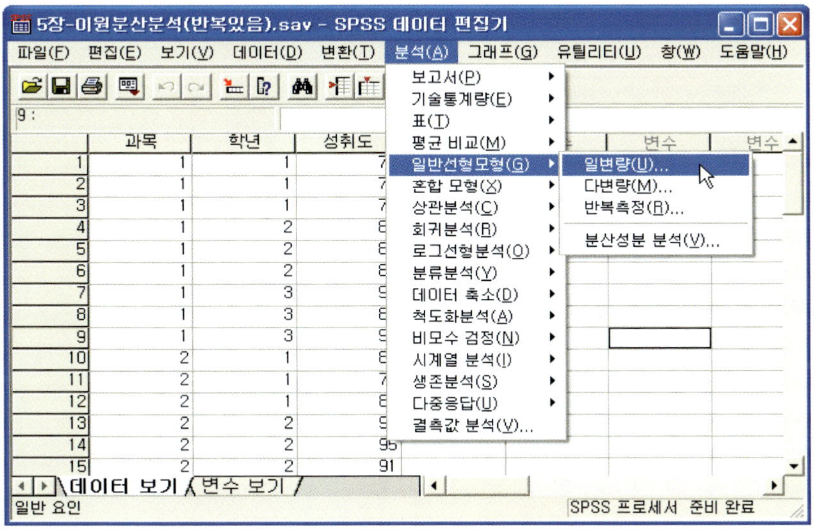

그림 5-21

위에서와 같이 메뉴를 클릭하면 <그림 5-22>와 같은 {일변량} 윈도우가 나타난다. 이 윈도우에서 성취도를 『종속변수』 항목으로 이동시키고 독립변수인 과목과 학년을 『모수요인』으로 이동시킨다.

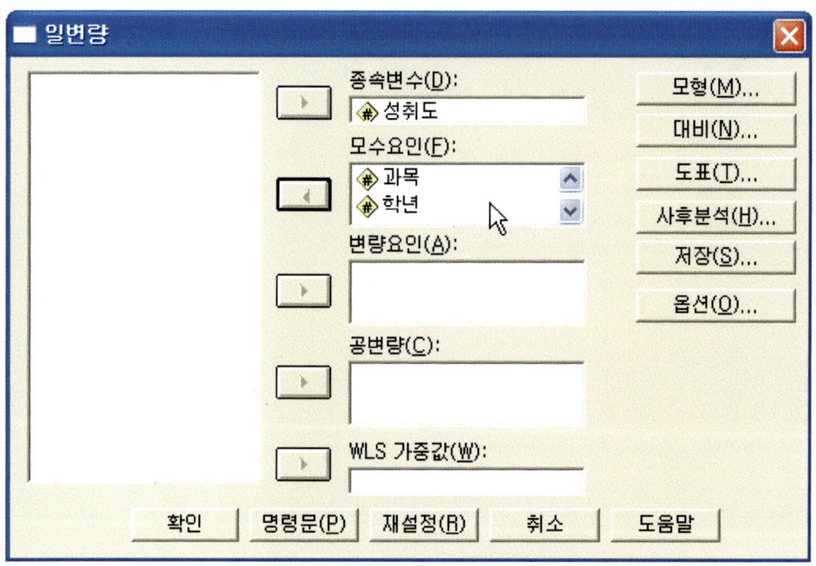

그림 5-22 분산분석의 일변량 윈도우 화면

<그림 5-22>의 화면에서   모형(M)...   단추를 클릭하면 <그림 5-23>과 같은 {일변량: 모형} 윈도우가 나타난다. 이 화면에서『모형설정』의 「사용자 정의」 항목을 클릭한 다음,『항 설정』 항목에서 주 효과를 선택한 후 과목 변수와 학년 변수를 차례로 오른쪽으로 이동시킨다. 이 과정이 각 독립변수의 주 효과를 검정하기 위해서 모형에 입력하는 것이다. <그림 5-24>와 같이 다시 『항 설정』에서 상호작용을 선택한 다음 「요인 및 공변량」에서 과목과 학년을 모두 선택한 다음 오른쪽 「모형」으로 이동시키면 <그림 5-24>와 같이 과목* 학년으로 입력이 된다. 이 부분이 교호작용 즉 상호작용 효과를 모형에 입력하는 것이다. 최종적으로 입력된 모습은 <그림 5-24>와 같다.

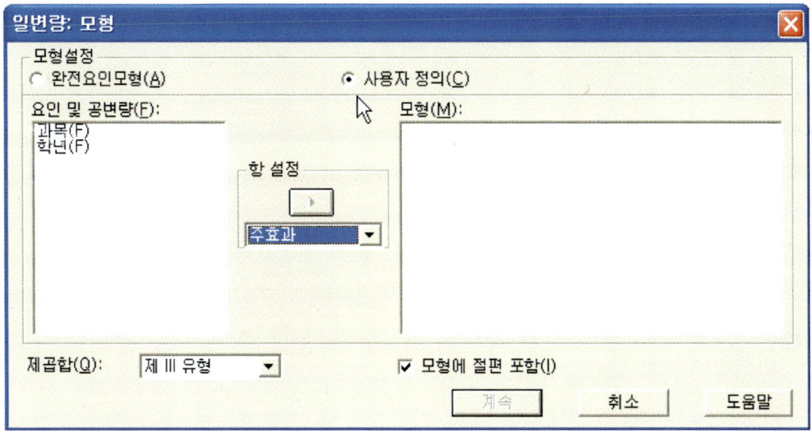

그림 5 - 23 분산분석의 모형 설정 화면

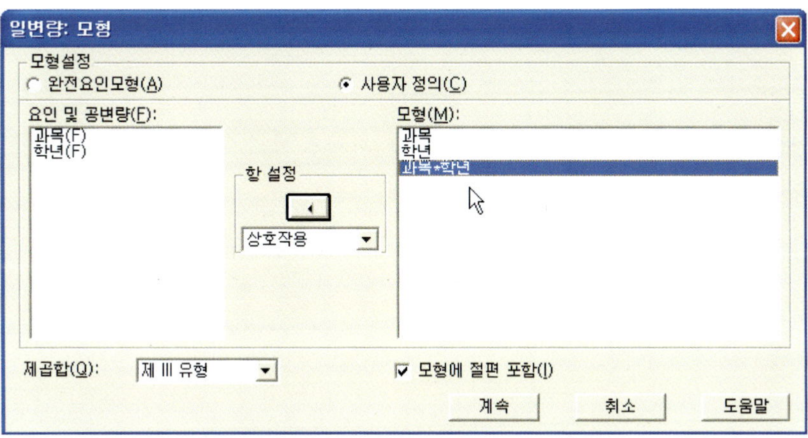

그림 5 - 24 분산분석의 모형설정 완료 화면

모형설정이 완료되면 [계속] 버튼을 클릭하여 <그림 5 - 22>로 돌아간 다음, [사후분석] 버튼을 클릭하면 <그림 5 - 25>와 같은 {일변량: 관측평균의 사후분석 다중비교} 윈도우가 나타난다. 사후분석을 하고자 하는 독립변수 과목과 학년을 『사후검정변수』 항목 쪽으로 이동시킨 후 「Scheffe」를 선택한다.

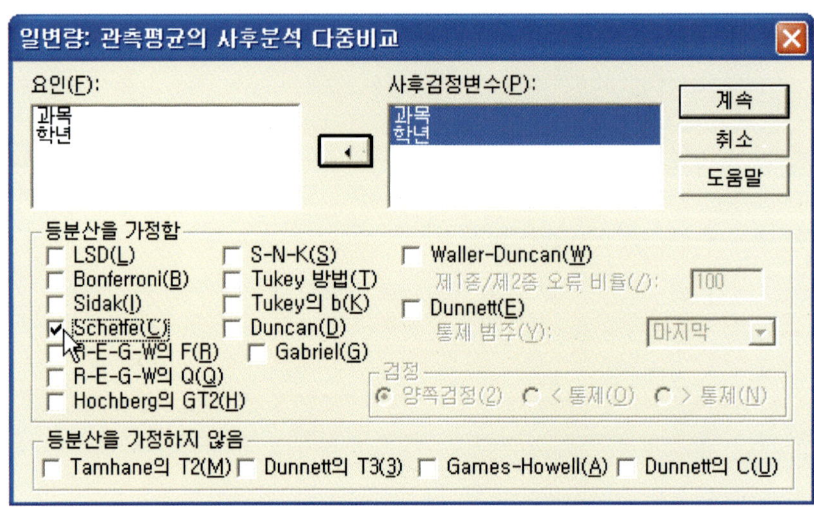

그림 5－25 분산분석의 사후검정 설정 화면

비록 여기서 사후검정을 수행하기 위한 설정을 하고 있으나 분산분석 과정에서 교호작용이 있는 것으로 확인이 되면 사후분석의 내용은 의미가 없어진다. 교호작용이 없는 것으로 확인되는 경우에 한해 여기서 설정한 사후분석 내용에 의미가 있게 된다.

[계속] 버튼을 클릭하여 <그림 5－22>로 복귀한 후 [옵션] 버튼을 클릭하면 <그림 5－26>과 같은 {일변량: 옵션} 윈도우가 나타난다. 각 집단의 분산 동질성을 검정하기 위하여 『출력』 항목의 「동질성 검정」 항목을 체크한다. 만약 각 변수들의 기술통계량을 보고 싶다면 「기술통계량」 항목을 체크하면 된다. 여기서는 편의상 생략하기로 한다.

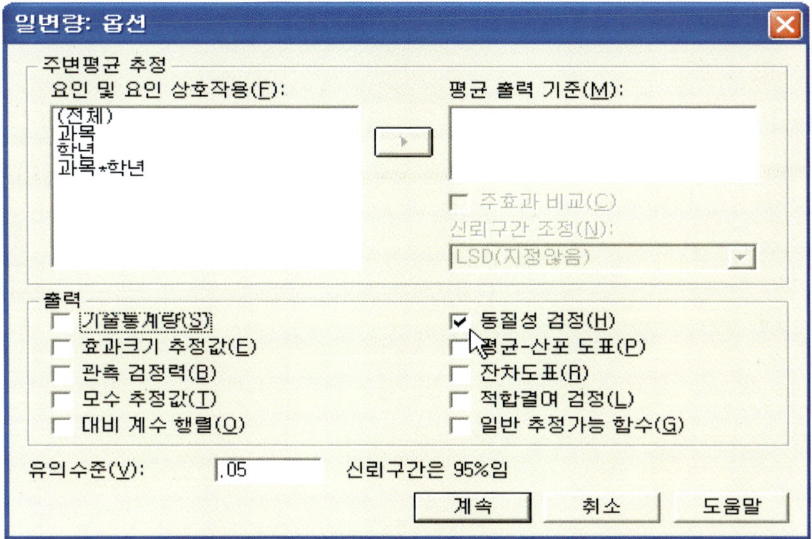

그림 5-26 분산분석 옵션 창

여기까지 완료하였다면 [확인] 버튼을 클릭하여 분산분석을 실행한다. 실행이 완료되면 <그림 5-27>과 같은 검정 결과 화면이 출력된다.

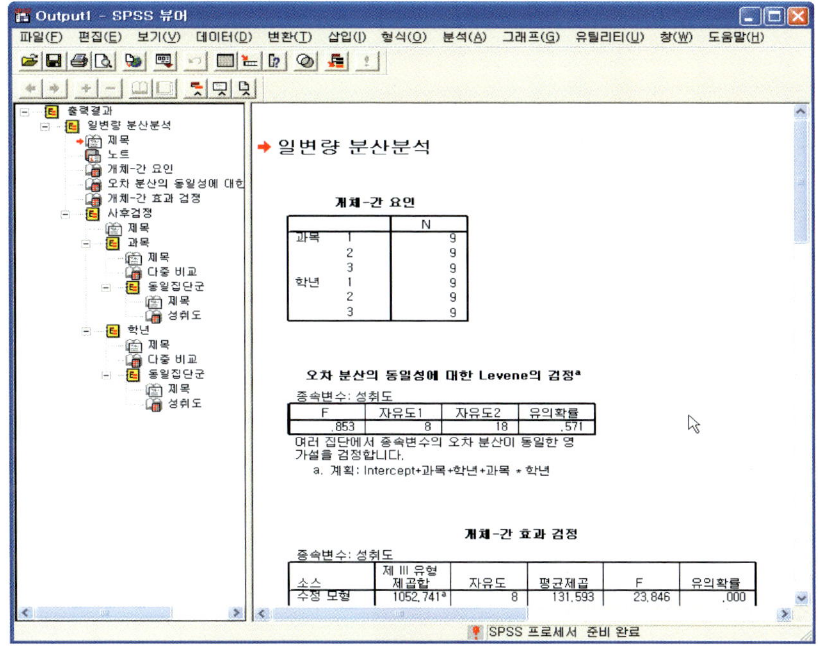

그림 5-27 분산분석 검정 결과 화면

(3) 데이터의 반복이 있는 이원분산분석의 결과 해석

출력된 결과를 살펴보면 [개체-간 요인]-[오차 분산의 동일성에 대한 Levene의 검정]-[개체-간 효과 검정]-[사후검정(다중비교, 동일 집단군)]의 순서대로 출력되어 있다. 기술통계량은 편의상 현재 출력되어 있지 않으나 옵션에서 체크하면 함께 출력된다. 논문 등과 같이 보고를 위해서는 기술통계량을 함께 출력하여 보고하는 것이 바람직하다.

[개체-간 요인]의 내용은 각 독립변수의 수준에 따른 데이터의 개수를 보여 주고 있다. [오차 분산의 동일성에 대한 Levene의 검정]의 내용은 <표 5-18>과 같다.

표 5-18 분산분석의 결과 출력: 오차 분산의 동일성에 대한 **Levene**의 검정

오차 분산의 동일성에 대한 **Levene**의 검정[a]

종속변수: 성취도

F	자유도1	자유도2	유의확률
.853	8	18	.571

여러 집단에서 종속변수의 오차 분산이 동일한 영가설을 검정합니다.
  a. 계획: Intercept+과목+학년+과목 * 학년

Levene의 검정 결과를 보면 $F = .853$, 유의확률 $p = .571$로 각 집단의 분산이 동일함을 나타내고 있다. 따라서 분산분석을 수행하기 위한 선행 가정 중 등분산성이 만족됨을 알 수 있다. 여기서 주의할 것은 각 집단이 무엇을 말하는 것인가이다. 자칫 오해하면 여기서 말하는 등분산이 과목과 학년의 분산이 동일한 것으로 생각할 수 있는데 그렇지 않다. 위의 결과에서 자유도를 보면 8로 나와 있다. 만약 학년과 과목을 비교한 것이라면 자유도가 1로 나와야 할 것이다. 그렇다면 여기서 말하는 집단이란 무엇인가? 바로 연구문제의 표에서 보여 주고 있는 각 셀을 집단으로 보고 비교한 것이다. 즉 학년(3)×과목(3)=9개 집단을 비교한 것이다. 그래서 자유도가 8로 나온 것이다. 이 같은 결과는 만약 교호작용이 존재하여 일원분산분석을 수행할 경우 등분산성 가정을 만족시킴을 보여 주는 것이다.

분산분석의 주요 부분은 주 효과와 교호작용의 여부를 알려 주는 [개체-간

효과 검정] 결과로 <표 5 - 19>와 같다. 먼저 결과를 살펴보면, 교호작용의 여부를 알려 주는 「소스」 항목의 과목*학년은 $F = 6.933$, 유의확률 $p = .001$로 유의수준 $\alpha = .05$하에서 유의한 차이가 있는 것으로 검정되어 교호작용이 있는 것으로 나타났다. 주 효과의 결과를 살펴보면 과목의 경우, $F = 19.174$, 유의확률 $p = .000$으로, 학년의 경우 $F = 62.342$, 유의확률 $p = .000$으로 나타나 유의수준 $\alpha = .05$하에서 차이가 있는 것으로 검정되었다. 그러나 앞서 교호작용이 있는 것으로 나타났기 때문에 주 효과는 더 이상 의미가 없게 되었다. 만약 검정 결과 교호작용이 없는 것으로 나타났다면 주 효과 분석을 해석하여 보고하면 된다. 이렇게 교호작용이 있는 것으로 밝혀지면 각각의 독립집단별로 변화를 살펴보는 것은 의미가 없기 때문에 위에서 설명한 바와 같이 두 독립변수들로 구성되는 셀들을 각각의 집단으로 보고 일원분산분석을 수행하여야 한다.

일단 여기서는 교호작용이 없는 것으로 가정하여 주 효과들의 결과들을 살펴볼 것이며, 뒤에 이 결과를 바탕으로 일원분산분석을 수행해 볼 것이다.

표 5 - 19 분산분석의 결과 출력: 개체 - 간 효과 검정

개체 - 간 효과 검정

종속변수: 성취도

소스	제 Ⅲ 유형 제곱합	자유도	평균제곱	F	유의확률
수정 모형	1052.741[a]	8	131.593	23.846	.000
절편	208208.926	1	208208.926	37729.134	.000
과목	211.630	2	105.815	19.174	.000
학년	688.074	2	344.037	62.342	.000
과목 * 학년	153.037	4	38.259	6.933	.001
오차	99.333	18	5.519		
합계	209361.000	27			
수정 합계	1152.074	26			

a. R 제곱 = .914 (수정된 R 제곱 = .875)

<표 5 - 19>의 검정 결과를 보면 과목과 학년 모두에서 차이가 있는 것으로 나타났으나 구체적으로 어떻게 차이가 나타나고 있는지는 알 수 없다. 구체적인 차이를 보기 위해서는 다음에 나오는 사후검정인 다중비교 부분(<표 5 - 20>)과 동일 집단군(<표 5 - 21>) 부분을 봐야 한다. 아래에 제시된 결과는 과목에 관한 것으로 학년에 대한 사후검정 결과 부분은 편의상 생략하였다. 다중비교

부분을 살펴보면 1과목(영어)은 2과목(수학)과 3과목(과학) 모두와 유의확률 $p = .000$으로 차이가 있는 것으로 나타났으나, 2과목과 3과목은 유의확률 $p = .729$로 차이가 없는 것으로 분석되었다. 이 같은 결과는 동일 집단군 분석에서도 동일하게 2과목과 3과목이 동일 집단군으로 분류되어 있음을 볼 수 있다.

표 5-20 분산분석의 결과 출력: 다중비교

다중비교

종속변수: 성취도
Scheffe

| (I) 과목 | (J) 과목 | 평균차(I-J) | 표준오차 | 유의확률 | 95% 신뢰구간 | |
					하한값	상한값
1	2	−6.33*	1.107	.000	−9.29	−3.38
	3	−5.44*	1.107	.000	−8.40	−2.49
2	1	6.33*	1.107	.000	3.38	9.29
	3	.89	1.107	.729	−2.06	3.84
3	1	5.44*	1.107	.000	2.49	8.40
	2	−.89	1.107	.729	−3.84	2.06

관측된 평균에 기초합니다.
* .05 수준에서 평균차는 유의합니다.

표 5-21 분산분석의 결과 출력: 동일 집단군 검정

성취도

Scheffe[a,b]

| 과목 | N | 집단군 | |
		1	2
1	9	83.89	
3	9		89.33
2	9		90.22
유의확률		1.000	.729

동일집단군의 그룹에 대한 평균이 표시됩니다.
유형 Ⅲ 제곱합에 기초합니다
오차항은 평균제곱(오차) = 5.519입니다.
a. 조화평균 표본 크기 9.000을(를) 사용합니다.
b. 유의수준 = .05.

(4) 교호작용 효과에 따른 주 효과의 해석

위에서 교호작용 효과가 나타나면 각 독립변수의 주 효과를 분석하는 것은 의미가 없다고 하였다. 그렇다면 여기서 왜 그러한지를 살펴보도록 하자. 위의

연구문제를 가지고 출력하지 않았던 기술통계량과 도표를 출력하도록 해 보자.

<그림 5 - 22>에서 [도표] 버튼을 클릭하면 <그림 5 - 28>과 같은 {일변량: 프로파일 도표} 윈도우가 나타난다.『수평축 변수』항목에 과목 변수를 옮기고, 『선구분 변수』항목에 학년 변수를 옮긴 다음 [추가] 버튼이 활성화되면 클릭하여『도표』항목에 추가시킨다. 완성된 모습은 <그림 5 - 29>와 같다. [계속] 버튼을 클릭하여 빠져나온다.

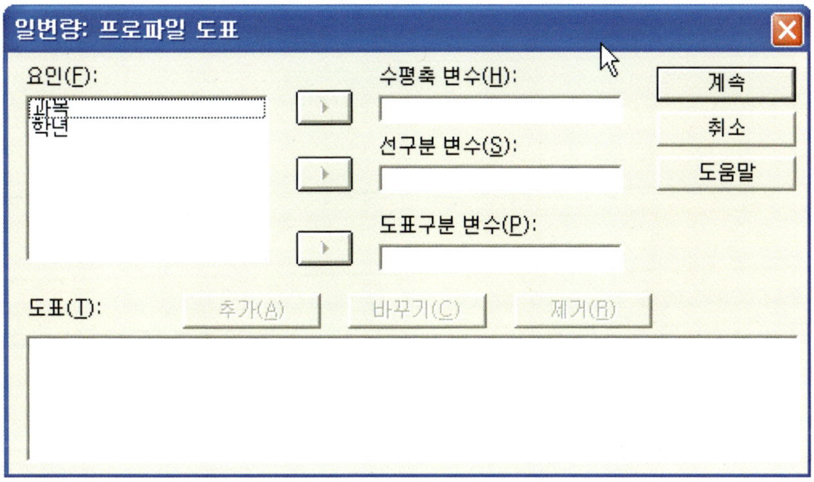

그림 5 - 28 분산분석의 도표 설정 화면

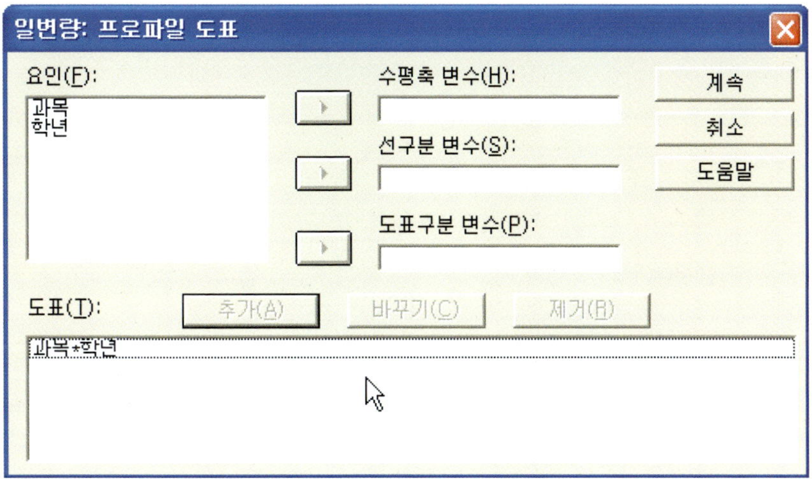

그림 5 - 29 도표 설정 완료 화면

<그림 5-22>에서 [옵션] 버튼을 클릭하면 <그림 5-26>이 나타나는데 여기서 기술통계량을 출력시키기 위해서 『출력』 항목의 「기술통계량」을 체크하자. 완성된 모습은 <그림 5-30>과 같다.

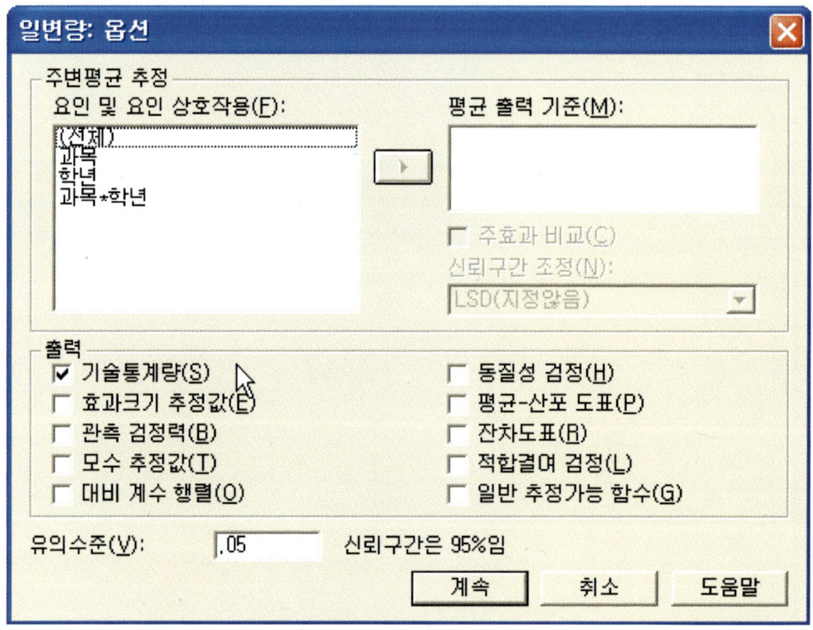

그림 5-30 분산분석 옵션 창 설정 화면

[계속] 버튼을 클릭하여 빠져나온 다음 [확인] 버튼을 클릭하여 실행하면 출력 결과를 볼 수 있다. <표 5-22>는 출력된 기술통계량이며 <그림 5-31>는 도표 출력을 보여 주고 있다.

위에서 제시된 다중비교(<표 5-20>) 결과를 보면, 1과목(영어)-2과목(수학)의 평균 차이 값이 -6.33이며, 1과목-3과목의 평균 차이 값이 -5.44로 나와 있다. 이 값들은 기술통계량의 1과목 합계 값-2과목 합계 값과 동일한 것이다. 독립변수 과목만을 고려해서 보면 마치 수학 과목이 가장 높고 그다음으로 과학, 영어 순서로 높은 것으로 해석될 수 있다. 그러나 이러한 결과는 출력된 도표를 보면 다르다는 것을 알 수 있다. 1학년의 경우는 과학 과목이 가장 높고 영어 과목이 가장 낮게 나타나 있다. 즉 교호작용이 존재하게 되면 개별 독립변수만을 가지고 해석하는 것은 오류를 범할 수 있게 되는 것이다. 독립변수들 간의 조합에 의해 전혀 다른 결과가 나타날 수 있기 때문이다. 이는 교호작용이 존재할 경우 사용된 독립변수 모두를 함께 고려해야만 정확한 해석이 가능하다는 것을 말해 준다.

표 5-22 분산분석 결과: 기술통계량

기술통계량

종속변수: 성취도

과목	학년	평균	표준편차	N
1	1	75.00	3.000	3
	2	86.67	1.528	3
	3	90.00	2.000	3
	합계	83.89	7.097	9
2	1	81.00	2.646	3
	2	95.00	4.000	3
	3	94.67	2.082	3
	합계	90.22	7.396	9
3	1	86.67	1.528	3
	2	87.67	.577	3
	3	93.67	2.082	3
	합계	89.33	3.536	9
합계	1	80.89	5.487	9
	2	89.78	4.494	9
	3	92.78	2.774	9
	합계	87.81	6.657	27

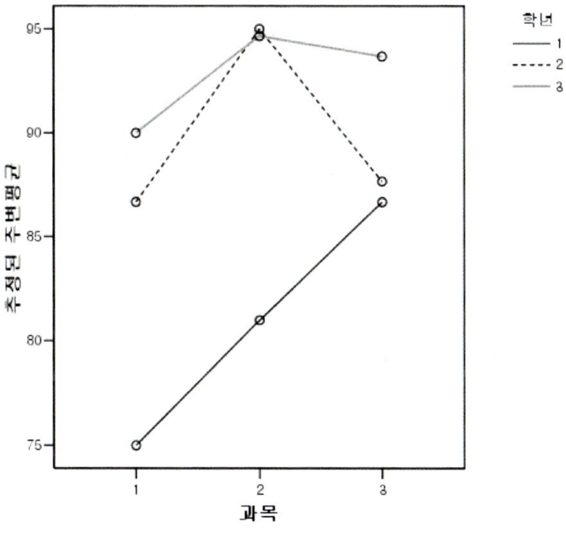

그림 5-31 분산분석 결과: 도표 출력

　따라서 교호작용이 존재할 경우 독립변수들 간의 조합으로 이루어지는 셀을 집단으로 하여 일원분산분석을 수행할 필요가 있다.

(5) 교호작용 효과에 따른 일원분산분석 수행

　위의 검정 결과를 보면 교호작용이 있는 것으로 분석되었다. 따라서 이제는 독립변수의 주 효과를 각각 살펴보는 것은 의미가 없고 두 독립변수를 함께 고려해서 어떻게 차이가 나타나는지를 살펴보아야 한다. 여기서는 이렇게 교호작용이 나타났을 경우 두 독립변수를 함께 고려해서 어떻게 일원분산분석을 수행하는지 살펴볼 것이다.

　먼저 위에서 제시했던 연구문제의 데이터를 다시 나타내면 아래와 같다.

		학년		
		1	2	3
과목	영어(1)	72, 75, 78	85, 87, 88	90, 88, 92
	수학(2)	80, 79, 84	99, 95, 91	97, 93, 94
	과학(3)	85, 88, 87	88, 87, 88	96, 92, 93

　학년 변수는 1, 2, 3학년 3개의 수준으로 나누어지고 있으며, 과목도 영어, 수학, 과학 3개의 수준으로 나누어지고 있다. 따라서 두 변수를 결합해서 얻게 되는 셀은 보는 바와 같이 9개의 셀이 존재하게 된다(학년(3)×과목(3)＝9). 이들 각각의 셀을 하나의 집단으로 보고 코딩을 하면 된다.

　1학년 영어→1, 1학년 수학→2, 1학년 과학→3, 2학년 영어→4, 2학년 수학→5, 2학년 과학→6, 3학년 영어→7, 3학년 수학→8, 3학년 과학→9로 코딩을 하면 된다. 코딩이 완료된 모습은 아래 <그림 5-32>과 같다.

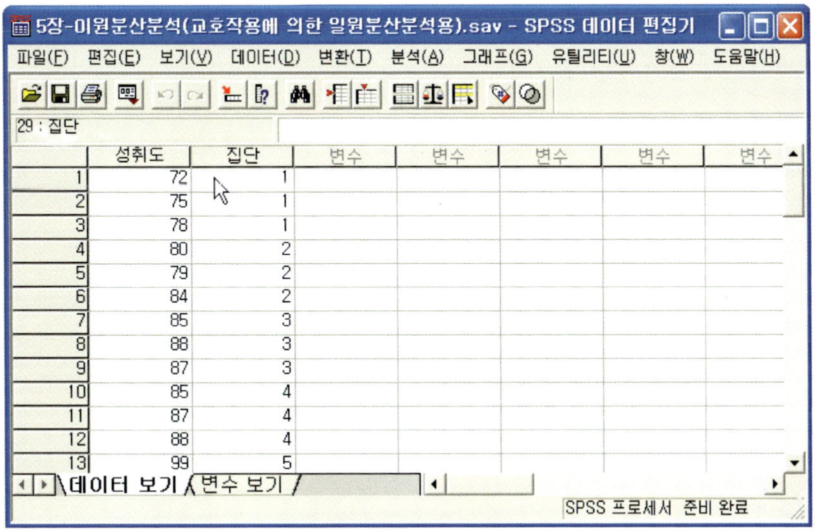

그림 5-32 코딩 화면

이후 일원분산분석 과정은 전장에서 설명한 것과 동일하나 편의상 여기서 다시 살펴볼 것이다. 일원분산분석을 수행하기 위해서 아래 <그림 5-33>과 같이 【분석】 - 【평균비교】 - 【일원배치 분산분석】 순으로 메뉴를 클릭한다.

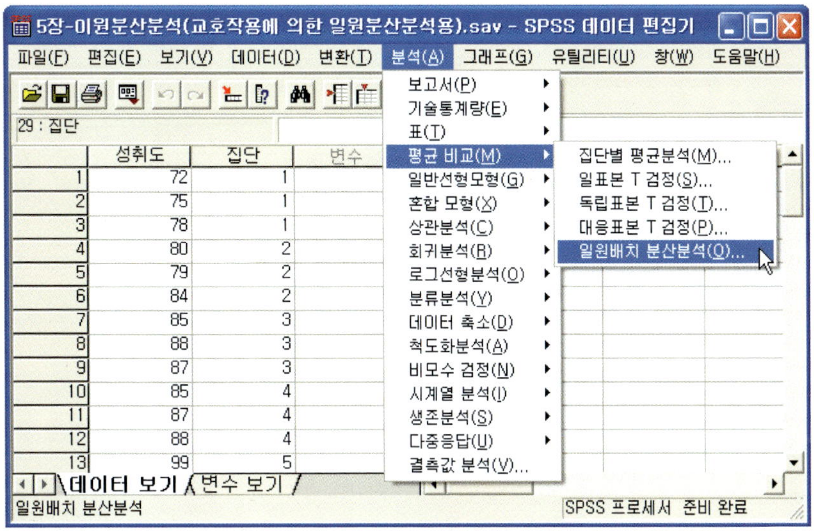

그림 5-33 일원분산분석 수행 절차

<그림 5 − 34>와 같이 {일원배치 분산분석} 윈도우가 나타나면 성취도 변수를 『종속변수』 항목으로 옮기고, 집단 변수를 『요인』 항목으로 옮긴다.

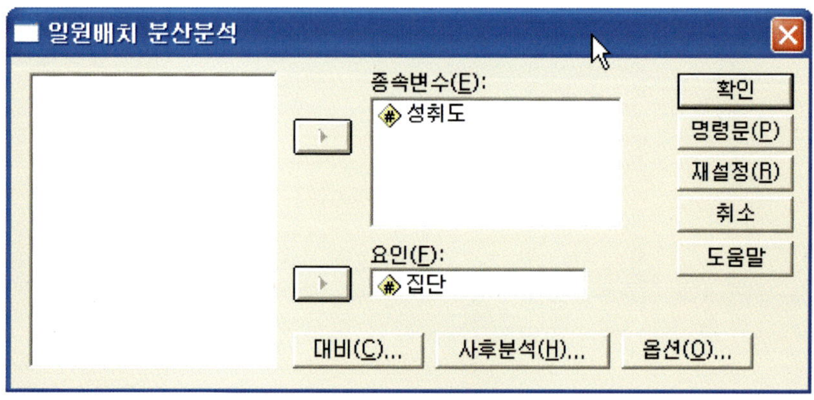

그림 5-34 변수 설정 화면

[사후분석] 버튼을 클릭하면 <그림 5 − 35>와 같은 {일원배치 분산분석: 사후분석 − 다중비교} 윈도우가 나타난다. 여기서 『등분산을 가정함』의 「Scheffe」 항목을 선택한다. [계속] 버튼을 클릭하여 빠져나온다.

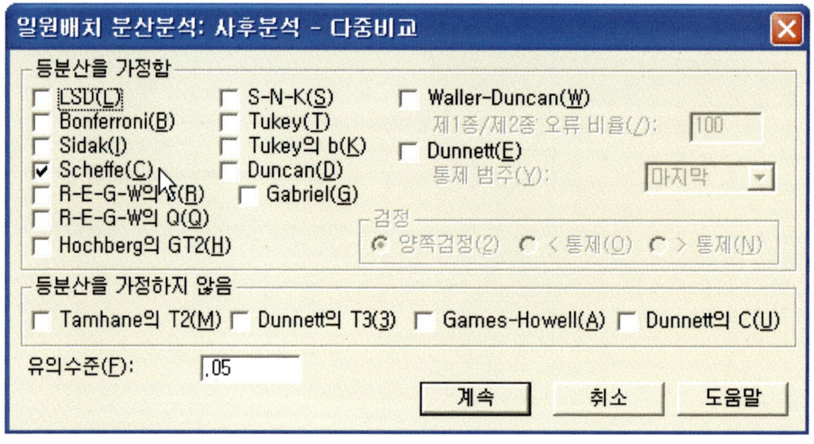

그림 5-35 사후분석 설정 화면

<그림 5 − 34>에서 [옵션] 버튼을 클릭하면 아래의 <그림 5 − 36>과 같은 {일원배치 분산분석: 옵션} 윈도우가 나타난다. 여기서 『통계량』 부분의 「기술통계」

항목과「분산 동질성 검정」항목을 체크한 후 [계속] 버튼을 클릭하여 빠져나온다.

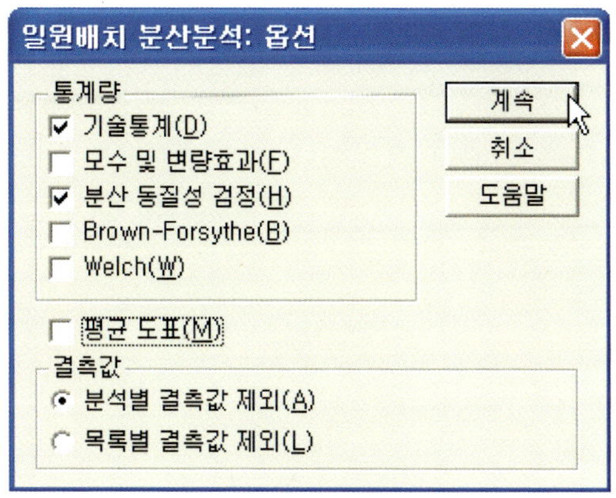

그림 5-36 옵션 설정 화면

<그림 5-34> 화면에서 [확인] 버튼을 클릭하여 검정을 수행한다. 수행된 검정 결과 화면은 아래 <그림 5-37>와 같다.

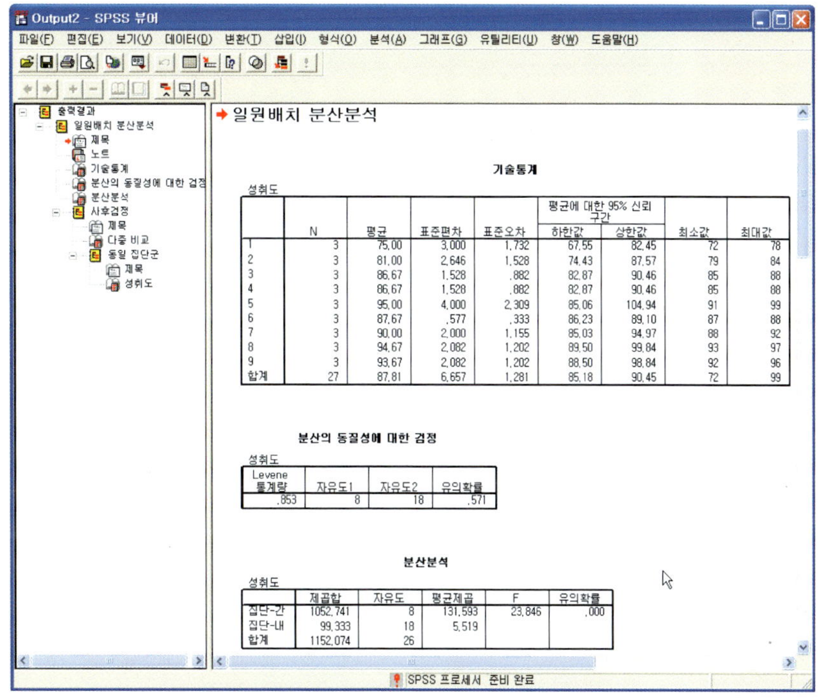

일원배치 분산분석

기술통계

성취도

	N	평균	표준편차	표준오차	평균에 대한 95% 신뢰구간		최소값	최대값
					하한값	상한값		
1	3	75.00	3.000	1.732	67.55	82.45	72	78
2	3	81.00	2.646	1.528	74.43	87.57	79	84
3	3	86.67	1.528	.882	82.87	90.46	85	88
4	3	86.67	1.528	.882	82.87	90.46	85	88
5	3	95.00	4.000	2.309	85.06	104.94	91	99
6	3	87.67	.577	.333	86.23	89.10	87	88
7	3	90.00	2.000	1.155	85.03	94.97	88	92
8	3	94.67	2.082	1.202	89.50	99.84	93	97
9	3	93.67	2.082	1.202	88.50	98.84	92	96
합계	27	87.81	6.657	1.281	85.18	90.45	72	99

분산의 동질성에 대한 검정

성취도

Levene 통계량	자유도1	자유도2	유의확률
.853	8	18	.571

분산분석

성취도

	제곱합	자유도	평균제곱	F	유의확률
집단-간	1052.741	8	131.593	23.846	.000
집단-내	99.333	18	5.519		
합계	1152.074	26			

그림 5-37 일원배치분산분석 검정 수행 결과

출력된 결과들을 살펴보면, [기술통계], [분산의 동질성에 대한 검정], [분산분석], [사후검정 - 다중비교], [동일 집단군] 순으로 나타나 있다. 이 중에서 [기술통계], [분산의 동질성에 대한 검정] 부분은 옵션에서 선택하였기 때문에 출력된 것이다.

여기서 나온 결과들과 위에서 다루었던 이원분산분석 결과들과 비교해 볼 것이다. 먼저 [분산의 동질성에 대한 검정]을 살펴보면 아래 <표 5 - 23>와 같다.

표 5-23 일원분산분석 결과: 분산의 동질성에 대한 검정

분산의 동질성에 대한 검정

성취도

Levene 통계량	자유도1	자유도2	유의확률
.853	8	18	.571

위의 동질성 검정 결과를 살펴보면, <표 5 - 18>의 오차 분산의 동일성 검정 결과와 동일함을 알 수 있다. 각 집단의 분산이 동일함을 확인하였기 때문에 다음의 결과들을 살펴보면 된다. [분산분석] 결과를 살펴보면 <표 5 - 24>와 같다. $F = 23.846$, 유의확률 $p = .000$으로 유의수준 $\alpha = .05$하에서 집단 간 차이가 있는 것으로 나타났다.

표 5-24 일원분산분석 결과: 분산분석 테이블

분산분석

성취도

	제곱합	자유도	평균제곱	F	유의확률
집단 - 간	1052.741	8	131.593	23.846	.000
집단 - 내	99.333	18	5.519		
합계	1152.074	26			

집단 간 차이가 있는 것으로 확인되었으므로 이제는 구체적으로 어떻게 차이가 있는지 사후검정의 다중비교와 동일 집단군 분석을 통해 확인해야 한다. 사후검정 결과는 <표 5 - 25>와 같다(편의상 다중비교 결과의 일부만을 나타내었다.). 1집단과의 비교만을 살펴보면, 2집단과의 비교에서만 유의확률 $p = .341$

로 차이가 없는 것으로 나타났으며 나머지 집단들과는 모두 차이가 있는 것으
로 나타났다.

표 5-25 일원분산분석 결과: 다중 비교

다중 비교

종속변수: 성취도
Scheffe

(i) 집단	(J) 집단	평균차(I − J)	표준오차	유의확률	95% 신뢰구간	
					하한 값	상한 값
1	2	−6.000	1.918	.341	−14.60	2.60
	3	−11.667*	1.918	.003	−20.26	−3.07
	4	−11.667*	1.918	.003	−20.26	−3.07
	5	−20.000*	1.918	.000	−28.60	−11.40
	6	−12.667*	1.918	.001	−21.26	−4.07
	7	−15.000*	1.918	.000	−23.60	−6.40
	8	−19.667*	1.918	.000	−28.26	−11.07
	9	−18.667*	1.918	.000	−27.26	−10.07
2	1	6.000	1.918	.341	−2.60	14.60
	3	−5.667	1.918	.413	−14.26	2.93
	4	−5.667	1.918	.413	−14.26	2.93
	5	−14.000*	1.918	.000	−22.60	−5.40
	6	−6.667	1.918	.222	−15.26	1.93
	7	−9.000*	1.918	.035	−17.60	−.40
	8	−13.667*	1.918	.001	−22.26	−5.07
	9	−12.667*	1.918	.001	−21.26	−4.07
3	1	11.667*	1.918	.003	3.07	20.26
	2	5.667	1.918	.413	−2.93	14.26
	4	.000	1.918	1.000	−8.60	8.60
	5	−8.333	1.918	.062	−16.93	.26
	6	−1.000	1.918	1.000	−9.60	7.60
	7	−3.333	1.918	.919	−11.93	5.26
	8	−8.000	1.918	.082	−16.60	.60
	9	−7.000	1.918	.176	−15.60	1.60
4	1	11.667*	1.918	.003	3.07	20.26
	2	5.667	1.918	.413	−2.93	14.26
	3	.000	1.918	1.000	−8.60	8.60
	5	−8.333	1.918	.062	−16.93	.26
	6	−1.000	1.918	1.000	−9.60	7.60
	7	−3.333	1.918	.919	−11.93	5.26
	8	−8.000	1.918	.082	−16.60	.60
	9	−7.000	1.918	.176	−15.60	1.60
5	1	20.000*	1.918	.000	11.40	28.60
	2	14.000*	1.918	.000	5.40	22.60
	3	8.333	1.918	.062	−.26	16.93
	4	8.333	1.918	.062	−.26	16.93
	6	7.333	1.918	.137	−1.26	15.93
	7	5.000	1.918	.574	−3.60	13.60
	8	.333	1.918	1.000	−8.26	8.93
	9	1.333	1.918	1.000	−7.26	9.93

6	1	12.667*	1.918	.001	4.07	21.26
	2	6.667	1.918	.222	−1.93	15.26
	3	1.000	1.918	1.000	−7.60	9.60
	4	1.000	1.918	1.000	−7.60	9.60
	5	−7.333	1.918	.137	−15.93	1.26
	7	−2.333	1.918	.990	−10.93	6.26
	8	−7.000	1.918	.176	−15.60	1.60
	9	−6.000	1.918	.341	−14.60	2.60
7	1	15.000*	1.918	.000	6.40	23.60
	2	9.000*	1.918	.035	.40	17.60
	3	3.333	1.918	.919	−5.26	11.93
	4	3.333	1.918	.919	−5.26	11.93
	5	−5.000	1.918	.574	−13.60	3.60
	6	2.333	1.918	.990	−6.26	10.93
	8	−4.667	1.918	.657	−13.26	3.93
	9	−3.667	1.918	.870	−12.26	4.93
8	1	19.667*	1.918	.000	11.07	28.26
	2	13.667*	1.918	.001	5.07	22.26
	3	8.000	1.918	.082	−.60	16.60
	4	8.000	1.918	.082	−.60	16.60
	5	−.333	1.918	1.000	−8.93	8.26
	6	7.000	1.918	.176	−1.60	15.60
	7	4.667	1.918	.657	−3.93	13.26
	9	1.000	1.918	1.000	−7360	9.60
9	1	18.667*	1.918	.000	10.07	27.26
	2	12.667*	1.918	.001	4.07	21.26
	3	7.000	1.918	.176	−1.60	15.60
	4	7.000	1.918	.176	−1.60	15.60
	5	−1.333	1.918	1.000	−9.93	7.26
	6	6.000	1.918	.341	−2.60	14.60
	7	3.667	1.918	.870	−4.93	12.26
	8	−1.000	1.918	1.000	−9.60	7.60

* .05 수준에서 평균차가 큽니다.

[동일 집단군] 분석 결과는 <표 5 − 26>과 같다. 동일 집단군 결과를 살펴보면, 1 − 2집단, 2 − 3 − 4 − 6집단, 3 − 4 − 6 − 7 − 9 − 8 − 5집단이 동일 집단으로 분류되었다. 이 결과를 선으로 표현하면 다음과 같다.

1	2	3	4	6	7	9	8	5

표 5-26 일원분산분석 결과: 동일 집단군

성취도

Scheffe[a]

집단	N	유의수준 = .05에 대한 부집단		
		1	2	3
1	3	75.00		
2	3	81.00	81.00	
3	3		86.67	86.67
4	3		86.67	86.67
6	3		87.67	87.67
7	3			90.00
8	3			93.67
9	3			94.67
5	3			95.00
유의확률		.341	.222	.062

동일 집단군에 있는 집단에 대한 평균이 표시됩니다.
a. 조화평균 표본 크기＝3.000을(를) 사용

5. 반복측정 분산분석(Repeated ANOVA) 방법

여기서 다루게 되는 반복측정 분산분석은 위에서 살펴보았던 처치 수준에 따라 각 셀에 데이터가 복수 개 존재하는 경우와는 다른 것이다.

반복측정 분산분석은 동일한 피험자들을 대상으로 시간적 간격(반드시 시간만을 의미하는 것은 아니다.)을 두고 반복 측정하였을 경우에 측정값이 시간에 의해 영향을 받는지를 분석하는 것이다. 즉 피험자가 동일하기 때문에 시간에 의해 구분된 집단 간에 대응이 있는 경우이다. 이 같은 구조는 앞서 paired t-test에서 살펴본 것과 동일한 것이다. Paired t-test에서는 두 집단 간(시간에 의해 구분된)에만 가능하였으나 반복측정 분산분석에서는 두 집단 이상에서도 가능하다.

먼저 어떠한 경우에 반복측정 분산분석을 사용해야 하는지를 살펴보자. 다음과 같은 연구문제가 있다고 하자.

연구문제: 연구자는 운동이 근력의 증가를 가져오는지를 살펴보고자 한다. 그래서 한 집단을 대상으로 하여 운동을 시킨 후 이들의 근력을 측정하였다. 측정 시기는 운

동 전과 운동 후 2주, 운동 후 4주 총 3번 측정하였다. 운동 기간에 따라 근력의 증가에는 어떠한 영향이 있는지 분석하라.

위의 연구문제를 살펴보면, 측정의 대상이 되는 피험자들이 시간에 의해 분류된 집단 간에 동일함을 알 수 있다. 즉, 운동 전이나 운동 후 2주, 운동 후 4주에 측정의 대상이 되는 피험자들이 동일한 것이다. 이렇게 동일한 피험자들을 대상으로 하여 반복적으로 측정한 후 측정치들의 평균값의 차이를 분석하고자 할 때 반복측정 분산분석을 사용하게 된다.

1) 일원 반복측정 분산분석 방법

일원 반복측정 분산분석을 위한 연구문제는 아래와 같다.

분산분석을 위한 연구문제 – 04

운동 수행 기간에 따라 근력의 증가가 있는지 확인하기 위해서 연구자는 9명의 피험자를 대상으로 4주간 운동을 수행하도록 하였으며, 피험자들의 근력은 운동 전, 운동 후 2주, 운동 후 4주에 측정되었다. 운동 기간에 의해 근력에 영향이 있는지 분석하라.

근력 / 피험자	운동 전	운동 후 2주	운동 후 4주
1	150	173	210
2	136	144	170
3	142	171	222
4	191	217	197
5	146	184	221
6	190	247	285
7	115	108	103
8	53	141	160
9	188	202	241

---

1) 일원 반복측정 분산분석의 절차 및 내용

연구문제의 내용을 살펴보면, 운동기간에 따라 근력의 변화가 있는지를 알아보는 것이다. 그리고 피험자들은 9명으로 동일하며, 이들 피험자들을 대상으로 총 3번(운동 전, 운동 후 2주, 운동 후 4주) 측정하고 있다. 따라서 동일 피험자들을 대상으로 측정을 반복하고 있기 때문에 반복측정 분산분석을 수행하여야 한다. 여기서 피험자들이 시간적 간격 이외에 다른 속성에 의해 분리되어 있지 않기 때문에 일원 반복측정 분산분석을 수행하면 된다. 만약 피험자들이 남·여로 다시 집단화되어 있다면 이원 반복측정 분산분석을 수행하게 된다.

종속변수와 독립변수를 살펴보면, 종속변수는 근력이 되며 독립변수는 운동 기간이 된다. 귀무가설과 대립가설을 살펴보면 다음과 같다.

H_0 : 근력은 운동 기간에 의해 영향을 받지 않는다.
　　근력은 운동 기간에 의해 증가되지 않는다.
H_1 : 근력은 운동 기간에 의해 영향을 받을 것이다.
　　근력은 운동 기간에 의해 증가될 것이다.

위의 귀무가설이나 연구가설을 보면 두 개로 나타나 있다. 이는 연구자의 의도에 의해 선택될 것이며, 향후 분석결과를 해석함에 있어서도 가설에 맞게 해석될 것이다. 사실 위의 가설들에는 위험한 요소들이 존재하기 때문에 정확한 가설이라고 할 수 없다. 그러나 그러한 부분은 연구방법론(research methodology)에서 다루어야 할 내용이므로 여기서는 깊이 다루지 않는다.

2) 일원 반복측정 분산분석의 실행 방법

위의 연구문제-04번의 데이터를 입력한 화면은 아래의 <그림 5-38>과 같다.

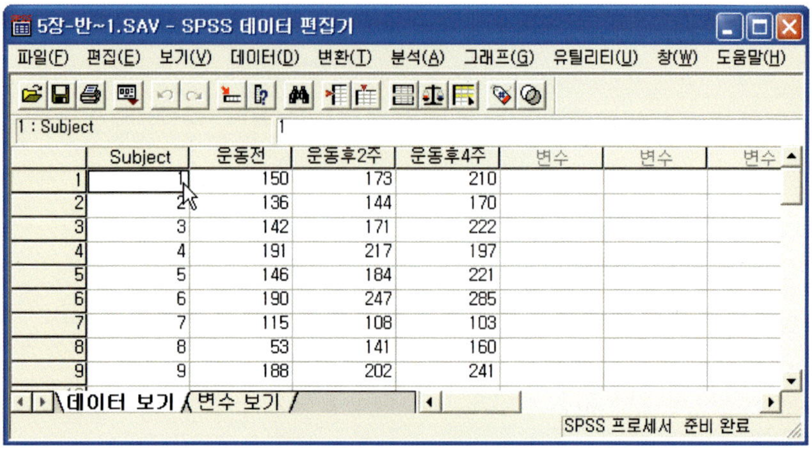

그림 5-38 데이터 입력 화면

반복측정 분산분석을 수행하기 위해서는 아래 <그림 5-39>와 같이 【분석】 - 【일반선형모형】 - 【반복측정】 메뉴를 선택하면 된다.

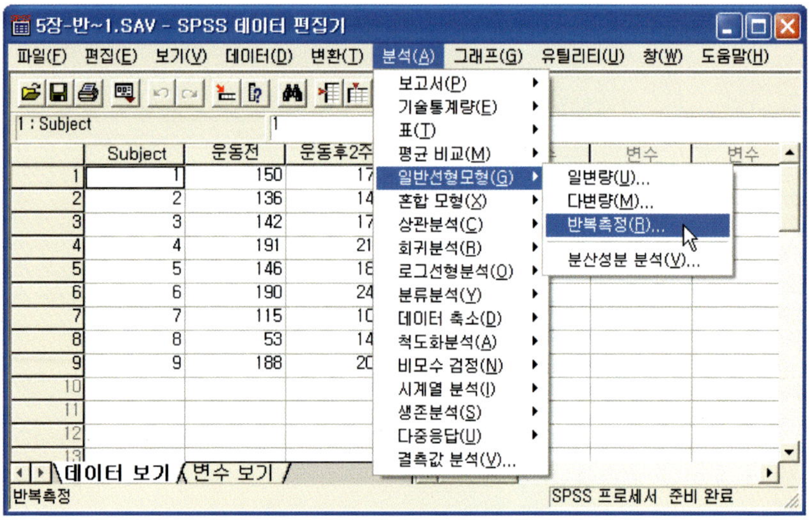

그림 5-39 일원 반복측정 분산분석 실행 화면

반복측정 메뉴를 선택하면 나타나는 처음 화면은 아래 <그림 5-40>과 같이 {반복측정 요인 정의} 윈도우가 나타난다. "요인 1"이라고 되어 있는 부분을 지우고 "시간"이라고 입력한다. 시간으로 입력한 이유는 연구문제에서 집단을 구별하는 측정 단위가 시간이기 때문이다. 그렇다고 반드시 시간으로 입력할 필요는 없다. 사용자가 좋아하는 단어로 대체해도 된다.『수준의 수(L)』항목에는 3을 입력한다. 반복측정이 운동 전, 운동 후 2주, 운동 후 4주 총 3번 이루어졌기 때문에 3을 입력한다. 만약 반복측정이 4회 수행되었다면 여기에 4를 입력하면 된다. 여기까지 입력된 모습은 <그림 5-41>과 같다.

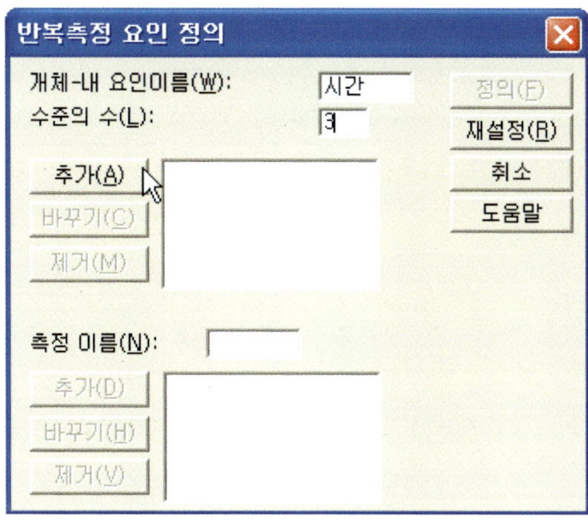

그림 5-40 개체 내 요인 설정 화면

그림 5-41 수준입력 화면

위의 화면에서 [추가] 버튼을 누르면 아래 <그림 5-42>와 같이 입력되면서

[정의] 버튼이 활성화된다. [정의] 버튼을 누르면 <그림 5-43>과 같이 {반복측정} 윈도우가 나타난다.

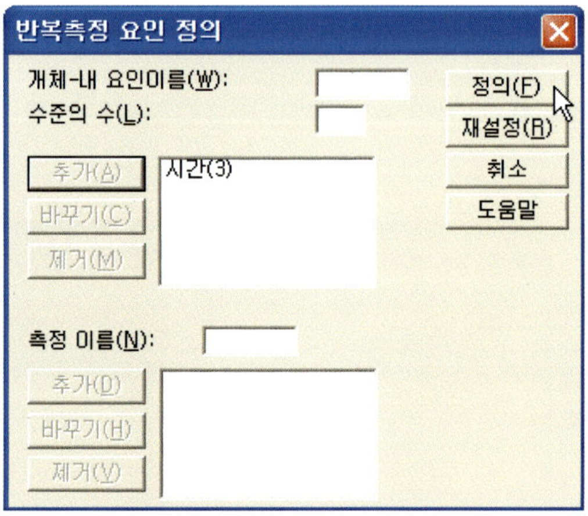

그림 5-42 요인 입력 완료 화면

{반복측정} 윈도우의 왼쪽에는 데이터의 변수들이 나열되어 있고, 오른쪽에는 『개체-내 변수』 항목이 표시되어 있다. 이들 개체-내 변수들에 데이터의 변수들을 차례대로 이동시키면 된다.

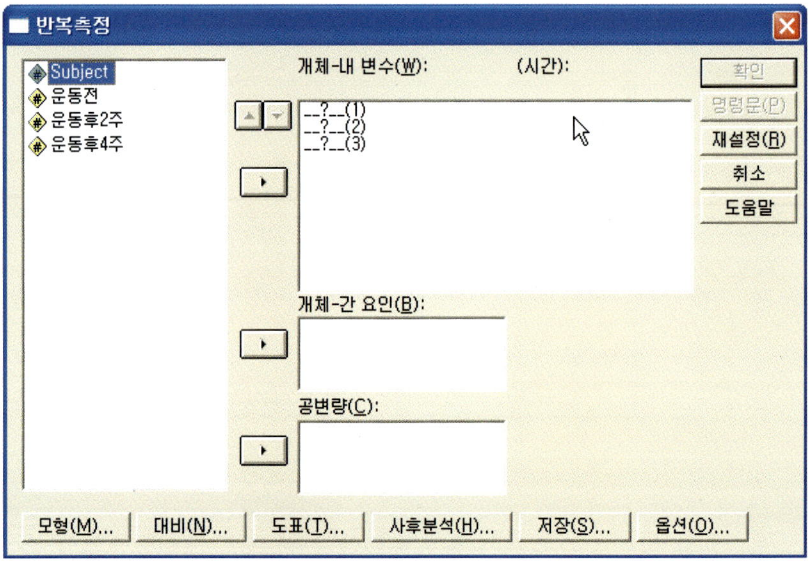

그림 5-43 개체 내 변수 설정 화면

먼저 변수 운동 전을 선택한 후 ▸ 버튼을 누르면 『개체 ― 내 변수』 항목으로 이동된다. 다음 운동 전 2주 변수를 선택하여 ▸ 버튼을 누르면 전과 같이 이동된다. 운동 후 4주도 이와 같이 이동시킨다. 완료된 모습은 <그림 5 ― 44>와 같다.

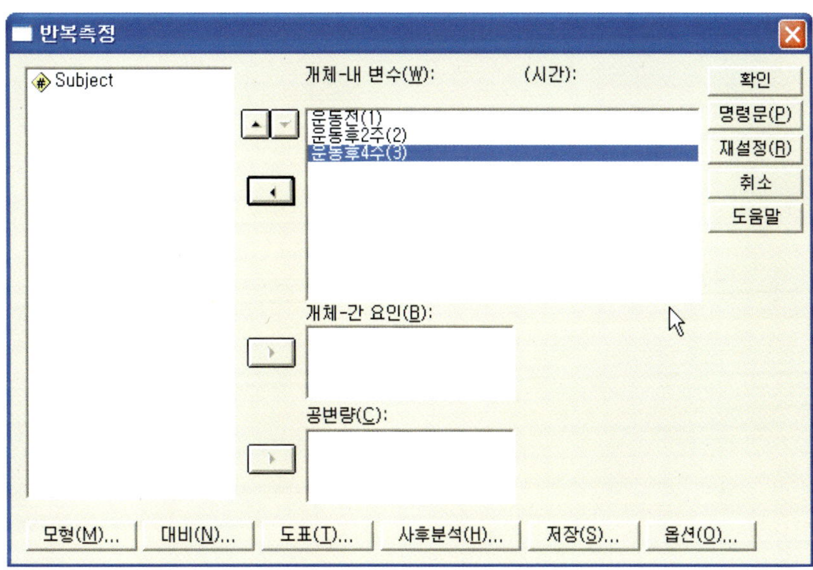

그림 5 ― 44 개체 내 변수 설정 완료 화면

위의 화면에서 [도표] 버튼을 누르면 다음의 <그림 5 ― 45>와 같이 {반복측정: 프로파일 도표} 윈도우가 나타난다. 이 부분은 각 그룹의 평균값을 도표로 나타내기 위해서 수행하는 것이다. 사용자가 도표를 요구하지 않는다면 선택하지 않아도 된다. 『요인』 항목에서 "시간"을 선택하여 『수평축 변수』로 이동시킨다. 만약 <그림 5 ― 42>에서 요인 이름을 시간이 아닌 기간으로 입력하였다면 아래 화면에서 기간으로 출력된다.

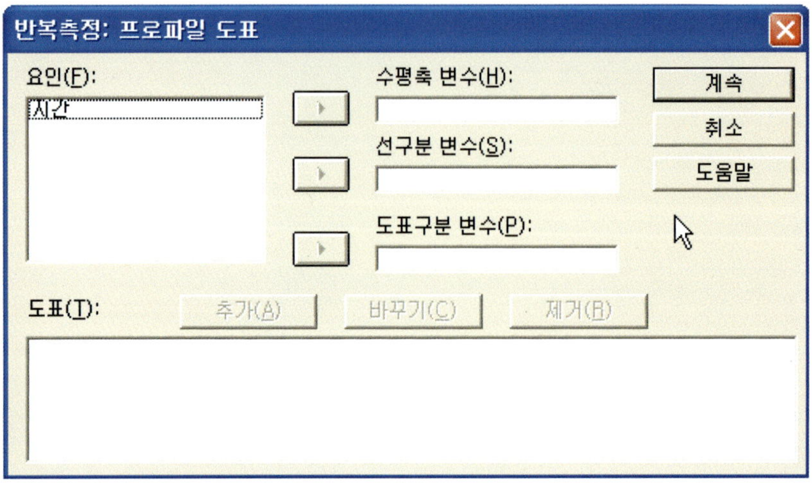

그림 5-45 도표 설정 화면

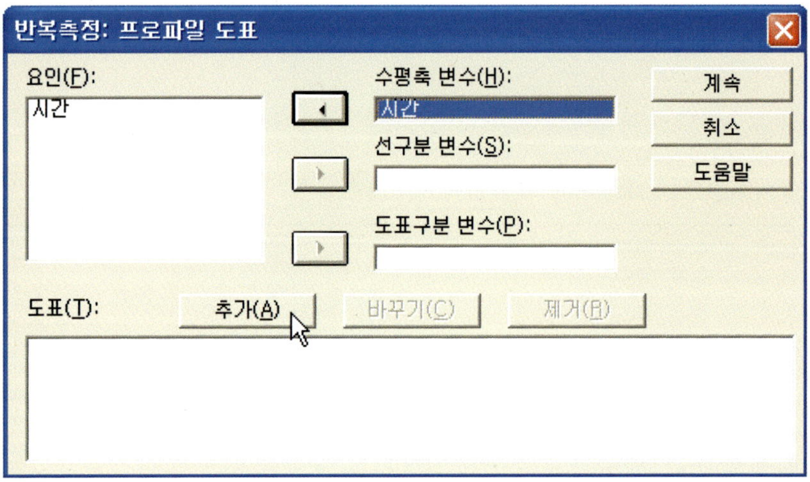

그림 5-46 도표 설정 화면-변수 설정

　[추가] 버튼이 활성화되면 클릭하여 『도표』 항목으로 이동시킨다. 완료된 모습은 <그림 5-47>과 같다. [계속] 버튼을 클릭하여 이전 화면으로 돌아간다.

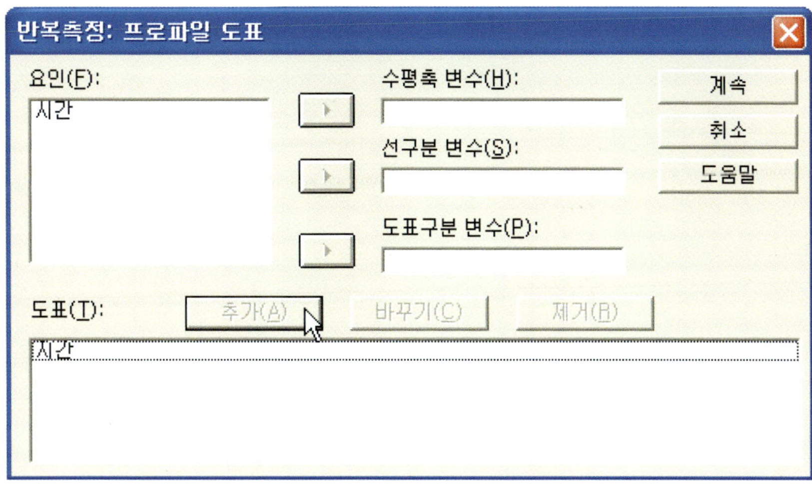

그림 5-47 도표 설정 화면-도표 추가

다음은 [옵션] 버튼을 클릭한다.

그림 5-48 옵션 메뉴 선택하기

<그림 5-49>와 같이 {반복측정: 옵션} 윈도우가 나타난다. 이 화면에서 『출력』 부분의 「기술통계량」과 「잔차 SSCP 행렬」을 체크한다. [계속] 버튼을 클릭하여 이전 화면으로 복귀한 후 [계속] 버튼을 누르면 반복측정 분산분석이 수행된다.

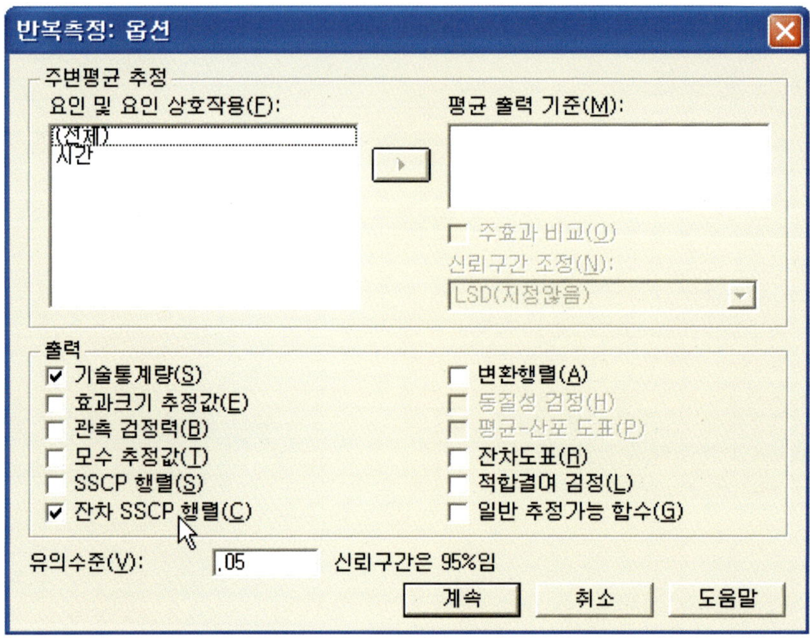

그림 5-49 반복측정의 옵션 설정 화면

반복측정 분산분석의 출력 결과 화면은 아래의 <그림 5-50>과 같다.

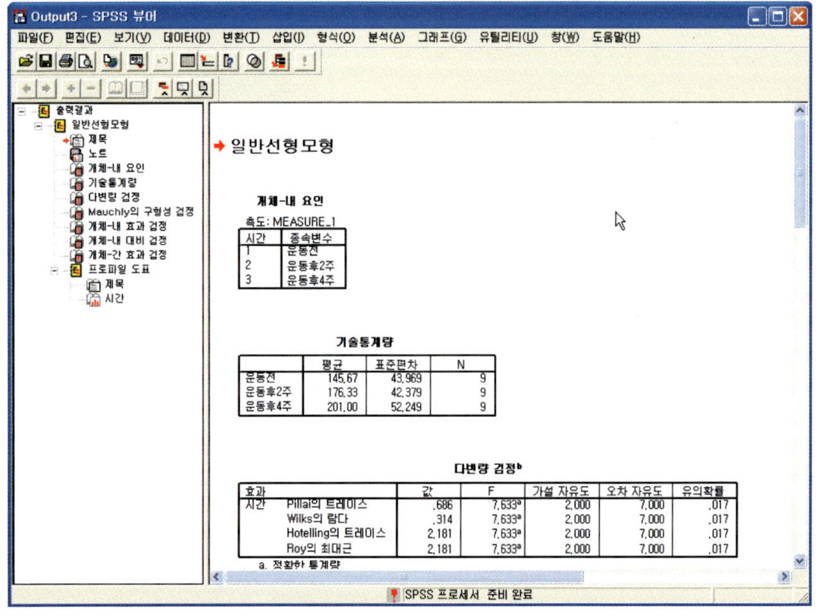

그림 5-50 일원 반복측정 분산분석 수행 결과 화면

(3) 일원 반복측정 분산분석의 결과 해석

분석 결과는 다음과 같이 9개의 결과가 순서대로 출력된다.

   1. [개체 – 내 요인]
   2. [기술통계량]
   3. [Bartlett의 구형성 검정]
   4. [다변량 검정]
   5. [Mauchly의 구형성 검정]
   6. [개체 – 내 효과 검정]
   7. [개체 – 내 대비 검정]
   8. [개체 – 간 효과 검정]
   9. [프로파일 도표]

개체 – 내 요인 결과는 시간에 대한 종속변수들을 보여 주고 있다.

표 5-27 분석 결과: 개체 – 내 요인

개체 – 내 요인

측도 : MEASURE_1

시간	종속변수
1	운동전
2	운동후2주
3	운동후4주

기술통계량 결과는 앞서 옵션 설정에서 체크를 하였기 때문에 출력된 것으로 만약, 옵션에서 체크하지 않았다면 출력되지 않는다. 그러나 분석 결과를 확인 하고 논문 등에 보고하기 위해서는 항상 출력되게 하는 것이 바람직하다.

표 5-28 분석 결과: 기술통계량

기술통계량

	평균	표준편차	N
운동전	145.67	43.969	9
운동후2주	176.33	42.379	9
운동후4주	201.00	52.249	9

<표 5 – 29>의 Bartlett의 구형성 검정(Bartlett's test of sphericity)은 3변수(운동 전, 운동 후 2주, 운동 후 4주)의 분산공분산 행렬을 이용하여 3변수(집단이 된다.)가 독립인가를 검정하는 것이다. Bartlett의 귀무가설은 "모집단의 상관계수 행렬은 단위행렬이다."로 이것은 집단 간에 서로 독립임을 나타내는 것이다. 아래의 검정 결과를 보면, 유의확률 $p = .003$으로 분석되어 귀무가설은 기각되고, 3변수 간에는 어떠한 관련성이 있다는 것을 알 수 있다. 그러나 이 Bartlett의 구형성 검정은 다변량검정을 위해서 출력된 것으로 종속변수들 간의 상관관계를 검정하는 것이다. 따라서 반복측정 분산분석에서 반드시 이를 해석해야 하는 것은 아니다. 다만 이 결과를 통해 반복측정 분산분석의 결과를 예측해 볼 수 있다.

표 5 – 29 분석 결과: **Bartlett**의 구형성 검정

Bartlett의 구형성 검정[a]

우도비	.000
근사 카이제곱	18.259
자유도	5
유의확률	.003

잔차 공분산행렬이 단위행렬에 비례하는 영가설을 검정합니다
a.
　　계획:Intercept
　　개체 – 내 계획:시간

분산분석으로 검정할 수 있는 것에는 반복측정과 다변량검정이 있다. 반복측정 분산분석을 다변량으로 보는 학자도 있으나 정확하게는 서로 다르다. 다변량이라 하면 주로 종속변수가 복수 개일 때를 말하는 것이나 반복측정 분산분석의 종속변수는 한 개이기 때문이다. 여하튼 그와 같은 관계로 인해 반복측정 분산분석을 수행하면 아래의 <표 5 – 30>과 같이 다변량검정 결과가 출력된다. 다변량검정의 귀무가설은 "각 집단 간에 차이가 없다."이다. 따라서 아래의 검정 결과를 보면 유의확률 $p = .017$로 귀무가설이 기각되어 집단 간에 차이가 있다고 할 수 있다. 검정 결과를 보면 4개의 검정 값이 나와 있다. Pillai의 트레이스(Pillai – Bartlett Trace), Wilks의 람다(Wilk's Lambda), Hotelling의 트레이스(Hotelling – Lawley Trace), Roy의 최대근(Roy's Largest Characteristic Root). 다변

량검정 시 이들 값들은 항상 제시되며, 종속변수가 한 개일 경우에는 모두 동일한 검정통계량을 제시한다. Pillai의 트레이스는 설명할 수 있는 분산 비율을 나타내고, Wilks의 람다는 설명되지 않는 분산의 양을 나타내며, Hotelling의 트레이스는 위 두 값의 비율의 합을 나타낸다. 4개의 검정통계량 중 어느 것을 선택할 것인가는 연구자의 연구목적에 의해 선택된다고 할 수 있다. 다변량검정 결과는 반복측정 분산분석의 검정보다 보수적인 것으로 알려져 있기 때문에 여기서 유의한 차이가 나타나면 반복측정 분산분석의 검정 결과에서도 유의한 차이가 발생한다. 다음에 알아볼 Mauchly의 구형성 검정 결과에 따라 다변량검정 부분을 반복측정 분산분석 결과로 제시할 필요가 있으나 반복측정 분산분석의 주요 부분은 아니다.

표 5-30 분석 결과: 다변량 검정

다변량 검정[b]

효과		값	F	가설 자유도	오차 자유도	유의확률
시간	Pillai의 트레이스	.686	7.633[a]	2.000	7.000	.017
	Wilks의 람다	.314	7.633[a]	2.000	7.000	.017
	Hotelling의 트레이스	2.181	7.633[a]	2.000	7.000	.017
	Roy의 최대근	2.181	7.633[a]	2.000	7.000	.017

a. 정확한 통계량
b.
　계획:Intercept
　개체-내 계획:시간

Mauchly의 구형성 검정(<표 5-31>)은 본 분석이 반복측정 분산분석으로 다룰지, 다변량분석으로 다룰지를 결정한다고 할 수 있다. Mauchly의 구형성 검정 결과 귀무가설이 성립되면 반복측정 분산분석으로 아래에 제시된(<표 5-32>) 개체-내 효과 검정 부분을 제시하면 되고, 만약 구형성 검정 결과 귀무가설이 기각되면 위에서 제시된 다변량검정(<표 5-30>) 결과를 제시하면 된다. 출력된 결과를 살펴보면 유의확률 $p = .145$로 유의수준 $\alpha = .05$보다 크기 때문에 귀무가설을 기각할 수 없다. 따라서 <표 5-32>을 이용하여 반복측정 분산분석으로 결과를 해석하면 된다.

표 5-31 분석 결과: **Mauchly**의 구형성 검정

Mauchly의 구형성 검정[b]

측도:MEASURE_1

개체-내 효과	Mauchly의 W	근사 카이제곱	자유도	유의확률	엡실런[a]		
					Greenhouse-Geisser	Huynh-Feldt	하한값
시간	.576	3.861	2	.145	.702	.807	.500

정규화된 변형 종속변수의 오차 공분산행렬이 단위행렬에 비례하는 영가설을 검정합니다.
 a. 유의성 평균검정의 자유도를 조절할 때 사용할 수 있습니다. 수정된 검정은 개체내 효과검정 표에 나타납니다.
 b.
   계획: Interept
   개체-내 계획: 시간

아래에 제시된 <표 5-32>의 개체-내 효과 검정이 반복측정 분산분석의 주요 부분이다. 위의 Mauchly의 구형성 검정 통과에 따라 개체-내 효과 검정의 해석이 본 연구문제의 주요 부분이 된다. 여기서 다루게 되는 귀무가설은 "운동 전, 운동 후 2주, 운동 후 4주에 있어서 근력의 차이는 없다."이다. 출력 결과를 보면 $F = 14.244$, 유의확률 $p = .000$으로 유의수준 $\alpha = .05$보다 작기 때문에 귀무가설은 기각되어 운동 기간에 따라 근력의 변화가 있음을 알 수 있다.

[개체-내 효과 검정]의 『소스』 항목에 나타나 있는 Greenhouse-Geisser 값이나 Huynh-Feldt 값은 자유도를 조정하여 유의확률 값을 계산한 것이다. Mauchly의 구형성 검정 결과에서 『엡실런』(ϵ)으로 표기되어 있는 부분의 Greenhouse-Geisser 값이나 Huynh-Feldt 값이 작을 경우 이들 값과 F 검정의 자유도를 곱하여 재조정하게 된다. 즉,

$$\text{Greenhouse-Geisser의 } \epsilon(.702) \times 2 = \text{Greenhouse-Geisser의 자유도}(1.405)$$
$$\text{Huynh-Feldt의 } \epsilon(.807) \times 2 = \text{Huynh-Feldt의 자유도}(1.613)$$

이 된다. Mauchly의 구형성 검정이 통과되더라도 이들 엡실런(ϵ) 값이 작을 경우에는 개체-내 효과 검정에서 이들 값을 사용하면 되며, 만약 엡실런(ϵ) 값이 0에 가까울 경우에는 다변량 검정 결과를 제시하면 된다.

표 5-32 분석 결과: 개체-내 효과 검정

개체-내 효과 검정

측도:MEASURE_1

소스		제 Ⅲ 유형 제곱합	자유도	평균제곱	F	유의확률
시간	구형성 가정	13832.000	2	6916.000	14.244	.000
	Greenhouse-Geisser	13832.000	1.405	9847.811	14.244	.002
	Huynh-Feldt	13832.000	1.613	8573.096	14.244	.001
	하한값	13832.000	1.000	13832.000	14.244	.005
오차(시간)	구형성 가정	7768.667	16	485.542		
	Greenhouse-Geisser	7768.667	11.237	691.371		
	Huynh-Feldt	7768.667	12.907	601.879		
	하한값	7768.667	8.000	971.083		

<표 5-33>의 개체-내 대비 검정 내용은 사용된 데이터들이 몇 차식의 다항식 회귀가 적합한가를 나타내고 있는 것이다. 출력 결과를 보면, 선형과 2차형 두 가지가 출력되어 있고 선형은 유의확률 $p = .003$으로 나와 있으며, 2차형은 유의확률 $p = .597$로 나타나 있다. 따라서 본 연구문제에서 사용된 데이터는 선형의 관계가 있다고 볼 수 있으며, 선형 다항식회귀에 적합하다고 할 수 있다. 이 같은 결과는 <그림 5-51>의 프로파일 도표를 봐도 알 수 있다.

표 5-33 분석 결과: 개체-내 대비 검정

개체-내 대비 검정

1. 측도:MEASURE_1

소스	시간	제 Ⅲ 유형 제곱합	자유도	평균제곱	F	유의확률
시간	선형	13788.000	1	13778.000	17.375	.003
	2차형	54.000	1	54.000	.303	.597
오차(시간)	선형	6344.000	8	793.000		
	2차형	1424.667	8	178.083		

반복측정 분산분석에서 개체-간 효과 검정은 의미 없는 것으로 결과 해석의 대상이 되지 않는다.

표 5-34 분석 결과: 개체-간 효과 검정

개체-간 효과 검정

측도:MEASURE_1
변환된 변수: 평균

소스	제 Ⅲ 유형 제곱합	자유도	평균제곱	F	유의확률
절편	820587.000	1	820587.000	149.519	.000
오차	43905.333	8	5488.167		

아래에 출력된 프로파일 도표는 프로그램 실행 시 도표를 사용자가 지정하였기 때문에 출력된 것으로 만약 사용자가 지정하지 않으면 출력되지 않는다. 도표를 보면 시간에 따라 평균값의 변화가 있음을 알 수 있으며, 선형의 모습을 하고 있음을 볼 수 있다.

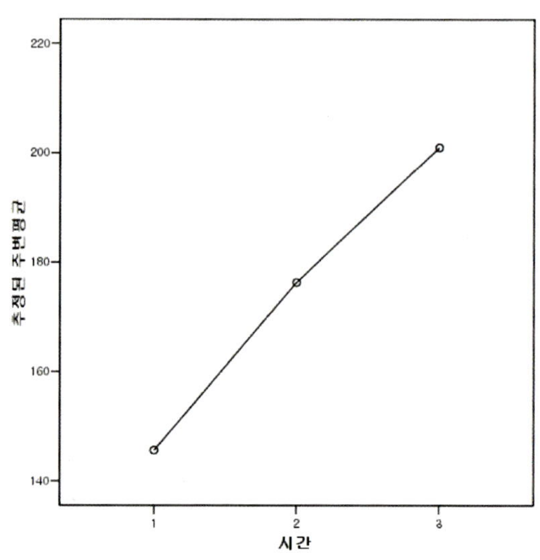

그림 5-51 분석결과: 프로파일 도표

(4) 일원 반복측정 분산분석의 사후 검정

지금까지 우린 일원 반복측정 분산분석을 수행하였다. 그리고 출력 결과에 의해 운동기간에 따라 근력에 변화가 있음을 확인하였다. 그러나 구체적으로 어떻게 변화가 있는지 즉, 집단별로(운동 전, 운동 후 2주, 운동 후 4주) 어떻게 차이가 나타나는지 확인하지 않았다. 전장에서 살펴본 분산분석을 기억하고 있다면 이러한 경우에 사후분석(Post hoc.)을 수행하는 것을 기억할 것이다. 그렇다면 반복측정 분산분석에서는 사후분석을 어떻게 수행히는 걸까?

<그림 5-48> 화면에 나타나 있는 [사후분석] 버튼을 클릭해 보면 사후분석 세부 항목이 모두 비활성화되어 있는 것을 확인할 수 있다. 이렇게 일원 반복측정 분산분석에서는 사후분석을 바로 수행할 수 있는 루틴이 존재하지 않는다. 이것은 SPSS가 가지고 있는 한계라고 할 수 있다. 즉 프로그램상의 문제이다.

SPSS에서 일원 반복측정 분산분석의 사후검정을 수행하기 위해서는 코딩된 데이터의 구조를 변경하여야 한다. 최초 <그림 5-38>에서와 같이 코딩되어 있던 것을 아래의 <표 5-35>과 같이 변경하여야 한다. 시간이란 변수를 만들어 운동 전→1, 운동 후 2주→2, 운동 후 4주→3으로 코딩한다. 이 같은 코딩 구조는 이원분산분석을 수행하기 위한 코딩 구조와 동일하며, 이렇게 코딩된 데이터를 이용하여 교호작용이 없는 이원분산분석을 수행하여 사후검정을 하면 된다. 사후검정을 위한 코딩 변경이 완료된 모습은 <그림 5-52>와 같으며 이를 이용하여 앞에서 배운 바와 같이 이원분산분석을 수행하면 된다.

표 5-35 사후검정을 위한 코딩

Subject	시간	근력	Subject	시간	근력
1	1	150	6	1	190
1	2	173	6	2	247
1	3	210	6	3	285
2	1	136	7	1	115
2	2	144	7	2	108
2	3	170	7	3	103
3	1	142	8	1	53
3	2	171	8	2	141
3	3	222	8	3	160
4	1	191	9	1	188
4	2	217	9	2	202
4	3	197	9	3	241
5	1	146			
5	2	184			
5	3	221			

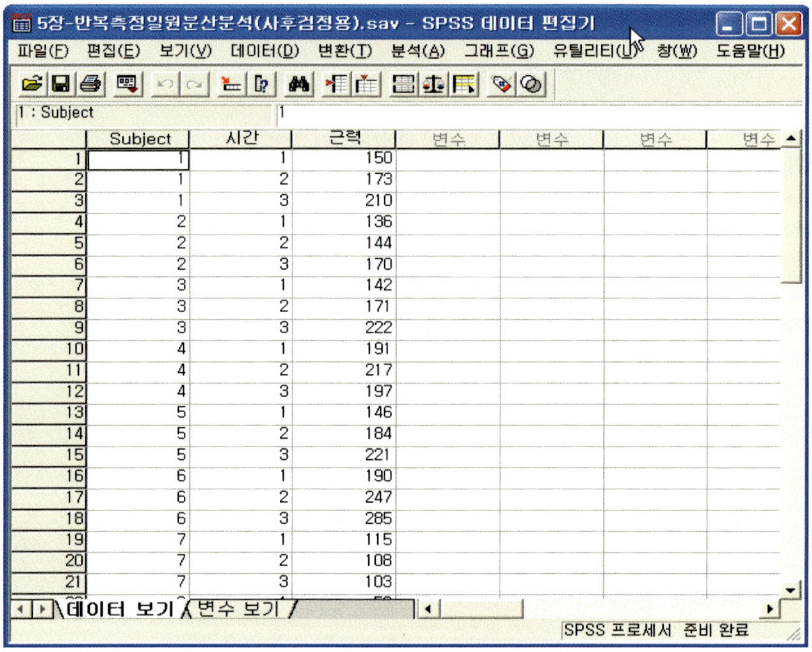

그림 5-52 사후검정을 위한 코딩 변경 완료 화면

이원분산분석을 수행하기 위해서 아래 <그림 5-53>과 같이 일변량 메뉴를
선택한다.

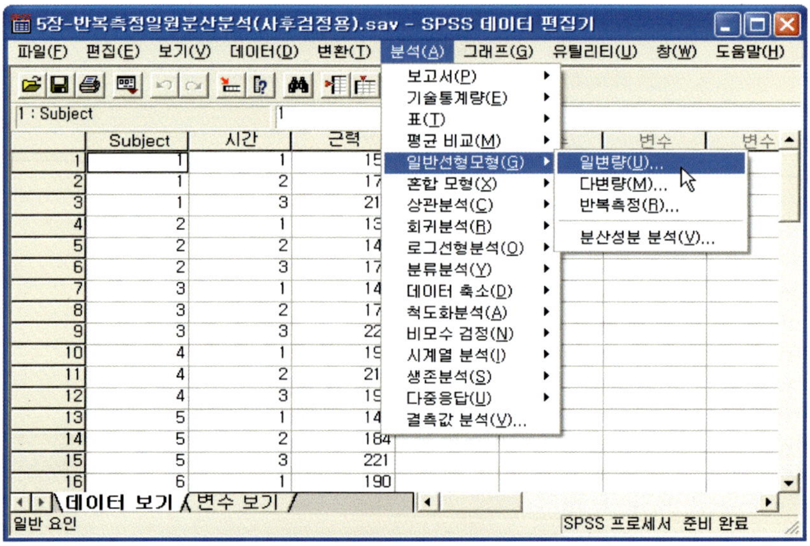

그림 5-53 사후검정을 위한 일변량 선택 화면

　　<그림 5 – 54>와 같이 {일변량} 윈도우가 나타나면, 근력 변수를『종속변수』항목으로 옮기고, 시간 변수와 subject 변수를『모수요인』항목으로 이동시킨다. 완료된 모습은 <그림 5 – 55>와 같다.

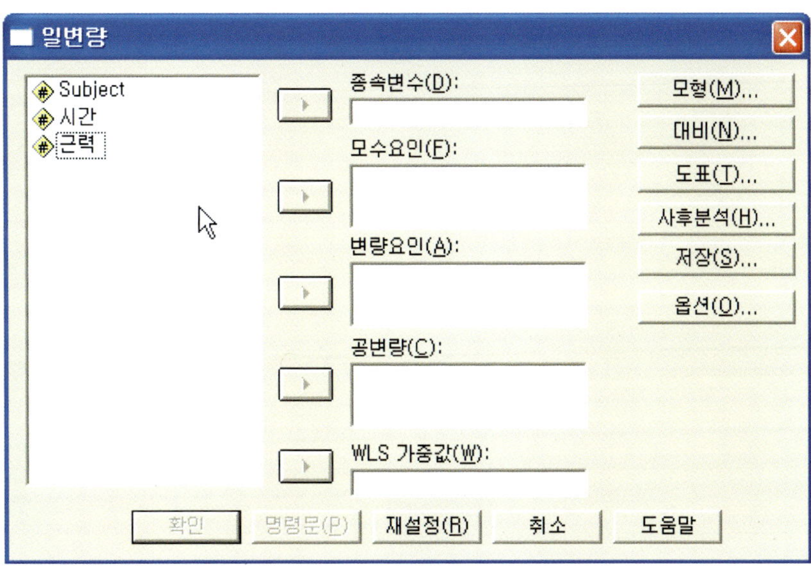

그림 5 – 54 일변량 윈도우 화면

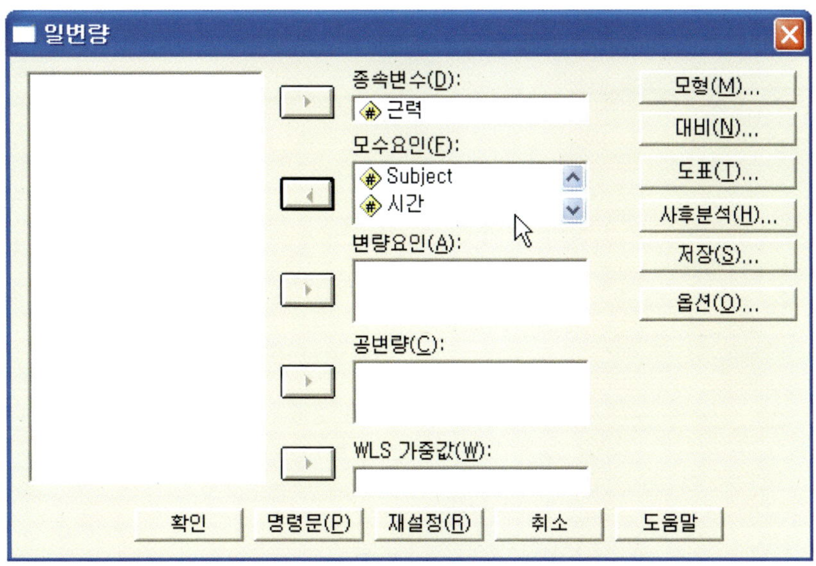

그림 5 – 55 이원분산분석의 변수 설정 화면

변수 설정이 완료된 후 [모형] 버튼을 클릭하면, <그림 5 – 56>과 같이 {일변량: 모형} 윈도우가 나타난다.

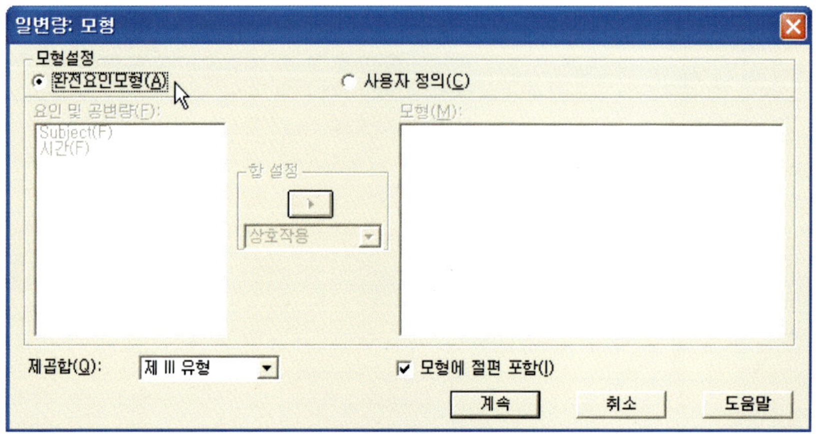

그림 5 – 56 분산분석 모형 윈도우 화면

다음으로, 『모형설정』 부분에서 「사용자 정의」 항목을 선택한 다음 『항 설정』 부분에서 「주효과」 항목을 선택한다. 완성된 모습은 <그림 5 – 57>과 같다.

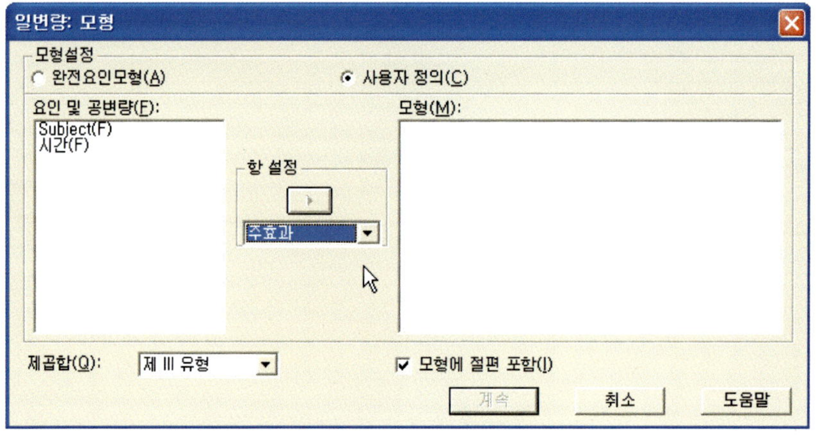

그림 5 – 57 분산분석의 모형 설정 화면

다음으로 『요인 및 공변량』에 있는 subject 변수와 시간 변수를 <그림 5 – 58>과 같이 『모형』 쪽으로 이동시킨다.

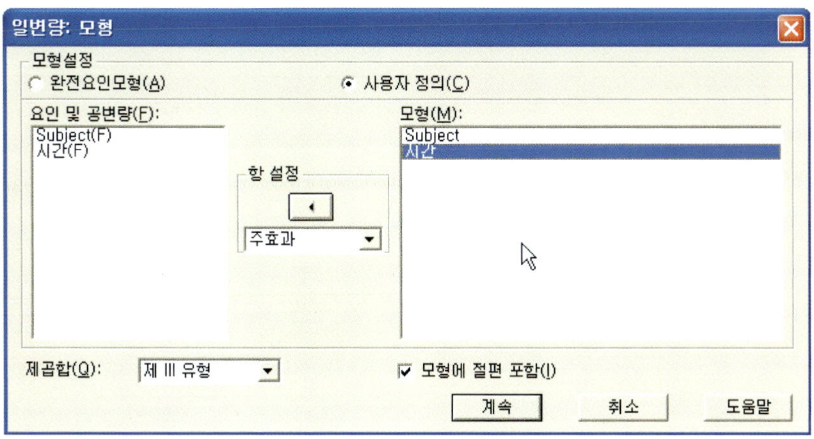

그림 5-58 분산분석의 모형 변수 설정 화면

　　[계속] 버튼을 클릭하여 앞 화면으로 복귀한 뒤 [사후분석] 버튼을 클릭하면 <그림 5-59>와 같은 {일변량: 관측평균의 사후분석 다중비교} 윈도우가 나타난다.

그림 5-59 분산분석의 사후분석 윈도우 화면

　　『요인』 항목에서 시간 변수를 선택하여 『사후검정변수』 항목으로 이동시킨다. 우리의 목적은 시간대에 따라 차이가 있는지 확인하는 것이므로 시간 변수만 이동시키면 된다. 이동이 완료되면 <그림 5-61>과 같이 『등분산을 가정함』 항목들이 활성화된다.

그림 5-60 사후분석 설정 화면

『등분산을 가정함』 항목들 중에서 「Dunnett」를 선택한다. 그리고 나서 아래쪽에 있는 통제범주에서 <그림 5-61>과 같이 "처음"을 선택한다. 여기서 처음을 선택하는 이유는 운동 전을 기준으로 나머지 운동 후 2주와 운동 후 4주의 차이를 보고자 함이다. 만약 마지막을 선택하게 되면 운동 후 4주를 기준으로 운동 전과 운동 후 2주의 차이를 분석하게 된다.

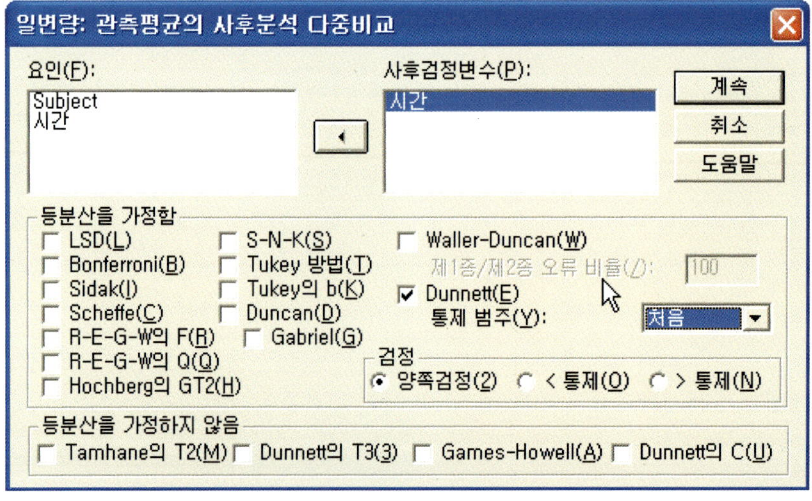

그림 5-61 Dunnett의 통제 범주

일반적으로 다중비교는 집단 간에 비교 가능한 모든 쌍을 대상으로 비교하지만, Dunnett의 사후검정은 특정한 집단을 선택하여 나머지 집단을 비교하는 방법을 취한다. 본 연구문제를 대상으로 다중비교와 Dunnett의 방법을 비교하면 다음의 <그림 5-62>와 같다.

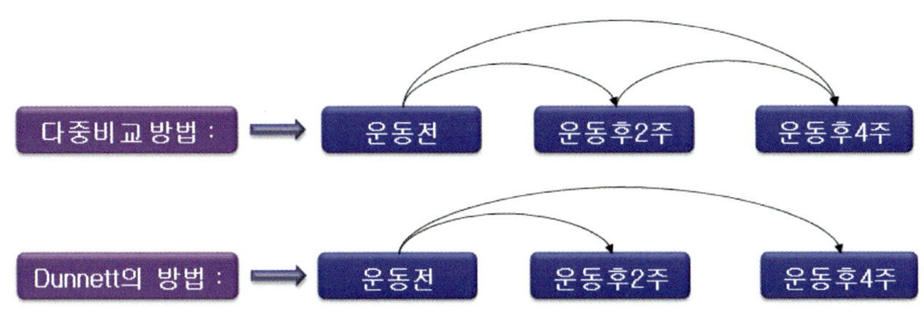

그림 5-62 사후검정 방법의 비교: 다중비교와 Dunnett의 방법

일반적으로 집단 간의 차이를 분석할 때는 Scheffe나 Tukey와 같은 다중비교 방법을 많이 사용하나, 어떤 한 시점이나 집단을 기준으로 하여 나머지 집단과의 비교를 원할 때는 Dunnett의 방법을 사용한다. 본 연구문제에서 운동 전에 비해 나머지 2주 후와 4주 후의 근력의 변화를 보고자 한다면 Dunnett을 사용하고, 기준과는 상관없이 모든 집단의 차이를 보고자 한다면 다중비교 방법을 사용하면 된다. 의약품과 같이 주로 시간의 경과에 따라 약 효과가 어떻게 변화하는지를 알고자 할 때 Dunnett의 방법이 자주 사용된다.

사후분석 설정을 완료한 후, [계속] 버튼을 클릭하여 전 화면으로 복귀한 뒤 [확인] 버튼을 클릭하면 분석 결과가 출력된다. 출력된 결과 화면은 <그림 5-63>과 같다.

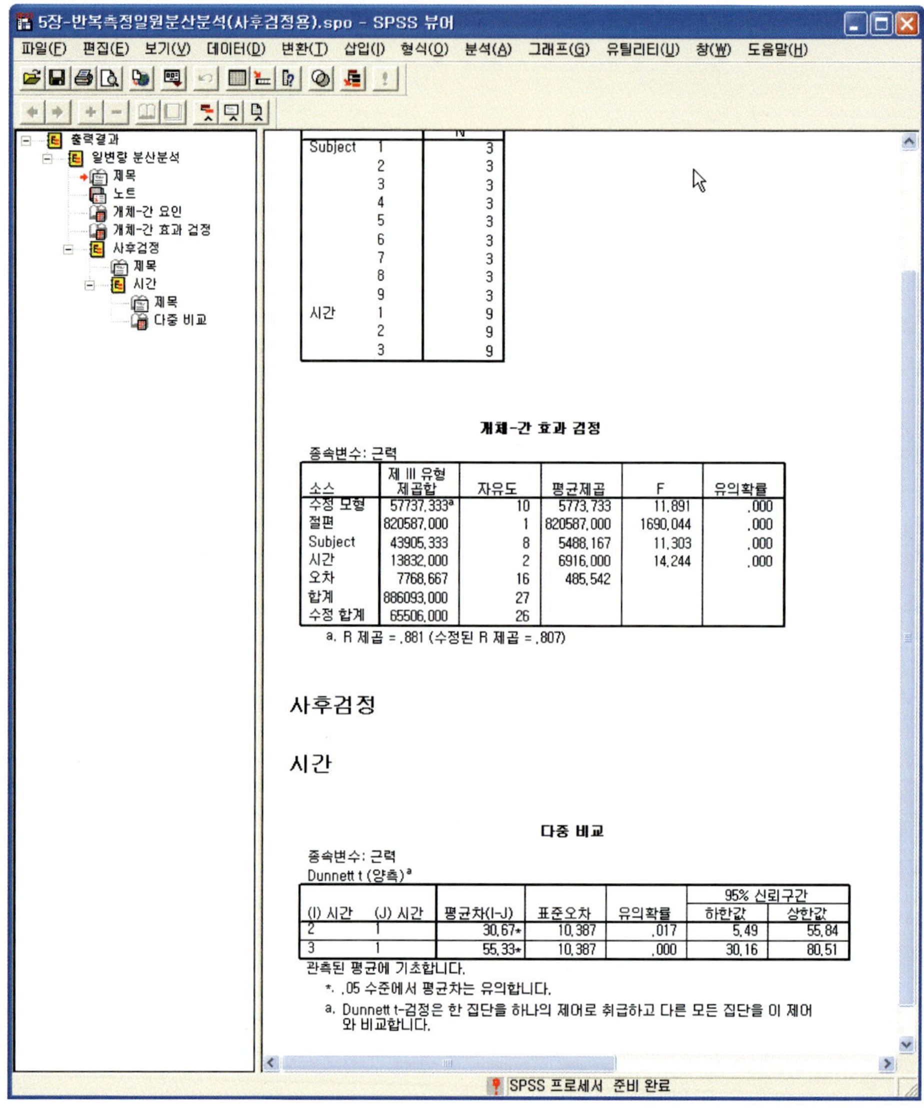

그림 5-63 반복측정 분산분석의 사후검정을 위한 이원분산분석 결과 화면

(5) 일원 반복측정 분산분석의 사후 검정 결과 해석 방법

출력된 결과를 살펴보면, [개체-간 요인], [개체-간 효과 검정], [다중비교 -Dunnett]가 순서대로 출력되어 있다. 중요하게 될 것은 개체-간 효과 검정 부분과 다중비교 부분이다. 먼저 개체-간 효과 검정 결과를 보면 <표 5-36> 과 같다.

표 5-36 반복측정 분산분석의 사후검정을 위한 결과

개체-간 효과 검정

종속변수: 근력

소스	제 Ⅲ 유형 제곱합	자유도	평균제곱	F	유의확률
수정 모형	5777.333[a]	10	5773.773	11.891	.000
절편	820587.000	1	820587.000	1690.044	.000
Subject	43905.333	8	5488.167	11.303	.000
시간	13832.000	2	6916.000	14.244	.000
오차	7768.667	16	485.542		
합계	886093.000	27			
수정 합계	65506.000	26			

a. R제곱=.881 (수정된 R 제곱=.807)

위의 [개체-간 효과 검정] 결과에서 해석해야 할 곳은 『소스』 항목 중에서 「시간」에 대한 것이다. 시간에 대한 차이를 보는 것이 본 연구의 목적이므로 시간에 대한 부분만을 취하면 된다. 결과를 보면 $F = 14.244$, 유의확률 $p = .000$으로 시간에 따라 평균값에 차이가 있음이 확인되었다. 여기서 제시된 $F = 14.244$는 <표 5-32>의 [개체-내 효과 검정]의 F값과 일치함을 알 수 있다. 만약 두 F값이 동일하지 않다면 사후검정을 위한 분산분석에서 잘못 처리된 부분이 있는 것이다. 반복측정 분산분석의 사후검정을 위해 수행된 이원분산분석 수행 시 항상 F값의 일치성을 확인해야 한다.

시간에 따라 평균값에 차이가 있음이 밝혀졌으므로 이제 사후검정 부분을 확인하면 된다. 사후검정으로 사용된 Dunnett의 결과가 <표 5-37>에 나타나 있다. 내용을 살펴보면, 2(운동 후 2주)-1(운동 전)의 경우 유의확률 $p = .017$, 3(운동 후 4주)-1(운동 전)의 경우 유의확률 $p = .000$으로 유의수준 $\alpha = .05$하에서 모두 차이가 있는 것으로 확인되었다. 『평균차』 항목을 보면 평균차의 값이 기간이 경과함에 따라 더욱 커지는(30.67에서 55.33으로) 것으로 나타났다. 따라서 근력은 운동 기간(운동 후 2주, 운동 후 4주)이 길어짐에 따라 증가하는 것으로 나타났으며, 운동 전, 운동 후 2주, 운동 후 4주 모두에서 차이가 있는 것으로 밝혀졌다.

이 결과를 반복측정 분산분석의 사후검정 부분으로 처리하면 된다.

표 5-37 반복측정 분산분석 사후검정을 위한 결과: **Dunnett**

다중 비교

종속변수: 근력
Dunnett t (양측)[a]

(I)시간	(J)시간	평균차(I-J)	표준오차	유의확률	95% 신뢰구간	
					하한값	상한값
2	1	30.67*	10.387	.017	5.49	55.84
3	1	55.33*	10.387	.000	30.16	80.51

관측된 평균에 기초합니다.
  *. .05 수준에서 평균차는 유의합니다.
  a. Dunnett t-검정은 한 집단을 하나의 제어로 취급하고 다른 모든 집단을 이 제어와 비교합니다.

(6) 일원 반복측정 분산분석의 결과 보고 방법

반복측정 분산분석을 수행하였을 경우, 출력된 결과를 모두 포함시킬 필요가 없으므로 약간의 편집이 요구된다. 먼저 [Mauchly의 구형성 검정] 부분을 제시한 후 그 결과에 따라 [개체-내 효과 검정]이나 [다변량 검정] 결과를 제시하면 된다. 만약 [Mauchly의 구형성 검정]에 의해 귀무가설이 성립하면 [개체-내 효과 검정]을 제시하고, 귀무가설이 기각되면 [다변량 검정] 부분을 제시한다. 다변량 검정의 4개 값 중 어느 것을 제시해도 상관없으나 일반적으로 「Wilks의 람다」 값을 제시한다.

본 연구문제 결과를 가지고 보고를 해 보면 다음과 같다.

"Mauchly의 구형성 검정 결과 Mauchly의 $W = .576$, 유의확률 $p = .145$로 유의수준 $\alpha = .05$하에서 구형성 검정 귀무가설이 성립되는바 시간 경과에 따른 근력의 차이(〈표 5-38〉) 및 사후 검정(〈표 5-39〉) 결과는 다음과 같다."

표 5-38 반복측정 분산분석의 개체-내 효과 검정 결과

소스	Type Ⅲ SS	df	MS	F	p
시간 구형성 검정	13832.000	2	6916.000	14.244	.000
오차	7768.667	16	485.542		

표 5-39 반복측정 분산분석의 사후 검정 결과(Dunnett)

(I) 시간	(J) 시간	평균차(I − J)	표준오차	유의확률
2	1	30.67	10.387	.017
3	1	55.33	10.387	.000

"분석 결과를 보면, $F = 14.244$, 유의확률 $p = .000$으로 유의수준 $\alpha = .05$하에서 시간 경과에 따라 근력의 차이가 발생하는 것으로 나타났다. Dunnett의 사후검정 결과 운동 후 2주와 운동 전에서 유의확률 $p = .017$, 운동 후 4주와 운동 전에서 유의확률 $p = .000$으로 차이가 있는 것으로 나타났으며, 시간이 경과함에 따라 근력이 증가하는 것으로 나타났다."

개체-내 효과 검정 결과 값들 중에서 구형성 검정 이외의 값들은 Mauchly의 구형성 검정에 의해 선택되는 것들로 Mauchly의 구형성 검정 귀무가설이 성립 되었다면 반드시 제시할 필요는 없다.

2) 이원 반복측정 분산분석 방법

여기서는 반복측정 요인이 두 개인 이원 반복측정 분산분석에 대해서 살펴볼 것이다. 이원 반복측정 분산분석을 위한 연구문제는 아래와 같다.

> **분산분석을 위한 연구문제 - 05**
>
> 운동 시간과 수분 섭취에 따라 피로 물질의 양적 변화를 분석하고자 한다. 피험자들에게 수분섭취를 금지한 상태에서 운동을 하게 한 후 운동 전, 운동 1시간 후, 운동 2시간 후에 피로 물질의 양을 측정하였다. 충분한 휴식 시간과 일정 기간이 지난 후 이번에는 동일 피험자들에게 충분한 수분섭취를 허락한 상태에서 운동을 하게 한 후 운동 전, 1시간 운동 후, 2시간 운동 후에 피로 물질을 측정하였다. 측정된 데이터는 아래와 같다. 운동시간과 수분섭취에 따라 피로 물질의 양에 변화가 있는지 검정하라.
>
> | 피로 양 / 피험자 | 수분섭취 금지 | | | 수분섭취 | | |
> |---|---|---|---|---|---|---|
> | | 운동 전 | 1시간 후 | 2시간 후 | 운동 전 | 1시간 후 | 2시간 후 |
> | 1 | 152 | 169 | 210 | 150 | 160 | 194 |
> | 2 | 143 | 176 | 201 | 146 | 169 | 187 |
> | 3 | 137 | 171 | 222 | 132 | 159 | 198 |
> | 4 | 149 | 185 | 211 | 146 | 166 | 192 |
> | 5 | 143 | 184 | 221 | 143 | 171 | 201 |
> | 6 | 147 | 199 | 205 | 145 | 175 | 189 |

(1) 이원 반복측정 분산분석의 절차 및 내용

위의 연구문제를 살펴보면, 일원반복측정 분산분석의 구조와 유사하나, 수분섭취 여부에 의해 다시 그룹화되고 있음을 볼 수 있다. 그러나 수분섭취 여부에 의해 구분되는 그룹들이 독립된 그룹이 아닌 동일 피험자들로 구성되어 있다. 이러한 점이 반복측정이 없는 분산분석과 다른 구조이다. 즉 위의 연구문제 구조는 동일 피험자들을 대상으로 시간적인 경과와 수분섭취 여부에 의한 반복측정 구조를 가지고 있는 것이다. 이같이 동일 피험자 집단 내에서 두 가지 반복측정 요인이 존재할 경우에는 이원반복측정 분산분석을 수행하여야 한다.

연구문제에 따른 종속변수는 피로 물질의 양이 될 것이고, 독립변수는 운동시간과 수분섭취 여부가 된다. 이를 관계식으로 나타내면 다음과 같이 된다.

피로물질의 양 = 운동시간, 수분섭취 여부, 운동시간×수분섭취 여부

관계식에서 운동시간×수분섭취 여부는 독립변수 간의 교호작용을 나타낸 것으로, 결국 독립변수는 3개가 된다. 귀무가설과 대립가설을 살펴보면 아래와 같다.

귀무가설(H_0): 피로물질의 양은 운동시간의 경과에 의해 영향을 받지 않는다.
피로물질의 양은 수분섭취 여부에 의해 영향을 받지 않는다.
피로물질의 양은 운동시간과 수분섭취 여부에 의한 교호작용은 없다.
대립가설(H_a): 피로물질의 양은 운동시간의 경과에 의해 영향을 받을 것이다.
피로물질의 양은 수분섭취 여부에 의해 영향을 받을 것이다.
피로물질의 양은 운동시간과 수분섭취 여부에 의한 교호작용이 존재할 것이다.

일반적으로 교호작용과 관련된 내용은 가설에 포함하지 않고 분석의 내용에만 포함시키는 경우도 있다.

이원반복측정 분산분석을 수행하는 순서는 이원분산분석과 동일하게 먼저 교호작용의 존재 여부를 확인한 후에 교호작용이 없는 것으로 결론이 나면 그대로 독립변수들의 영향을 각각 분석하면 되고, 만약 교호작용이 있는 것으로 나타나면 독립변수의 영향을 각각 보는 것은 의미가 없어지게 되므로 독립변수

모두를 함께 고려하여 영향을 분석하여야 한다.

　이원반복측정 분산분석에서도 사후검정과 관련해서는 코딩을 새롭게 하여 일
원반복측정 분산분석에서 다루었던 방법으로 수행하여야 한다.

(2) 이원반복측정 분산분석의 실행 방법

　위의 연구문제에 대한 이원반복측정 분산분석을 수행하기 위한 코딩은 아래
<그림 5 - 64>와 같다.

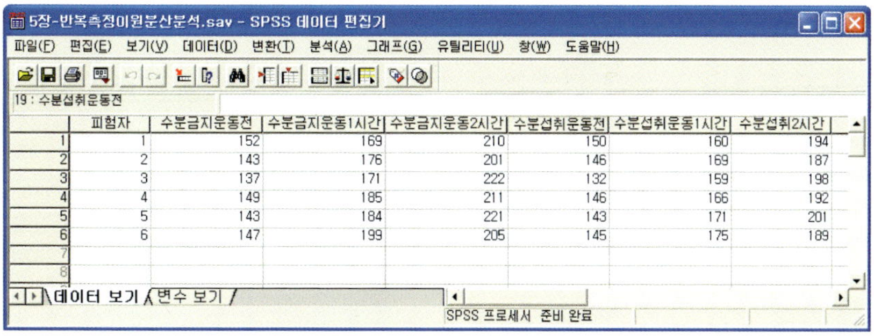

그림 5-64 이원반복측정 분산분석 수행을 위한 데이터 코딩 화면

　이원반복측정 분산분석을 수행하기 위해서는 <그림 5 - 65>와 같이 【분석】
- 【일반선형모형】 - 【반복측정】을 클릭하면 된다.

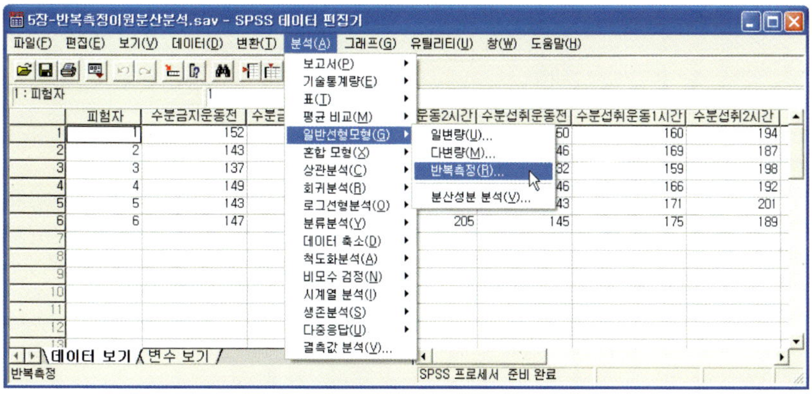

그림 5-65 이원반복측정 분산분석 수행을 위한 메뉴 선택 화면

아래 <그림 5-66>과 같은 {반복측정 요인 정의} 윈도우가 나타나면『개체
-내 요인이름』항목에 "요인 1"을 지우고 "수분"이라고 입력한다.

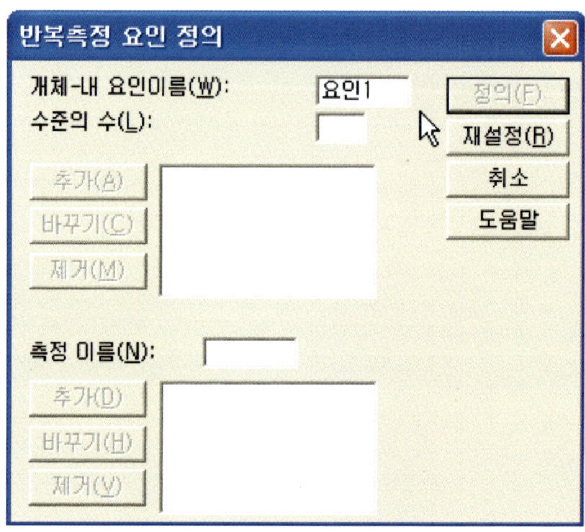

그림 5-66 요인 입력 화면

연구문제를 살펴보면 수분과 관련해서는 수분섭취와 수분섭취 금지로 나누어
진다. 따라서『수준의 수』항목에 2를 입력한다. [추가] 버튼이 활성화되면 클
릭한다.

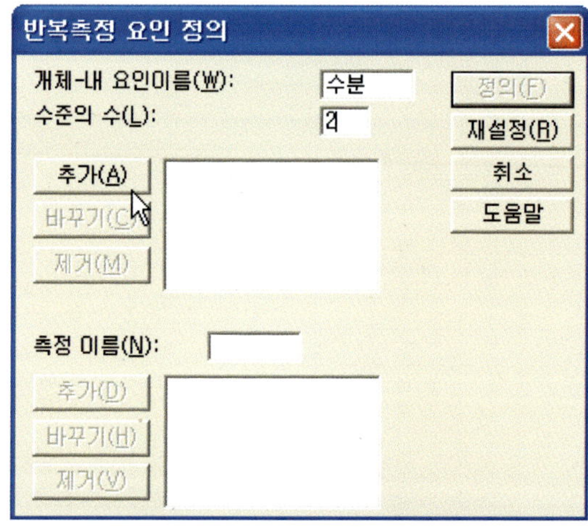

그림 5-67 요인 및 수준 입력 화면

[추가] 버튼을 클릭하여 요인이 입력된 화면은 <그림 5 – 68>과 같다.

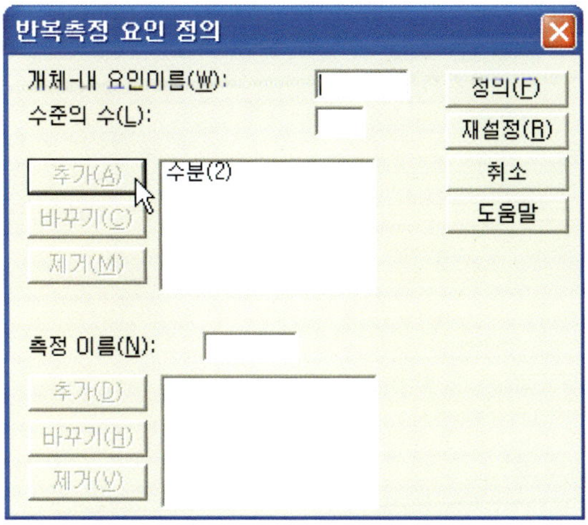

그림 5 – 68 요인 추가한 화면

다음은 시간에 대한 요인을 입력해야 한다. 위에서 수행한 절차를 반복하면 된다. 『개체 – 내 요인이름』 항목에 "시간"을 입력하고, 시간과 관련해서는 운동 전, 운동 후 1시간, 운동 후 2시간으로 구분되므로『수준의 수』 항목에 3을 입력한다. 입력된 화면은 <그림 5 – 69>와 같다.

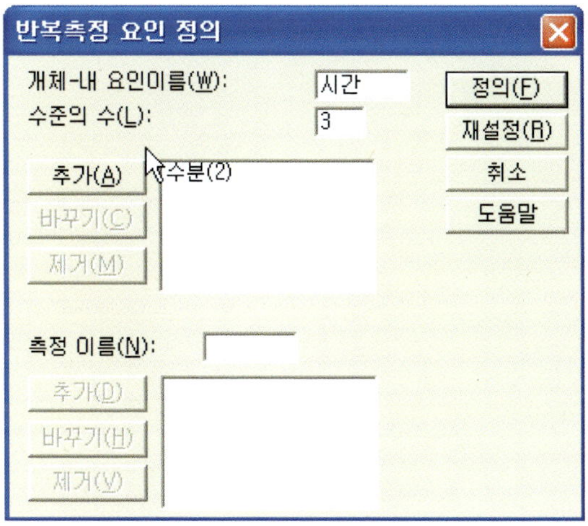

그림 5 – 69 요인 추가 화면

[추가] 버튼을 클릭하여 요인을 입력한 화면은 <그림 5 – 70>과 같다.

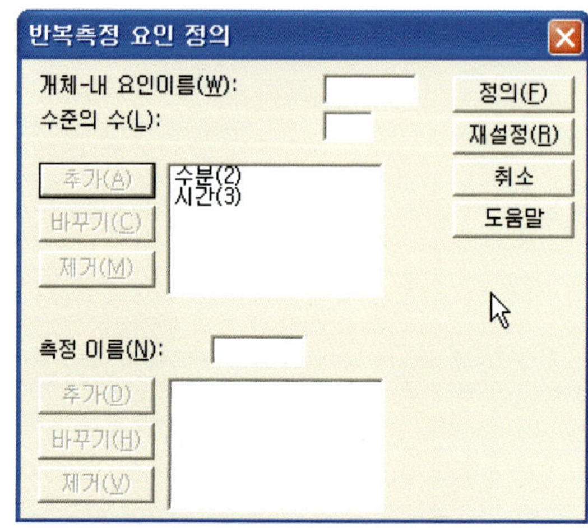

그림 5‑70 요인 추가 완료 화면

이제 입력한 요인들에 대한 정의를 위해서 활성화되어 있는 [정의] 버튼을 클릭하자. 아래 <그림 5 – 71>과 같이 {반복측정} 윈도우가 나타난다. 윈도우 화면 왼쪽에는 변수들이 나열되어 있으며, 오른쪽에는 『개체 – 내 변수』 항목이 6개 나열되어 있다. (1,1)부터 (2,3)까지 있는데 이는 우리가 입력한 요인의 수준이 총 6개이기 때문이다. 수분 2개, 시간 3개이므로 2×3 = 6이 된다. 이들 개체 – 내 변수 각각에 왼쪽에 나열되어 있는 변수들을 매칭시켜야 한다. 여기서 변수들을 잘못 매칭시키면 엉뚱한 결과가 나타나므로 주의 깊게 확인하여 매칭시킨다. (1,1)과 (2,3)을 보면 앞쪽 숫자가 1과 2만 있으므로 수분에 해당하고, 뒤쪽 숫자가 시간을 나타내는 것이 된다. 위의 요인 입력에서 먼저 입력한 요인이 앞에 나타나게 됨을 기억하기 바란다.

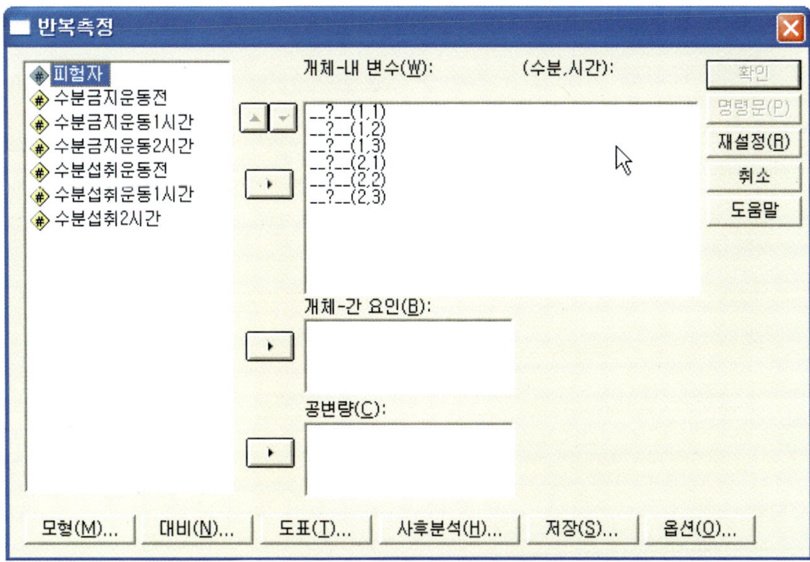

그림 5-71 요인 정의 화면

변수 매칭을 완료한 화면은 아래 <그림 5-72>와 같다.

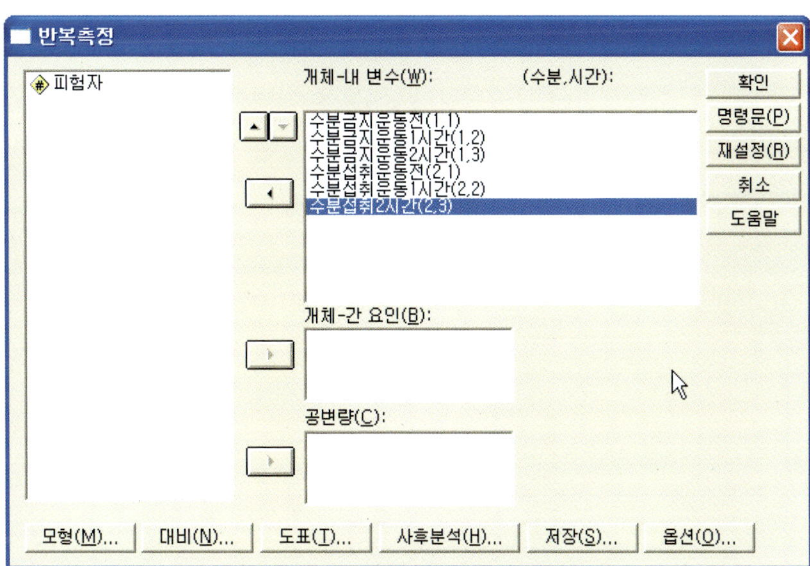

그림 5-72 요인 정의 완료 화면

변수 매칭을 완료하였으면 이제 [도표] 버튼을 클릭하여 도표가 출력되도록

설정한다. 만약 도표 출력을 원하지 않는다면 이 부분은 생략해도 된다. [도표]
버튼을 클릭하면 아래 <그림 5-73>과 같은 {반복측정: 프로파일 도표} 윈도
우가 나타난다.

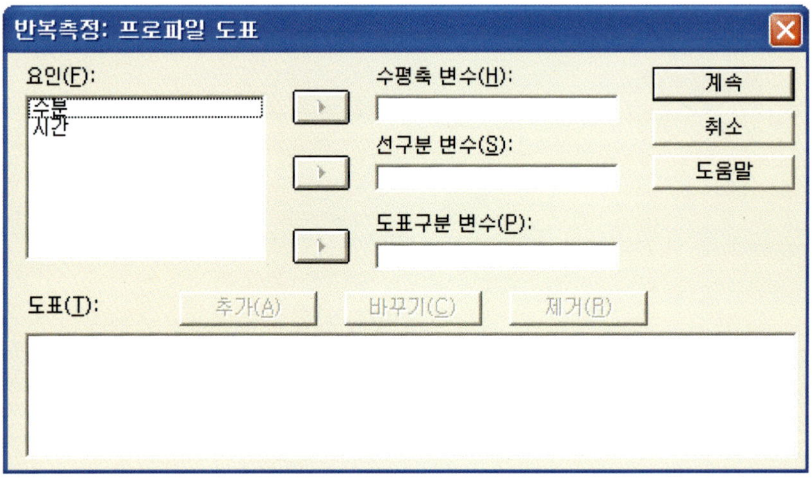

그림 5-73 프로파일 도표 입력 화면

<그림 5-74>와 같이 『수평축 변수』 항목에 시간 변수를 입력하고, 『선구
분 변수』 항목에 수분 변수를 입력한다. 이렇게 입력하면 도표의 x축은 시간을
나타내는 축이 되고, 수분섭취와 수분 미섭취는 다른 종류의 선으로 표현된다.

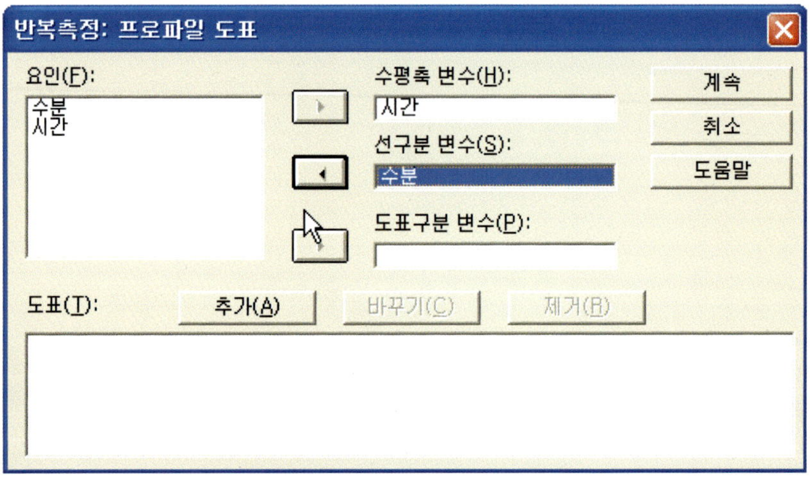

그림 5-74 프로파일 도표 변수 입력 화면

활성화된 [추가] 버튼을 클릭하면 위에서 입력한 내용이 <그림 5 – 75>와 같이 아래의 빈 영역에 추가된다. [계속] 버튼을 클릭하면, <그림 5 – 72> 화면으로 복귀하게 된다. 거기서 [확인] 버튼을 클릭하면 분석이 수행되고 <그림 5 – 76>과 같은 결과가 나타난다.

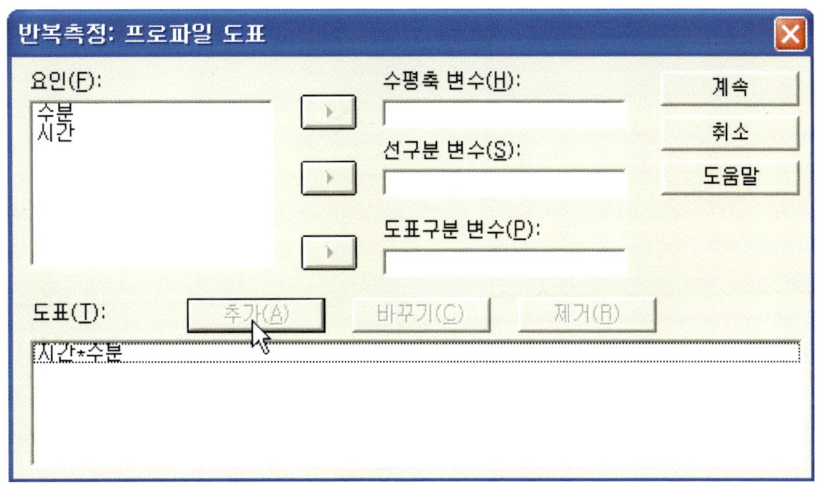

그림 5 – 75 프로파일 도표 설정 완료 화면

<그림 5 – 72> 화면에서 모형이나 사후분석을 설정하지 않는 이유는, 모형의 디폴트로 완전요인모형이 되어 있기 때문이다. 완전요인모형은 각 독립변수와 독립변수 간의 교호작용을 포함하고 있기 때문에 우리가 수행해야 하는 모형과 일치하기 때문이다. 이원반복측정 분산분석의 모형은 완전요인모형과 항상 일치하게 된다. 만약 교호작용의 효과를 모형에서 제거하고 분석하고자 한다면 [모형] 버튼을 클릭하여 사용자 정의 모형으로 설정을 해야 한다. 사후분석을 설정하지 않은 이유는 SPSS에서 지원을 하지 않기 때문이다. [사후분석] 버튼을 클릭하여 설정을 하고자 하여도 사후분석 화면의 모든 항목이 비활성화되어 있음을 확인할 수 있다.

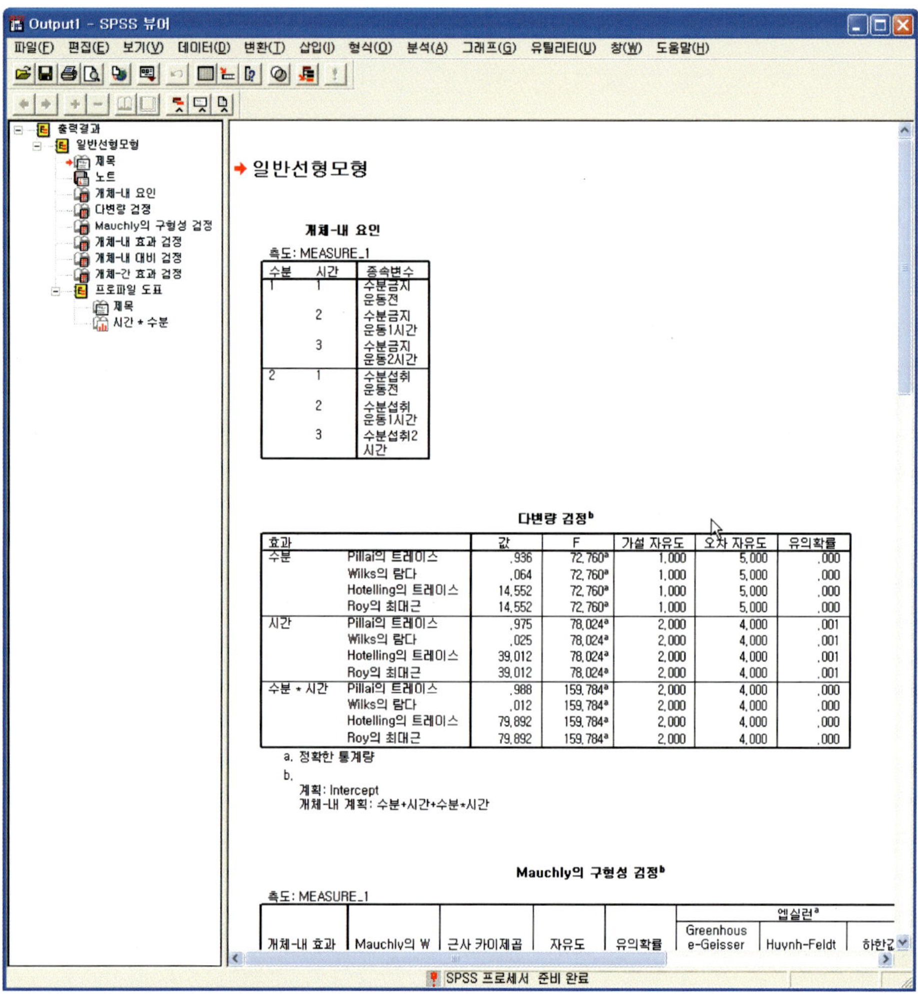

그림 5-76 이원반복측정 분산분석 수행 결과 출력 화면

(3) 이원반복측정 분산분석의 결과 해석

분석 결과는 다음과 같이 7개의 결과가 순서대로 출력된다.

1. [개체-내 요인]
2. [다변량검정]
3. [Mauchly의 구형성 검정]
4. [개체-내 효과 검정]
5. [개체-내 대비 검정]

6. [개체－간 효과 검정]
7. [프로파일 도표]

개체－내 요인 결과에는 독립변수로 사용되는 요인들에 대해서 나열되어 있다. <표 5－40>은 다변량 검정 결과를 나타낸 것으로 이에 대한 설명은 일원반복측정 분산분석 부분에서 설명하였다. 결과를 보면 유의확률이 유의수준 $\alpha = .05$보다 모두 작게 나타나 있으므로 반복측정 분산분석에서도 유의한 차이가 나타날 가능성이 높다. 다변량 검정 결과에서 유의한 차이가 나타나면 반복측정 분산분석에서도 유의한 차이가 나타날 가능성이 높다. 여하튼 이원반복측정 분산분석에서의 중요 부분은 아니므로 넘어가자.

표 5－40 이원반복측정 분산분석 결과: 다변량 검정

다변량 검정[b]

효과		값	F	가설 자유도	화차 자유도	유의확률
수분	Pillai의 트레이스	.936	72.760[a]	1.000	5.000	.000
	Wilks의 람다	.064	72.760[a]	1.000	5.000	.000
	Hotelling의 트레이스	14.552	72.760[a]	1.000	5.000	.000
	Roy의 최대근	14.552	72.760[a]	1.000	5.000	.000
시간	Pillai의 트레이스	.975	78.024[a]	2.000	4.000	.001
	Wilks의 람다	.025	78.024[a]	2.000	4.000	.001
	Hotelling의 트레이스	39.012	78.024[a]	2.000	4.000	.001
	Roy의 최대근	39.012	78.024[a]	2.000	4.000	.001
수분*시간	Pillai의 트레이스	.988	159.784[a]	2.000	4.000	.000
	Wilks의 람다	.012	159.784[a]	2.000	4.000	.000
	Hotelling의 트레이스	79.892	159.784[a]	2.000	4.000	.000
	Roy의 최대근	79.892	159.784[a]	2.000	4.000	.000

a. 정확한 통계량
b.
계획:Intercept
개체－내 계획: 수분+시간+수분 * 시간

<표 5－41>의 Mauchly의 구형성 검정은 본 분석을 반복측정 분산분석으로 다룰지, 다변량분석으로 다룰지 결정한다. 귀무가설이 성립하면 반복측정 분산분석의 결과를 제시하면 되고, 만약 귀무가설이 기각되면 위의 다변량검정 결과를 제시하여야 한다. 출력결과를 살펴보면, 유의확률 $p = .775$와 $p = .076$로 유의수준 $\alpha = .05$하에서 귀무가설이 성립되므로 반복측정 분산분석으로 보아 아래에 제시되어 있는 [개체－내 효과 검정] 결과 부분을 제시하면 된다.

표 5-41 이원반복측정 분산분석 결과: **Mauchly**의 구형성 검정

Mauchly의 구형성 검정[b]

측도:MEASURE_1

개체-내 효과	Mauchly의 W	근사 카이제곱	자유도	유의확률	엡실런[a]		
					Greenhouse-Geisser	Huynh-Feldt	하한값
수분	1.000	.000	0	.	1.000	1.000	1.000
시간	.880	.509	2	.775	.893	1.000	.500
수분 * 시간	.276	5.155	2	.076	.580	.646	.500

정규화된 변형 종속변수의 오차 공분신행렬이 단위행렬에 비례하는 영가설을 검정합니다.
 a. 유의성 평균검정의 자유도를 조절할 때 사용할 수 있습니다. 수정된 검정은 개체내 효과검정 표에 나타납니다.
 b.
   계획: Intercept
   개체-내 계획: 수분+시간+수분 * 시간

아래의 <표 5-42>이 반복측정 분산분석의 주요 내용이다. 결과를 살펴보면 수분, 시간 요인 모두에서 유의한 차이가 있는 것으로 분석된 것을 볼 수 있다. 그러나 아래의 결과를 살펴볼 때는 각 요인의 결과보다 먼저 교호작용의 효과부터 살펴보아야 한다. 교호작용의 효과가 있는 것으로 판명나면 각 요인별 분석 결과는 의미가 없어지고, 각 요인을 함께 묶어 재코딩하여 이원분산분석을 실시해야 한다. 교호작용 효과가 없는 것으로 분석되었을 경우에만 각 요인별 분석 결과가 의미를 갖게 된다. 아래의 결과를 보면, 교호작용 효과(수분*시간)가 유의확률 $p = .000$으로 유의수준 $\alpha = .05$하에서 있는 것으로 나타났으므로 수분요인과 시간요인 각각의 분석 결과는 더 이상 의미가 없다. 따라서 수분요인과 시간요인을 분리하여 각각 다시 검정하여야 한다. 이를 위해서는 수분요인을 기준으로 하여 수분섭취 그룹만을 대상으로 재코딩하여 분석하고, 다시 수분섭취 금지 그룹만을 대상으로 하여 분석하는 과정을 거쳐야 한다. 만약 교호작용을 고려하여 분석하고자 한다면, 수분요인과 시간요인을 분리하지 않고 함께 고려한 코딩을 재수행하여 분석하여야 한다. 이에 대해서는 일원반복측정 분산분석에서 살펴본 바 있다.

이원반복측정 분산분석에서도 사후검정은 바로 수행되지 않기 때문에 이를 위해서는 사후검정이 가능하도록 재코딩을 하여야 하며, 그 방법은 일원반복측정 분산분석 부분에서 설명한 것과 동일하다.

표 5-42 이원반복측정 분산분석 결과: 개체-내 효과 검정

개체-내 효과 검정

측도:MEASURE_1

소스		제 III 유형 제곱합	자유도	평균제곱	F	유의확률
수분	구형성 가정	1133.444	1	1133.444	72.760	.000
	Greenhouse-Geisser	1133.444	1.000	1133.444	72.760	.000
	Huynh-Feldt	1133.444	1.000	1133.444	72.760	.000
	하한값	1133.444	1.000	1133.444	72.760	.000
오차 (수분)	구형성 가정	77.889	5	15.578		
	Greenhouse-Geisser	77.889	5.000	15.578		
	Huynh-Feldt	77.889	5.000	15.578		
	하한값	77.889	5.000	15.578		
시간	구형성 가정	20300.389	2	10150.194	85.276	.000
	Greenhouse-Geisser	20300.389	1.786	11363.332	85.276	.000
	Huynh-Feldt	20300.389	2.000	10150.194	85.276	.000
	하한값	20300.389	1.000	20300.389	85.276	.000
오차 (시간)	구형성 가정	1190.278	10	119.028		
	Greenhouse-Geisser	1190.278	8.932	133.254		
	Huynh-Feldt	1190.278	10.000	119.028		
	하한값	1190.278	5.000	238.056		
수분 * 시간	구형성 가정	451.389	2	225.694	29.982	.000
	Greenhouse-Geisser	451.389	1.160	389.178	29.982	.001
	Huynh-Feldt	451.389	1.291	349.538	29.982	.001
	하한값	451.389	1.000	451.389	29.982	.003
오차 (수분 * 시간)	구형성 가정	75.278	10	7.528		
	Greenhouse-Geisser	75.278	5.799	12.981		
	Huynh-Feldt	75.278	6.457	11.658		
	하한값	75.278	5.000	15.056		

아래 <표 5-43>는 개체-내 대비 검정 결과로 본 분석이 선형적인 관계로 설명하는 것이 타당함을 보여 주고 있다.

표 5-43 이원반복측정 분산분석 결과: 개체-내 대비 검정

개체-내 대비 검정

측도:MEASURE_1

소스	수분	시간	제 III 유형 제곱합	자유도	평균제곱	F	유의확률
수분	선형		1133.444	1	1133.444	72.760	.000
오차(수분)	선형	선형	77.889	5	15.578		
시간		선형	20300.167	1	20300.167	171.358	.000
		2차형	.222	1	.222	.002	.967
오차(시간)		선형	592.333	5	118.467		
		2차형	597.944	5	119.589		
수분 * 시간	선형	선형	416.667	1	416.667	256.957	.000
		2차형	34.722	1	34.722	2.574	.170
오차(수분 * 시간)	헌형	선형	7.833	5	1.567		
		2차형	67.444	5	13.489		

<표 5-44>는 반복측정 결과와는 무관한 것으로 고려하지 않아도 된다.

표 5-44 이원반복측정 분산분석 결과: 개체-간 효과 검정

개체-간 효과 검정

측도:MEASURE_1
변환된 변수: 평균

소스	제 Ⅲ 유형 제곱합	자유도	평균제곱	F	유의확률
절편	1084375.1	1	1084375.1	18180.656	.000
오차	298.222	5	59.644		

<그림 5-77>은 프로파일 도표로 두 선분이 교차하는 것을 보아 교호작용 효과가 있음을 알 수 있다.

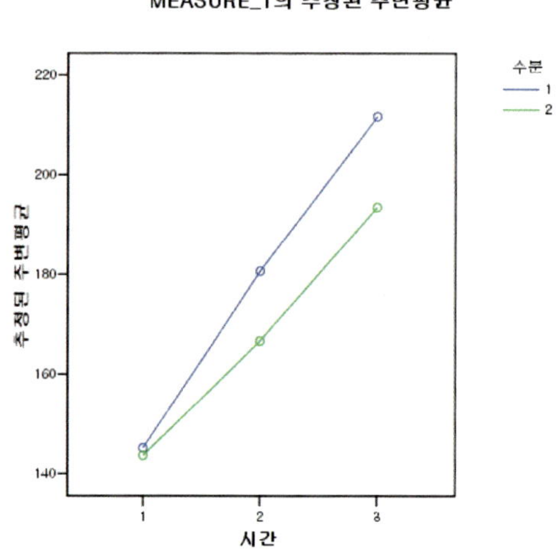

그림 5-77 분석결과: [프로파일 도표]

(4) 이원반복측정 분산분석의 사후 검정

이원반복측정 분산분석의 사후검정은 일원반복측정 사후검정과 동일하게 수행된다. 만약 교호작용 효과가 없는 것으로 나타났으면, 각 요인별로 사후검정을 수행하면 되고, 교호작용 효과가 있는 것으로 나타나면 수분요인과 시간요인을 분리하지 않고 함께 고려하여 재코딩을 한 후 사후검정을 수행하면 된다. 여

기서는 수분요인*시간요인＝6(2×3＝6)이 되어 집단의 구별이 6가지가 된다. 구체적인 수행방법은 일원반복측정 분산분석의 사후검정과 동일하므로 그 부분을 참고하기 바란다.

3) 집단 간 구별이 있는 이원반복측정 분산분석 방법(집단 간 & 집단 내 포함)

여기서 다루게 될 문제는 개체-내 요인과 개체-간 요인이 함께 있는 경우이다. 즉 분산분석과 같이 독립된 집단이 존재하고, 이들 집단별로 개체-내 요인 즉 반복측정이 이루어진 경우를 다루는 것이다.

위에서 다루었던 연구문제-05를 변형하여 가공의 데이터를 만들었다. 수분섭취 부분을 여성의 피로물질 양으로 하고, 수분섭취 금지 부분을 남성의 피로물질 양으로 구조화하였다. 남성은 1, 여성은 2로 코딩을 하였다. 완료된 데이터와 연구문제는 아래와 같다.

분산분석을 위한 연구문제 - 06

운동 시간에 따라 피로 물질의 양적 변화를 분석하고자 한다. 남성과 여성에게 운동을 하게 한 후 운동 전, 1시간 운동 후, 2시간 운동 후에 피로 물질의 양을 측정하였다. 측정된 데이터는 아래와 같다. 성별에 따라 운동 시간에 따른 피로 물질의 양에 변화가 있는지 검정하라.

피험자 \ 피로 양	성별	운동 전	1시간 후	2시간 후
1	1	152	169	210
2	1	143	176	201
3	1	137	171	222
4	1	149	185	211
5	1	143	184	221
6	1	147	199	205
7	2	150	160	194
8	2	146	169	187
9	2	132	159	198
10	2	146	166	192
11	2	143	171	201
12	2	145	175	189

(1) 집단 간 구별이 있는 이원반복측정 분산분석의 절차 및 내용

위의 연구문제를 살펴보면, 크게 두 가지로 구별되는 구조를 가지고 있다. 첫 번째는 피험자가 여성과 남성으로 독립된 집단의 구조를 가지고 있으며, 두 번째는 그 독립된 집단 속에서 시간의 경과에 따라 반복측정을 수행하였다. 즉, 위의 연구문제는 개체-간 요인과 개체-내 요인이 함께 있는 구조이다. 이와 같은 구조의 문제에서 집단 간 차이와 집단 내의 변화 차이를 살펴보기 위해서는 이전에 수행했던 분산분석의 절차와는 다소 다른 절차를 수행하여야 한다.

(2) 집단 간 구별이 있는 이원반복측정 분산분석의 실행 방법

위의 연구문제에 대한 집단 간 구별이 있는 이원반복측정 분산분석을 수행하기 위한 코딩은 아래의 <그림 5-78>과 같다. 여기서 주의할 것은 변수명이 운동 1시간 후로 되어 있다는 것이다. 만약 연구문제에서와 같이 1시간 운동 후로 변수명을 입력하면 변수 설정 규칙에 어긋나 오류가 뜬다. 변수명의 첫 글자는 숫자가 올 수 없다. 변수명의 의미가 다소 정확하지 않더라도 변수명의 규칙을 따르다 보니 나타난 현상이다.

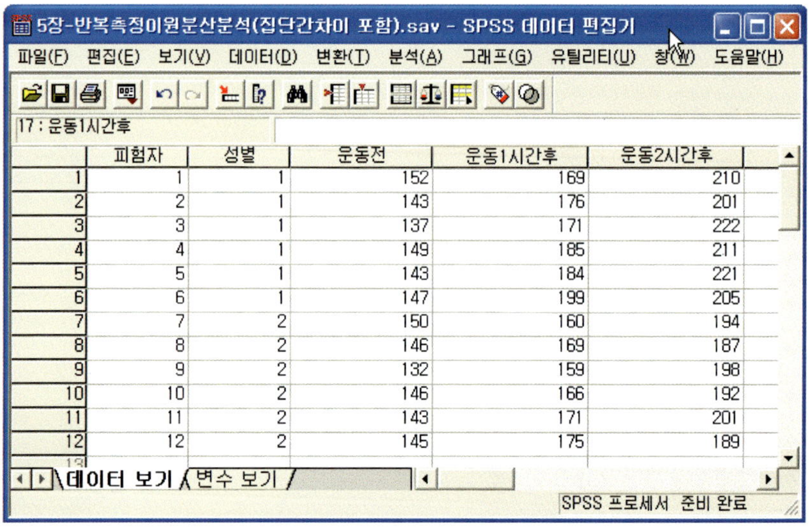

그림 5-78 코딩 완료 화면

  분석을 수행하기 위해서는 아래 <그림 5-79>와 같이 【분석】 - 【일반선형모형】 - 【반복측정】 메뉴를 선택하면 된다.

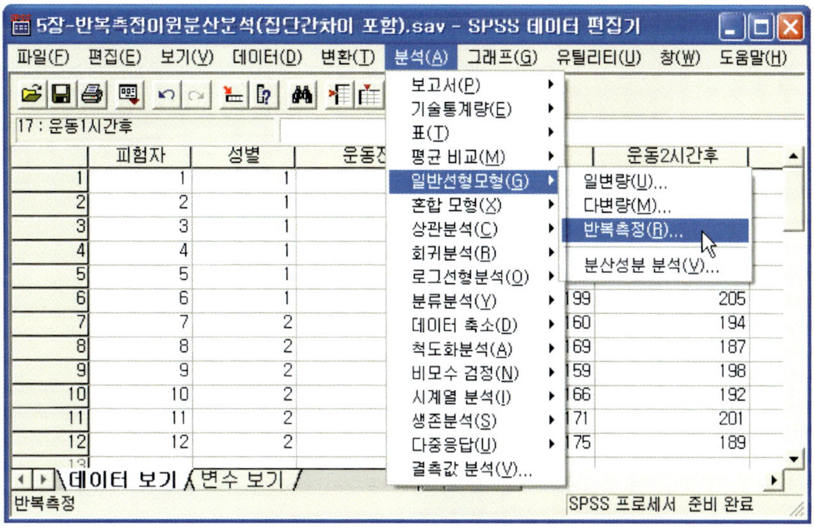

그림 5-79 분석 메뉴 선택 화면

  위 그림에서와 같이 메뉴를 선택하면 아래 <그림 5-80>과 같이 {반복측정 요인 정의} 윈도우가 나타난다.

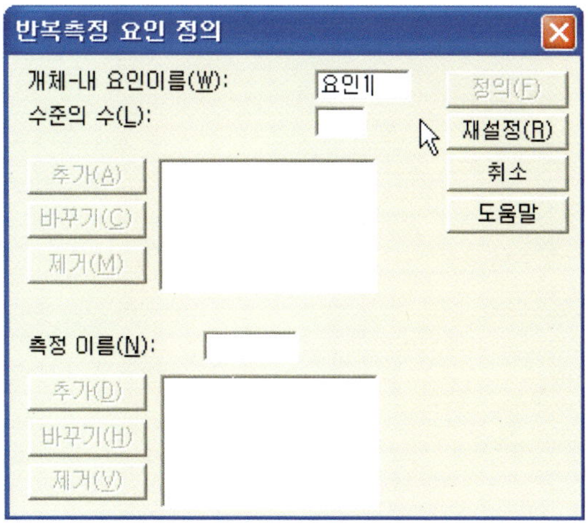

그림 5-80 요인 정의 화면

『개체-내 요인 이름』항목의 "요인 1"을 지우고 "시간"을 입력한 후『수준의 수』항목에 3을 입력한다. 완료된 모습은 <그림 5-81>과 같다. 연구문제의 구조를 살펴보면 운동 전, 1시간 운동 후, 2시간 운동 후 이렇게 집단 내 수준이 3개이므로 3을 입력하는 것이다. 수준의 수까지 입력하고 나면 [추가] 버튼이 활성화되고 버튼을 누르면 <그림 5-82>와 같이 요인이 입력된 화면을 볼 수 있다.

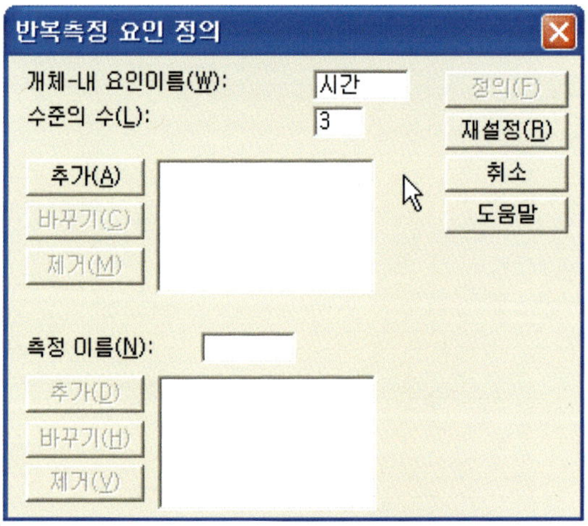

그림 5-81 요인 정의 입력 화면

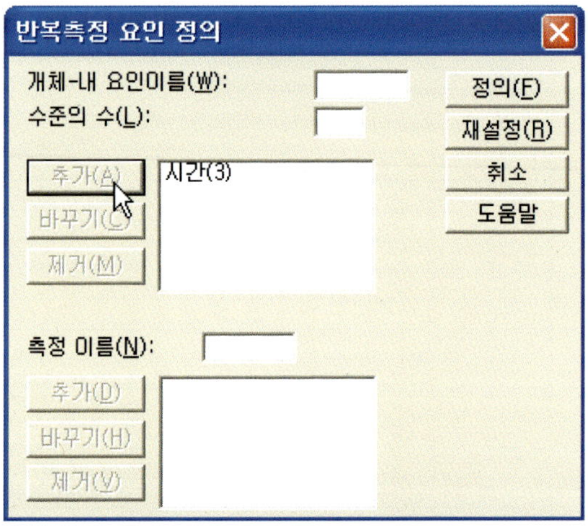

그림 5-82 요인 추가 화면

　이제 추가한 요인에 대해서 구체적으로 정의할 순서이다. [정의] 버튼을 클릭하면 아래 <그림 5 – 83>과 같은 {반복측정} 윈도우가 나타난다. 왼쪽 화면의 변수들 중 피험자와 성별을 제외한 운동 전, 운동 1시간 후, 운동 2시간 후를 차례대로 오른쪽 화면의 『개체 – 내 변수』 항목으로 이동시킨다. 완료된 화면은 <그림 5 – 84>와 같다.

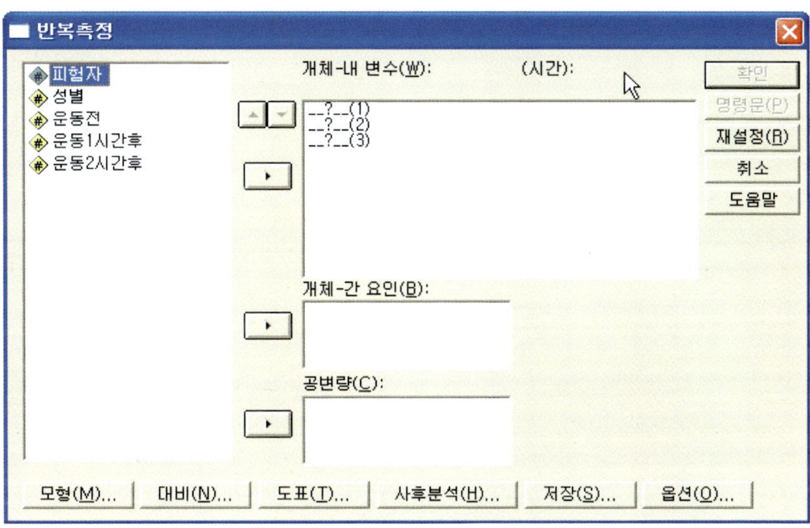

그림 5 – 83 요인 정의 설정 화면

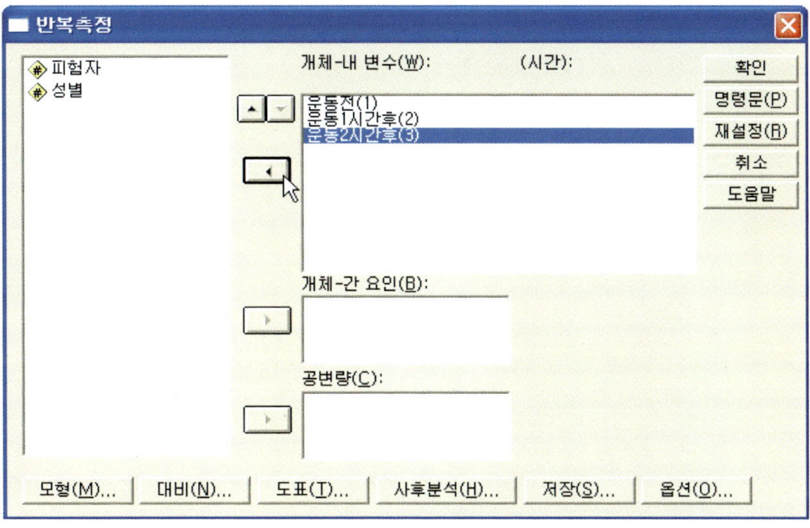

그림 5 – 84 요인 정의 설정 완료 화면

개체－내 요인의 입력을 완료했으니 이제는 개체－간 요인을 입력할 차례이다. 집단을 구별하는 변수는 성별 변수이므로 왼쪽 화면에서 성별 변수를 선택하여 아래 <그림 5－85>와 같이 『개체－간 요인』 항목으로 이동시킨다.

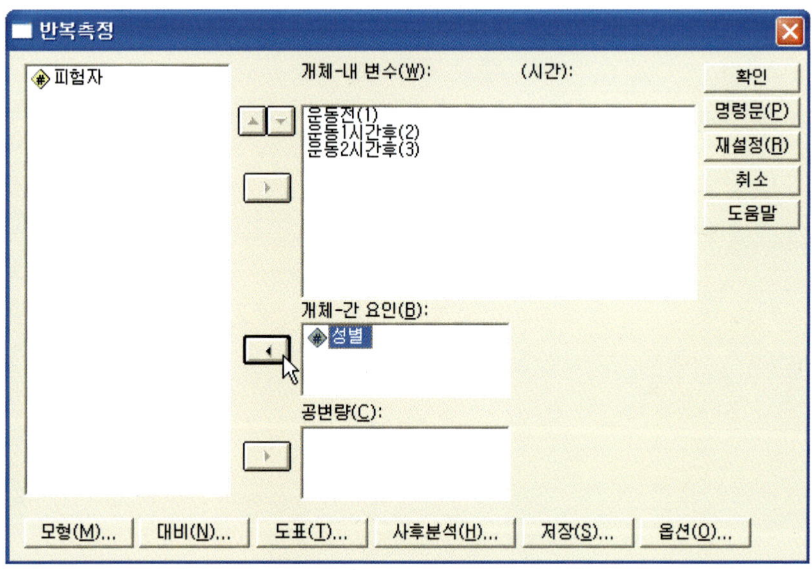

그림 5－85 집단 간 요인 설정 화면

여기까지 완료하였다면, 분석결과 출력 시 프로파일 도표를 출력시키기 위해서 [도표] 버튼을 클릭하자. [도표] 버튼을 클릭하면 {반복측정: 프로파일 도표} 윈도우가 나타난다. 『요인』 항목에서 성별 변수를 선택하여 『선구분 변수』 항목으로 이동시키고, 시간 변수를 선택하여 『수평축 변수』 항목으로 이동시킨다. 여기까지 완료된 화면은 <그림 5－86>과 같다. 화면 중앙의 [추가] 버튼을 클릭하면 『도표』 항목에 방금 입력한 내용이 추가된다.

이제 [계속] 버튼을 클릭하여 앞 화면으로 이동한 후 [사후분석] 버튼을 클릭한다.

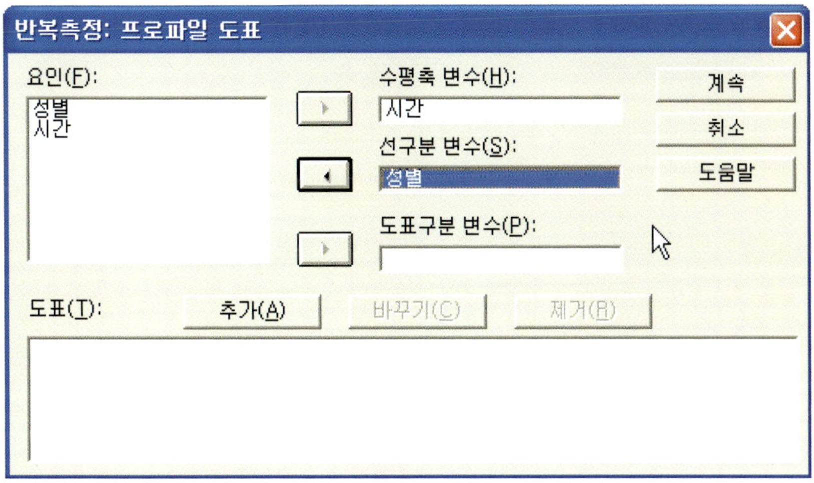

그림 5-86 프로파일 도표 설정 화면

{반복측정: 관측평균의 사후분석 다중비교} 윈도우나 <그림 5-87>과 같이 나타난다. 『요인』 항목에서 성별 변수를 선택하여 『사후검정변수』 항목으로 이동시킨다. 그리고 『등분산을 가정함』 항목에서 「Scheffe」를 선택한다. 모든 설정이 완료된 화면은 <그림 5-87>과 같다.

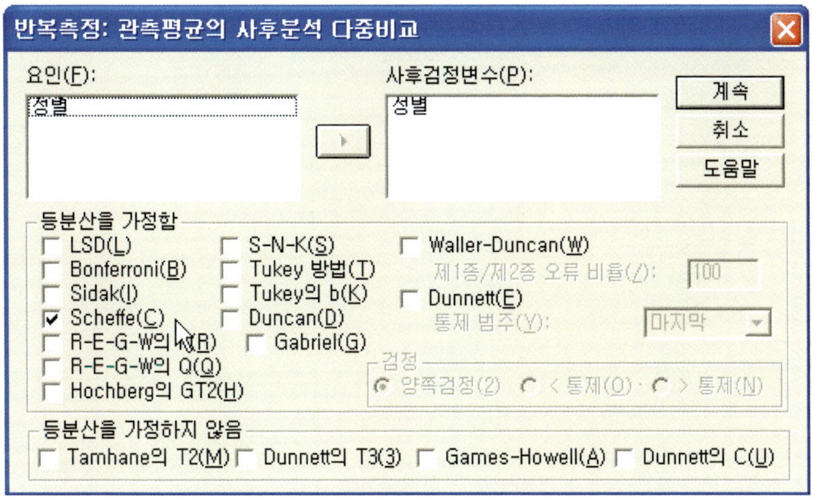

그림 5-87 사후분석 설정 화면

[계속] 버튼을 클릭하여 앞 화면으로 복귀한 다음 [옵션] 버튼을 클릭하면

<그림 5-88>과 같은 {반복측정: 옵션} 윈도우가 나타난다. 여기서 『출력』 항목의 「잔차 SSCP 행렬」과 「동질성 검정」을 선택한다. 완료된 모습은 <그림 5-88>과 같다.

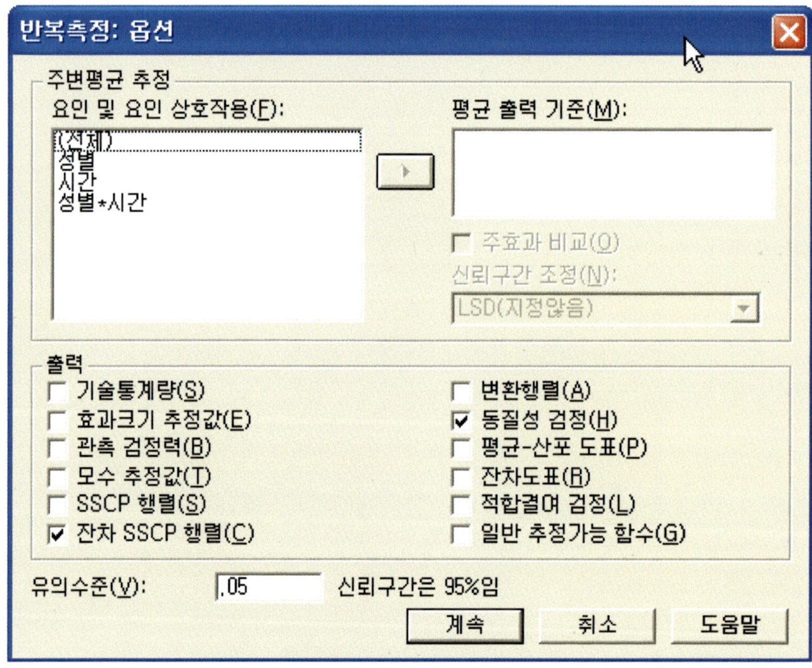

그림 5-88 옵션 설정 화면

[계속] 버튼을 클릭하여 앞 화면으로 복귀한 뒤 [확인] 버튼을 클릭하면 분석이 수행되고 <그림 5-89>와 같은 분석 결과를 확인할 수 있다.

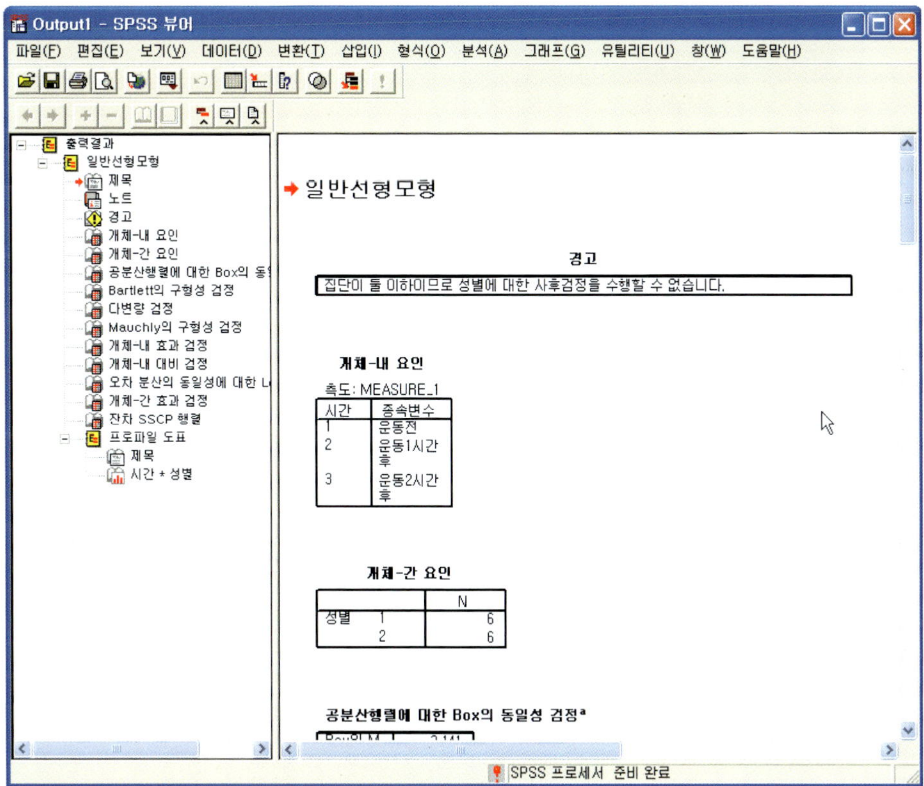

그림 5-89 분석 수행 결과 화면

(3) 집단 간 구별이 있는 이원반복측정 분산분석의 결과 해석

출력되는 결과를 나열하면 다음과 같다.

1. [경고]
2. [개체-내 요인]
3. [개체-간 요인]
4. [공분산행렬에 대한 Box의 동일성 검정]
5. [Bartlett의 구형성 검정]
6. [다변량 검정]
7. [Mauchly의 구형성 검정]
8. [개체-내 효과 검정]
9. [개체-내 대비 검정]
10. [오차 분산의 동일성에 대한 Levene 검정]

11. [개체 - 간 효과 검정]
12. [잔차 SSCP 행렬]
13. [프로파일 도표]

출력결과를 해석하는 순서는 다음과 같다. 먼저 Mauchly의 구형성 검정을 통해 본 분석이 반복측정 분산분석에 적합한 것인지를 확인한 후 집단 간 요인과 집단 내 요인의 교호작용 여부를 개체 - 내 효과 검정을 통해 확인한다. 만약 교호작용이 나타나면 집단에 따라 개체 - 내 요인의 변화 패턴이 다른 것이므로 집단별로 각각 분석을 수행하는 것은 의미가 없어진다. 따라서 시간에 대해서 변화 패턴을 분석하는 것은 성별을 고려해서 수행하여야 한다. 교호작용이 나타나지 않으면 집단 간의 변화 패턴이 동일한 것이므로 집단 간 차이 검정을 수행한다.

출력결과의 처음에 나타나는 경고문(<표 5 - 45>)은 사후분석 검정 설정으로 인해 나타난 것이다. SPSS는 3개 집단(또는 수준) 이상에 대해서만 사후검정을 지원하고 있다. 이는 당연한 것인데 만약 2개 집단일 경우 차이가 난다면 당연히 두 집단에서 차이가 나는 것이기 때문이다. 이런 종류의 경고문은 결과에 영향을 미치지 않는다.

표 5 - 45 출력 결과: 경고문

경고

집단이 둘 이하이므로 성별에 대한 사후검정을 수행할 수 없습니다.

다음에 출력되는 [개체 - 내 요인]과 [개체 - 간 요인]은 변수의 수준 정도를 나타내 주는 것에 불과하다(<표 5 - 46>, <표 5 - 47>).

표 5 - 46 출력결과: 개체 - 내 요인

개체 - 내 요인

측도:MEASURE_1

시간	종속변수
1	운동전
2	운동1시간 후
3	운동2시간 후

표 5-47 출력결과: 개체-간 요인

개체-간 요인

		N
성별	1	6
	2	6

<표 5-48>의 Box의 동일성 검정은 남성과 여성 양 집단의 3수준(시간)에 대한 분산공분산행렬의 동일성 여부를 검정하는 것이다. 이 검정의 귀무가설은 다음과 같다.

$$H_0 : \text{남성과 여성의 3수준(시간)에 대한 분산공분산 행렬은 서로 같다.}$$

분석결과를 보면, 유의확률 $p = .911$로 유의수준 $\alpha = .05$보다 크기 때문에 귀무가설을 기각할 수 없다. 따라서 "남성과 여성의 분산공분산행렬은 서로 같다."라고 할 수 있다.

표 5-48 출력결과: 공분산행렬에 대한 **Box**의 동일성 검정

공분산행렬에 대한 **Box**의 동일성 검정[a]

Box의 M	3.141
F	.349
자유도1	6
자유도2	724.528
유의확률	.911

여러 집단에서 종속변수의 간측 공분산행렬이 동일한 영가설을 검정합니다.

a.

　계획: Intercept+성별

　개체-내 계획: 시간

<표 5-49>의 Bartlett의 구형성 검정은 다변량검정을 위해서 출력된 것으로 반복측정 분산분석에서는 반드시 해석할 필요는 없다. 이와 관련된 내용은 반복측정 분산분석에서 다룬 바 있다.

표 5-49 출력결과: **Bartlett**의 구형성 검정

Bartlett의 구형성 검정[a]

우도비	.040
근사 카이제곱	4.688
자유도	5
유의확률	.458

잔차 공분산행렬이 단위행렬에 비례하는 영가설을 검정합니다.

a.

계획: Intercept+성별

개체-내 계획: 시간

<표 5-50>은 다변량검정 결과이다. SPSS의 경우 반복측정 분산분석을 수행하면 반복측정 분산분석과 다변량검정 결과를 동시에 제공한다. 이는 반복측정 분산분석을 다변량으로 볼 수 있기 때문이다(학자에 따라 의견이 다름). 결과를 보면, 시간*성별에서 유의확률 $p = .045$로 유의수준 $\alpha = .05$보다 작게 나타났으므로 집단에 따라 시간의 변화에 따른 피로물질의 변화에는 차이가 있는 것으로 볼 수 있다.

표 5-50 출력결과: 다변량 검정

다변량 검정[b]

효과		값	F	가설 자유도	오차 자유도	유의확률
시간	Pillai의 트레이스	.975	173.031[a]	2.000	9.000	.000
	Wilks의 람다	.025	173.031[a]	2.000	9.000	.000
	Hotelling의 트레이스	38.451	173.031[a]	2.000	9.000	.000
	Rpy의 최대근	38.451	173.031[a]	2.000	9.000	.000
시간 * 성별	Pillai의 트레이스	.499	4.479[a]	2.000	9.000	.045
	Wilks의 람다	.501	4.479[a]	2.000	9.000	.045
	Hotelling의 트레이스	.995	4.479[a]	2.000	9.000	.045
	Rpy의 최대근	.995	4.479[a]	2.000	9.000	.045

a. 정확한 통계량

b.

계획: Intercept+성별

개체-내 계획: 시간

<표 5-51>의 Mauchly의 구형성 검정은 본 분석을 다변량 분석으로 할지, 반복측정 분산분석으로 할지를 결정하는 검정이라고 할 수 있다. Mauchly의 구형성 검정 결과 귀무가설이 성립하면 반복측정 분산분석으로 다루면 되고, 만약 귀무가설이 기각되면 다변량 분석으로 간주하여 위에서 제시된 다변량 검정 결과를 제시하면 된다. 출력결과를 보면 유의확률 $p = .560$으로 유의수준 $\alpha = .05$

보다 크게 나타나 귀무가설은 성립된다. 따라서 본 분석은 반복측정 분산분석으로 분석하면 된다.

표 5-51 출력결과: Mauchly의 구형성 검정

Mauchly의 구형성 검정[b]

측도:MEASURE_1

개체-내 효과	Mauchly의 W	근사 카이제곱	자유도	유의확률	엡실런[a]		
					Greenhouse-Geisser	Huynh-Feldt	하한값
시간	.879	1.158	2	.560	.892	1.000	.500

정규화된 변형 종속변수의 오차 공분산행렬이 단위행렬에 비례라는 영가설을 검정합니다.
  a. 유의성 평균검정의 자유도를 조절할 때 사용할 수 있습니다. 수정된 검정은 개체내 효과검정 표에 나타납니다.
  b.
    계획: Intercept+성별
    개체-내 계획: 시간

    <표 5-52>의 개체-내 효과 검정이 반복측정 분산분석의 주요 부분이다. 결과를 살펴보면, 시간*성별에 대한 유의확률 $p = .047$로 유의수준 $\alpha = .05$보다 작게 나타나 교호작용이 있는 것으로 분석되었다. 이렇게 집단 간 요인(개체-간 요인)과 집단 내 요인(개체-내 요인) 간에 교호작용이 있다는 것은 집단 내 요인의 변화 패턴이 집단에 따라 다르다는 것을 나타낸다. 즉 시간에 따른 피로물질 양의 변화 패턴이 성별에 따라 다르다는 것을 나타낸다.

표 5-52 출력결과: 개체-내 효과 검정

개체-내 효과 검정

측도:MEASURE_1

소스		제 Ⅲ유형 제곱삽	자유도	평균제곱	F	유의확률
시간	구형성 가성	20300.389	2	10150.194	160.407	.000
	Greenhouse-Geisser	20300.389	1.784	11376.004	160.407	.000
	Huynh-Feldt	20300.389	2.000	10150.194	160.407	.000
	하한값	20300.389	1.000	20300.389	160.407	.000
시간 * 성별	구형성 가성	451.389	2	225.694	3.567	.047
	Greenhouse-Geisser	451.389	1.784	252.951	3.567	.054
	Huynh-Feldt	451.389	2.000	225.694	3.567	.047
	하한값	451.389	1.000	451.389	3.567	.088
오차(시간)	구형성 가성	1265.556	20	63.278		
	Greenhouse-Geisser	1265.556	17.845	70.920		
	Huynh-Feldt	1265.556	20.000	63.278		
	하한값	1265.556	10.000	126.553		

<표 5-53>의 개체-내 대비 검정은 본 분석을 선형으로 봐야 할지 아니면 비선형 즉 2차형으로 봐야 할지를 알려 주는 것이다. 결과를 보면 시간에 대해서는 선형으로 보는 것이 타당한 것으로 나타나 있으며 2차형으로 보는 것은 적절치 못한 것으로 나타났다.

표 5-53 출력결과: 개체-내 대비 검정

개체-내 대비 검정

측도:MEASURE_1

소스	시간	제 Ⅲ유형 제곱삽	자유도	평균제곱	F	유의확률
시간	선형	20300.167	1	20300.167	338.242	.000
	2차형	.222	1	.222	.003	.955
시간 * 성별	선형	416.667	1	416.667	6.943	.025
	2차형	34.722	1	34.722	.522	.487
오차(시간)	선평	600.167	10	60.017		
	2차형	665.389	10	66.539		

<표 5-54>의 분산 동일성에 대한 Levene의 검정은 집단 간의 시간별에 따른 분산의 동일성을 검정하는 것이다. 결과를 살펴보면, 운동 전, 운동 1시간 후, 운동 2시간 후 모두 유의확률이 유의수준 $\alpha = .05$보다 높게 나타나 분산이 동일한 것으로 분석되었으며, 따라서 집단-간 요인에 대한 분산분석을 수행할 수 있는 조건이 성립된다.

표 5-54 출력결과: 오차분산의 동일성에 대한 **Levene**의 검정

오차분산의 동일성에 대한 **Levene**의 검정[a]

	F	자유도1	자유도2	유의확률
운동선	.001	1	10	.979
운동1시간후	1.885	1	10	.200
운동1시간후	1.270	1	10	.286

여러 집단에서 종속변수의 오차 분산이 동일한 영가설을 검정합니다.

a.
  계획: Intercept+성별
  개체-내 계획: 시간

<표 5-55>의 개체-간 효과 검정은 본 분석의 주요 부분 중 하나이다. 결과를 살펴보면, 성별에 대한 차이검정에서 유의확률 $p = .000$으로 유의수준

$\alpha = .05$보다 작게 나타나 성별 간에 차이가 있는 것으로 분석되었다.

표 5-55 출력결과: 개체-간 효과 검정

개체-간 효과 검정

측도:MEASURE_1
변환된 변수: 평균

소스	제 III 유형 제곱합	자유도	평균제곱	F	유의확률
절편	1084375.1	1	1084375.1	28831.244	.000
성별	1133.444	1	1133.444	30.136	.000
오차	376.111	10	37.611		

표 5-56 출력결과: 잔차 SSCP 행렬

잔차 SSCP 행렬

		운동전	운동1시간후	운동2시간후
제곱합 및 교차곱	운동전	330.167	111.667	-186.667
	운동1시간후	111.667	814.667	-181.667
	운동2시간후	-186.667	-181.667	496.833
공분산	운동전	33.017	11.167	-18.667
	운동1시간후	11.167	81.467	-18.167
	운동2시간후	-18.667	-18.167	49.683
상관계수	운동전	1.000	.215	-.461
	운동1시간후	.215	1.000	-.286
	운동2시간후	-.461	-.286	1.000

제 III 유형 제곱합을 기준으로

<그림 5-90>은 프로파일 도표로 성별에 따라 피로물질 양의 변화 패턴이 다르다는 것을 보여 주고 있다.

MEASURE_1의 추정된 주변평균

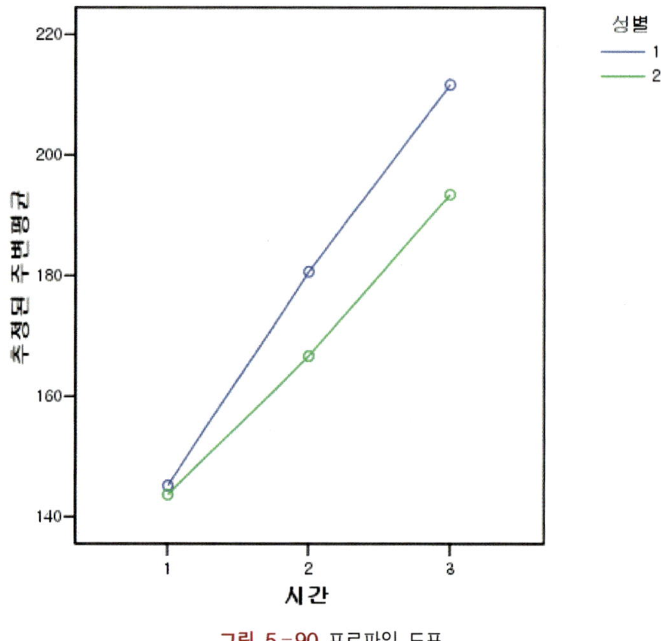

그림 5-90 프로파일 도표

Chapter Ⅵ — 회귀분석 Regression Analysis

1. 회귀분석의 개념

 회귀분석이란 하나의 변수와 또 다른 변수들 간의 상관관계를 회귀모형으로 설정하여 하나의 함수식으로 표현함으로써 자료를 분석하는 기법이다.

 회귀 현상은 1886년 갈튼(Francis Galton)에 의하여 최초로 관측되었다. 그는 동일 종자의 완두콩이지만 크기가 다른 씨앗들의 생산에 관한 연구를 수행하던 중 1세대의 크기가 크면 2세대의 씨앗의 크기는 대체로 작아지고, 반대로 1세대의 크기가 작으면 2세대의 크기가 커지는 현상을 발견하여 이 현상을 회귀한다고 기술하였다. 여기서 회귀란 평균으로의 회귀현상(regression to the mean)을 의미한다.

 회귀분석의 목적은 한 변수가 다른 변수에 영향을 미치는지의 여부와 그 영향력의 크기를 알아보고자 하는 데 있다. 즉, 회귀분석의 역할은 가설의 형태로 되어 있는 두 변수의 관계를 실제 현상에서 확인해 보고자 하는 것과, 한 변수를 기초로 하여 다른 변수를 예측하는 것으로 요약할 수 있다. 또한 회귀분석은 독립변수가 많을 때 종속변수를 설명할 수 있는 최적의 모형을 설정하는 데에도 사용된다. 많은 변수들이 복잡하게 연결되어 있을 경우에는 최적의 모형을 설정하는 것이 매우 중요한 연구가 된다. 회귀분석은 독립변수가 종속변수에 미치는 영향력의 크기를 측정하여 독립변수의 일정한 값에 대응되는 종속변수의 값을 예측하기 위한 방법이며, 상관분석은 변수들 간 관계의 강도, 즉 얼마나 밀접하게 관련되어 있는가를 분석하는 것이다.

회귀분석의 가장 간단한 형태 즉, 회귀분석모형 중 가장 간단한 것은 하나의 독립변수와 하나의 종속변수 사이의 관계를 분석하는 것인데, 이를 **단순회귀분석(simple regression analysis)**이라고 하고, 여러 독립변수와 하나의 종속변수 사이의 관계를 분석하는 것을 **다중회귀분석(multiple regression analysis)**이라고 한다.

참고로 종속변수를 **반응변수(response variable)**라고도 하며, 독립변수를 **회귀변수(regressor variable)**, **설명변수(explanatory variable)**, **추측변수(predictor variable)**, **조절변수(controlled variable)**, **요인(factor)**이라고도 한다.

회귀분석에는 크게 **선형회귀분석(linear regression analysis)**과 **비선형회귀분석(non - linear regression analysis)**이 있다. 선형회귀분석은 종속변수와 독립변수들 간의 선형성 관계(1차 함수)를 분석하는 것이고, 비선형회귀분석은 종속변수와 독립변수들 간의 비선형성 관계(2차 함수 이상)를 분석하는 것이다. 회귀분석 시 비선형회귀분석보다는 선형회귀분석을 자주 사용하게 되는데 이는 비선형보다는 선형이 결과를 해석하기 쉽고, 여러 현상을 이해하는 데 더욱 편리하기 때문이다. 여기서는 선형회귀분석에 대해서만 알아볼 것이다.

1) 회귀 모형

훈련시간과 체력과의 관계를 생각해 보자. 훈련시간이 늘어남에 따라 체력이 증가한다면 규칙성을 찾아낼 수 있을 것이다. 이와 같이 다른 변수 사이의 일정한 규칙성을 찾게 되면 두 변수 사이의 모형을 설정하는 것이 가능해진다. 이때 두 변수 사이의 규칙이 어떤 것이냐에 따라서 **확정적 모형**과 **확률적 모형**으로 나누어 살펴볼 수 있다. 확정적 모형이란 독립변수의 값이 주어지면 이에 따라서 종속변수의 값이 함수관계에 따라 정확하게 결정되는 모형을 말하고, 확률적 모형이란 독립변수의 값이 주어졌을 때 종속변수의 값이 오차를 가지고 확률적으로 결정되는 모형을 말한다.

훈련을 매일 4시간 받은 선수는 누구나 체력점수가 80이 나온다면 이것은 확정적 모형의 설정이 가능하지만 훈련을 4시간 받은 선수의 체력점수가 사람에 따라서 여러 다른 값을 가질 수 있다면 이것은 확률적 모형이라고 할 수 있다. 훈련시간과 체력과의 관계는 동일한 훈련을 받은 두 선수의 체력점수가 다를 수 있으므로 차이가 나는 모든 원인을 확률적 오차로 두는 확률적 모형으로 나타내는 것이 합리적이다. 일반적으로 확률적 모형은 확정적 모형에다가 확률적인 부분을 더해 줌으로써 나타낼 수 있다. 이를 식으로 표현하면 아래와 같다.

종속변수 = 확정적 부분 + 확률적 오차부분

(1) 모집단의 회귀모형

독립변수(X_i)와 종속변수(Y_i)의 확정적 부분이 선형함수이고 확률적 부분을 ϵ_i(epsilon)라면, 확정적 부분은 독립변수의 일차식으로 나타낼 수 있고 확률적 오차부분은 ϵ_i로 표현할 수 있다.

독립변수와 종속변수의 관계를 1차함수관계로 가정할 때, 단순회귀모형이란 1차식의 확정적 함수관계를 나타내는 부분($\alpha + \beta X_i$)과 확률적 오차항(ϵ_i)을 결합한 형태로 아래의 <식 6-1>과 같이 나타낼 수 있다.

$$Y = \alpha + \beta X + \epsilon \qquad \text{<식 6-1>}$$

회귀모형의 분석은 이러한 확률적 모형에서 오차항에 대하여 일정한 가정을 하고 종속변수와 독립변수의 평균적인 관계를 찾아보는 것이다. 만약 오차항의 평균이 0이고 오차항의 분산이 일정한 정규분포라고 가정하면, 독립변수인 각각의 훈련시간에 대하여 종속변수인 체력점수는 하나의 값이 아닌 여러 값을 가지는 분포의 형태가 되는데 이때의 분포 모양이 정규분포의 형태가 된다. 즉, 훈련시간이 4시간인 경우 체력점수는 75, 80, 85 등 어떠한 값이라도 될 수 있는데 이때 체력점수의 평균값이 80이라면 이 평균값은 훈련시간이 4시간이라는 조건하에서의 평균이므로 조건부 기대치가 되어 다음과 같이 나타낼 수 있다.

$$E(Y \mid X = 4) = 80$$

독립변수인 각각의 훈련시간에 대하여 조건부 기대치가 있게 되고, 이러한 조건부 기대치와 종속변수인 체력점수가 선형관계를 갖는다고 가정하면 아래의 <식 6-2>와 같이 1차함수식으로 나타낼 수 있으며 이러한 1차식을 단순회귀식이라 한다.

[단순회귀식]
$$E(Y_i|X_i) = \mu_{Y \cdot X_i} = \alpha + \beta X_i \qquad \text{<식 6-2>}$$

위의 <식 6-2>는 절편(intercept)을 α로 하고 기울기가 β인 직선임을 알 수 있다. 회귀모형에서 오차항에 대한 가정을 하면 그에 따라서 구체적인 회귀식이 유도될 수 있다. 즉 오차항의 기대치가 0이라고 가정하고 회귀모형의 양변에 독립변수에 대한 기댓값을 구해 보면 회귀식이 나온다.

$$E(Y_i|X_i) = E[(\alpha + \beta X_i + \epsilon_i)|X_i]$$
$$= \alpha + \beta X_i + E(\epsilon_i|X_i) = \alpha + \beta X_i \qquad \text{<식 6-3>}$$

위의 두 번째 등식에서 세 번째로 넘어가는 것은 오차항의 기대치가 0이라는 가정에 의한 것이다. 위의 식들을 통해서 오차항은 Y와 Y의 조건부 기대치 사이의 차이가 됨을 알 수 있다. 즉, <식 6-4>와 같이 오차는 관찰치와 회귀식에 의해 구해진 기대치와의 차이 값이다.

[오차의 표현식]
$$\epsilon_i = Y_i - \mu_{Y \cdot X_i} = Y_i - (\alpha + \beta X_i) \qquad \text{<식 6-4>}$$

회귀모형에서 α와 β가 결정되면 회귀식의 구체적인 형태를 알 수 있게 된다. 이때 α와 β을 회귀계수라고 한다.

(2) 표본의 회귀모형과 회귀식

　모집단 전체를 대상으로 하여 모수 α와 β을 구하는 것은 실제로 대부분의 경우에서 불가능하다. 따라서 표본을 선택하여 이러한 표본으로부터 모수를 추정하여야 한다. 표본에 있는 독립변수와 종속변수의 관계를 나타내는 회귀모형을 표본의 회귀모형이라고 하며, 표본에서의 오차는 **잔차(residual)**라고 하여 모집단의 오차 ϵ과 구별하여 e로 나타낸다.

　표본의 회귀모형은 모집단의 회귀모형과 다른 것이 없다. 그 형태나 의미가 동일하다. 아래의 <식 6-5>는 표본의 회귀모형을 나타낸 것이다.

> [표본의 회귀모형]
> $$Y = a + bX + e$$　　　　　　<식 6-5>

　모집단에서와 동일하게 표본으로부터 회귀식을 유도할 수 있으며, 유도된 회귀식은 아래의 <식 6-6>과 같다. 표본의 회귀식도 모집단의 회귀식과 형태와 의미가 동일하다.

> [표본의 회귀식]
> $$\widehat{Y_i} = a + bX_i$$　　　　　　<식 6-6>

　잔차는 위의 <식 6-5>와 <식 6-6>으로부터 구할 수 있으며, 아래의 수식 57과 같다.

> [잔차식]
> $$e_i = Y_i - \widehat{Y_i}$$　　　　　　<식 6-7>

　즉, 잔차는 실제치(또는 관찰치)와 회귀식에 의해 구해진 예측치와의 차이 값이다.

2) 표본회귀식의 결정 기준

아래의 <그림 6-1>과 같이 일반적으로 산포도에서 우리는 적합한 예측선 (회귀선)을 여러 개 나타낼 수 있다.

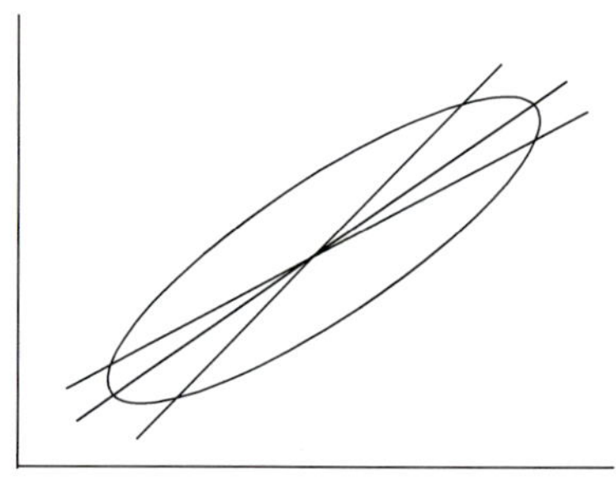

그림 6-1 예측선(회귀선)

이 예측선들 중에서 독립변수와 종속변수의 관계를 가장 잘 설명하는 회귀선 즉, 가장 적합한 표본회귀식은 전체적으로 잔차를 가장 작게 해 주는 것이다. 잔차를 작게 해 주는 회귀식을 구하는 방법에는 일반적으로 다음과 같은 세 가지가 있다.

① 잔차의 합을 가장 작게 하는 직선을 구하는 방법. 이를 식으로 표현하면 다음과 같다.

$$\min \sum e_i = \min \sum (Y_i - \hat{Y}_i)$$

이 방법에 의한 표본회귀식은 실제 이용하는 데 문제점이 있다. (+)잔차와 (−)잔차가 서로 상쇄되어 개별적인 잔차의 크기가 총잔차에는 반영이 되지 않는다. 이 같은 이유로 인해 이 방법은 사용하지 않고 있다.

② 잔차의 절댓값의 합을 가장 작게 하는 직선을 구하는 방법. 이를 식으로 표현하면 다음과 같다.

$$\min \sum |e_i| = \min \sum |Y_i - \widehat{Y}_i|$$

이 방법을 이용하면 (＋)잔차와 (－)잔차가 서로 상쇄되는 문제점을 해결할 수 있으나 또 다른 문제점이 나타난다. 아래의 〈그림 6－2〉를 보면 (b)의 회귀식이 절대치로 계산된 잔차의 합을 가장 작게 해 주는 것이지만, 실세로는 (a)가 더 적합하다. (b)는 단순히 두 점의 잔차만을 최소로 해 주는 데 불과한 반면, 모든 점을 적절하게 고려한 것은 회귀식 (a)이기 때문입니다. 이 같은 이유로 인해 이 방법도 사용되지 않는다.

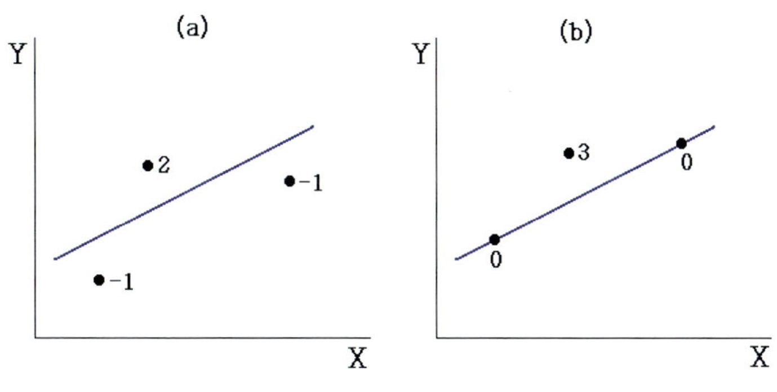

그림 6－2 자료를 최적화하는 예측선들

③ 잔차의 제곱의 합을 최소로 하는 회귀식을 구하는 방법. 이를 식으로 표시하면 아래의 ＜식 6－8＞과 같다.

[잔차에 대한 최소자승법]
$$\min \sum e_i^2 = \min \sum (Y_i - \widehat{Y}_i)^2$$

＜식 6－8＞

이 방법을 **최소자승법**이라 하며, 회귀식을 결정하는 가장 좋은 방법으로 받아들여지고 있다. 앞의 2가지 방법상에서 나타나는 문제점을 해결할 수 있고 성질이 우수한 α, β의 추정치를 얻을 수 있다. 위의 ＜그림 6－2＞ (a)가 최소자승법에 의해 구해진 것이다.

3) 표본회귀식의 산출

최소자승법이란 회귀식으로부터 계산된 종속변수의 예측치($\hat{Y}_i$)와 실제 관찰치(Y_i)의 차이를 잔차 e_i라 할 때 이 잔차들의 제곱의 합이 최소가 되게 하는 회귀식을 구하는 방법으로 다음의 조건을 만족시키는 것을 말한다.

$$\min\sum e_i^2 = \min\sum(Y_i - \hat{Y}_i)^2$$

위 식에서 $\hat{Y}_i$는 회귀모형의 종속변수에 대한 추정치로서 다음과 같다.

$$\hat{Y}_i = a + bX_i$$

위 두 식을 합치면 다음과 같다.

$$\min\sum e_i^2 = \min\sum(Y_i - a - bX_i)^2$$

따라서 최소자승법에 의한 회귀식의 결정이란 위의 식을 만족시키는 a와 b를 구하는 것이 된다. $\sum(Y_i - a - bX_i)^2$을 최소로 하는 a와 b를 구하기 위해 a와 b에 대해 각각 편미분하면 다음과 같은 두 식을 얻게 된다.

$$\sum Y_i = na + b\sum X_i$$
$$\sum X_i Y_i = a\sum X_i + b\sum X_i^2$$

위의 두 식을 정규방정식이라 부르며, 이 두 식을 만족시키는 표본의 회귀계수 및 절편 a와 b를 구하기 위하여 연립방정식을 풀면 다음과 같다.

[회귀계수식]

$$b = \frac{n\sum X_i Y_i - \sum X_i \sum Y_i}{n\sum X_i^2 - (\sum X_i)^2} = \frac{\sum X_i Y_i - n\overline{X}\,\overline{Y}}{\sum X_i^2 - n\overline{X}^2} \qquad \text{<식 6-9>}$$

[절편식]
$$a = \overline{Y} - b\overline{X}$$

<식 6-10>

회귀분석의 예를 살펴보자. 10명의 사격 선수들에게 매 사격 시 만점을 받을 수 있는 훈련을 실시하였다고 하자. 총훈련시간의 정도에 따라 만점 횟수를 예측하기 위한 회귀식을 구하려고 한다. 총훈련시간과 만점 횟수는 아래의 <표 6-1>과 같다.

표 6-1 훈련시간과 만점 횟수

사격선수	1	2	3	4	5	6	7	8	9	10
훈련시간	2	4	6	8	10	12	14	16	18	20
만점횟수	10	14	17	19	21	22	24	26	24	23

위의 <표 6-1>을 이용하여 아래의 <표 6-2>에서는 회귀식을 구하는 데 필요한 계산과정을 보여 주고 있다.

표 6-2 회귀식을 위한 계산과정

대상	X_i	Y_i	X_i^2	Y_i^2	$X_i Y_i$	$\widehat{Y}_i$	$Y_i - \widehat{Y}_i$	$(Y_i - \widehat{Y}_i)^2$
1	2	10	4	100	20	13.25	−3.25	10.5625
2	4	14	16	196	56	14.75	−0.75	0.5625
3	6	17	36	289	102	16.25	0.75	0.5625
4	8	19	64	361	152	17.75	1.25	1.5625
5	10	21	100	441	210	19.25	1.75	3.0625
6	12	22	144	484	264	20.75	1.25	1.5625
7	14	24	196	576	336	22.25	1.75	3.0625
8	16	26	256	676	416	23.75	2.25	5.0625
9	18	24	324	576	432	25.25	−1.25	1.5625
10	20	23	400	529	460	26.75	−3.75	14.0625
합계	110	200	1,540	4,228	2,448			41.0250

$$b = \frac{n\sum X_i Y_i - \sum X_i \sum Y_i}{n\sum X_i^2 - (\sum X_i)^2} = \frac{10 \times 2,448 - 110 \times 200}{10 \times 1,540 - 110^2} = 0.75$$

$$a = \overline{Y} - b\overline{X} = 20 - 0.75 \times 11 = 11.75$$

여기서 구해진 a와 b를 대입하면 다음과 같은 표본회귀식을 얻을 수 있다.

$$\widehat{Y}_i = 11.75 + 0.75X_i$$

위의 회귀식은 독립변수와 종속변수가 각각 하나씩이므로 단순회귀식이 된다. 이 회귀식에서 기울기(회귀계수)가 0.75라는 것은 1시간의 훈련을 받으면 만점 횟수가 0.75개만큼 늘어난다는 것을 의미한다. 만약 임의의 선수가 15시간의 훈련을 받는다면 그 사람의 만점 횟수는 다음과 같을 것이라고 예측할 수 있다.

$$\widehat{Y}_i = 11.75 + 0.75 \times 15 = 23$$

즉 15시간 훈련을 받은 사람은 23번의 만점을 받을 것으로 예측할 수 있는 것이다. 그러나 정확한 의미는 15시간의 훈련을 받은 선수가 반드시 23번의 만점을 받는 것이 아니라 대체로 23을 중심으로 흩어진 정규분포를 이루고 있다는 것이다.

4) 상관계수 r과 회귀계수 b와의 관계

표본회귀식 $\widehat{Y}_i = a + bX_i$에서 b는 X가 변화함에 따라 Y가 어느 정도 변화하는가의 정도를 나타내는 지수이므로 상관계수 r의 역할과 같다. 실제로 b의 계산식과 r을 비교해 보자.

b의 식을 다시 보면 아래와 같다.

$$b = \frac{\sum X_i Y_i - n\overline{X}\,\overline{Y}}{\sum X_i^2 - n\overline{X}^2}$$

위 식의 분모와 분자를 살펴보면 X의 분산과 X, Y의 공분산으로 구성되어 있다는 것을 알 수 있다. 분모와 분자를 n으로 나누면 확실하게 알 수 있으며 다음과 같이 된다.

$$\frac{\sum X_i Y_i - n\overline{X}\ \overline{Y}}{n} = Cov(X, Y)$$

$$\frac{\sum X_i^2 - n\overline{X^2}}{n} = Var(X)$$

위의 식들을 정리하면 다음과 같다.

$$b = \frac{\sum X_i Y_i - n\overline{X}\ \overline{Y}}{\sum X_i^2 - n\overline{X^2}} = \frac{\dfrac{\sum X_i Y_i - n\overline{X}\ \overline{Y}}{n}}{\dfrac{\sum X_i^2 - n\sum \overline{X^2}}{n}} = \frac{Cov(X, Y)}{Var(X)} = \frac{S_{XY}}{S_X^2}$$

위의 식에서 X와 Y를 표준점수 Z로 변환하여 b를 구하면 분모 S_X^2은 1이 되어 공분산 S_{XY}만 남는다. 상관계수 $r = \dfrac{S_{XY}}{S_X \cdot S_Y}$에서도 X와 Y를 모두 Z 점수로 표준화하면 S_X와 S_Y 모두 1이므로 분모가 1이 되어 공분산 S_{XY}만 남 게 된다. 따라서 독립변수가 1개인 회귀분석에서 X, Y을 표준화하면 $b = r$이 된다. 그러나 독립변수가 두 개 이상인 다중회귀분석에서는 표준점수로 변환하 여도 b와 r은 같지 않다.

2. 단순회귀분석(Simple regression analysis)

우리는 앞에서 독립변수와 종속변수가 각각 하나씩 있는 단순회귀식에 대해 서 살펴보았다. 단순회귀식을 구했다고 하나 과연 그 회귀식을 받아들일 수 있 는지에 대해서는 살펴보지 않았다. 회귀식이 구해졌다고 해서 무조건 받아들일 수 있는 것은 아니다. 어떠한 표본을 이용하더라도 회귀식은 구해지며 그 회귀식이 자료를 얼마나 설명하는지는 알 수 없기 때문이다. 따라서 우리는 구해진 회귀식을 받아들일 수 있는지를 분석해 보아야 한다. 우리는 다음과 같은 의문을 가질 수 있다.

표본이 주어졌을 때 최소자승법에 의해 회귀식을 찾아내기만 하면 두 변수 사이의 선형관계가 확인되는가? 또 독립변수의 크기만 주어지면 종속변수를 예측하는 것이 가능할 것인가? 불행히도 문제는 그렇게 간단하지 않다. 이러한 문제점을 해결하기 위해서 우리는 회귀식이 자료를 얼마나 설명하는지를 검정하여야 한다. 이러한 검정을 적합도 검정(goodness of fit test)이라고 하고 아래에서 다루게 된다. 적합도 검정은 회귀식을 구하는 것보다 중요한 부분이며 회귀식에 가치를 부여하는 부분이므로 반드시 이해하고 넘어가야 한다.

1) 표본회귀식에 대한 적합도 검정

어떤 형태의 표본이든 간에 최소자승법에 의하여 표본회귀식을 구하는 것은 가능하다. 절편이 동일하고 기울기가 같은 직선, 즉 동일한 표본회귀식이라 하여도 우리가 기대했던 의미 있는 분석결과를 제공하는지는 알 수 없다. 예를 들어, 동일한 회귀선이라 하여도 어떤 경우에는 회귀선 주변에 관찰치들이 몰려 있을 수 있고, 또 어떠한 경우에는 회귀선 주변에 관찰치들이 넓게 퍼져 있을 수 있다. 아래의 <그림 6-3>을 살펴보기 바란다.

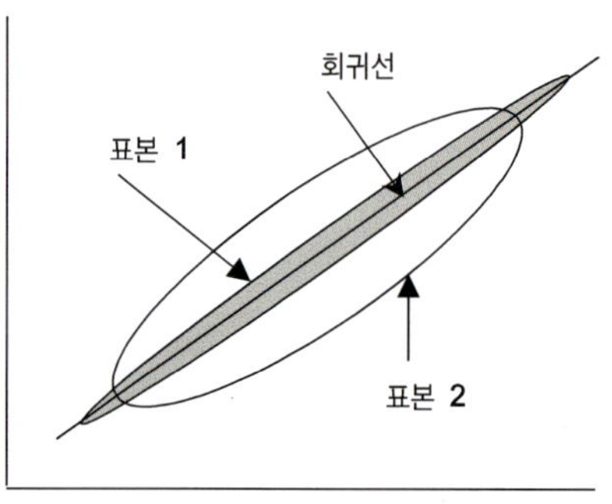

그림 6-3 표본과 회귀선

　표본 1은 회귀선 주위에 데이터들(관찰치들)이 몰려 있는 형태이다. 그러나 표본 2는 표본 1에 비해 데이터들이 회귀선으로부터 넓게 퍼져 있는 형태이다. 그럼에도 불구하고 회귀선은 동일하다. 이때 표본회귀선이 관찰 자료들을 얼마나 잘 나타내는가에 대한 적합도를 평가하는 방법이 필요한데 이를 적합도 검정(goodness of fit test)이라 한다. 즉 표본회귀선이 두 변수 간의 선형관계를 잘 나타내고 있는지를 알아보는 통계적 검정방법을 '적합도 검정'이라 한다.

　적합도를 측정하는 방법은 기본적으로 두 가지가 있는데 추정의 표준오차를 가지고 평가하는 방법과 결정계수를 가지고 평가하는 방법이 있다.

(1) 추정의 표준오차에 의한 적합도 검정

　X_i을 알고 Y_i을 추정하는 회귀식에서 각 X_i에 대해 추측된 $\widehat{Y}_i$는 실제의 Y_i가 아니라, X_i에 대한 Y_i 수치들의 분포에서 하나의 대표치이다. 이것을 각 X_i 값에 대한 Y의 조건적 분포라고 하는데, 이 조건적 분포의 범위가 작을수록 예언 오차는 적어지며, 반대로 X_i에 대한 Y의 조건적 분포가 커질수록 예언 오차는 커지게 된다. 추정의 표준오차는 예측치를 추정하는 데 생기는 오차라 해서 **추정의 표준오차**(standard error of estimate)라 불리고 S_e로 표시되며, 이는 표본들의 실제 관찰치가 회귀식으로부터 얼마나 흩어져 있는가를 나타낸다. 추정의 표준오차를 식으로 표시하면 <식 6 - 11>과 같다.

[추정의 표준오차식]

$$S_e = \sqrt{\frac{\sum(Y_i - \widehat{Y}_i)^2}{n-2}} = \sqrt{\frac{SSE}{n-2}} \qquad \text{<식 6-11>}$$

　위 <식 6 - 11>에서 분자의 $\sum(Y_i - \widehat{Y}_i)^2$을 살펴보면, X와 Y가 완전상관관계에 있어서 X에 대한 예측치 $\widehat{Y}_i$와 관찰치 Y_i가 일치한다면, 즉 관찰치와 예측치가 같아서($Y_i = \widehat{Y}_i$) 회귀선 위에 모든 관찰치가 놓여 있으면 $\sum(Y_i - \widehat{Y}_i)^2 = 0$이 되며 S_e도 0이 된다. 그러나 X와 Y가 아무런 관계가 없을 때는 각 X에 대한 Y 값을 예측할 수 없으므로 Y 값을 예측할 때 예측치로 사용할 수 있는 것은 Y의 평균인 $\overline{Y}$밖에 없다. 따라서 분자는 $\sum(Y_i - \overline{Y})^2$이 되며 S_e는 Y의 표준편차인 S_y와 같게 된다. 결국 S_e는 0부터 S_y의 범위 안에 있게 된다는 것을 알 수 있다. 분모에 $n-2$를 한 것은 회귀식의 모수치 α와 β를 구하는 추정과정에서 자유도가 하나씩 빠졌기 때문이다.

간단히 말하면 S_e는 표본회귀식에서 얻은 예측치와 실제 관찰치 사이에서 나타나는 잔차들의 표준편차이다. 회귀분석의 가정이 모두 충족된 회귀식에서 관찰치의 약 68%가 회귀식의 $\pm 1 \cdot S_e$ 안에 있게 되며, 관찰치의 95%가 회귀식의 $\pm 2 \cdot S_e$ 안에 존재하고, 관찰치의 99.7%가 회귀식의 $\pm 3 \cdot S_e$ 안에 있게 된다. 예제를 통해서 한 번 알아보자.

예제) 농구 구단에서 선수들을 대상으로 슛 시도 횟수와 성공 점수 간의 회귀식을 구하기 위해서 15명의 선수를 추출하여 그들의 슛 시도 횟수와 성공 점수를 조사하였다. 2점 슛은 0.5점, 3점 슛은 1점으로 처리하였다. 회귀식과 모집단에 대한 회귀식의 추정오차 S_e를 구하라.

표 6-3 슛 시도 횟수와 성공 점수

선 수	1	2	3	4	5	6	7	8	9	10	11	12	13	14	15
슛 시도 횟수(X_i)	6	12	10	11	4	13	15	6	9	7	11	16	8	8	14
성공 점수(Y_i)	4.0	3.5	3.0	2.5	4.5	2.5	1.0	5.5	3.5	1.5	3.0	2.0	2.0	3.0	3.5

위의 <표 6-3> 자료를 이용하여 모집단에 대한 회귀식과 추정오차를 구하기 위한 계산과정은 아래의 <표 6-4>에 나타내었다.

표 6-4 회귀식과 추정오차를 위한 계산과정

대상	X_i	Y_i	X_i^2	Y_i^2	X_iY_i	$\widehat{Y}_i$	$Y_i-\widehat{Y}_i$	$(Y_i-\widehat{Y}_i)^2$	$(\widehat{Y}_i-\overline{Y})^2$	$(Y_i-\overline{Y})^2$
1	6	4.0	36	16	24	3.72	0.28	0.0784	0.5184	1
2	12	3.5	144	12.25	42	2.64	0.86	0.7396	0.1296	0.25
3	10	3.0	100	9	30	3.0	0	0	0	0
4	11	2.5	121	6.25	27.5	2.82	−0.32	0.1024	0.0324	0.25
5	4	4.5	16	20.25	18.0	4.08	0.42	0.1764	1.1664	2.25
6	13	2.5	169	6.25	32.5	2.46	0.04	0.0016	0.2916	0.25
7	15	1.0	225	1.0	15.0	2.10	−1.1	1.21	0.81	4.0
8	6	5.5	36	30.25	33.0	3.72	1.78	3.1684	0.5184	6.25
9	9	3.5	81	12.25	31.5	3.18	0.32	0.1024	0.0324	0.25
10	7	1.5	49	2.25	10.5	3.54	−2.04	4.1616	0.2916	0.25
11	11	3.0	121	9.0	33.0	2.82	0.18	0.0324	0.0324	0
12	16	2.0	256	4.0	32.0	1.92	0.08	0.0064	1.1664	1
13	8	2.0	64	4.0	16.0	3.36	−1.36	1.8496	0.1296	1
14	8	3.0	64	9.0	24.0	3.36	−0.36	0.1296	0.1296	0
15	14	3.5	196	12.25	49.0	2.28	1.22	1.4884	0.5184	0.25
합계	150	45	1,678	154	418	45	0	13.2472	5.7672	19.0
	$\overline{X}=10$	$\overline{Y}=3$								

회귀식은 다음과 같이 구할 수 있다.

$$b=\frac{n\sum X_iY_i-\sum X_i\sum Y_i}{n\sum X_i^2-(\sum X_i)^2}=\frac{15(418)-150(45)}{15(1,678)-(150)^2}=-0.18$$

$$a=\overline{Y}-b\overline{X}=3-(-0.18)(10)=4.8$$

추정오차를 구하기 위해서는 $\sum(Y_i-\widehat{Y}_i)$ 항을 사용한다.

$$S_e=\sqrt{\frac{\sum(Y_i-\widehat{Y}_i)^2}{n-2}}=\sqrt{\frac{13.2472}{15-2}}=1.0095$$

(2) 결정계수에 의한 적합도 검정

위에서 살펴본 추정의 표준오차에 의한 적합도 검정은 그 값이 분석대상 변수의 크기, 특히 Y_i 값을 측정한 단위에 직접적인 영향을 받는다는 문제점이 있다. 예를 들어 Y 값의 크기를 천 원 단위로 나타낸 경우와 만 원 단위로 나타낸 경우 다른 조건이 같다면 천 원 단위로 했을 때 S_e가 훨씬 더 커진다. 따라서 별도로 회귀분석이 실시되면 각 표본회귀분석 결과의 적합도를 상호 비교, 평가할 수 없게 된다. 이러한 점을 해결하기 위해서 여러 개의 적합도를 비교할 수 있는 **결정계수(coefficient of determination)**라 불리는 적합도 판정기준을 사용한다. 결정계수는 0부터 1까지의 범위 안에 있으므로 여러 회귀선의 적합도를 비교할 수 있다는 장점이 있지만 각 회귀선이 구체적으로 어느 정도의 오차를 갖고 있는지를 보여 주지 못한다는 한계점도 있다. 반면에 추정오차는 여러 회귀선의 적합도를 비교할 수는 없지만 각 회귀선이 포함하고 있는 오차를 보여 준다. 따라서 적합도를 검정할 때 이 두 가지 방법, 즉 추정의 표준오차와 결정계수를 모두 구하는 것이 바람직하다.

(가) 편차와 제곱합

회귀분석에서 종속변수의 관찰치 Y_i와 이들의 평균 $\overline{Y}$ 간의 차이들의 합을 Y의 총편차라 부른다. 이 총편차는 다시 두 가지의 편차, 즉 $\sum(Y_i - \widehat{Y}_i)$와 $\sum(\widehat{Y}_i - \overline{Y})$의 합으로 나타낼 수 있다.

$(Y_i - \widehat{Y}_i)$는 잔차 e_i에 해당하는 것으로 설명 안 된 편차(unexplained deviation)라고 하며, $(\widehat{Y}_i - \overline{Y})$을 설명된 편차(explained deviation)라고 한다.

이들 편차들의 관계는 아래의 <식 6-12>와 <식 6-13>과 같으며, 이를 그림으로 나타내면 아래의 <그림 6-4>과 같다.

[편차들의 관계식]

$$(Y_i - \overline{Y}) = (Y_i - \widehat{Y}_i) + (\widehat{Y}_i - \overline{Y})$$
$$\sum(Y_i - \overline{Y}) = \sum(Y_i - \widehat{Y}_i) + \sum(\widehat{Y}_i - \overline{Y})$$

<식 6-12>

총편차 = 설명 안 된 편차 + 설명된 편차

[편차들의 제곱합]

$$SST = SSE + SSR \quad \Rightarrow \quad \sum(Y_i - \overline{Y})^2 = \sum(Y_i - \widehat{Y}_i)^2 + \sum(\widehat{Y}_i - \overline{Y})^2$$

<식 6-13>

총제곱합 = 오차제곱합 + 회귀제곱합

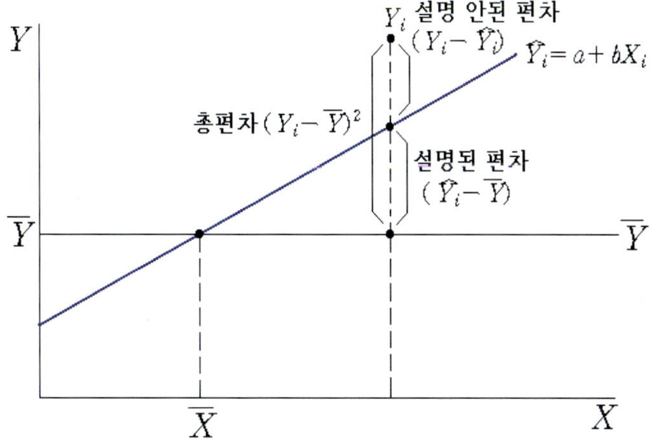

그림 6-4 회귀식과 각 편차

<식 6-13>의 좌변을 **총제곱합(sum of squares total)**이라고 하며 **SST**로 나타낸다. 총제곱합은 독립변수를 고려하지 않았을 경우에 Y_i들의 흩어진 정도를 나타내는 것이다. 우변의 첫 항인 $\sum (Y_i - \hat{Y_i})^2$은 $\sum e_i^2$과 같은 것으로 회귀식으로 설명 안 된 제곱합이다. 이를 **오차제곱합(sum of squares error)**이라 하며 **SSE**로 나타낸다. 마지막 항인 $\sum (Y_i - \overline{Y})^2$은 회귀식에 의해 설명된 제곱합으로 **회귀제곱합(sum of squares regression)**이라 하며 **SSR**로 나타낸다. SSR은 독립변수를 고려하므로 설명된 제곱합을 의미한다.

표본회귀식이 모든 편차를 완전히 설명하고 있다면, 즉 표본의 모든 관찰치들이 회귀선상에 있다면 설명된 제곱합인 SSR은 SST와 같아지며, 설명 안 된 제곱합 SSE=0이 될 것이다. 회귀식의 적합도는 SSE의 크기에 따라 측정되는데, 앞에서 설명한 적합도의 평가 방법 중 하나인 추정의 표준오차 역시 SSE의 크기에 의해 측정된다. 결정계수에 의한 적합도 평가방법은 총제곱합 SST를 1이라고 했을 때 SSR이 차지하는 비율로 측정하는 방법이다.

(나) 결정계수

표본회귀식의 적합도를 어느 경우에나 일률적으로 나타내 줄 수 있는 방법으로서 가장 많이 사용되는 것이 결정계수이다. 결정계수는 표본회귀식에 의하여 설명된 제곱합이 총제곱합에서 차지하는 상대적 크기를 나타내는 것으로서 R^2으로 표시한다. 아래의 수식들과 <식 6 - 14>를 살펴보면 쉽게 이해할 수 있다.

$$\frac{SST}{SST} = \frac{SSE}{SST} + \frac{SSR}{SST} \quad \Rightarrow \quad 1 = \frac{SSE}{SST} + \frac{SSR}{SST}$$

$$\therefore \frac{SSR}{SST} = 1 - \frac{SSE}{SST}$$

$$결정계수 = \frac{설명된변동}{총변동} = 1 - \frac{설명안된변동}{총변동}$$

[결정계수식]

$$R^2 = \frac{SSR}{SST} = 1 - \frac{SSE}{SST} \qquad\qquad \text{<식 6-14>}$$

위의 예제에서 결정계수를 구하면 다음과 같다.

$$R^2 = 1 - \frac{SSE}{SST} = 1 - \frac{13.2472}{19.0} = 0.3025$$

결정계수가 0.3025라는 것은 슛 시도 횟수가 성공 점수의 30.25%를 결정한다는 것을 의미한다. 30.25%에 대해 어떻게 해석해야 할 것인가는 차후 자세히 다루게 되겠지만 본 예제에 대해서는 슛 시도 횟수만으로는 성공 점수를 예측할 수 없다는 것이 된다.

(3) 결정계수와 상관계수

결정계수는 단순히 상관계수 r을 제곱하여 구할 수도 있다. 결정계수는 독립변수가 종속변수를 설명해 주는 비율을 말하며, 상관계수는 두 변수 간의 관련성의 정도뿐만 아니라 방향까지도 알려 준다.

위의 예제에서 상관계수 r과 결정계수 R^2을 구하여 보자.

$$S_{XY} = \frac{\sum X_i Y_i}{n} - \overline{X}\,\overline{Y} = \frac{418}{15} = -(10)(3) = -2.133$$

$$S_X = \sqrt{\frac{\sum X_i^2}{n} - (\overline{X})^2} = \sqrt{\frac{1,678}{15} - (10)^2} = 3.445$$

$$S_Y = \sqrt{\frac{\sum Y_i^2}{n} - (\overline{Y})^2} = \sqrt{\frac{154}{15} - (3)^2} = 1.125$$

$$r = \frac{S_{XY}}{S_X \cdot S_Y} = \frac{-2.133}{(3.445)(1.125)} = -0.55$$

$$r^2 = (-0.55)^2 = 0.3025$$

r^2은 0.3025로 계산한 결정계수와 같음을 알 수 있다.

(4) 단순회귀분석의 검정

두 변수 사이에 선형관계가 성립되지 않는다면 선형회귀분석을 사용하는 것 자체가 무의미해진다. 회귀모형이 과연 선형관계를 이루는가에 대한 통계적 검정은 두 가지 방법으로 실시할 수 있다. 첫 번째 방법에서는 설명된 제곱합인 회귀제곱합이 설명 안 된 제곱합인 오차제곱합에 비해 상대적으로 크면 그 회귀모형은 통계적으로 유의하다고 보고, 반대로 작으면 유의하지 않다고 보는 방법이다. 이 방법은 분산의 개념을 적용하기 때문에 $F-$검정을 수행하게 된다. 두 번째 방법에서는 회귀선의 기울기인 β가 0으로부터 유의하게 차이가 나면 단순회귀모형이 성립된다고 보는 방법입니다. 이 경우에는 표본의 기울기인 b가 모수 β를 중심으로 $t-$분포를 이룬다고 가정하여 $t-$검정을 수행하게 된다.

이제부터는 단순회귀모형의 검정에 대해서 알아보자.

(가) 단순회귀모형에 대한 $F-$검정

회귀식이 표본자료를 잘 설명하고 있다면 설명된 제곱합 SSR은 설명 안 된 제곱합 SSE에 비해 상대적으로 클 것이고 회귀식이 표본자료에 적합하지 않다면 SSR은 SSE에 비해 상대적으로 작을 것이다.

이러한 개념을 이용하여 SSR을 자유도로 나눈 **설명된 평균제곱**(mean square regression: *MSR*)과 SSE을 자유도로 나눈 **설명 안 된 평균제곱**(mean square error: *MSE*) 간의 비율로 $F-$검정을 수행한다.

SSR의 자유도는 독립변수의 수와 같으므로 1이며, SSR과 SSE의 자유도의

합은 $SST(n-1)$의 자유도와 같다. 제곱합을 자유도로 나누는 이유는 독립변수의 수나 관찰치의 수에 따라서 SSR과 SSE가 달라지기 때문에 그 크기를 표준화시키기 위한 것이다. MSR과 MSE을 식으로 나타내면 아래의 <식 6-15>와 <식 6-16>과 같다.

[설명된 평균제곱식(MSR)]
$$MSR = \frac{SSR}{1} = \sum (\widehat{Y}_i - \overline{Y})^2$$

<식 6-15>

[설명 안 된 평균제곱식(MSE)]
$$MSE = \frac{SSE}{n-2} = \frac{\sum (Y_i - \widehat{Y}_i)^2}{n-2} = S_e^2$$

<식 6-16>

MSR과 MSE는 결국 분산의 개념과 동일하다. 두 평균제곱의 비율 $\dfrac{MSR}{MSE}$은 자유도 1과 $n-2$을 가진 $F-$분포를 이루게 되며, 이를 식으로 표현하면 아래의 <식 6-17>과 같다.

[단순회귀모형에 대한 $F-$검정식]
$$F_{1,n-2} = \frac{\dfrac{SSR}{1}}{\dfrac{SSE}{n-2}} = \frac{MSR}{MSE}$$

<식 6-17>

위의 <식 6-17>을 이용하여 $F-$값을 구한 다음 $F-$검정을 수행하면 모형의 적합도를 검정해 낼 수 있다. 예제를 통해서 그 계산 과정을 살펴보자.

예제) 위 예제의 농구선수들의 슛 시도 횟수와 성공 점수에 대한 자료에서 두 변수 간에 회귀모형이 성립되는지를 $\alpha = 0.05$ 수준에서 $F-$검정하라.

① 가설은 다음과 같이 설정된다.
   μ_0: 슛 시도 횟수와 성공 점수 간의 회귀모형은 성립하지 않는다. 또는 슛

시도 횟수와 성공 점수는 서로 독립적이다(두 변수는 관련이 없다.).

μ_1: 숫 시도 횟수와 성공 점수 간의 회귀모형은 성립한다. 또는 숫 시도 횟수와 성공 점수는 독립적이지 않다(두 변수는 관련이 있다.).

② $\alpha = 0.05$에서 임계치는 $F_{1,14} = 4.60$이다. 따라서 채택 영역은 $F \leq 4.60$이고 기각 영역은 $F > 4.60$이 된다.

③ F 값은 다음과 같다.

$$F = \frac{\dfrac{SSR}{1}}{\dfrac{SSE}{n-2}} = \frac{5.7672}{\dfrac{13.2472}{13}} = \frac{5.7672}{1.0190} = 5.66$$

④ 계산된 F 값이 임계치 밖에 있으므로 귀무가설은 기각된다. 즉 숫 시도 횟수와 성공 점수 간의 회귀모형은 성립한다고 할 수 있다.

지금까지 설명한 회귀식에 대한 가설검정의 과정을 표로 정리하면 아래의 <표 6-5>와 같다. 이 내용은 통계학을 공부하는 데 있어 매우 중요한 내용이다. 분산분석에서도 나오며, 통계학에서 다루게 되는 여러 분석 기법에서 감초와 같이 나오는 부분이다. 따라서 아래 <표 6-5>에 나와 있는 부분을 완벽하게 이해해야 하며, 암기하고 있는 것이 통계학을 공부하는 데 많은 도움이 된다. 아래의 <표 6-5>를 **회귀분석 테이블** 또는 **분산분석 테이블**이라 한다.

표 6-5 회귀분석 테이블(or 분산분석 테이블)

분산원	제곱합(SS)	자유도(df)	평균제곱(MS)	$F-$값
회귀변수	$SSR = \sum(\widehat{Y}_i - \overline{Y})^2$	1	$MSR = \dfrac{SSR}{1}$	$\dfrac{MSR}{MSE}$
오 차	$SSE = \sum(Y_i - \widehat{Y}_i)^2$	$n-2$	$MSE = \dfrac{SSE}{n-2}$	
합 계	$SST = \sum(Y_i - \overline{Y})^2$	$n-1$		

(나) β에 대한 t-검정

회귀선의 기울기를 나타내는 β가 0이라든지 또는 통계적으로 유의하지 않다는 것은 회귀모형이 성립되지 않는다는 것을 의미한다. 절편인 α는 상수이므로 X의 변화에 따라 Y가 어떻게 변화하는지에 대하여 알려 주는 것이 없다.

모수 β에 대한 가설검정은 표본회귀식에서 구한 기울기 b을 이용해서 모집단 회귀식의 β에 대한 가설을 검정하는 것이다. 모수 β에 대한 가설검정을 하기 위해서는 t - 검정을 적용해야 한다. t - 검정을 하려면 먼저 표본의 회귀계수인 b의 분포를 알아야 하는데 b의 분포는 정규분포를 이루고 그 평균이 β이며 표준오차가 S_b라고 가정을 한다. S_b는 아래의 <식 6 - 18>과 같이 구할 수 있다.

[회귀계수 b의 표준오차]

$$S_b = \frac{S_e}{\sqrt{\sum (X_i - \overline{X})^2}}$$

<식 6 - 18>

$\beta = 0$에 대한 가설검정을 하기 위한 검정통계량 t 값은 아래의 <식 6 - 19>와 같다.

[$\beta = 0$에 대한 t - 통계량]

$$t = \frac{b-0}{S_b} = \frac{b}{S_b}$$

<식 6 - 19>

통계량 t는 a와 b을 추정하는 데 각각 자유도를 하나씩 잃으므로 $n-2$의 자유도를 갖게 된다. 예제를 통해서 검정 수행을 해 보자.

예제) 앞의 예제에서 슛 시도 횟수가 과연 성공 점수를 예측할 수 있는 회귀변수인지를 $\alpha = 0.05$에서 검정하라.

① 표본크기 $n = 15$이므로 t의 자유도는 $15 - 2 = 13$이 되며, 양측검정을 할 때 채택 영역과 기각 영역은 다음과 같다.

채택 영역: $-2.160 < t < 2.160$, 기각영역: $t > 2.160$ 또는 $t < -2.160$

② 위의 예제에서 $S_e = 1.0095$, $b = -0.18$이었다.

$\sum (X_i - \overline{X})^2 = 178$이므로

$$S_b = \frac{S_e}{\sqrt{\sum (X_i - \overline{X})^2}} = \frac{1.0095}{\sqrt{178}} = 0.0757$$

$$t = \frac{b}{S_b} = \frac{-0.18}{0.0757} = -2.378$$

③ 계산된 통계량 t 값은 -2.378이므로 채택 영역에 포함되지 않으므로 귀무가설을 기각한다. 즉 슛 시도 횟수는 성공 점수와 관련이 있으며, 이 자료에서는 슛 시도 횟수가 많을수록 성공 점수가 낮다고 할 수 있다.

(다) 모수 $\mu_{Y \cdot X}$의 신뢰구간 추정

농구선수의 슛 시도 횟수와 성공 점수 간의 단순회귀분석에서 우리는 표본회귀식이 $\hat{Y}_i = 4.8 - 0.18X_i$라는 결과를 얻었다. 그러나 우리가 구한 표본회귀식은 어디까지나 표본으로부터 나타난 결과일 뿐이다. 이를 해석할 때는 슛 시도 횟수가 5번인 농구선수는 대체로 $\hat{Y}_i = 4.8 - 0.18(5) = 3.9$와 같은 성공 점수를 받을 것이라고 예측할 수 있다. 그러나 실제 슛 시도 횟수가 5번인 농구선수를 모두 조사하였을 때 그들 모집단의 평균평점 $\mu_{Y \cdot X}$가 3.9라고 단정 지을 수 없다. 단순히 표본을 15명 뽑아 구한 회귀식에서의 평점을 전체 모집단의 평균으로 단정할 수는 없는 것이다. 그 이유는 회귀식에서 구한 a와 b는 모두 모수 α와 β의 추정치이기 때문이다. 따라서 표본회귀식에 의해 계산된 예측치는 모수치의 절편 α와 다르기 때문에 생기는 오차와 모수치의 기울기 β와 다르기 때문에 생기는 오차가 복합적으로 작용하여 모집단의 회귀식과 차이가 나게 된다. 이처럼 어떤 특정한 X 값에서의 모수 $\mu_{Y \cdot X}$을 추정하고자 할 때에는 두 가지 오차를 함께 고려하여야 하며, 주어진 X에서 예측치 $\hat{Y}_i$ - 분포의 표준오차를 σ_0라고 하면, σ_0는 아래의 <식 6-29>과 같이 계산된다.

$$\text{[주어진 } X \text{에서 } \hat{Y} \text{의 표준오차]}$$
$$\sigma_0 = \sigma_e \sqrt{\frac{1}{n} + \frac{(X - \overline{X})^2}{\sum X_i^2 - n\overline{X}^2}} \qquad \text{<식 6-20>}$$

위의 <식 6-20>을 살펴보면, 첫째로 표본크기를 크게 할수록 $\hat{Y}_i$의 표준오차는 작아지며, 둘째로 X 값이 평균 $\overline{X}$로부터 멀리 떨어져 있을수록 $\hat{Y}_i$의 표준오차는 더욱 커짐을 알 수 있다.

σ_0을 계산하기 위해서 필요한 σ_e는 모집단 전체에 대한 오차의 표준편차이므로 표본자료만으로는 계산할 수 없다. 따라서 σ_e의 불편추정치인 S_e을 사용하여 σ_0 대신에 S_0을 구해야 한다. 이를 식으로 표현하면 아래의 <식 6-21>과 같다.

$$[\sigma_0 \text{의 추정치인 } S_0 \text{의 계산식}]$$

$$S_0 = S_e \sqrt{\frac{1}{n} + \frac{(X-\overline{X})^2}{\sum X_i^2 - n\overline{X^2}}} \qquad \text{<식 6-21>}$$

위 식을 이용하여 $\mu_{Y \cdot X}$의 신뢰구간을 설정하면 다음과 같다.

$$\mu_{Y \cdot X} \text{의 신뢰구간:}$$

$$P[\widehat{Y_i} - t_{n-2,\alpha/2}(S_0) \leqq \mu_{Y \cdot X} \leqq \widehat{Y_i} + t_{n-2,\alpha/2}(S_0)] = 1 - \alpha$$

t는 자유도가 $n-2$이며, 표본크기 n이 클 때에는 t-분포 대신 Z-분포를 사용해도 된다. 신뢰구간 추정에서 기억해야 할 것은 $\overline{X}$에서 X 값이 멀리 떨어져 있을수록 예측치 $\widehat{Y_i}$의 모수 $\mu_{Y \cdot X}$의 신뢰구간은 차차 넓어질 수밖에 없다는 점이다. 다시 말해서 같은 신뢰구간이라 하더라도 X가 $\overline{X}$와 가까울수록 $\mu_{Y \cdot X}$의 신뢰구간은 좁아지기 때문에 비교적 $\mu_{Y \cdot X}$을 정확하게 예측할 수 있으나 $\overline{X}$로부터 멀리 떨어질수록 $\mu_{Y \cdot X}$ 예측은 부정확하게 된다. 아래 <그림 6-5>는 이러한 내용을 보여 주고 있다.

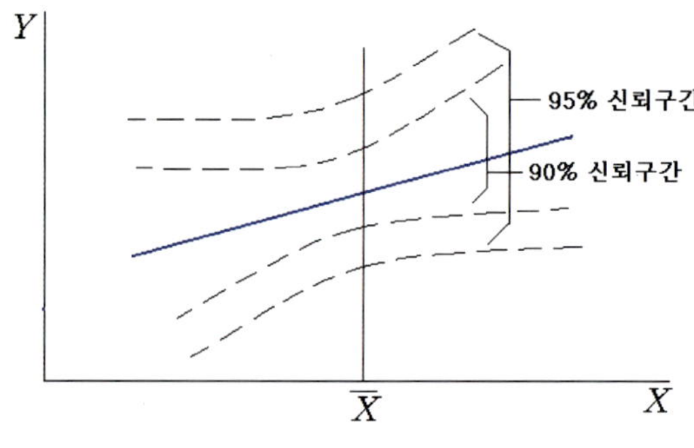

그림 6-5 회귀식과 신뢰구간

위의 <그림 6 – 5>를 살펴보면, X가 $\overline{X}$에 가까울수록 보다 정확한 $\mu_{Y \cdot X}$의 예측이 가능하다는 것을 알 수 있다. 따라서 회귀분석 시 표본을 추출할 때, 표본의 분산이 적을수록 좋은 결과를 가져올 수 있다. 예제를 통해서 신뢰구간 추정을 수행해 보자.

예제) 농구선수의 슛 시도 횟수와 성공 점수에 대한 예제에서 5번 슛을 시도한 선수의 성공 점수는 표본회귀식에 의해 3.9의 점수를 받을 것이라고 예측할 수 있었다. 이러한 표본회귀식의 결과를 기초로 하여 모집단에서 5번 슛을 시도한 선수의 성공 점수에 대하여 95%의 신뢰구간을 설정하라.

특정 X에 대한 예측치 $\widehat{Y}_i$의 표준오차 S_0는 다음과 같이 구한다.

$$
\begin{aligned}
S_0 &= S_e \sqrt{\frac{1}{n} + \frac{(X - \overline{X})^2}{\sum X_i^2 - n\overline{X^2}}} \\
&= 1.0095 \sqrt{\frac{1}{15} + \frac{(5 - 10)^2}{1{,}678 - 15(10)^2}} = 0.4595
\end{aligned}
$$

슛 시도 횟수가 5번인 선수의 성공 점수에 대한 신뢰구간은 다음과 같다.

$$
\widehat{Y}_i - t_{\alpha/2} \cdot S_0 \leqq \mu_{Y \cdot X} \leqq \widehat{Y}_i + t_{\alpha/2} \cdot S_0
$$

$\alpha = 0.05$, $df = 13$일 때의 t 값은 ± 2.160이므로

$$
3.9 - (2.160)(0.4595) \leqq \mu_{Y \cdot X} \leqq 3.9 + (2.160)(0.4595)!
$$
$$
2.9075 \leqq \mu_{Y \cdot X} \leqq 4.8925
$$

따라서 슛 시도 횟수가 5번인 선수의 성공 점수에 대한 95% 신뢰구간은 2.9075 ~ 4.8925 이다.

3. 단순회귀분석 방법

단순회귀분석을 수행하기 위한 연구문제는 아래와 같다.

회귀분석을 위한 연구문제 - 01

다음의 자료를 연령에 따른 의료기관 방문 횟수라고 하자. 연령이 의료기관 방문 횟수에 영향을 주는지를 검정하라.

번 호	1	2	3	4	5	6	7	8	9	10	11
연 령	10	15	17	20	23	30	46	53	48	59	65
의료기관 방문	15	26	28	30	32	50	86	109	95	130	160

---

1) 단순회귀분석의 절차 및 내용

연구문제를 살펴보면, 연령이 의료기관 방문 횟수에 영향을 미치는지를 분석하는 것이다. 이는 연령으로 의료기관 방문 횟수를 예측할 수 있는가를 분석하는 것과 동일하다. 따라서 독립변수는 연령이 되고 종속변수는 의료기관 방문 횟수가 된다. 먼저 귀무가설과 연구가설을 설정하면 다음과 같다.

H_0: 연령은 의료기관 방문 횟수에 영향을 미치지 않는다. or
   연령으로 의료기관 방문 횟수를 예측할 수 없다.

H_1: 연령은 의료기관 방문 횟수에 영향을 미친다. or
   연령으로 의료기관 방문 횟수를 예측할 수 있다.

위의 가설 중 어느 것을 사용해도 의미는 동일한 것이 된다. 단순회귀분석을 수행하는 절차는 다음의 <그림 6-6>과 같다.

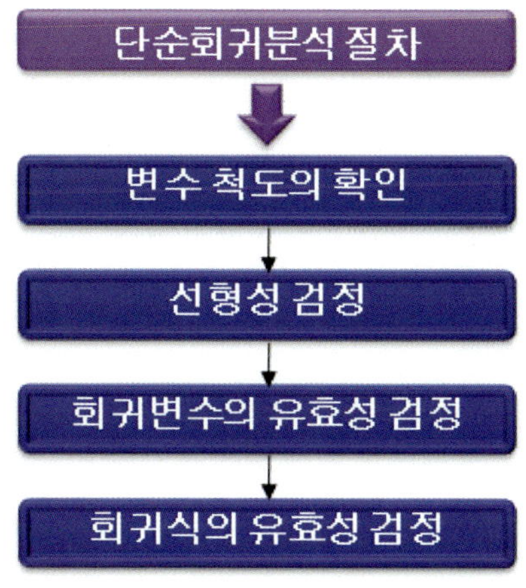

그림 6-6 단순회귀분석 절차

연구문제의 구조를 살펴보면, 독립변수와 종속변수가 각각 한 개이고 두 변수 모두 비율척도(양적 척도)이므로 회귀분석을 사용할 수 있다. 만약 독립변수와 종속변수 중 어느 하나라도 양적 척도가 아니라면 회귀분석을 사용할 수 없다. 양적 척도가 아닐 때의 회귀분석에 대해서는 뒤에서 다룰 것이지만 기본적으로 양적 척도에 대해서만 회귀분석을 수행할 수 있는 것으로 이해하고 있는 것이 좋다. 여기서 다루게 되는 회귀분석은 선형회귀분석이므로 두 변수의 관계를 선형으로 설명할 수 있는가를 먼저 검정하여야 한다. 만약 선형으로 설명할 수 없다면 비선형회귀분석을 수행하여야 하지만 대부분 여러 가지 이유로 선형회귀분석을 선호하고 또한 여기서의 범위를 벗어나므로 논외로 하자. 두 변수의 선형 관계에 대한 검정은 $F-$검정을 이용하여 검정한다. 검정결과 선형의 관계가 성립되면 그다음으로 분석해 볼 것이 독립변수(회귀변수)의 유효성이다. 즉 독립변수가 통계적으로 종속변수를 예측하는 데 유효한 것인가를 분석하는 것이다. 단순회귀분석에서는 크게 중요한 부분은 아니지만 다중회귀분석에서는 중요한 부분이다. 이와 관련된 내용은 다중회귀분석 부분에서 살펴볼 것이다. 마지막으로 회귀분석에 의해 얻어진 회귀식 즉, 회귀직선이 종속변수를 설명할 수 있는 직선인가를 분석하여야 한다. 이 부분이 회귀분석에서 가장 중요한 것으로 가설의 성립 여부를 결정하는 곳이다.

2) 단순회귀분석의 실행 방법

위의 연구문제를 대상으로 단순선형회귀분석을 수행하기 위한 코딩 완료 화면은 <그림 6-7>과 같다.

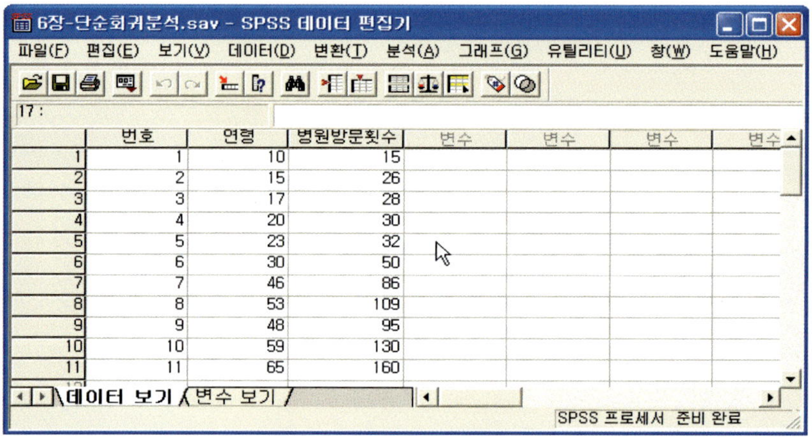

그림 6-7 데이터 코딩 완료 화면

단순회귀분석을 실행하기 위해서는 아래 <그림 6-8>과 같이 【분석】 - 【회귀분석】 - 【선형】 메뉴를 선택하면 된다.

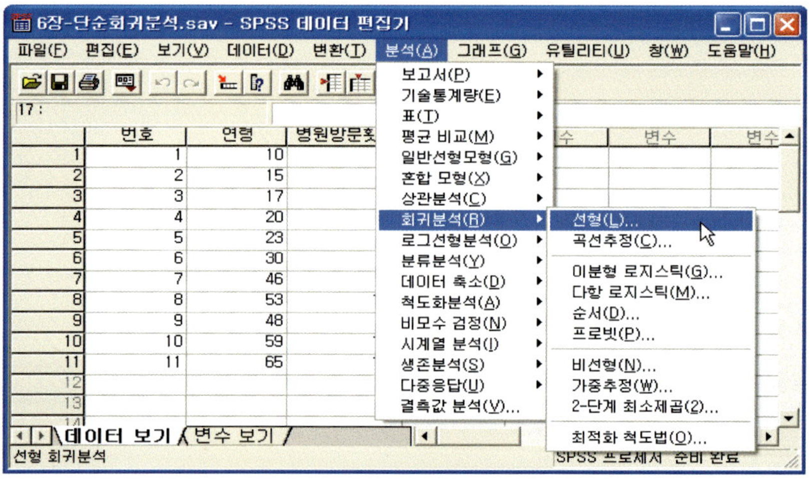

그림 6-8 단순회귀분석 수행을 위한 메뉴 선택 화면

아래 그림 <그림 6-9>와 같이 {선형 회귀분석} 윈도우가 나타난다.

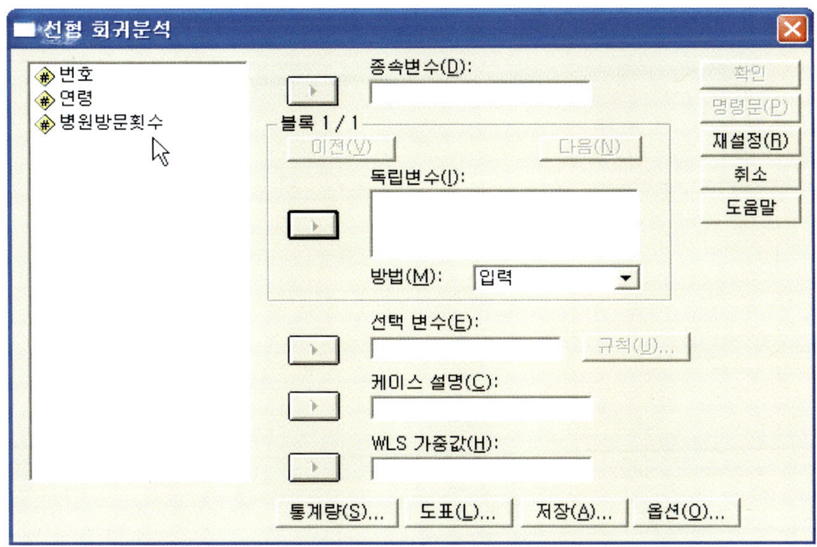

그림 6-9 변수 설정 화면

아래 <그림 6-10>과 같이『종속변수』항목에 변수 병원방문 횟수를 입력하고『독립변수』항목에 변수 연령을 입력한다.

그림 6-10 변수 입력 화면

[통계량] 버튼을 클릭하면 {선형 회귀분석: 통계량} 윈도우가 나타나는데 아래 <그림 6-11>과 같이 항목들을 선택한다.

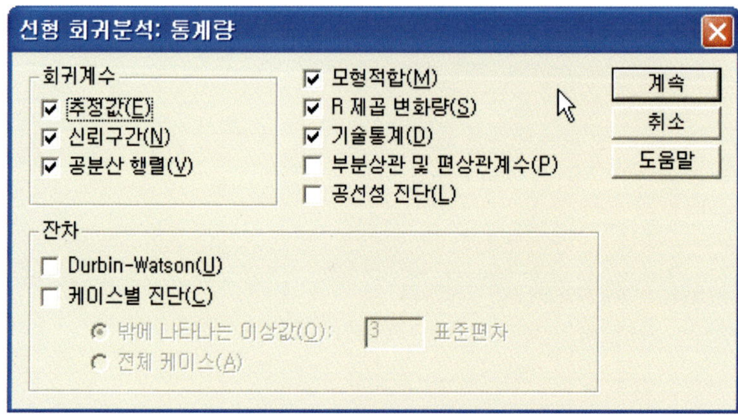

그림 6-11 통계량 설정 화면

[계속] 버튼을 누르면 전 화면(<그림 6-10>)으로 복귀되며 그곳에서 [도표] 버튼을 클릭하면 아래 <그림 6-12>와 같이 {선형 회귀분석: 도표} 윈도우가 나타난다.

그림 6-12 도표 설정 화면

왼쪽 항목에서 「*ZPRED」를 선택하여 「Y:」항목으로 이동시키고, 「*ZRESID」를 선택하여 「X:」 항목으로 이동시킨다. "*ZPRED"는 표준예측치이며, "*ZRESID"

는 표준잔차를 나타낸다. [계속] 버튼을 클릭하여 전 화면으로 복귀한 뒤 [확인] 버튼을 클릭하면 분석이 수행되어 아래 <그림 6–13>과 같이 분석 결과가 윈도우로 출력된다.

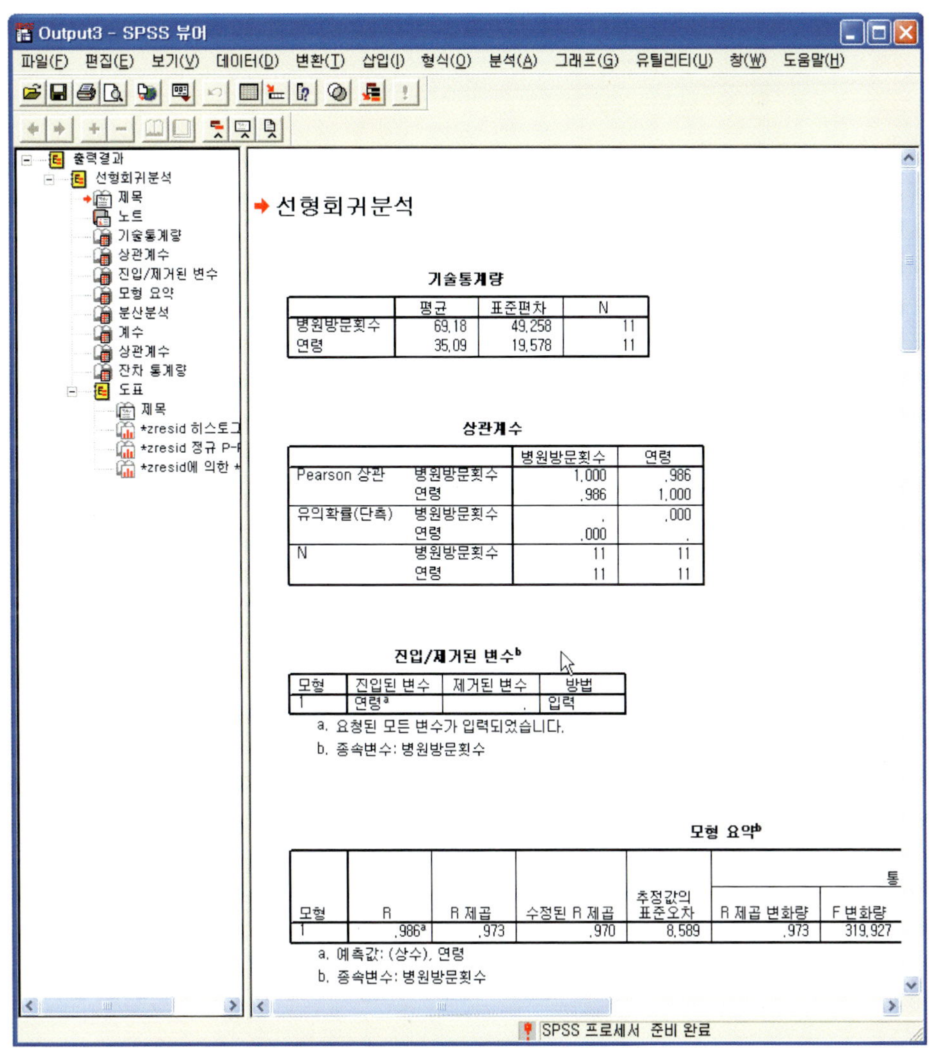

그림 6-13 단순회귀분석 결과 출력 화면

3) 단순회귀분석의 결과 해석

분석 결과를 살펴보면 총 11개의 결과물이 아래의 순서대로 나타나 있다.

1. [기술통계량]　　　　　　　2. [상관계수]
3. [진입·제거된 변수]　　　　4. [모형 요약]
5. [분산분석]　　　　　　　　6.[계수]
7. [상관계수]　　　　　　　　8. [잔차 통계량]
9. [히스토그램]　　　　　　　10. [회귀 표준화 잔차의 정규 P-P 도표]
11. [산점도]

모든 출력 결과물 중 회귀분석과 관련하여 중요한 부분은 3개 정도이다. 그러나 통계분석이란 단순히 결과만을 뽑는 것이 아니라 데이터의 상호 관련성을 면밀히 파악하는 것이므로 모든 결과물에 대한 이해가 필요하다. 또한 보다 질 높은 연구를 수행하기 위해서는 실험 결과로 얻어진 데이터를 여러 각도에서 살펴보아야 한다. 그러한 측면에서 결과와 관련된 분석 내용을 살펴보는 것은 정확한 통계분석을 위해서 반드시 필요한 부분이다.

1. 분석결과 해석: [기술통계량]

표 6-6 단순회귀분석 결과: 기술통계량

기술통계량

	평균	표준편차	N
병원방문횟수	69.18	49.258	11
연령	35.09	19.579	11

분석결과의 처음에 나타나는 [기술통계량]은 각 변수의 평균과 표준편차 그리고 데이터 개수를 보여 주고 있다.

2. 분석결과 해석: [상관계수]

표 6-7 단순회귀분석 결과: 상관계수

		병원방문횟수	연령
Pearson 상관	병원방문횟수	1.000	.986
	연령	.986	1.000
유의확률(단측)	병원방문횟수	.	.000
	연령	.000	.
N	병원방문횟수	11	11
	연령	11	11

[상관계수]는 변수들 간의 선형상관계수를 보여 주고 있다. 단순회귀분석에서 상관계수는 결과를 예측해 볼 수 있는 효과적인 결과물이다. 독립변수와 종속변수 간에 상관계수가 높게 나타나면 회귀분석 결과가 유의하게 나타날 확률이 높다. 결과를 살펴보면, 병원방문 횟수와 연령 변수 간의 상관계수가 $r = .986$으로 매우 높게 나타나 있어 단순회귀분석의 유의 있는 결과를 기대할 수 있다. 상관분석 부분에서 본 바와 같이 Pearson의 상관은 선형상관을 분석하는 방법이다.

3. 분석결과 해석: [진입·제거된 변수]

표 6-8 단순회귀분석 결과: 진입/제거된 변수[b]

모형	진입된 변수	제거된 변수	방법
1	연령[a]		입력

a. 요청된 모든 변수가 입력되었습니다.
b. 종속변수: 병원방문횟수

<표 6-8>의 [진입·제거된 변수] 결과는 회귀모형에 포함된 변수의 상황을 보여 주고 있다. 단순회귀분석이므로 모형에 진입된 변수는 연령 변수 하나이며 제거된 변수는 없음을 나타내고 있다. <그림 6-10> 화면의 『방법』 항목에서 입력을 선택하였기 때문에 일반적으로 모든 변수들이 포함된다. 회귀분석은 수많은 변수들 중에 의미 있는 변수들을 선택할 때도 사용되는데 이때 『방법』 항목에서 다양한 선택을 통해 분석방법을 달리할 수 있다. 이와 관련된 내용은 후반부에서 다루게 될 것이다.

4. 분석결과 해석: [모형 요약]

표 6-9 단순회귀분석 결과: 모형 요약[b]

모형	R	R 제곱	수정된 R 제곱	추정값의 표준오차	통계량 변화량				
					R 제곱 변화량	F 변화량	자유도1	자유도2	유의확률 F변화량
1	.986[a]	.973	.970	8.589	.973	319.927	1	9	.000

a. 예측값: (상수), 연령
b. 종속변수: 병원방문횟수

<표 6-9>의 모형 요약 내용은 본 분석에서 사용된 회귀모형에 의해 얻어진 회귀식이 데이터를 얼마나 잘 설명하고 있는가를 나타내는 지표이다. 즉, 분석에 의해 얻어진 1차 회귀직선이 데이터에 얼마나 적합한 것인가를 나타내는 것으로 회귀분석에서 매우 중요한 부분이다.

『R』

『R』 항목의 .986은 병원방문 횟수와 연령 간의 상관계수 값이다. <표 6-7>의 상관계수 결과와 비교하면 동일한 값임을 알 수 있다.

『R 제곱』

『R 제곱』은 결정계수(Coefficient of Determination)라고 불리며 기여율이라고도 한다. 결정계수를 구하는 식은 위에서 살펴본 바 있으나 여기서 다시 한 번 제시하면 다음과 같다.

$$R^2 = \frac{SSR}{SST} = 1 - \frac{SSE}{SST}$$

본 연구문제를 대상으로 결정계수를 계산해 보면 아래와 같다. 위 식의 SST, SSR, SSE에 해당하는 값은 <표 6-11>의 『제곱합』 항목에 나타나 있다.

$$R^2 = \frac{23599.741}{24263.636} = 1 - \frac{663.895}{24263.636} = 0.973$$

SSR 값이 최대로 커지면 SST와 같아진다. 따라서 결정계수 값은 0에서 최대 1까지의 범위 값을 가지게 된다. 결정계수 값이 1이라면 잔차가 0이 되므로 구해진 회귀식을 통해 종속변수를 완벽하게 예측할 수 있다. 따라서 결정계수 값이 1에 가까울수록 회귀모형, 즉 구해진 회귀식이 의미가 있음을 나타내며, 이는 독립변수가 종속변수를 예측 또는 설명하는 데 사용될 수 있음을 나타낸다. 분석결과 얻어진 $R^2 = .973$의 정확한 의미는 독립변수를 이용하여 얻어진 회귀식을 통해 종속변수 값의 97.3%를 예측할 수 있다는 뜻이 된다. 결정계수를 설명력으로 표현하기도 하는데 그렇다고 해서 결정계수의 값과 상관없이 독립변수가 설명력을 지녔다고 말하는 것은 타당하지 않다. 설명력이란 한글식 표현에 의해 회귀분석의 의미가 잘못 전달된 것이다. 만약 결정계수가 $R^2 = .254$로 분석되었다면 이는 회귀식이 종속변수를 예측하는 데 있어 25.4%만을 예측할 수 있음을 의미하기 때문에 예측력이 없다고 봐야 한다(<그림 6-3>을 다시 한 번 음미하기 바란다.). <그림 6-4>의 설명 안 된 편차, 즉 $(Y_i - \hat{Y}_i)$의 값이 74.6%로 에러, 즉 잔차가 3배 정도가 되기 때문에 구해진 회귀식은 종속변수를 예측할 수 없다고 보는 것이 타당하다. 회귀분석의 방법상 실제로 종속변수와 전혀 관련이 없는 독립변수를 이용하여도 회귀식과 결정계수 값이 구해지는 경우가 자주 있으며(낮은 결정계수 값이 구해진다.), 또한 독립변수들의 조합에 따라 각 독립변수의 영향력이 달라지기 때문에 예측력이 없는 회귀식을 통해 얻어진 결정계수 값을 종속변수에 대한 독립변수의 절대적인 설명력으로 설명하는 것은 타당하지 않다. 따라서 만약 결정계수 값이 $R^2 = .400$ 정도로 낮게 나타났다면 이는 독립변수가 종속변수의 40%를 설명하고 있다고 해석해서는 안 되며, 구해진 회귀식으로는 종속변수를 설명할 수 없다고 이해하는 것이 적절한 해석이다. 결정계수를 종속변수에 대한 독립변수의 절대적 설명력으로 보게 되면 단순 수치상 100%가 넘는 설명력이 나타나는 경우가 발생하게 된다.

통계적으로 받아들일 수 있는 결정계수 값이 정해져 있는 것은 아니나, 일반적으로 0.7 이상이면 구해진 회귀식이 의미 있는 것으로 보고 있다. 보다 보수적인 학자들의 경우 0.8 이상을 요구하기도 한다. 연구주제와 성격에 따라 적합한 결정계수 값은 유동적이라고 할 수 있으나 분명한 것은 예측력이 오차보다는 커야 한다는 점이다.

『수정된 R 제곱』

『수정된 R 제곱』값은 독립변수의 수가 증가할수록 결정계수 값이 증가하는 회귀분석의 단점을 보완하기 위해서 자유도를 이용하여 다시 계산한 값이다. 일반적으로 모집단의 결정계수를 추정할 때 사용한다. 회귀분석의 단점은 종속변수와의 관련성이 적은 독립변수라 할지라도 모형에 계속 추가시키면 결정계수 값이 점점 증가한다는 것이다. 이 같은 현상을 방지하기 위해서 독립변수가 추가되어도 반드시 결정계수 값이 증가하지 않도록 수정한 것이다. 독립변수의 수와는 무관하게 순수하게 결정계수의 증감만을 고려하여 최적의 회귀식을 구하는 데 사용된다. 『수정된 R 제곱』값을 구하는 식은 아래와 같다.

[수정된 R 제곱 식]

$$\text{수정된 } R^2 = 1 - \frac{n-1}{n-p-1}(1-R^2) \qquad \text{<식 6-22>}$$

n: 표본의 수, p: 독립변수의 수

분석결과를 위식에 대입하면 다음과 같이 계산된다.

$$\text{수정된 } R^2 = 1 - \frac{11-1}{11-1-1}(1-0.973) = 0.970$$

『추정값의 표준오차』값은 표본회귀식으로부터 얻어진 예측치와 실제 관찰치(종속변수의 값) 간의 오차값들에 대한 표준편차 값이다. 우리는 앞에서 회귀식의 적합도 검정 방법에는 추정의 표준오차를 이용하는 방법과 결정계수를 이용하는 방법이 있으며, 결정계수는 회귀식을 상호 비교하는 데 도움이 되고 추정의 표준오차는 상호 비교는 할 수 없지만 회귀식의 예측력을 살펴볼 수 있음을 학습한 바 있다. 만약 표본회귀식의 예측치가 관찰치와 완벽하게 일치한다면 추정값의 표준오차 값은 0이 되며, 예측력이 전혀 없다면 예측값의 추정치인 종속변수의 평균값을 사용하여야 하기 때문에 추정값의 표준오차 값은 종속변수의 표준편차 값과 일치하게 된다. 따라서 추정값의 표준오차는 0~종속변수의 표준편차 사이의 값이 된다. 이와 관련된 자세한 내용은 앞에서 살펴본 회귀식의 적합도 검정 부분을 다시 살펴보기 바란다. 나머지 『통계량 변화량』 부분은 독립변수가 1개이므로 무시해도 된다.

5. 분석결과 해석: [분산분석]

표 6-10 단순회귀분석 결과: 분산분석

분산분석[b]

모형		제곱합	자유도	평균제곱	F	유의확률
1	선형회귀분석	23599.741	1	23599.741	319.927	.000[a]
	잔차	663.895	9	73.766		
	합계	24263.636	10			

a. 예측값: (상수), 연령
b. 종속변수: 병원방문횟수

　분산분석 결과는 분석에 사용된 회귀모형이 선형적인 관계로 적절한지를 검정하는 것이다. 현재 우리가 수행하고 있는 것은 선형회귀분석이므로 독립변수와 종속변수로 설정된 모형이 선형관계가 성립해야 한다. 만약 분석 결과 선형적인 관계가 성립되지 않는 것으로 나타나면 더 이상 결과를 해석하는 것은 무의미하다. 출력된 결과를 보면 $F = 319.927$, 유의확률 $p = .000$으로 유의수준 $\alpha = .05$ 수준에서 선형적인 관계가 성립되고 있음을 보여 주고 있다. 분산분석표에 제시되어 있는 값들에 대한 자세한 내용은 분산분석 부분에서 참고하기 바란다.

6. 분석결과 해석: [계수]

표 6-11 단순회귀분석 결과: 계수

계수[a]

모형		비표준화 계수		표준화 계수	t	유의확률	B에 대한 95% 신뢰구간	
		B	표준오차	베타			하한값	상한값
1	(상수)	−17.891	5.514		−3.245	.010	−30.365	−5.418
	연령	2.481	.139	.986	17.886	.000	2.168	2.795

a. 종속변수: 병원방문횟수

　출력된 계수표에는 회귀분석으로 구해진 구체적인 회귀계수 값들이 출력되어 있으며 독립변수의 유효성이 검정되어 있다.

『비표준화 계수』

비표준화 계수 항목에는 각 독립변수에 대한 구체적인 회귀계수가 출력되어 있다. 우리는 이것을 이용해 회귀식을 만들 수 있다. 출력결과를 살펴보면, 비표준화 계수의「상수」항목은 절편(intercept)값을 나타내는 것으로 이것과 연령에 대한 계수 값을 이용하여 회귀식을 만든다. 연령에 대한 계수값은 2.481로 나와 있으므로 회귀식은 다음과 같이 된다.

$$y = a + bx = -17.891 + 2.481x$$
병원방문 횟수 = − 17.891 + 2.481×연령

이 회귀식을 이용하여 연령에 따른 병원방문 횟수를 예측할 수 있다는 것이다. 위 식의 의미는 연령을 한 단위만큼 증가시키면 병원방문 횟수의 예측값이 2.481만큼 증가한다는 것이다.

『표준화 계수』

표준화 계수는 회귀식에서 절편을 제거한 형태로 항상 상수값은 0이 된다. 일반적으로 표준화 계수는 회귀변수의 상대적 중요도를 살펴보기 위해서 사용한다. 여기서는 독립변수가 1개이므로 큰 의미가 있다고는 할 수 없으나 독립변수가 복수 개일 경우 어느 변수가 보다 중요한지(보다 영향을 많이 미치는지)를 살펴볼 필요가 있다. 이럴 경우 각 독립변수의 측정 단위에 따라 회귀계수 값이 영향을 받기 때문에 비표준화 계수로 얻어진 회귀식을 가지고는 상대적 중요도를 파악할 수 없다. 따라서 측정 단위에 상관없는 새로운 척도로 변환시킬 필요가 있으며 이 같은 변환을 통계학에서는 표준화라고 한다. 위에서 제시한 표준화 계수가 바로 측정단위에 영향을 받지 않도록 변환시킨 회귀계수이다. 위에 제시된 표준화 계수 0.986의 의미는 독립변수(여기서는 연령)의 한 단위만큼의 표준편차의 증가에 의해 종속변수(여기서는 병원방문 횟수) 예측값의 표준편차가 0.986만큼 증가한다는 의미이다.

표준화 계수에 대한 자세한 내용은 다중회귀분석에서 다루게 될 것이다. 표준화 계수를 이용한 회귀식은 다음과 같다.

$$y = 0.986x$$

병원방문 횟수＝0.986×연령

『t』

『t』 항목은 각 독립변수의 유효성을 t – 검정을 통해 검정하는 것으로 t – 값을 나타낸다. 결과를 보면 $t = 17.886$, 유의확률 $p = .000$ 으로 유의수준 $\alpha = .05$ 수준에서 연령 변수는 유효한 것으로 검정되었다.

7. 분석결과 해석: [상관계수]

여기에 제시되어 있는 상관계수 값들은 별 의미가 없다. 넘어가도 된다.

표 6-12 단순회귀분석 결과: 상관계수

상관계수[a]

모형			연령
1	상관계수	연령	1.000
	공분산	연령	.019

a. 종속변수: 병원방문횟수

8. 분석결과 해석: [잔차 통계량]

표 6-13 단순회귀분석: 잔차 통계량

잔차 통계량[a]

	최소값	최대값	평균	표준편차	N
예측값	6.92	143.40	69.18	48.580	11
잔차	−10.251	16.603	.000	8.148	11
표준화 예측값	−1.282	1.528	.000	1.000	11
표준화 잔차	−1.194	1.933	.000	.949	11

a. 종속변수: 병원방문횟수

여기에 출력되어 있는 잔차 통계량은 종속변수 즉, 병원방문 횟수에 대한 예측값을 대상으로 구해진 통계량이다. 회귀식을 이용하여 구해진 예측값들을 대상으로 최솟값, 최댓값, 평균, 표준편차 등을 구한 것이다.

9. 분석결과 해석: [히스토그램]

여기에 출력된 히스토그램은 잔차가 정규분포를 해야 한다는 가정을 확인하기 위해서 잔차와 정규분포도를 함께 나타낸 것이다. 그림상으로는 잔차가 정규분포를 한다는 것을 확인하기 어렵다. 특히 데이터 개수가 적을 때는 더욱 그렇다. 그래서 누적 확률을 이용하여 확인하고자 나타낸 것이 다음에 나오는 회귀 표준화 잔차의 정규 P – P 도표이다.

히스토그램

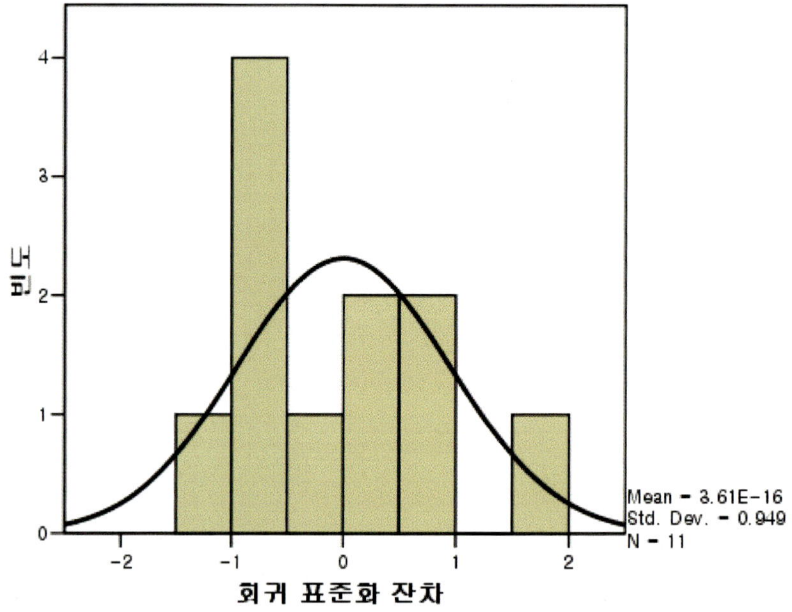

그림 6-14 단순회귀분석 결과: 히스토그램

10. 분석결과 해석: [회귀 표준화 잔차의 정규 P-P 도표]

회귀 표준화 잔차의 정규 P-P 도표

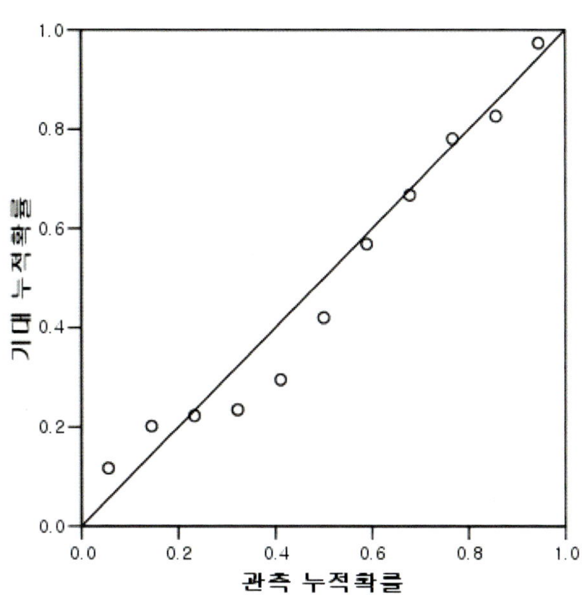

그림 6-15 단순회귀분석 결과: 회귀 표준화 잔차의 정규 P-P 도표

관측누적 확률과 기대누적 확률을 그래프로 나타낸 것으로 표준화 잔차가 정규분포를 하는지 확인하는 그래프이다. 만약 예측력이 좋다면 관측누적 확률과 기대누적 확률이 거의 같은 선상에 존재하게 될 것이다. 도표의 아랫부분에서 다소 벗어나는 모습을 보이기는 하지만 직선을 따라 이동하는 것을 보면 예측력이 좋은 것으로 생각할 수 있다.

11. 분석결과 해석: [산점도]

산 점 도

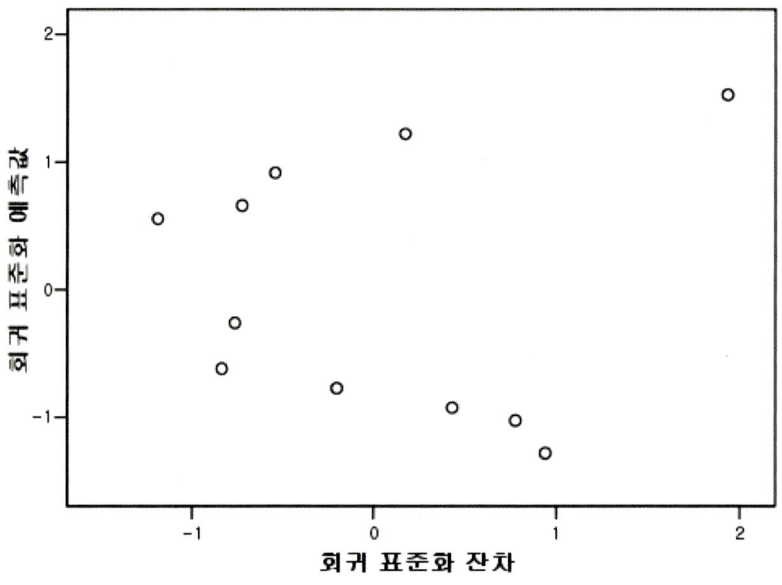

그림 6-16 단순회귀분석 결과: 산점도

산점도는 종속변수의 오차항의 분산이 독립변수들에 대해서 동일해야 한다는 가정을 검정하기 위해서 그려진 것이다. 가로축과 세로축의 0점이 만나는 지점을 중심으로 잔차들이 특정한 이동 패턴 없이 나타나면 위의 가정에 부합한다고 판정한다.

지금까지 단순회귀분석 결과들에 대해서 살펴보았다. 이제는 이들 결과물들을 어떠한 순서에 의해서 어떻게 해석해야 하는지를 알아보자. 일반적으로 회귀분석이라 하면 선형회귀분석을 의미하므로 가장 먼저 검정해야 하는 것은 연구자가 설정한 모형이 선형의 관계로 설명이 가능한가이다. 즉, 독립변수와 종속변수의 관계가 선형적인지를 확인해야 한다. 이를 선형성 검정이라고 하고 $F-$검정을 이용한다. 분석결과 중 분산분석(<표 6-11> 참조) 결과를 살펴보면

$F = 319.927$, 유의확률 $p = .000$으로 유의수준 $\alpha = .05$ 수준에서 선형적인 관계가 성립된다고 할 수 있다. 만약 여기서 선형성이 없는 것으로 나타나면 그 이후의 결과물들은 아무런 의미가 없게 된다.

　회귀모형의 선형성이 통과되면, 회귀분석에 의해 구해진 회귀식과 회귀계수들을 확인해야 한다. 본 분석에서 얻어진 회귀식은 다음과 같다.

$$y = a + bx = -17.891 + 2.481x$$

병원방문 횟수 = $-17.891 + 2.481 \times$ 연령

　다음은 회귀식에 사용된 독립변수 즉, 연령이 유효한지를 살펴보아야 한다. <표 6-12>를 보면 $t = 17.886$, 유의확률 $p = .000$으로 유의수준 $\alpha = .05$ 수준에서 연령 변수는 유효한 것으로 검정되었다.

　마지막으로 연령을 이용한 선형회귀식이 충분한 예측력이 있는지를 검정해야 한다. 예측력에 대한 검정은 결정계수 R^2 값으로 확인할 수 있으며, <표 6-9>를 보면 결정계수가 $R^2 = 0.973$으로 나타나 97.3%의 예측력을 보인다고 할 수 있다. 따라서 본 연구에서 설정한 회귀모형의 회귀식은 유효하며 연령 변수를 통해 병원방문 횟수를 예측할 수 있다고 할 수 있다. 따라서 연령이 병원방문 횟수에 영향을 미친다고 결론을 내릴 수 있다.

4) 단순회귀분석 결과의 보고 방법

　회귀분석 결과를 논문이나 연구 보고서로 제출할 때는 회귀분석 절차에 따라 관련 분석 정보들을 제공하는 것이 바람직하다. 일부 학자들이 통계분석 결과로 검정값과 확률값만을 제시하는 경우가 있는데 이는 바람직한 형태가 아니다. 통계분석이 정상적으로 이루어졌는지, 그리고 향후 논문을 참고하기 위해서는 중요한 기초적인 분석 자료를 제공하는 것이 바람직하다. 특히 논문의 경우 객관성과 신뢰성의 중요성을 생각한다면 통계분석 결과 자료를 제공하는 것이 얼마나 중요한 것이지 판단할 수 있을 것이다.

논문으로 보고하는 데 필요한 내용은 단순회귀분석이냐 아니면 다중회귀분석이냐에 따라 달라질 수 있다. 여기서는 단순회귀분석 결과를 보고하는 경우로 제시할 것이고 다중회귀분석 보고와 관련해서는 다중회귀분석 과정에서 기술하겠다.

단순회귀분석 결과 중에 보고해야 할 내용은 각 변수들의 기술통계량과, 선형성 검정 내용(분산분석의 F-검정), 회귀계수 관련 내용, 그리고 결정계수 값이다. 이들 내용을 보고할 때는 단순 값만을 제시하는 것보다 SPSS에서 제공한 테이블을 요약하여 제시하는 것이 좋다. 기술통계량과 관련해서는 분산분석 부분에서 다룬 바 있으므로 나머지 내용에 대해서만 기술하겠다.

기술통계량을 제외하면 가장 먼저 제시해야 할 내용은 선형성 검정 내용으로 이는 <표 6-10>을 아래와 같이 그대로 옮기면 된다.

표 6-14 단순회귀분석 결과 보고 예: 선형성 검정 결과

Source	SS	df	MS	F	p
선형회귀분석	23599.741	1	23599.741	319.927	.000
잔차	663.895	9	73.766		
합계	24263.636	10			

<표 6-11>의 항목명은 한글로 되어 있으나 여기서는 공식적인 통계 용어로 교체하였다. APA에서는 통계 용어 표기법을 위 표와 같이 제시하고 있으나 각 학회마다 약간씩 차이가 있으므로 통계 용어 표기와 관련해서는 해당 학회의 규칙을 따르기 바란다.

본문에서 선형성 검정 결과를 기술할 때는 다음과 같이 하면 된다.

"회귀모형에 대한 선형성 검정 결과 $F=319.927$, 유의확률 $p=.000$으로 나타나 유의수준 $\alpha=.05$하에서 병원방문 횟수와 연령 변수 간에는 선형성이 있는 것으로 분석되었다."

다음으로 제시할 내용은 구해진 회귀계수와 회귀식이다. <표 6-12>의 내용을 다음과 같이 편집하여 제시하면 된다.

표 6-15 단순회귀분석 결과 보고 예: 회귀계수

변수	비표준화 계수		표준화 계수	t	p
	B	표준오차	베타		
(상수)	-17.891	5.514		-3.245	.010
연령	2.481	.139	.986	17.886	.000

본문에서의 설명은 다음과 같이 한다.

"연령 변수에 대한 비표준화 회귀계수는 2.481로 나타났으며, 이에 대한 t-검정 결과 $t=17.886$, 유의확률 $p=.000$으로 나타나 유의수준 $\alpha=.05$하에서 연령 변수가 병원방문 횟수 변수에 영향을 미치는 것으로 분석되었다. 구해진 회귀식은 다음과 같다."
병원방문 횟수 = -17.891×2.481(연령)

다음으로 제시할 부분은 구해진 회귀식이 예측력이 있는 것인지를 검정한 내용으로 <표 6-9>의 내용 중 결정계수와 수정된 결정계수 그리고 추정값의 표준오차 값을 제시하면 된다. 본문에서는 다음과 같이 기술한다.

"구해진 회귀식에 대한 예측력을 검정한 결과 결정계수는 $R^2=.973$, 수정된 결정계수는 $adjR^2=.970$, 추정값의 표준오차는 $S_e=8.589$로 나타나 연령 변수를 통해 병원방문 횟수를 예측할 수 있는 것으로 분석되었고, 따라서 병원방문 횟수의 97.3%는 연령의 변동으로 설명할 수 있다."

4. 다중회귀분석(Multiple regression analysis)

앞장에서 단순회귀분석에 대해서 살펴보았다. 단순회귀분석은 독립변수와 종속변수가 각각 하나씩 있는 형태이다. 즉, 하나의 독립변수로 종속변수를 설명하고자 하는 것이다. 그러나 하나의 독립변수만으로 종속변수를 설명할 수 있는 경우는 매우 드물다. 대부분의 경우 종속변수는 여러 개의 독립변수와 관계를 갖고 있으며, 하나의 종속변수를 설명하기 위해서는 여러 개의 독립변수를 이용해야 하는 경우가 많다. 이와 같이 하나의 종속변수와 여러 개의 독립변수들 사

이의 관계를 규명하고자 할 때 자주 사용되는 기법 중의 하나가 다중회귀분석이다. 다중회귀분석은 독립변수의 수만 많아진 것이며, 그 이론적 배경은 단순회귀분석과 거의 동일하다. 따라서 앞장에서 단순회귀분석을 이해하였다면 다중회귀분석을 이해하는 데 큰 어려움이 없다.

1) 다중회귀 모형

단순회귀분석에서와 마찬가지로 다중회귀분석에서도 종속변수와 독립변수의 관계를 선형으로 가정하기 때문에 1차 함수로 나타낼 수 있다. k개의 독립변수로 구성된 모집단의 회귀분석모형은 아래의 <식 6-23>과 같다.

[다중회귀모형]
$$Y_i = \alpha + \beta_1 X_{1i} + \beta_2 X_{2i} + \beta_3 X_{3i} + \cdots + \beta_k X_{ki} + \epsilon_i \qquad \text{<식 6-23>}$$

α는 Y축의 절편, β_k는 Y와 X_k 간의 기울기를 나타낸다. 위 식을 모집단 다중회귀식으로 나타내면 아래의 <식 6-24>와 같다.

[모집단에 대한 다중회귀식]
$$\mu_{Y \cdot X_1, X_2, \cdots, X_k} = \alpha + \beta_1 X_{1i} + \beta_2 X_{2i} + \beta_3 X_{3i} + \cdots + \beta_k X_{ki} \qquad \text{<식 6-24>}$$

$\mu_{Y \cdot X_1, X_2, \cdots, X_k}$는 독립변수 $X_1, X_2, \cdots, X_k$가 주어졌을 때 종속변수 Y의 조건부 평균값을 나타낸다. Y의 조건부 평균값이 독립변수와 1차 함수 관계에 있는 것은 단순회귀식에서나 다중회귀식에서나 동일하게 선형성을 가정하기 때문이다.

β_k는 다른 독립변수가 일정하다고 가정했을 때 독립변수 X_k가 종속변수 Y에 미치는 부분적인 영향을 나타내므로 **편회귀계수(partial regression coefficient)**라고 한다.

표본에 대한 다중회귀식은 아래의 <식 6-25>와 같다.

> [표본에 대한 다중회귀식]
> $$\widehat{Y_i} = a + b_1 X_{1i} + b_2 X_{2i} + \cdots + b_k X_{ki}$$

<식 6 - 25>

여기서 $\widehat{Y_i}$는 $\mu_{Y \cdot X_1, X_2, \cdots, X_k}$의 추정치이며, a는 α의 추정치, b_k는 편회귀계수 β_k의 추정치이다. 표본을 대상으로 적절한 다중회귀식을 추정할 때도 최소자승법을 사용한다.

2) 표본의 다중회귀식

설명의 편리성을 위해서, 독립변수를 X_1과 X_2 두 개만을 가지고 모집단의 회귀모형을 나타내면 아래와 같다.

$$Y_i = \alpha + \beta_1 X_{1i} + \beta_2 X_{2i} + \epsilon_i$$

이 모집단의 회귀모형을 표본에서의 회귀모형으로 표현하면 아래와 같다.

$$Y_i = a + b_1 X_{1i} + b_2 X_{2i} + e_i$$

여기서 e_i는 잔차이며, 표본회귀식은 다음과 같다.

$$\widehat{Y_i} = a + b_1 X_{1i} + b_2 X_{2i}$$

잔차의 제곱합은 다음과 같이 구해진다.

$$\sum e_i^2 = \sum (Y_i - \widehat{Y_i})^2 = \sum (Y_i - a - b_1 X_{1i} - b_2 X_{2i})^2$$

위의 식을 a, b_1, b_2에 대해 편미분하고, 이 미분한 값들을 0으로 놓으면 다음과 같은 정규방정식을 구할 수 있다.

$$\sum Y_i = a + b_1 \sum X_{1i} + b_2 \sum X_{2i}$$

$$\sum X_{1i} Y_i = a \sum X_{1i} + b_1 \sum X_{1i}^2 + b_2 \sum X_{1i} X_i$$

$$\sum X_{2i} Y_i = a \sum X_{2i} + b_1 \sum X_{1i} X_{2i} + b_2 \sum X_{2i}^2$$

이 세 식을 충족시키는 a, b_1, b_2을 구하면 아래 <식 6-26>과 <식 6-27>과 같다. 아래 식에서는 편의상 $X_{1i} - \overline{X}_1 = x_{1i}$, $X_{2i} - \overline{X}_2 = x_{2i}$, $Y_i - \overline{Y} = y_i$ 로 대치하여 식을 간단히 표기하였다.

[회귀계수식(회귀계수가 2개인 경우)]

$$b_1 = \frac{\sum x_{1i} Y_i \sum x_{2i}^2 - \sum x_{2i} y_i \sum x_{1i} x_{2i}}{\sum x_{1i}^2 \sum x_{2i}^2 - (\sum x_{1i} x_{2i})^2}$$

$$b_2 = \frac{\sum x_{2i} Y_i \sum x_{1i}^2 - \sum x_{1i} y_i \sum x_{1i} x_{2i}}{\sum x_{1i}^2 \sum x_{2i}^2 - (\sum x_{1i} x_{2i})^2}$$

<식 6-26>

[다중회귀식의 절편]

$$a = \overline{Y} - b_1 \overline{X}_1 - b_2 \overline{X}_2$$

<식 6-27>

다중회귀분석에서는 고려하여야 할 중요한 두 가지 가정이 있다.

가정 1: 관찰된 값들의 수(n)는 독립변수의 수(k)보다 최소한 2개 이상 많아야 한다.

가정 2: 각 독립변수들 사이의 상관계수가 1이어서는 안 된다.

$$\rho(X_i, X_j) \neq 1, \quad i \neq j$$

첫 번째 가정은 대부분의 경우 일반적으로 충족되기 때문에 큰 문제가 되지 않는다. 그러나 두 번째 가정은 다중공선성 문제로 매우 중요한 부분이다. 이에 대해서 살펴보자.

$\rho(X_i, X_j) = 1$이라는 것은 두 독립변수 X_i와 X_j가 완전한 선형관계에 있음을 뜻한다. 이러한 경우에는 최소자승법에 의한 추정치를 계산할 수 없다. 다중회귀식 기울기의 식에서 분모가 0이 되기 때문이다.

$$\sum x_{1i}^2 \sum x_{2i}^2 - \left(\sum x_{1i}x_{2i}\right)^2 = 0$$

위 식이 0이 되는 과정을 살펴보면 다음과 같다. ρ의 추정치인 표본상관계수 r을 1이라고 하면 그 식은 다음과 같다.

$$r = \frac{S_{x1 \cdot x2}}{S_{x1}S_{x2}} = \frac{\sum x_{1i}x_{2i}}{\sqrt{\sum x_{1i}^2} \cdot \sqrt{\sum x_{2i}^2}} = 1$$

위 식에서 양변을 제곱하여 정리하면 다음과 같다.

$$\left(\sum x_{1i}x_{2i}\right)^2 = \sum x_{1i}^2 \cdot \sum x_{2i}^2 \quad \Rightarrow \quad \sum x_{1i}^2 \cdot \sum x_{2i}^2 - \left(\sum x_{1i}x_{2i}\right)^2 = 0$$

이처럼 독립변수들 간의 선형관계로부터 비롯되는 문제를 **다중공선성(multi-collinearity)**이라 한다. 만일 $\rho(X_i, X_j) = 1$이 되면 아예 추정치 계산이 불가능해지며, ρ가 1이 아니라 하더라도 1에 가까울수록 추정의 표준오차 값이 매우 큰 값으로 나타나기 때문에 다중회귀분석에 대한 추정이나 가설검정이 무의미하게 된다.

3) 다중회귀식의 적합도 추정

다중회귀분석에서의 적합도 추정은 단순회귀분석에서와 동일하다. 따라서 앞 장에서 이 부분에 대한 내용을 이해하였다면 다음의 내용들은 쉽게 이해할 수 있을 것이다. 다중회귀분석에서도 추정의 표준오차에 의한 적합도 검정과 결정계수에 의한 적합도 검정이 있다.

(1) 추정의 표준오차에 대한 적합도 검정

다중회귀식이 종속변수를 예측하는 데(설명) 얼마나 적합한가를 판단하기 위해 적합도를 추정하게 되는데, 이 적합도를 추정하는 방법에는 단순회귀분석에서와 동일하게 추정의 표준오차와 결정계수를 이용한다.

다중회귀식에 있어서 추정의 표준오차는 아래의 <식 6 - 28>과 같이 정의된다. 이해를 돕기 위해서 단순회귀식의 추정 표준오차도 함께 나타내었다.

[단순회귀식과 다중회귀식의 추정 표준오차 식]

단순회귀식의 추정 표준오차: $S_e = \sqrt{\dfrac{\sum (Y_i - \widehat{Y}_i)^2}{n-2}} = \sqrt{\dfrac{SSE}{n-2}}$

다중회귀식의 추정 표준오차: $S_e = \sqrt{\dfrac{\sum (Y_i - \widehat{Y}_i)^2}{n-k-1}} = \sqrt{\dfrac{SSE}{n-k-1}}$

<식 6 - 28>

단순회귀분석에서는 자유도가 $(n-2)$이었다. 단순회귀식에서는 모수치 α와 β를 구할 때 자유도를 하나씩 잃어버리기 때문이다. 그러나 모든 회귀분석에서는 자유도가 $(n-k-1)$인데 여기서 k는 독립변수의 수를 말한다. 단순회귀분석의 경우는 독립변수가 1이므로 자유도가 $n-2$가 되고, 다중회귀분석에서는 독립변수가 2개인 경우 자유도가 $(n-3)$이 된다.

(2) 결정계수에 의한 적합도 검정

결정계수는 독립변수들이 종속변수를 어느 정도 예측할(설명할) 수 있는가를 나타내는 지수이다. 다중회귀분석에서 결정계수는 각각의 독립변수의 영향력을 나타내는 것이 아니라 독립변수들이 한데 합해서 종속변수를 예측할 수 있는 정도를 말한다. 식으로 표현하면 아래의 <식 6 - 29>와 같다.

[다중회귀식의 결정계수 식]

$$R^2 = \frac{\text{설명된 제곱합}(SSR)}{\text{총제곱합}(SST)}$$
$$= \frac{\text{총제곱합}(SST) - \text{설명 안된 제곱합}(SSE)}{\text{총제곱합}(SST)}$$
$$= 1 - \frac{\text{설명 안된 제곱합}(SSE)}{\text{총제곱합}(SST)}$$
$$= 1 - \frac{\sum (Y_i - \widehat{Y}_i)^2}{\sum (Y_i - \overline{Y})^2}$$

<식 6 - 29>

다중회귀식에서 회귀제곱합(sum of squares regression: SSR)은 여러 회귀변수

들이 합하여 종속변수를 예측하는(설명하는) 정도를 제곱합으로 계산한 것이다. 오차제곱합(sum of squares error: SSE)은 회귀변수들로는 설명될 수 없는 제곱합이며, 총제곱합(sum of squares total: SST)은 설명된 제곱합과 설명 안 된 제곱합을 합한 것이다. 단순회귀분석에서와 내용이 동일히기 때문에 쉽게 이해할 수 있을 것이다.

예제를 통해서 다중회귀분석에 대해서 살펴보자.

4) 다중회귀식의 선형 유의성 검정

다중회귀식의 종속변수와 독립변수들 사이에 1차 선형관계가 유의하게 성립하는지를 보고자 하는 유의성 검정은 두 가지 방법이 있다. 첫째는 회귀 모형 전체의 유의성을 검정하는 방법으로 $F-$검정을 사용한다. 이 방법은 독립변수가 몇 개이건 간에 독립변수를 모두 합하여 회귀모형에서 독립변수가 종속변수에 끼치는 영향의 유의성을 검정한다. 그러나 이 방법은 독립변수들이 종속변수에 유의한 영향력을 끼친다고 하더라도 그중에서 어떤 독립변수가 더 유의한지는 알 수 없다. 둘째 방법은 k개의 회귀모수가 있을 때 개별적인 회귀모수 β_k에 대해 $t-$검정을 하는 방법이다.

(1) 다중회귀모형의 $F-$검정

다중회귀분석에서 회귀모형의 유의성을 검정하려면 모든 독립변수가 종속변수와 선형관계가 없다는 귀무가설을 검정해야 한다. 다중회귀분석에서 가설검정을 할 때 귀무가설과 대립가설은 다음과 같다.

$$H_0: \ \beta_1 = \beta_2 = \cdots = \beta_k = 0$$
$$H_a: \ k개의 \ 모수 \ 중 \ 적어도 \ 하나는 \ 0이 \ 아니다.$$

위의 귀무가설은 종속변수를 의미 있게 설명하는 독립변수는 하나도 없다는 뜻으로, 이 귀무가설을 채택한다는 것은 다중회귀모형이 성립하지 않는다는 것을 나타낸다. 반면 대립가설은 다중회귀 방정식을 구성하는 여러 개의 독립변수 중에서 종속변수를 설명하는 변수가 적어도 1개 이상이므로 다중회귀모형은 성립한다는 것을 나타낸다.

단순회귀분석에서와 같이 설명된 평균제곱(mean square regression: MSR)과 설명 안 된 평균제곱(mean square error: MSE)의 비율은 F분포를 갖게 된다. 따라서 $F-$검정을 수행하게 된다.

다중회귀분석에서는 $k+1$개의 모수가 추정되기 때문에 설명 안 된 제곱합의 자유도는 n에서 $k+1$을 잃어버린 $n-(k+1)$이며, 설명된 제곱합의 자유도는 독립변수의 수와 같은 k개이다. 또한 총제곱합(SST)의 자유도는 위에서 설명된 두 자유도를 합한 것으로 항상 $n-1$이 된다. 식으로 표현하면 아래 <식 6-30>과 같다.

[다중회귀에서의 MSR과 MSE]

$$MSR = \frac{SSR}{k}, \ MSE = \frac{SSE}{n-k-1} \qquad \text{<식 6-30>}$$

이때 $\dfrac{MSR}{MSE}$은 자유도 $(k, \ n-k-1)$을 가진 $F-$분포를 따르게 되며, 아래의 <식 6-31>과 같이 나타낼 수 있다.

[다중회귀에서의 $F-$검정식]

$$F_{k,n-k-1} = \frac{\dfrac{SSR}{k}}{\dfrac{SSE}{(n-k-1)}} = \frac{MSR}{MSE} \qquad \text{<식 6-31>}$$

다중회귀분석에서의 회귀분석표는 아래의 <표 6-16>과 같다.

표 6-16 다중회귀분석에서의 회귀분석표(or 분산분석표)

분산원	제곱합	자유도	평균제곱	F값
회귀변수	$SSR = \sum (\hat{Y_i} - \overline{Y})^2$	k	$MSR = \dfrac{SSR}{k}$	$\dfrac{MSR}{MSE}$
오 차	$SSE = \sum (Y_i - \hat{Y_i})^2$	$n-k-1$	$MSE = \dfrac{SSE}{n-k-1}$	
합 계	$SST = \sum (Y_i - \overline{Y})^2$	$n-1$		

(2) 개별모수 β_k에 관한 t – 검정

　여러 회귀모수를 종합적으로 검정할 때는 어느 독립변수가 영향을 끼치는지 아닌지를 알 수 없다. 반면에 개별모수 β_k에 대한 검정은 각 독립변수에 대한 검정을 할 수 있으므로 어느 독립변수가 종속변수에 영향을 끼치는지 알 수 있다.

　귀무가설의 검정은 단순회귀분석에서 β – 검정을 했을 때처럼 자유도 $n-k-1$을 갖는 t – 분포를 이용한다. 개별모수를 검정하기 위한 t값의 계산은 아래의 <식 6 – 32>와 같다.

[다중회귀에서의 t – 검정식]

$$t_{n-k-1} = \frac{b_k - 0}{S_{bk}}$$

<식 6 - 32>

　b_k는 표본다중회귀식에서 구한 X_i의 기울기이며, S_{bk}는 회귀계수 b_k의 추정된 표준오차이다.

　독립변수가 2개인 다중회귀분석에서 b_1과 b_2의 추정된 표준오차의 제곱인 S_{b1}^2 , S_{b2}^2 은 다음과 같다.

$$S_{b1}^2 = \frac{S_e^2 \sum x_{2i}^2}{[\sum x_{1i}^2 \sum x_{2i}^2 - (\sum x_{1i}x_{2i})^2]}$$

$$S_{b2}^2 = \frac{S_e^2 \sum x_{1i}^2}{[\sum x_{1i}^2 \sum x_{2i}^2 - (\sum x_{1i}x_{2i})^2]}$$

　위의 식에서 $x_{1i} = (X_{1i} - \overline{X_1})$, $x_{2i} = (X_{2i} - \overline{X_2})$을 말하며, S_e는 다중회귀식의 적합도를 추정할 때 생기는 표준오차를 나타낸다.

5. 다중회귀분석 방법

다중회귀분석을 수행하기 위한 연구문제는 아래와 같다.

회귀분석을 위한 연구문제 - 02

다음의 자료는 1개의 종속변수 Y와 4개의 독립변수 x1~x4로 구성되어 있다. 독립변수들을 이용하여 종속변수를 예측할(설명할) 수 있는 회귀식을 구하라.

No \ 변수	종속변수	독립변수			
	Y	x1	x2	x3	x4
1	4.06	2.71	4.10	19.00	16.00
2	4.39	2.21	4.34	18.33	17.00
3	5.02	2.46	4.95	18.33	18.50
4	5.23	3.21	5.36	2.33	20.00
5	5.57	3.50	5.64	18.33	16.00
6	6.50	3.95	6.18	14.67	25.00
7	6.65	4.11	6.69	18.00	22.50
8	7.26	4.24	7.24	10.67	23.00
9	7.48	4.13	7.46	18.33	17.00
10	7.39	4.23	7.23	16.67	28.00
11	7.50	4.33	7.33	19.67	21.50
12	7.55	4.32	7.32	11.67	27.50

---

1) 다중회귀분석의 절차 및 내용

다중회귀분석은 단순회귀분석에 비해 검정해야 하는 부분도 많으며, 또한 매우 세밀하게 데이터들을 탐색해야 한다. 특히 데이터에 대한 정밀한 탐색은 정확한 회귀분석을 위해서는 매우 중요하다. 이는 회귀분석이 데이터의 분포 상태와 많은 관련이 있기 때문이다. 회귀분석 검정 결과로는 유의한 차이가 있는 것으로 나타나더라도 그것이 데이터의 이상점(outlier)에 의한 것일 수 있기 때문에 데이터의 분포 상태를 점검하는 과정은 회귀분석 시 중요한 역할을 한다. 다중회귀분석의 일반적인 분석 순서는 아래 <그림 6 - 17>과 같다. 그러나 아래의 과정을 단순히 기계적으로만 거친다면 자칫 잘못된 결과를 도출할 수도 있으며, 분석 결과가 나타내는 정확한 의미를 이해할 수 없게 된다. 더욱이 회귀분석은 연구자의 연구목적에 따라 다양한 방법으로 사용되기 때문에 연구결과를 분석하고 해석하는 과정 또한 다양하다. 따라서 회귀분석 결과 출력되는 모든 내용에 대해서 해석할 수 있는 능력이 요구된다.

그러한 의미에서, 위의 연구문제에 대한 다중회귀분석 결과에 대해서 일반적인 순서에 맞춰 진행하면서 해석해 나갈 것이다. 따라서 결과 출력 순서와는 상관없이 요구되는 결과부터 살펴보게 될 것이다.

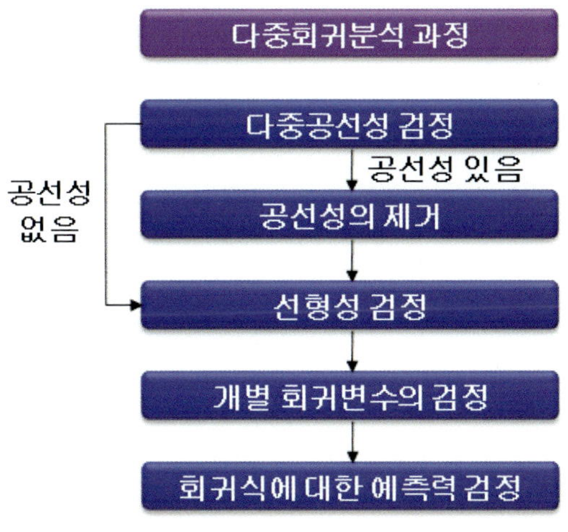

그림 6 - 17 다중회귀분석 순서

2) 다중회귀분석의 실행 방법

위의 연구문제 데이터를 SPSS에 코딩한 화면은 <그림 6 - 18>과 같다.

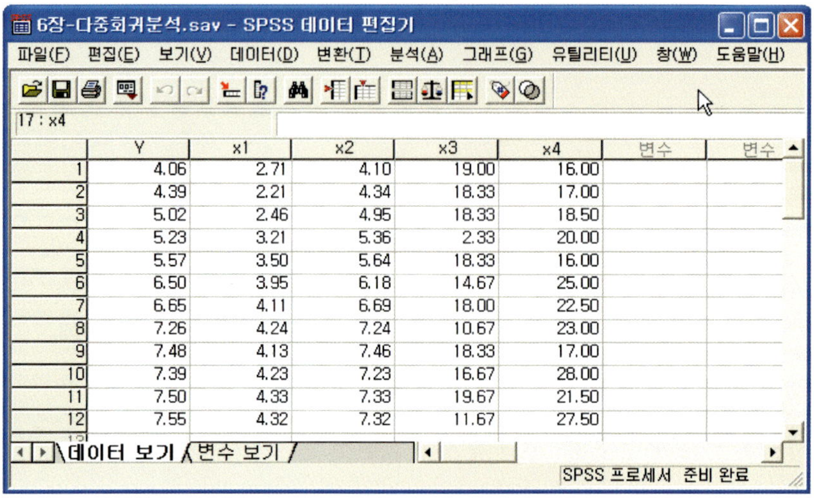

```
6장-다중회귀분석.sav - SPSS 데이터 편집기
파일(F)  편집(E)  보기(V)  데이터(D)  변환(T)  분석(A)  그래프(G)  유틸리티(U)  창(W)  도움말(H)
17 : x4
```

	Y	x1	x2	x3	x4	변수	변수
1	4.06	2.71	4.10	19.00	16.00		
2	4.39	2.21	4.34	18.33	17.00		
3	5.02	2.46	4.95	18.33	18.50		
4	5.23	3.21	5.36	2.33	20.00		
5	5.57	3.50	5.64	18.33	16.00		
6	6.50	3.95	6.18	14.67	25.00		
7	6.65	4.11	6.69	18.00	22.50		
8	7.26	4.24	7.24	10.67	23.00		
9	7.48	4.13	7.46	18.33	17.00		
10	7.39	4.23	7.23	16.67	28.00		
11	7.50	4.33	7.33	19.67	21.50		
12	7.55	4.32	7.32	11.67	27.50		

```
데이터 보기 / 변수 보기                              SPSS 프로세서 준비 완료
```

그림 6-18 다중회귀분석을 위한 코딩 완료 화면

다중회귀분석 시 본격적인 분석에 앞서 항상 종속변수와 독립변수들 간의 산점도를 그려 보는 것은 매우 중요한 절차이다. 산점도를 통해 종속변수에 영향을 미치는 독립변수가 어떤 것들인지도 예측해 볼 수 있으며, 무엇보다도 각 데이터들의 이상점을 확인해 볼 수 있기 때문이다. 산점도를 수행하기 위한 메뉴 선택은 <그림 6-19>와 같이 【그래프】 - 【산점도】를 선택하면 된다.

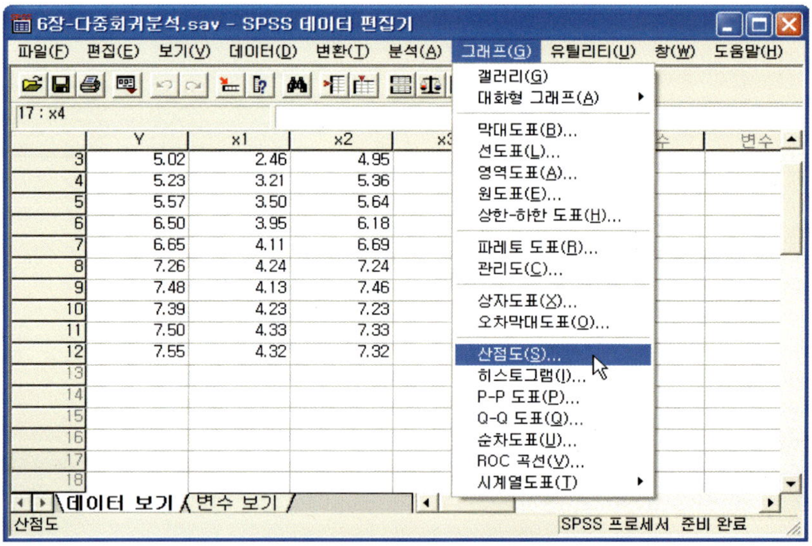

```
6장-다중회귀분석.sav - SPSS 데이터 편집기
파일(F)  편집(E)  보기(V)  데이터(D)  변환(T)  분석(A)  그래프(G)  유틸리티(U)  창(W)  도움말(H)
17 : x4

                                    갤러리(G)
                                    대화형 그래프(A)      ▶
                                    막대도표(B)...
                                    선도표(L)...
                                    영역도표(A)...
                                    원도표(E)...
                                    상한-하한 도표(H)...
                                    파레토 도표(R)...
                                    관리도(C)...
                                    상자도표(X)...
                                    오차막대도표(O)...
                                    산점도(S)...
                                    히스토그램(I)...
                                    P-P 도표(P)...
                                    Q-Q 도표(Q)...
                                    순차도표(U)...
                                    ROC 곡선(V)...
                                    시계열도표(T)          ▶
```

	Y	x1	x2	x3
3	5.02	2.46	4.95	
4	5.23	3.21	5.36	
5	5.57	3.50	5.64	
6	6.50	3.95	6.18	
7	6.65	4.11	6.69	
8	7.26	4.24	7.24	
9	7.48	4.13	7.46	
10	7.39	4.23	7.23	
11	7.50	4.33	7.33	
12	7.55	4.32	7.32	
13				
14				
15				
16				
17				
18				

```
데이터 보기 / 변수 보기
산점도                                               SPSS 프로세서 준비 완료
```

그림 6-19 산점도 메뉴 화면

【산점도】메뉴를 클릭하면 아래의 <그림 6-20>과 같은{산점도} 윈도우가 나타난다.『단순』항목을 선택한 후 [정의] 버튼을 클릭하자.

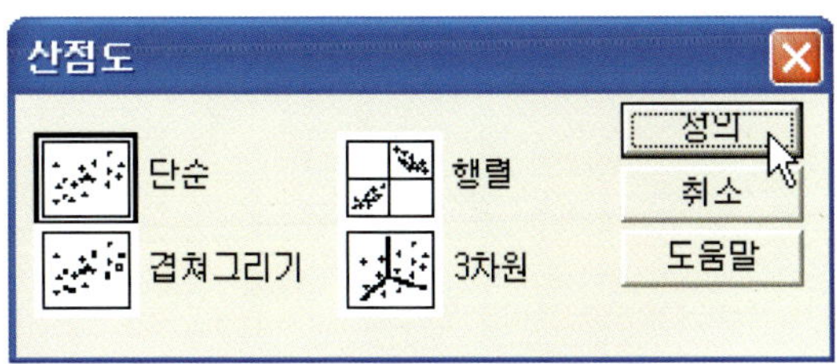

그림 6-20 산점도 윈도우 화면

{단순 산점도} 윈도우가 <그림 6-21>과 같이 나타난다. 그림과 같이 Y 변수를『Y-축』항목으로 이동시키고, x1 변수를『X-축』항목으로 이동시킨다. [확인] 버튼을 클릭하면 <그림 6-22>와 같은 결과 화면이 나타난다. 이와 같은 방법으로 각 독립변수 x2, x3, x4에 대해서 수행하면 된다. 그 결과는 <그림 6-23>, <그림 6-24>, <그림 6-25>와 같다.

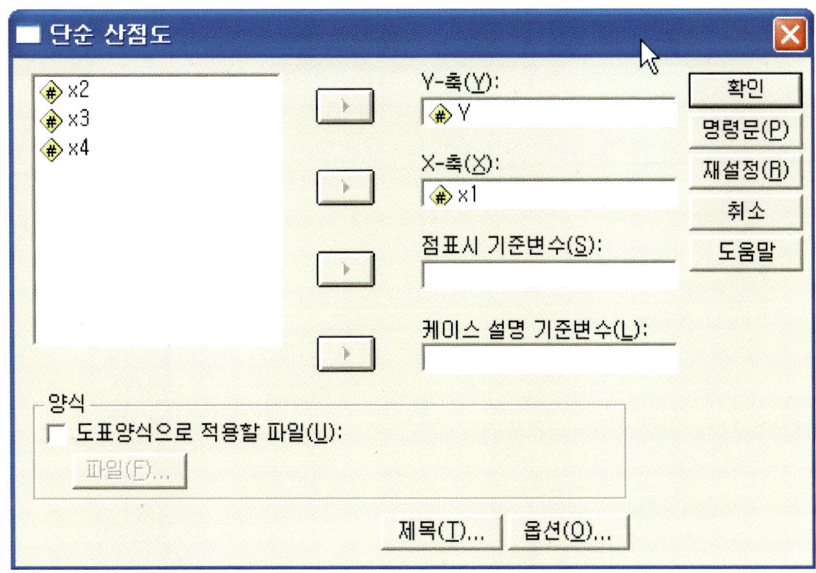

그림 6-21 단순 산점도 윈도우 화면

<그림 6-22>의 산점도를 살펴보면, Y 변수와 x1의 변수가 선형적인 관계가 있을 것이라는 것을 어느 정도 예측할 수 있다. 또한 데이터들이 대각선에서 크게 벗어나는 것이 없음을 볼 수 있다. <그림 6-23>의 산점도를 보면 x2의 변수가 x1보다 더 선형적이며, 데이터들이 보다 직선상에 놓여 있음을 볼 수 있다. 그러나 <그림 6-24>와 <그림 6-25>는 데이터들이 일정한 패턴 없이 넓게 퍼져 있음을 볼 수 있고, <그림 6-24>의 경우에는 전체적인 데이터 분포에서 멀리 떨어져 있는 이상점까지 보이고 있다. 상대적으로 볼 때 x3와 x4가 x1과 x2에 비해 종속변수와의 선형성이 약함을 볼 수 있다. 산점도를 통해 앞으로 수행할 다중회귀분석의 결과를 단순하게 예측해 본다면, x1, x2 변수가 많은 영향을 미칠 것이고 x3와 x4는 영향의 유무를 유보할 수 있다. x3, x4를 영향이 없다고 예측하지 않고 유보한 것은 x3의 경우 이상점으로 인해 어떤 결과가 나올지 알 수 없기 때문이며, x4의 경우는 비록 대각선 위쪽으로 데이터가 산재되어 있더라도 어느 정도는 영향을 미칠 수 있기 때문이다. 오히려 x1과 x2가 더 신경 쓰이게 되는데 이는 두 변수가 종속변수 Y와의 관계가 유사하기 때문이다. 이는 두 변수 즉, x1과 x2 간에 상관관계가 나타날 수 있으며, 이로 인해 두 변수 간에 다중공선성이 존재할 가능성이 있기 때문이다.

독립변수 간에 다중공선성을 예측하기 위해 상관계수를 구해 보면 보다 구체적으로 알 수 있겠으나 굳이 산점도를 그린 것은 이상점의 유무를 확인하기 위해서이다. 또한 회귀분석을 수행하면 기본적으로 상관관계가 출력되기 때문이기도 하다. 여하튼 산점도를 통해 우린 독립변수와 종속변수 간의 관계를 어느 정도는 예측해 볼 수 있었다.

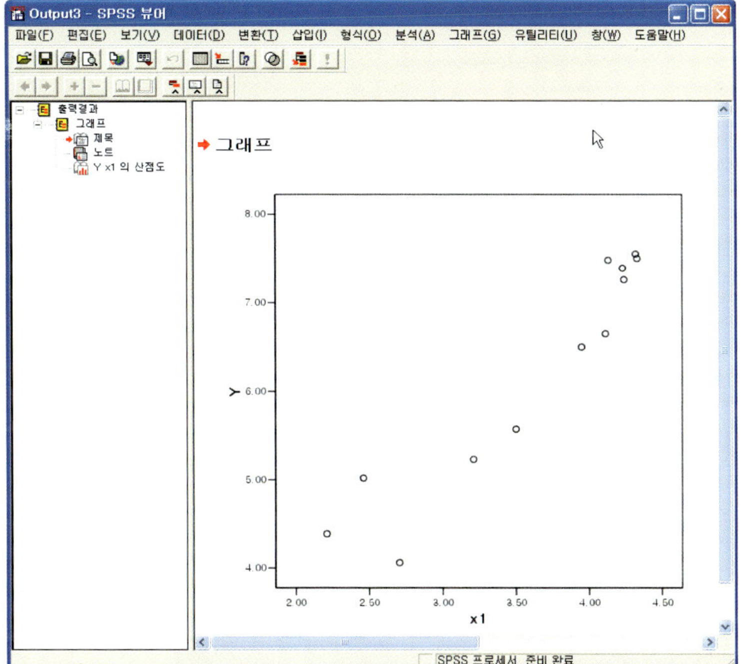

그림 6-22 Y-x1에 대한 산점도 결과 화면

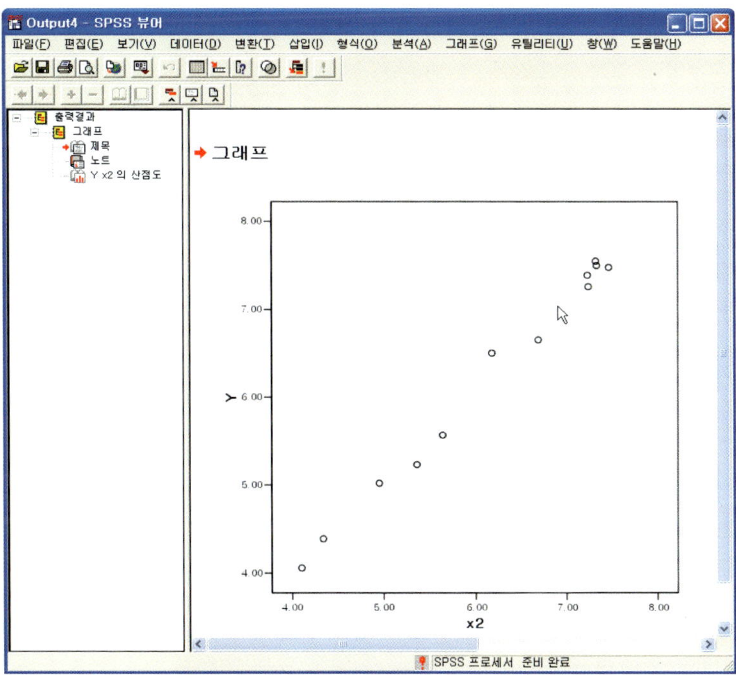

그림 6-23 Y-x2에 대한 산점도 결과 화면

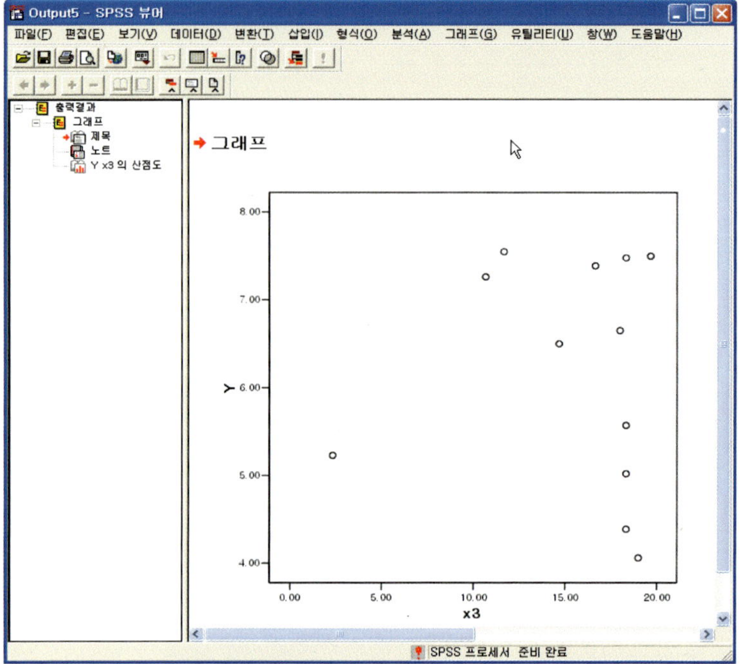

그림 6-24 Y-x3에 대한 산점도 결과 화면

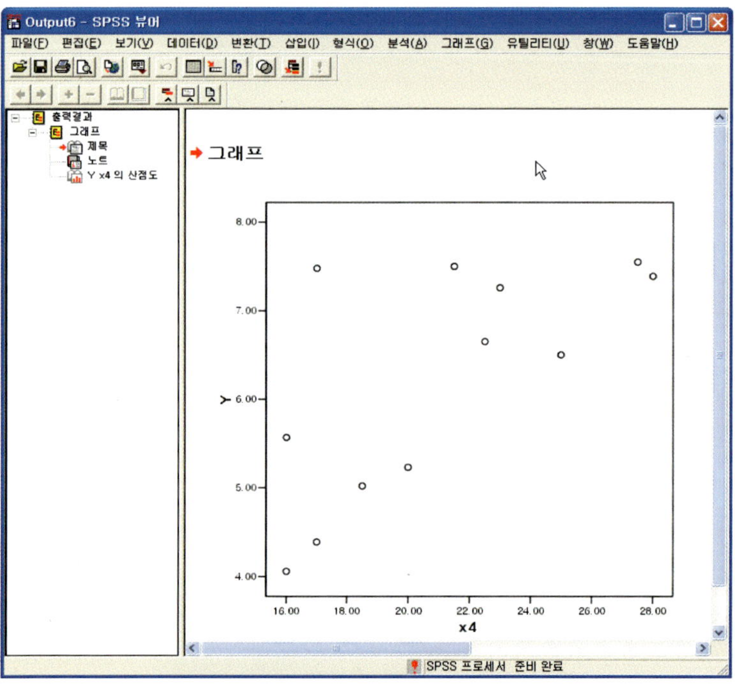

그림 6-25 Y-x4에 대한 산점도 결과 화면

산점도를 통해 독립변수들의 대략적인 움직임을 파악하였으니 이제는 본격적으로 회귀분석을 수행하여야 한다. 다중회귀분석을 실행하기 위한 메뉴 선택은 <그림 6-26>과 같이 【분석】 - 【회귀분석】 - 【선형】 메뉴를 클릭하면 된다.

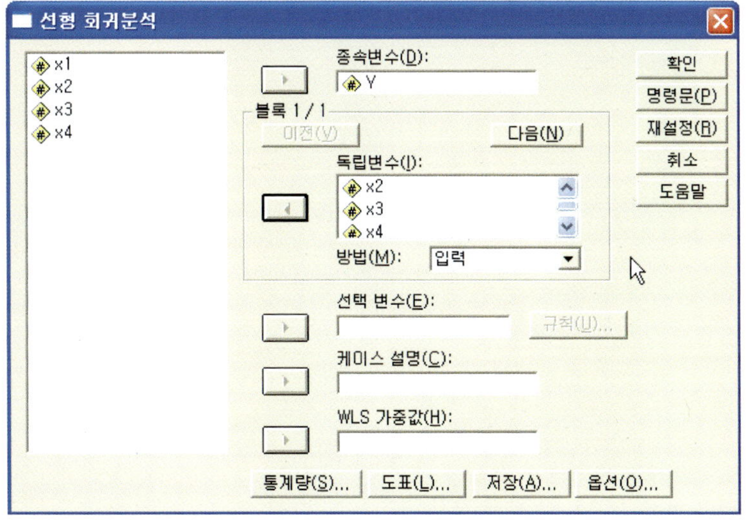

그림 6-26 다중회귀분석 메뉴 선택 화면

{선형회귀분석} 윈도우가 나타나면 <그림 6-27>과 같이『종속변수』항목에 Y 변수를 이동시키고,『독립변수』항목에 x1~x4 변수를 이동시킨다.

그림 6-27 변수 설정 화면

　[통계량] 버튼을 클릭하면 <그림 6-28>과 같이 {선형회귀분석: 통계량} 윈도우가 나타난다. 그림과 같이 항목들을 선택한다. 「공선성 진단」 항목은 독립변수들 간에 공선성이 있는지를 확인할 수 있는 분석 결과를 나타내 준다. 따라서 다중회귀분석 시에는 반드시 선택할 필요가 있다. 『잔차』 항목의 「Durbin-Watson」은 잔차의 독립성 검정을 할 때 사용하며, 「케이스별 진단」은 각 데이터에 대해서 관찰치와 예측치 간의 잔차를 나타내 준다.

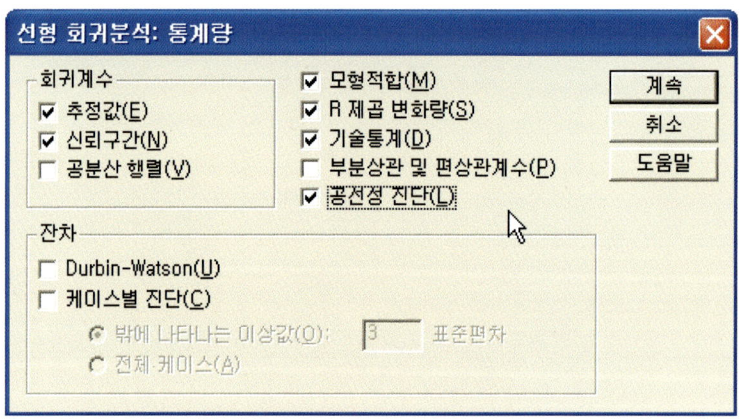

그림 6-28 통계량 설정 화면

　[계속] 버튼을 클릭하여 전 화면으로 복귀한 뒤 [확인] 버튼을 클릭하면 분석이 시작되고, <그림 6-29>과 같은 분석 결과가 출력된다.

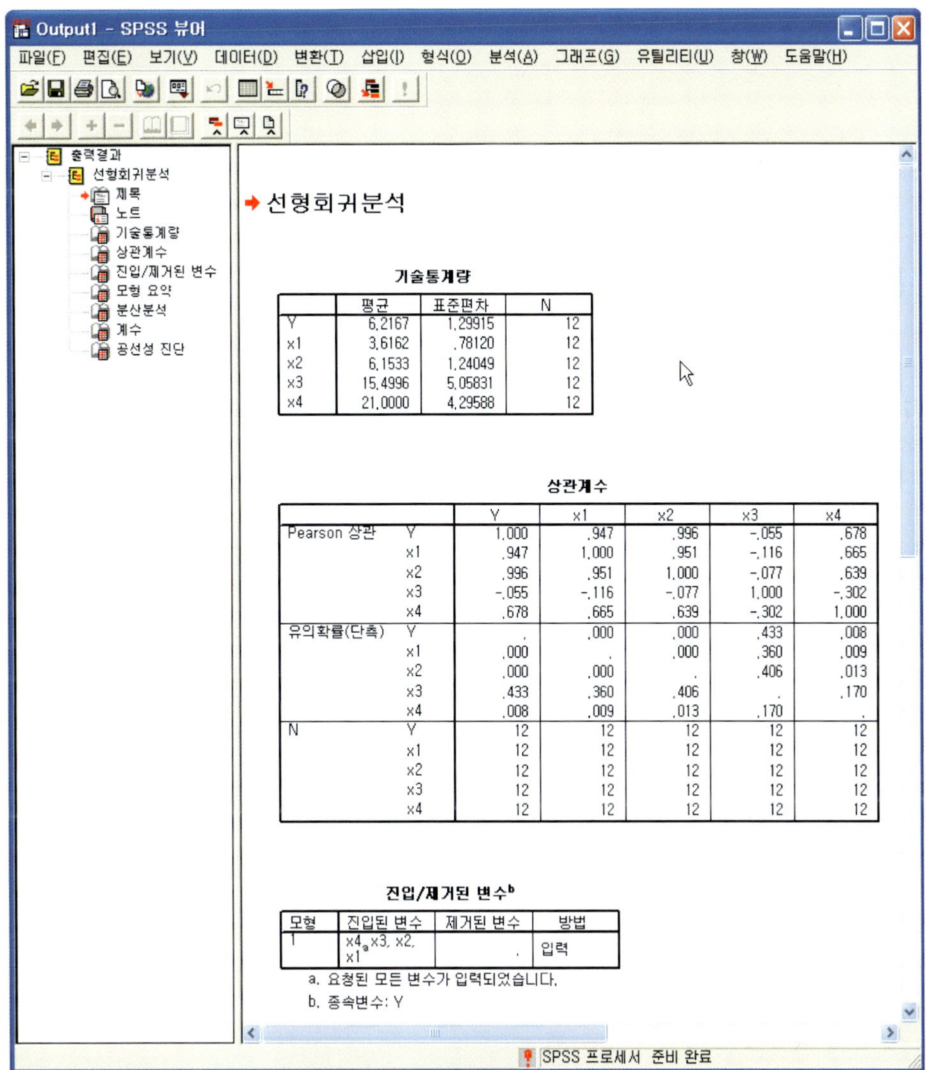

그림 6-29 다중회귀분석 결과 출력 화면

3) 다중회귀분석의 결과 해석

분석 결과 출력된 내용을 살펴보면 다음과 같다. 이들 결과들에 해석은 출력 순서대로 이루어지지 않을 것이며, 분석 순서에 맞춰 설명해 나갈 것이다.

1. [기술통계량]
2. [상관계수]
3. [진입·제거된 변수]
4. [모형 요약]
5. [분산분석]
6. [계수]
7. [공선성 진단]

다중회귀분석 시 가장 먼저 살펴봐야 할 것은 기술통계량과 상관계수 테이블이다.

기술통계량(<표 6-17>)은 분석에 사용된 종속변수와 독립변수들의 평균과 표준편차 값들이 나열되어 있다.

표 6-17 분석 결과: 기술통계량

기술통계량

	평균	표준편차	N
Y	6.2167	1.29915	12
x1	3.6162	.78120	12
x2	6.1533	1.24049	12
x3	15.4996	5.05831	12
x4	21.0000	4.29588	12

<표 6-18>은 변수들 간의 상관계수를 나타낸 것이다. 다중회귀분석 시 상관계수에 대한 일차적인 탐색은 회귀모형의 적절성을 예측해 볼 수 있는 기회를 제공하기 때문에 반드시 세심히 살펴보는 것이 좋다. 일반적으로 상관계수 테이블을 통해 살펴볼 수 있는 것은, 종속변수와 관련이 강한 독립변수가 무엇인지와 독립변수 간의 공선성이 존재할 가능성이 있는 독립변수들을 확인할 수 있다. 출력된 결과를 살펴보면, 종속변수 Y와 상관이 강한 독립변수는 x1과 x2이다. 둘 다 상관계수 $r=0.9$ 이상으로 매우 강한 관계를 보이고 있다. x4도 상관계수 $r=0.678$로 어느 정도 관련성을 보이고 있다. 반면에 x3은 상관을 거의 보이지 않고 있다. 따라서 독립변수 x1, x2, x3에 의해 회귀식이 구성될 수 있을 것으로 기대할 수 있다. 그러나 독립변수들 간의 상관계수를 살펴보면, x1과 x2가 $r=0.951$로 높은 상관을 보이고 있다. 이는 x1과 x2 간에 공선성이 존재할

가능성이 있음을 나타낸다.

상관계수 테이블의 탐색을 통해서 우리는 다음과 같은 내용을 염두에 둘 필요가 있게 됐다.

- 독립변수 x1, x2, x3은 종속변수 Y에 영향을 미칠 가능성이 높다. 따라서 이 3변수는 회귀모형에 포함될 가능성이 있다.
- 독립변수 x4는 종속변수 Y에 영향을 미치지 않을 가능성이 높다.
- 그러나 독립변수 x1과 x2 사이에는 공선성이 존재할 가능성이 있다.

표 6-18 분석 결과: 상관계수

상관계수

		Y	x1	x2	x3	x4
Pearson상관	Y	1.000	.947	.996	−.055	.678
	x1	.947	1.000	.951	−.116	.665
	x2	.996	.951	1.000	−.077	.639
	x3	−.055	−.116	−.077	1.000	−.302
	x4	.678	.664	.639	−.302	1.000
유의확률(단측)	Y	.	.000	.000	.433	.008
	x1	.000	.	.000	.360	.009
	x2	.000	.000	.	.406	.013
	x3	.433	.360	.406	.	.170
	x4	.008	.009	.013	.170	.
N	Y	12	12	12	12	12
	x1	12	12	12	12	12
	x2	12	12	12	12	12
	x3	12	12	12	12	12
	x4	12	12	12	12	12

다음은 현재 4개의 독립변수로 설정한 회귀모형의 선형적인 관계가 성립하는지를 검정해야 한다. 회귀모형의 선형성 검정은 <표 6-20>의 분산분석 결과를 이용한다. 분산분석 결과 $F = 436.381$, 유의확률 $p = .000$으로 유의수준 $\alpha = 0.05$보다 작은 것으로 나타나 회귀모형의 선형성이 있는 것으로 검정되었다. 만약 여기서 선형성이 없는 것으로 검정되었다면, 상관계수 분석에서 살펴본 x3, x4를 차례로 제거하면서 다시 분석할 필요가 있다. 그러나 다행히 선형성이 있는 것으로 검정되었으므로 일단 다음 분석으로 넘어가자.

표 6-19 분석 결과: 분산분석

분산분석[b]

모형		제곱합	자유도	평균제곱	F	유의확률
1	선형회귀분석	18.492	4	4.623	436.381	.000[a]
	잔차	.074	7	.011		
	합계	18.566	11			

a. 예측값: (상수), x4, x3, x2, x1
b. 종속변수: Y

선형성이 검정되었으므로 이제는 각 독립변수들로 이루어진 회귀식을 확인하고, 그에 따른 독립변수들의 유효성을 검정할 차례이다. 이와 관련된 내용은 <표 6-20>의 계수 테이블에서 확인할 수 있다. 회귀식은 계수 테이블의 『비표준화 계수』 항목의 「B」 난을 이용하여 구할 수 있다. 구해진 회귀식은 다음과 같다.

$$\hat{y} = -0.606 - 0.053x1 + 1.015x2 + 0.011x3 + 0.028x4$$

위 식에서 $\hat{y}$로 표현한 것은 관찰치가 아닌 식에 의한 예측치이기 때문이다. 회귀분석에서 회귀식에 의해 구해진 예측값을 나타낼 때는 $\hat{y}$을 사용한다.

각 독립변수의 유효성 검정은 $t-test$ 결과를 나타내는 『t』 항목의 $t-$값과, 그 옆의 『유의확률』 값으로 검정한다. 유의확률 내용을 살펴보면, x2는 $t = 12.428$, 유의확률 $p = 0.000$으로, x4는 $t = 2.765$, 유의확률 $p = 0.028$으로 유의수준 $\alpha = 0.05$하에서 유효한 변수로 검정되었다. 위에서 살펴보았던 상관관계 내용을 기억해 보면 x1 변수가 유효 변수로 검정되지 않은 것이 특이하다고 할 수 있으나 이는 x1과 x2 간의 공선성에 의한 것일 수 있다. 여하튼 지금은 그냥 넘어가자. 4개의 변수가 모두 포함된 회귀식을 구하였으니, 이 회귀식의 예측력이 얼마나 되는지 살펴보자. 예측력에 대한 검정은 결정력이란 R^2 값을 이용한다.

표 6-20 분석 결과: 계수

계수^a

모형		비표준화 계수		표준화 계수	t	유의확률	B에 대한 95% 신뢰구간		공선성 통계량	
		B	표준오차	베타			하한값	상한값	공차한계	VIF
1	(상수)	−.606	.221		−2.749	.029	−1.128	−.085		
	x1	−.053	.133	−.032	−.395	.705	−.367	.262	.089	11.193
	x2	1.015	.082	.970	12.428	.000	.822	1.209	.094	10.665
	x3	.011	.007	.044	1.722	.129	−.004	.027	.882	1.134
	x4	.028	.010	.093	2.965	.028	.004	.052	.504	1.983

a. 종속변수: Y

R^2 값은 <표 6-21>의 모형 요약 결과에 나타나 있다. 『R 제곱』으로 표현된 항목이 바로 결정력인 R^2 값이다. 내용을 보면 회귀모형의 결정력은 $R^2 = 0.996$으로 매우 높게 나타나 있다. 이는 본 회귀모형 즉, 위에서 구한 회귀식이 종속변수 변동의 99.6%를 설명하고 있다는 뜻이다.

표 6-21 분석 결과: 모형 요약

모형 요약

모형	R	R 제곱	수정된 R 제곱	추정값의 표준오차	통계량 변화량				
					R 제곱 변화량	F 변화량	자유도1	자유도2	유의확률 F 변화량
1	.998^a	.996	.994	.10293	.996	436.381	4	7	.000

a. 예측값: (상수), x4, x3, x2, x1

지금까지의 결과만을 봐서는 4개의 독립변수로 이루어진 회귀모형이 종속변수를 예측하는 데 매우 적절한 것처럼 보인다. 그러나 그것은 성급한 결론이다. 현재의 회귀모형에는 유효하지 않은 독립변수가 포함되어 있으며, 더욱이 독립변수들에 대한 공선성 진단을 하지 않았기 때문이다. 이 장의 초반에서 밝혔듯이 다중회귀분석 시 독립변수들 간의 공선성 진단은 가장 먼저 행해야 하는 부분이다. 이제 공선성 진단을 해 보자.

공선성 진단 내용은 크게 두 부분으로 나누어져 출력되어 있다. 첫 번째는 <표 6-20>의 계수 테이블에 나타나 있는 『공선성 통계량』 항목의 「공차한계」 값과 「VIF」 값이다. 두 번째는 아래의 <표 6-23>의 공선성 진단 테이블이다.

공차한계(tolerance, 허용도) 값과 VIF(variance inflation factor, 분산팽창요인) 값은 공선성의 유무를 나타내는 검정값이고, 공선성 진단 테이블은 구체적으로 어떤 독립변수들 간에 공선성이 있는지를 확인하는 검정값들이다.

공차한계란 임의의 독립변수가 모형에 추가되었을 때에 설명하지 못하는 총 변동 부분을 의미하며 $1 - R_i^2$로 표현된다. 따라서 공선성이 낮을수록 공차한계 값은 크게 나타나며, 공선성이 높을수록 공차한계 값은 작게 나타난다. 일반적으로 공차한계 값이 0.1 이하이면 공선성이 있다고 판정한다. <표 6-20>의 내용을 보면 x1과 x2의 값이 각각 0.089, 0.094로 0.1보다 낮게 나타나 있으므로 이들 변수들에 공선성이 있다고 볼 수 있다.

VIF 값은 회귀변수들 사이에 존재하는 공선성에 기인한 추정된 회귀계수들의 분산값들의 팽창도를 재는 척도로서 일반적으로 10 이상이면 공선성이 있다고 판정한다. 출력된 결과를 보면 x1과 x2가 10 이상의 값을 나타내고 있다. 이상의 결과로부터 우리는 x1과 x2가 다중공선성이 있음을 알 수 있다. 공차한계 값과 VIF 값 사이에는 다음과 같은 관계가 있다.

[공차한계와 VIF의 관계식]

$$공차한계(\mathrm{Tolerance}) = \frac{1}{\mathrm{VIF}}$$

<식 6-33>

표 6-22 분석 결과: 공선성 진단

공선성 진단[a]

모형	차원	고유값	상태지수	분산비율				
				(상수)	x1	x2	x3	x4
1	1	4.860	1.000	.00	.00	.00	.00	.00
	2	.105	6.797	.00	.00	.00	.55	.02
	3	.021	15.137	.33	.04	.03	.08	.16
	4	.011	20.613	.65	.00	.01	.36	.81
	5	.002	51.565	.02	.95	.96	.01	.01

a. 종속변수: Y

고윳값(eigen value)이란 회귀변수의 각 관측 값들을 자신의 평균을 중심으로 척도 변환한 표준화된 회귀변수들로 기술된 모형에 대한 행렬 $(X^{*\prime}X^{*})$의 고윷값으로, 공선성이 전혀 존재하지 않는 이상적인 경우에는 고윳값이 모두 1이 되며 반대로, 만일 공선성이 존재하면 적어도 하나의 고윳값은 거의 0에 가깝게 된다. 상태지수(조건지수)는 고윳값 중 최댓값을 각 고윳값으로 나눈 다음 제곱근을 취하여 계산한다. 위의 출력에서 최대 고윳값은 4.860이므로 차원 2에 대한 상태지수는 다음과 같이 된다.

$$\text{차원 2에 대한 상태지수} = \sqrt{\frac{\text{고유값 중 최대값}}{\text{각 차원의 고유값}}} = \sqrt{\frac{4.860}{0.105}} = 6.797$$

이렇게 구한 상태지수 중 최댓값을 상태수(조건수)라 부르며, 위의 출력에서 상태수(condition number)는 51.565이다. 이 상태수의 값이 크면 심한 공선성이 존재한다고 판정한다. 상태수가 아주 크면 회귀선이 극히 불안정(unstable)함을 나타내며, 회귀변수의 관측값을 아주 조금이라도 바꾸면 적합한 회귀선이 크게 변해 버리는 것을 의미한다.

일반적으로 고윳값이 0.01 이하의 값이 나오면 심각한 공선성의 증거로 받아들인다. 고윳값과 상태수의 두 통계량은 회귀변수들 사이의 공선성, 또는 다른 말로 선형의존도(linear dependency)의 강도를 재는 척도임을 기억해야 한다.

분산비율은 추정된 각 회귀계수의 분산이 어느 정도 공선성에 영향을 미치는지를 재는 척도이다. 각 변수열의 값들을 더하면 1이 된다. 분산비율은 고윳값으로 정량화된 공선성의 강도에 기여하는 회귀계수들의 분산값 비율이다. 분산비율로 공선성을 판정하는 방법은 다음과 같다. 아주 작은 값의 고윳값에 대응하는 회귀변수들의 분산 비율이 아주 크면 그러한 회귀변수들 사이에 공선성이 존재한다고 판단한다. 분산비율을 이용하면 어떤 회귀변수들이 공선성의 근본 원인인지 쉽게 알아낼 수 있다. 위의 출력에서는 고윳값이 0.002일 때 x1과 x2의 값이 각각 0.95, 0.96으로 고윳값에 비해 매우 크기 때문에 x1과 x2 변수 간에 공선성이 있다고 판정한다. 회귀변수들 간에 심각한 공선성이 존재한다고 판단되면 적합한 회귀식은 별로 쓸모가 없다. 추정된 회귀계수의 해석도 불가능하고, 이런 회귀식을 기초로 추측을 해 보아도 결과는 신통치 않다. 이런 경우에 대안으로서 제기되는 분석법으로는 능형회귀분석(Ridge regression analysis), 주성분분석(Principal components analysis) 등이 있으나 학자마다 이견이 있는 상태이다. 물론 가장 편하고 좋은 방법은 문제를 일으키는 회귀변수를 모형에서 제거하고 다시 분석하는 것이다.

지금까지의 분석 결과로부터 다음과 같은 임시 결과를 얻었다.

- 독립변수 4개를 이용한 회귀모형은 선형성이 있음을 검정하였다.
- 구해진 회귀식은 $\hat{y}=-0.606-0.053x1+1.015x2+0.011x3+0.028x4$이다.
- 구해진 회귀식의 예측력은 99.6%이다.
- 독립변수 중 x1과 x2 간에는 다중공선성이 존재한다.
- 독립변수 x1과 x3은 유효한 회귀변수가 아니다.

이들 결과로 최종 회귀분석 결과를 도출할 수는 없다. 이는 다중공선성이 존재하고 있으며, 유효하지 않은 회귀변수 또한 포함되어 있기 때문이다. 따라서 우리는 보다 정확한 분석을 위해서 위의 결과를 토대로 회귀모형을 변경할 필요가 있다. 가장 먼저 고려해야 할 부분은 다중공선성을 모형에서 제거하는 것이다. 공선성이 존재하는 x1과 x2 중 아무거나 제거하는 것은 아니고 먼저 상관관계를 살펴봐서 상관계수가 보다 적은 것을 선택하여 제거한다. 상관계수 값이 나와 있는 <표 6-18>을 다시 살펴보면, 종속변수 Y와의 상관계수 값이 x1은 0.947이고, x2는 0.996으로 x2가 보다 더 강한 관련성이 있는 것으로 나타나 있다. 따라서 x1을 제거 대상으로 한다. <그림 6-30> 화면에서 독립변수 x1을 제거한 뒤 다시 회귀분석을 실행한다.

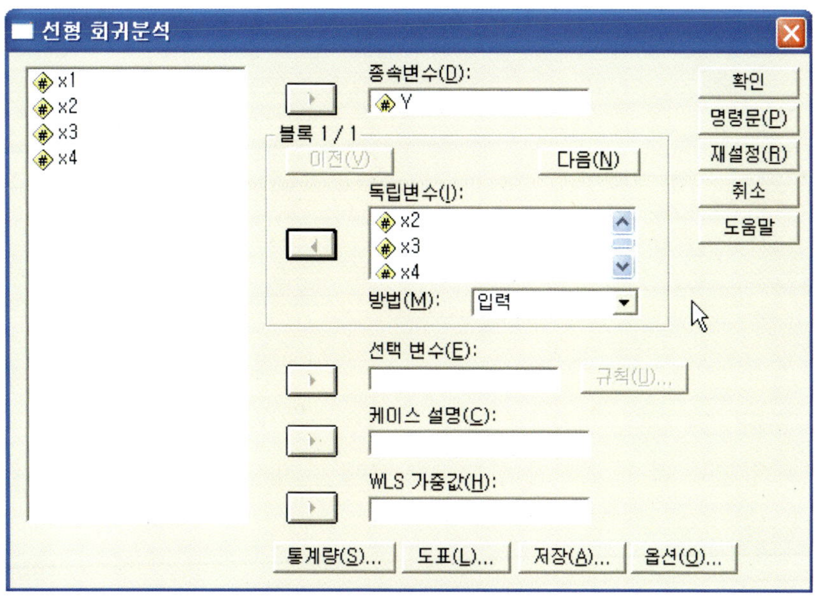

그림 6-30 변수 설정 화면

분석결과 주요 내용을 살펴보면 다음과 같다.

<표 6-23>의 모형요약을 보면 결정계수 $R^2 = 0.996$으로 예측력이 99.6%로 나타났다. 따라서 x1 변수를 제거하더라도 충분한 예측력이 있다고 볼 수 있다.

표 6-23 x1 제거 후 분석 결과: 모형 요약

모형 요약

모형	R	R 제곱	수정된 R 제곱	추정값의 표준오차	통계량 변화량				
					R 제곱 변화량	F 변화량	자유도1	자유도2	유의확률 F 변화량
1	.998[a]	.996	.994	.09735	.996	650.399	3	8	.000

a. 예측값: (상수), x4, x3, x2

<표 6-24>의 분산분석 결과를 보면 $F = 650.399$, 유의확률 $p = .000$으로 유의수준 $\alpha = .05$하에서 회귀모형의 선형성이 있는 것으로 검정되었다. 따라서 x1 변수를 제거해도 선형성에는 아무런 문제도 발생하지 않았다.

표 6-24 x1 제거 후 분석 결과: 분산분석

분산분석[b]

모형		제곱합	자유도	평균제곱	F	유의확률
1	선형회귀분석	18.490	3	6.163	650.399	.000[a]
	잔차	.076	8	.009		
	합계	18.566	11			

a. 예측값: (상수), x4, x3, x2
b. 종속변수: Y

　

<표 6-25>의 계수 결과를 살펴보면, 독립변수들 중 x3은 여전히 유효하지 않은 회귀변수로 나타나 있다. 그러나 공차한계와 VIF 값을 보면, 공차한계가 0.1 이하의 값이 없고, VIF 값이 10 이상인 값이 없는 것으로 나타나 다중공선성이 제거된 것을 확인할 수 있다.

표 6-25 x1 제거 후 분석 결과: 계수

계수[a]

모형		비표준화 계수		표준화 계수	t	유의확률	공선성 통계량	
		B	표준오차	베타			공차한계	VIF
1	(상수)	−.600	.208		−2.882	.020		
	x2	.986	.031	.941	31.645	.000	.577	1.734
	x3	.011	.006	.044	1.853	.101	.886	1.129
	x4	.027	.009	.090	2.901	.020	.527	1.896

a. 종속변수: Y

　

<표 6-26>의 공선성 진단 결과를 보면 분산비율이 크게 높은 변수 쌍이 존재하지 않는다. x2와 x3 간에 약간의 공선성이 의심이 되나 공차한계 값과 VIF 값을 함께 고려해 볼 때 그리고 상관계수 값을 고려해 볼 때 무시해도 좋을 듯하다. x4의 경우 아주 큰 값이 나왔으나 홀로 있는 값이므로 무시해도 된다. 공선성 진단 테이블은 위에서 제시된 공차한계 값이나 VIF 값에서 공선성이 있는 것으로 판정되었을 때 구체적으로 어떤 변수들 간에 공선성이 있는지를 진단하는 도구하고 생각하면 된다.

표 6-26 x1 제거 후 분석 결과: 공선성 진단

공선성 진단[a]

모형	차원	고유값	상태지수	분산비율			
				(상수)	x2	x3	x4
1	1	3.879	1.000	.00	.00	.00	.00
	2	.095	6.396	.00	.02	.58	.04
	3	.015	15.933	.60	.62	.12	.02
	4	.011	18.770	.40	.35	.30	.94

a. 종속변수: Y

　다음 단계는 유효하지 않은 회귀계수로 판정된 x3에 대한 처리이다. 유효하지 않은 변수라고 해서 반드시 모형에서 제거해야 하는 것은 아니다. 변수의 제거는 연구자의 연구 의도에 따라 결정된다고 할 수 있다. 비록 유효하지 않은 변수라 하더라도 연구자의 판단에 의해 중요한 변수라고 생각된다면 모형에 포함시킬 수 있다. 물론 그에 따른 타당한 이유와 근거가 제시되어야 하겠지만 말이다. 여하튼 여기서는 유효하지 않은 변수를 제거하는 것으로 해 보자. 방법은 위에서와 동일하게 <그림 6-30> 화면에서 변수 x3을 제거하고 다시 회귀분석을 실시하는 것이다.

　주요 분석 결과를 살펴보면 다음과 같다. <표 6-27>의 모형 요약 결과를 보면, 결정계수 $R^2 = 0.994$로 회귀식의 예측력이 99.4%로 나타나 예측력이 충분한 것으로 검정되었다. x1을 제거했을 때보다 0.2% 정도 낮아졌는데 이는 회귀변수의 수가 줄어들면서 나타난 결과로 볼 수 있다. 이에 대한 내용은 뒤에서 다시 다룰 것이다.

표 6-27 x3 제거 후 분석 결과: 모형 요약

모형 요약

모형	R	R 제곱	수정된 R 제곱	추정값의 표준오차	통계량 변화량				
					R 제곱 변화량	F 변화량	자유도1	자유도2	유의확률 F 변화량
1	.997[a]	.994	.993	.10972	.994	766.662	2	9	.000

a. 예측값: (상수), x4, x2

　<표 6-28>의 결과를 보면, 역시 선형성이 성립됨을 나타내고 있다. 우리가

제거한 변수가 유효하지 않은 변수이므로 이 같은 결과는 당연한 것이다.

표 6-28 **x3** 제거 후 분석 결과: 분산분석

분산분석[b]

모형		제곱합	자유도	평균제곱	F	유의확률
1	선형회귀분석	18.457	2	9.229	766.662	.000[a]
	잔차	.108	9	.012		
	합계	18.566	11			

a. 예측값: (상수), x4, x2
b. 종속변수: Y

<표 6-29>의 결과를 보면, x3을 제거함으로써 다른 기존의 변수들이 유효한 변수로 남아 있는 것이 아니라 x4의 경우 $t = 2.152$, 유의확률 $p = 0.060$으로 유의수준 $\alpha = 0.05$하에서 유효하지 않은 변수로 변경되었음을 볼 수 있다. 즉 유효하지 않은 하나의 변수를 제거함으로써 다른 변수의 유효성이 영향을 받은 것이다. 이런 결과가 나타나면 다시 x4를 제거하고 단순회귀분석을 수행할 것인지 아니면 이대로 x4를 포함한 회귀식을 사용할 것이지 또는 x3까지 포함한 회귀식을 사용할 것인지 연구자가 결정을 해야 한다. 이렇게 선택의 폭이 넓어진 것은 결정계수 값이 90% 이상을 넘을 만큼 충분하기 때문이다. 그러나 결정계수 값99%를 넘고, 그리고 가능한 한 독립변수의 수를 줄이는 것이 보다 간명한 결과로서 바람직하다는 것을 고려한다면 x4 변수도 제거하고 단순회귀분석으로 결과를 보고하는 것이 좋다.

표 6-29 **x3** 제거 후 분석 결과: 계수

계수[a]

모형		비표준화 계수		표준화 계수	t	유의확률
		B	표준오차	베타		
1	(상수)	-.358	.183		-1.960	.082
	x2	.995	.038	.950	28.701	.000
	x4	.022	.010	.071	2.152	.060

a. 종속변수: Y

회귀분석의 단점 중에 하나는 회귀변수 즉, 독립변수의 수를 증가시키면 결정

계수 값이 증가한다는 것이다. 실제로 종속변수와 전혀 관련 없는 회귀변수를 추가로 투입하면 결정계수 값이 증가하는 경향이 자주 나타난다. 이는 반대로 회귀변수를 감소시키면 결정계수 값이 감소하는 경향을 나타낸다는 것과 동일하다. 위의 결과를 보면 모든 독립변수를 회귀변수로 투입하였을 때보다 x2와 x4만을 회귀변수로 투입했을 때 결정계수 값이 미비하나마 감소한 것을 볼 수 있다. 이렇게 회귀분석은 독립변수의 수에 의해 영향을 받게 된다. 이러한 문제점을 수정하기 위해서 독립변수의 수에 영향을 받지 않도록 다시 계산한 것이 『수정된 R 제곱』 항목이다. 마지막으로 구한 회귀모형의 회귀식은 다음과 같다.

$$\hat{y} = -0.358 + 0.995x2 + 0.022x4$$

위 식의 계수들을 이용하여 x2 변수가 x4 변수보다 영향도가 크다고 결론 내려서는 안 된다. 위 식은 표준화하지 않은 식으로 각 변수의 측정 단위에 따라 영향을 받기 때문이다. 각 독립변수의 종속변수에 대한 영향도를 평가하기 위해서는 <표 6-29>에 나와 있는 『표준화 계수』 항목을 봐야 한다. 표준화 계수 항목을 이용하여 회귀식을 구하면 다음과 같이 상수항이 없는 식이 된다.

$$\hat{y} = 0.950x2 + 0.071x4$$

이 표준화된 회귀식을 이용하여 x2 변수가 x4 변수보다 영향도가 크다고 해야 한다. 본 연구문제에서는 결과가 유사하게 나타났지만 경우에 따라서는 비표준화한 식과 표준화한 식의 계수가 반대로 나타나는 경우도 많다. 이는 관찰치들의 범위에 영향을 받기 때문이다. 표준화된 회귀식의 해석은 이렇다. x2 값의 한 단위만큼의 표준편차의 증가에 의해 y 값의 예측값인 $\hat{y}$의 표준편차는 0.950만큼 증가하고, x4 값의 한 단위만큼의 표준편차의 증가에 의해 y 값의 예측값인 $\hat{y}$의 표준편차는 0.071만큼 증가한다.

4) 다중회귀분석 결과의 보고 방법

다중회귀분석 결과를 보고할 때는 무엇보다 독립변수들 간의 다중공선성 여부를 먼저 보고한다. 공선성 문제가 해결되지 않으면 이후 분석되어 나오는 결과들은 의미가 없기 때문이다. 단순히 공선성을 제거한 독립변수들만을 제시하는 것보다는 가능하면 최초 모형에 포함된 변수들 중에서 어떤 변수들 간에 공선성이 나타났는지 그리고 어떤 변수를 제거하였는지를 함께 기술하면 더욱 좋을 것이다. 다중회귀분석 시 모형에 포함되는 독립변수들에 변화가 발생하였다면 그 변화를 기술하는 것은 논문의 신뢰도나 향후 후학들의 연구에 많은 도움이 된다. 다중공선성과 관련된 보고 및 기술은 다음과 같이 하면 된다.

> "본 연구에서 설정한 최초의 모형에 포함된 독립변수 x1~x4들을 대상으로 다중공선성 검정 결과 x1과 x2 간에 공선성이 있는 것으로 나타나 x1 변수를 제거하였으며, x3의 경우 유효성이 없는 회귀변수로 검정되어 모형에서 제거하였다. 나머지 x2와 x4만을 이용하여 회귀분석을 수행한 결과는 다음과 같다."

표 6-30 다중회귀분석 결과 보고 예: 회귀변수의 유효성 검정 및 공선성 진단

	비표준화 계수		표준화 계수	t	p	공선성 통계량	
	B	표준오차	베타			공차한계	VIF
(상수)	-.358	.183		-1.960	.082		
x2	.995	.035	.950	28.701	.000	.592	1.690
x4	.022	.010	.071	2.152	.060	.592	1.690

> "공선성 진단 결과 공차한계 값이 0.1 이하의 값이 없고, VIF 값도 10 이상인 값이 없는 것으로 나타나 독립변수들 간에 공선성은 없는 것으로 검정되었다. x4 변수의 경우 유의수준 $\alpha = .05$하에서 유효하지 않은 변수로 나타났으나 유의확률 $p = .060$이고 연구자의 의도에 의해 모형에 포함하기로 하였다(여기서 x4를 포함시키는 학문적 근거와 이유를 함께 설명하는 것이 바람직하다.). 분석을 통해 얻어진 회귀식은 다음과 같다."

$$\hat{y} = -0.358 + 0.995x2 + 0.022x4$$

> "회귀모형에 대한 선형성 검정을 위한 분산분석 결과는 〈표 6-31〉과 같다. $F = 766.662$, 유의확률 $p = .000$으로 유의수준 $\alpha = .05$하에서 선형성이 있는 것으로 검정되었다."

표 6-31 다중회귀분석 결과 보고 예: 선형성 검정을 위한 분산분석 결과

	SS	df	MS	F	p
선형회귀분석	18.457	2	9.229	766.662	.000
잔차	.108	9	.012		
합계	18.566	11			

"회귀식의 예측력을 검정하기 위한 결정계수 값은 $R^2 = 0.994$로 종속변수 총변동의 99.4%를 본 회귀식으로 설명할 수 있는 것으로 나타났다."

6. 질적 자료에 대한 회귀분석 방법 – 더미변수 사용

회귀분석은 양적 자료, 즉 등간척도나 비율척도를 대상으로 분석하기 위해서 고안되었다. 따라서 일반적인 경우 질적 자료 즉, 명명척도나 순서척도에 대해서는 회귀분석을 수행할 수 없다. 그러나 만약 질적 자료를 대상으로 회귀분석을 수행하고자 할 때는 어떻게 해야 할까?

질적 자료를 대상으로 회귀분석을 수행하는 방법으로는 대표적으로 두 가지 방법이 있다. 첫 번째 방법은 요인점수를 계산하여 이 점수를 대상으로 회귀분석을 수행하는 방법이다. 두 번째 방법은 더미변수를 이용하여 질적 자료를 양적 자료로 변환하여 분석을 수행하는 방법이다. 실제로 요인점수를 사용하나 또는 더미변수를 사용하나 모두 질적 자료를 양적 자료로 변환하는 것은 동일하다. 다만 분석방법에 차이가 있을 뿐이다. 요인점수를 이용한 회귀분석은 주로 설문 조사를 수행하였을 경우 문항들을 요인화할 수 있을 때 사용한다. 일반적으로 사용되는 설문지 항목인 5점 척도를 사용할 경우 요인 점수화하여 분석하는 것이 좋다. 항목이 많을 경우 더미변수화하여 처리하는 것은 생각보다 많은 번거로움이 있고 결과를 해석하는 데에도 매우 주의가 필요하기 때문이다. 그러나 더미변수화하여 처리하는 방법은 독립변수에 양적 자료와 질적 자료가 함께 존재할 경우에 유용하고 또한 종속변수가 질적 자료일 때에도 쉽게 사용할 수 있다는 장점이 있다.

여기서는 먼저 더미변수를 이용한 회귀분석 방법에 대해서 살펴보고, 다음으

로 요인점수를 이용한 회귀분석을 살펴볼 것이다.

더미변수를 이용한 회귀분석 연구문제는 다음과 같다.

회귀분석을 위한 연구문제 - 03

용돈과 제품만족도, 제품선택 요소가 제품구입 비용에 영향을 미치는지 검정하라. 제품만족도 문항과 제품선택 요소 문항은 다음과 같다.

문항 1) 동일 브랜드의 이전 제품에 대해서 만족하셨습니까?
　　① 만족한다.　　② 불만족한다.
문항 2) 제품을 선택할 때 가장 고려하시는 요소는 무엇입니까?
　　① 성능　　② 가격　　③ 디자인

제품구입 비용	용돈	제품만족도	제품선택 요소
4.06	3.21	만족한다	성능
4.39	4.34	만족한다	성능
5.02	5.21	만족한다	성능
5.23	5.36	만족한다	가격
5.57	5.64	만족한다	가격
6.50	6.18	만족한다	디자인
6.65	6.69	불만족한다	가격
7.26	7.24	불만족한다	가격
7.48	7.46	불만족한다	가격
7.39	7.23	불만족한다	디자인
7.50	7.01	불만족한다	디자인
7.55	7.32	불만족한다	디자인

---

1) 더미변수를 이용한 다중회귀분석의 절차 및 내용

위 연구문제의 내용을 살펴보면, 독립변수인 용돈, 제품만족도, 제품선택 요소가 종속변수인 제품구입 비용에 영향을 미치는가를 검정하는 것이다.

제품구입 비용＝용돈, 제품만족도, 제품선택 요소

회귀분석을 위해서는 종속변수와 독립변수가 모두 양적 자료여야 한다. 그러나 위의 자료를 보면 종속변수는 양적 자료이나 독립변수에는 양적 자료와 질적 자료가 혼합되어 있다. 따라서 독립변수에 포함되어 있는 질적 자료를 양적 자료로 변형시켜야 한다. 질적 자료를 양적 자료로 변환하는 방법을 수량화이론이라고 하는데 여기서는 그중 한 가지 방법을 이용하여 변환할 것이다. 위의 자료 중 제품만족도와 제품선택 요소가 질적 자료이므로 이들을 대상으로 양적 자료로 변환을 해 보자.

제품만족도의 경우 응답의 형태는 '만족한다'와 '불만족한다' 두 가지이다. 따라서 우리는 다음과 같이 0과 1의 형태로 변형할 수 있다.

$$만족한다 = 1, \ 불만족한다 = 0$$

이를 변수의 형태로 변경하면 다음과 같다.

문항 1 ($x2$)	$x2$
만족한다	1
불만족한다	0

제품선택 요소 문항의 경우는 응답 내용이 3가지이므로 0과 1로 표현하기 위해서는 2개의 새로운 변수가 요구된다.

문항 2($x3$)	$x3_1$	$x3_2$
성능	0	0
가격	1	0
디자인	0	1

이렇게 0과 1을 이용하여 만들어진 새로운 변수를 더미변수라고 하며, 기존의 변수 대신에 더미변수를 가지고 회귀분석을 수행하면 된다. 더미변수를 만들기 위해서 필요한 변수의 개수는 응답항목－1개다. 만약 응답자가 선택할 수 있는 항목이 5개라면 4개의 더미변수가 필요하게 된다. 위에서 제품선택 요소에 3개의 항목이 존재하기 때문에 2개의 더미변수가 사용된 것이다.

이제 더미변수를 이용하여 회귀분석을 기존과 같이 수행하면 된다. 그러나 그 결과에 있어서는 해석할 때 더욱 주의해야 할 사항들이 있다. 그 내용들은 결과해석 부분에서 다루도록 하겠다.

2) 더미변수를 이용한 다중회귀분석의 실행 방법

더미변수를 이용하여 다중회귀분석을 수행하기 위해서는 최초에 얻게 된 질적 변수를 양적 변수로 변환하여야 한다. 연구문제를 살펴보면, 제품만족도와 제품선택 요소 문항이 질적 변수이므로 이를 위에서 알아본 바와 같이 더미변수를 이용하여 양적 변수로 변환한다. <그림 6-31>은 더미변수를 이용하여 코딩한 화면이다.

제품구입 비용을 종속변수로 하여 Y 변수로 하였고, 용돈을 x1, 제품만족도를 x2, 제품선택 요소를 x3_1, x3_2로 코딩하였다.

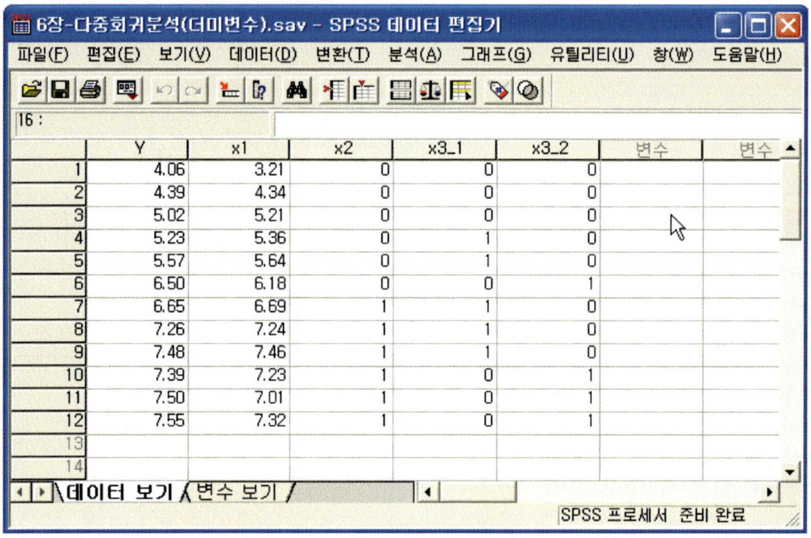

그림 6-31 더미 변수를 이용한 다중회귀분석의 코딩 완료 화면

더미변수를 이용하여 다중회귀분석을 수행하기 위해서는 <그림 6-32>와 같이 【분석】 - 【회귀분석】 - 【선형】 메뉴를 선택한다.

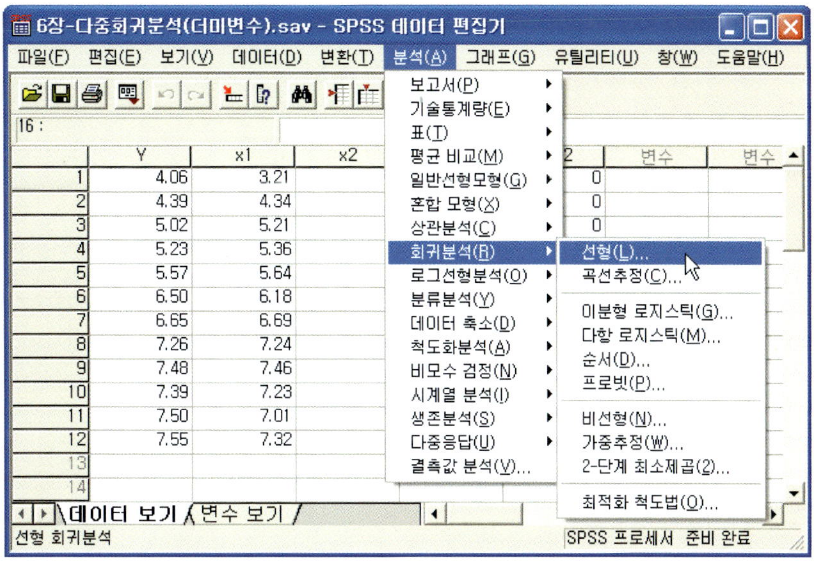

그림 6-32 더미변수를 수행하기 위한 메뉴 선택 화면

<그림 6-33>과 같이 {선형회귀분석} 윈도우가 나타나면 종속변수와 독립변수를 설정한다. 『종속변수』 항목에 Y를 이동시키고, 『독립변수』 항목에 x1, x2, x3_1, x3_2 변수를 이동시킨다.

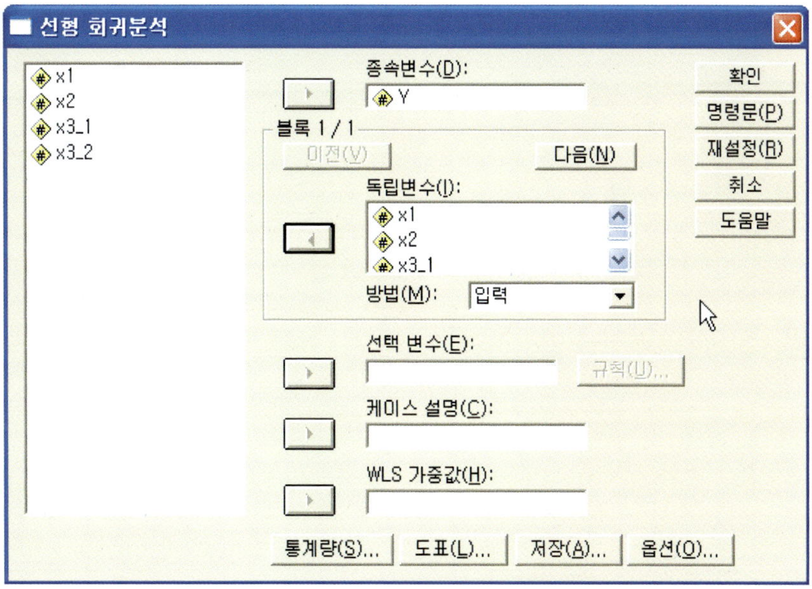

그림 6-33 선형회귀분석 설정 화면

　[통계량] 버튼을 클릭하면 <그림 6-34>와 같은 {선형회귀분석: 통계량} 윈도우가 나타난다. 그림과 같이 항목들을 선택한 후에 [계속] 버튼을 누르면 이전 화면으로 돌아간다.

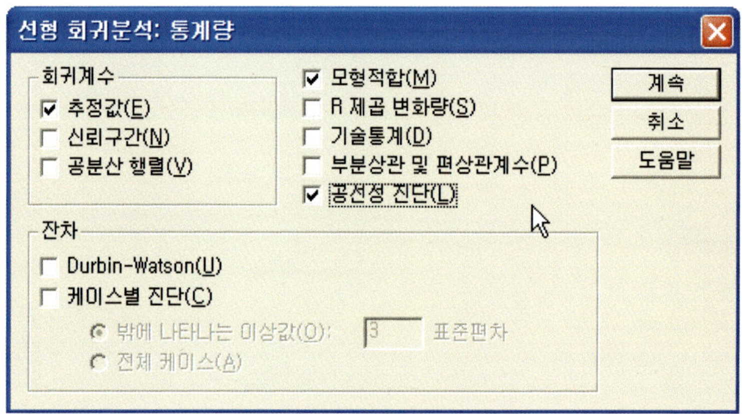

그림 6-34 통계량 옵션 설정 화면

　<그림 6-33>에서 [확인] 버튼을 클릭하면 <6-35>와 같은 분석 결과가 출력된다.

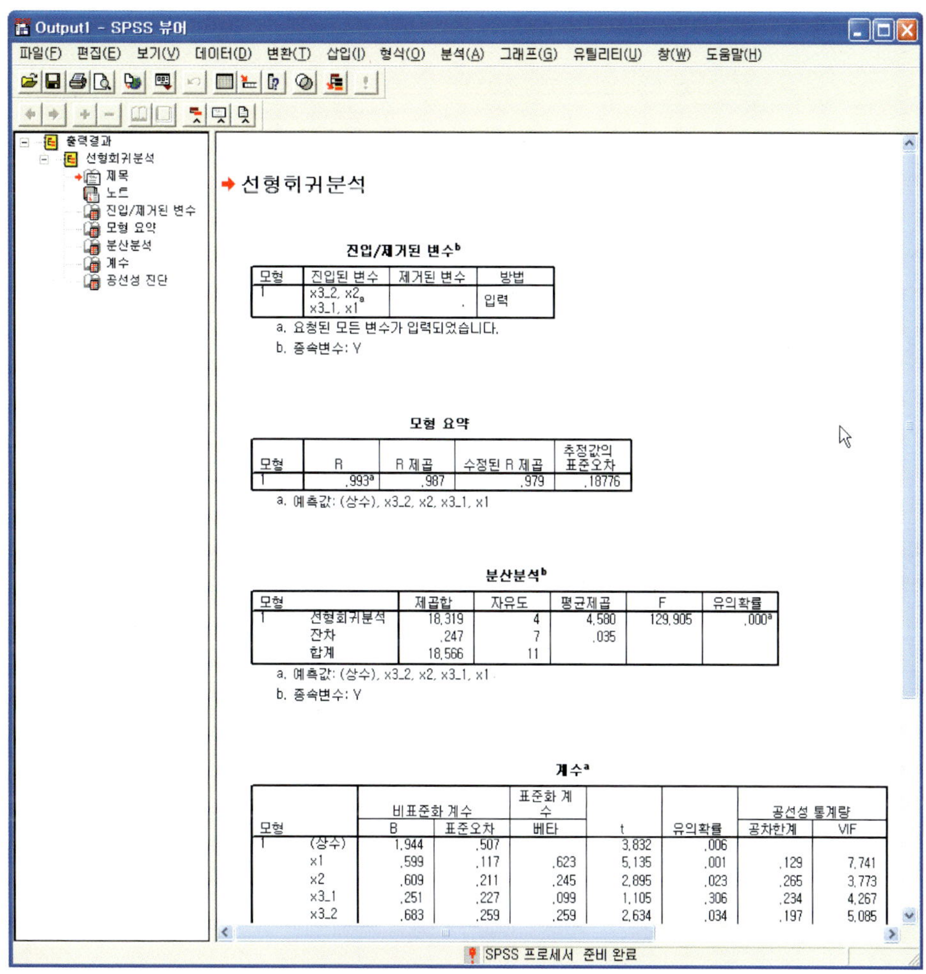

진입/제거된 변수[b]

모형	진입된 변수	제거된 변수	방법
1	x3_2, x2[a] x3_1, x1	.	입력

a. 요청된 모든 변수가 입력되었습니다.

b. 종속변수: Y

모형 요약

모형	R	R 제곱	수정된 R 제곱	추정값의 표준오차
1	.993[a]	.987	.979	.18776

a. 예측값: (상수), x3_2, x2, x3_1, x1

분산분석[b]

모형		제곱합	자유도	평균제곱	F	유의확률
1	선형회귀분석	18.319	4	4.580	129.905	.000[a]
	잔차	.247	7	.035		
	합계	18.566	11			

a. 예측값: (상수), x3_2, x2, x3_1, x1

b. 종속변수: Y

계수[a]

모형		비표준화 계수		표준화 계수	t	유의확률	공선성 통계량	
		B	표준오차	베타			공차한계	VIF
1	(상수)	1.944	.507		3.832	.006		
	x1	.599	.117	.623	5.135	.001	.129	7.741
	x2	.609	.211	.245	2.895	.023	.265	3.773
	x3_1	.251	.227	.099	1.105	.306	.234	4.267
	x3_2	.683	.259	.259	2.634	.034	.197	5.085

그림 6-35 더미변수를 이용한 다중회귀분석 수행 결과 출력 화면

3) 더미변수를 이용한 다중회귀분석의 결과 해석

　　출력된 결과 내용 중에서 중요한 부분만 살펴보도록 하자. <표 6-32>의 결과를 보면 결정계수 $R^2 = .987$로 회귀모형 즉, 본 분석에 의해 얻어진 회귀식이 종속변수의 총변동의 98.7%를 예측할 수 있는 것으로 나타났다. 다시 한 번 강조하지만 이를 설명력으로 표기한다고 해서 절대적인 설명력 100%에 대한 98.7%가 아님을 인지하여야 한다. 설명력이란 단어에 의해 의미를 잘못 파악해서는 안 된다.

표 6-32 더미변수 결과 출력: 모형 요약

모형 요약

모형	R	R 제곱	수정된 R 제곱	추정값의 표준오차
1	.993[a]	.987	.979	.18776

a. 예측값: (상수), x3 2, x2, x3 1, x1

<표 6-33>은 회귀식이 선형성이 있는지를 검정한 결과이다. 결과를 보면, $F = 129.905$, 유의확률 $p = .000$으로 유의수준 $\alpha = .05$하에서 선형성이 있는 것으로 검정되었다. 따라서 이제 회귀식을 살펴봐도 된다.

표 6-33 더미변수 결과 출력: 분산분석

분산분석[b]

모형		제곱합	자유도	평균제곱	F	유의확률
1	선형회귀분석	18.319	4	4.580	129.905	
	잔차	.247	7	.035		.000[a]
	합계	18.566	11			

a. 예측값: (상수), x3_2, x2, x3_1, x1
b. 종속변수: Y

지금까지 다중회귀분석에 대한 내용을 위에서 잘 숙지하였다면, 아래 계수표에 나타난 값들을 이해하는 데는 어려움이 없을 것이다.

표 6-34 더미변수 결과 출력: 계수

계수[a]

모형		비표준화 계수		표준화 계수	t	유의확률	공선성 통계량	
		B	표준오차	베타			공차한계	VIF
1	(상수)	1.944	.507		3.832	.006		
	x1	.599	.117	.623	5.135	.001	.129	7.741
	x2	.609	.211	.245	2.895	.023	.265	3.773
	x3_1	.251	.227	.099	1.105	.306	.234	4.267
	x3_2	.683	.259	.259	2.634	.034	.197	5.085

a. 종속변수: Y

먼저 회귀식을 구성해 보면 다음과 같다.

$$Y = 1.944x1 + 0.599x2 + 0.609x3\_1 + 0.683x3\_2$$

각 회귀변수 즉, 독립변수의 유의성을 살펴보면, x1, x2, x3_2는 유의수준 $\alpha = .05$하에서 유효한 회귀변수로 나타났다. 그러나 x3_1은 유의확률이 $p = 0.306$으로 유효한 회귀변수가 아닌 것으로 검정되었다. 독립변수들 간의 다중공선성 문제도 공차한계 값 중에 0.1 이하의 값이 없고, VIF 값도 10 이상의 값이 없으므로 다중공선성은 없는 것으로 봐도 된다.

더미변수를 이용하여 회귀분석을 수행하였을 경우 주의해야 할 사항은 더미변수들 중에 유효한 회귀변수가 아닌 것으로 검정되었다고 하여 무조건 삭제해서는 안 된다는 점이다. 위의 결과 중에 x3_1의 변수는 $t = 1.105$, 유의확률 $p = 0.306$으로 유효한 회귀변수가 아닌 것으로 검정되었다. 일반적으로 이런 경우 x3_1 변수를 제거하고 다시 회귀분석을 수행하지만 더미변수를 이용할 때에는 주의를 기울여야 한다. x3_1의 변수가 유효하지 않은 회귀변수로 나타난 것이 정말 그런 것인지 아니면 더미변수화 과정에서 나타난 것인지 확인을 해 봐야 한다. 이를 위해서 x3 항목에 대한 더미변수화를 변형하여 보자. 위에서 사용한 방법은 아래 표와 같으며, 다른 방법을 함께 나타내었다.

문항 2 ($x3$)	더미변수 1		더미변수 2		더미변수 3	
	$x3_1$	$x3_2$	$x3_1$	$x3_2$	$x3_1$	$x3_2$
성능	0	0	1	0	0	1
가격	1	0	0	1	0	0
디자인	0	1	0	0	1	0

더미변수 1은 최초에 사용한 더미변수 형태이고, 더미변수 2와 더미변수 3은 동일한 데이터에 대해서 다르게 더미변수를 설정한 내용이다. 즉, 더미변수 설정은 문항에 대한 응답 중 어느 것을 기준으로 하느냐에 따라 달라지는 것이다.

더미변수 2와 3을 이용하여 분석한 결과는 <표 6 - 35>, <표 6 - 36>과 같다. 각 회귀변수에 대한 결과를 살펴보면, 더미변수 2를 대상으로 한 분석에서는 모든 회귀변수가 유효한 것으로 나타나 있으며, 더미변수 3을 대상으로 한 분석에서는 x3_2변수가 유효하지 않은 것으로 나타나 있다. 이 같은 결과는 최초에 더미변수 1을 사용하여 분석한 내용과 다른 것이다. 즉, 더미변수를 이용하여 회귀분석을 수행할 경우에는 유효한 회귀변수가 아니라고 하더라도 무작정 그 변수를 삭제해서는 안 된다. 한 종류의 측정 데이터(여기서는 제품선택 요소)를 변환한 더미변수들(x3_1, x3_2) 중에 한 개라도 유효한 변수가 존재한 다면 가능한 한 모든 더미변수를 함께 회귀모형에 첨가하는 것이 바람직하다.

표 6-35 더미변수 **2**를 대상으로 한 분석 결과

<table>
<tr><td colspan="8" align="center">계수[a]</td></tr>
<tr><td rowspan="2">모형</td><td colspan="2">비표준화 계수</td><td>표준화 계수</td><td rowspan="2">t</td><td rowspan="2">유의확률</td><td colspan="2">공선성 통계량</td></tr>
<tr><td>B</td><td>표준오차</td><td>베타</td><td>공차한계</td><td>VIF</td></tr>
<tr><td>1　　(상수)</td><td>2.627</td><td>.700</td><td></td><td>3.751</td><td>.007</td><td></td><td></td></tr>
<tr><td>　　　x1</td><td>.599</td><td>.117</td><td>.623</td><td>5.135</td><td>.001</td><td>.129</td><td>7.741</td></tr>
<tr><td>　　　x2</td><td>.609</td><td>.211</td><td>.245</td><td>2.895</td><td>.023</td><td>.265</td><td>3.773</td></tr>
<tr><td>　　　x3_1</td><td>−.683</td><td>.259</td><td>−.238</td><td>−2.634</td><td>.034</td><td>.233</td><td>4.290</td></tr>
<tr><td>　　　x3_2</td><td>−.432</td><td>.131</td><td>−.171</td><td>−3.303</td><td>.013</td><td>.706</td><td>1.416</td></tr>
</table>

a. 종속변수: Y

표 6-36 더미변수 **3**을 대상으로 한 분석 결과

<table>
<tr><td colspan="8" align="center">계수[a]</td></tr>
<tr><td rowspan="2">모형</td><td colspan="2">비표준화 계수</td><td>표준화 계수</td><td rowspan="2">t</td><td rowspan="2">유의확률</td><td colspan="2">공선성 통계량</td></tr>
<tr><td>B</td><td>표준오차</td><td>베타</td><td>공차한계</td><td>VIF</td></tr>
<tr><td>1　　(상수)</td><td>2.195</td><td>.668</td><td></td><td>3.286</td><td>.013</td><td></td><td></td></tr>
<tr><td>　　　x1</td><td>.599</td><td>.117</td><td>.623</td><td>5.135</td><td>.001</td><td>.129</td><td>7.741</td></tr>
<tr><td>　　　x2</td><td>.609</td><td>.211</td><td>.245</td><td>2.895</td><td>.023</td><td>.265</td><td>3.773</td></tr>
<tr><td>　　　x3_1</td><td>.432</td><td>.131</td><td>.164</td><td>3.303</td><td>.013</td><td>.773</td><td>1.294</td></tr>
<tr><td>　　　x3_2</td><td>−.251</td><td>.227</td><td>−.087</td><td>−1.105</td><td>.306</td><td>.304</td><td>3.292</td></tr>
</table>

a. 종속변수: Y

7. 질적 자료에 대한 회귀분석 방법 – 요인점수 사용

　　연구를 수행하다 보면 설문조사를 통해 얻어진 순서 데이터를 사용하여 회귀 분석을 수행하고자 할 때가 있다. 이럴 경우 위에서 살펴본 더미변수화하여 처 리하는 방법은 적절한 방법이라 할 수 없다. 일단 문항들이 많고, 문항에 대한 선택 항목도 많기 때문에 더미변수화 하는 데 무리가 있기 때문이다. 다음과 같 은 종류의 문항이 3개 있다고 생각해 보자.

예제 문항) 귀하께서는 구입하신 제품의 기능에 만족하십니까?

① 매우 불만족한다   ② 불만족한다   ③ 보통이다

④ 만족한다   ⑤ 매우 만족한다

위와 같은 문항이 3개 있다면 각 문항에 필요한 새로운 변수는 4개씩이므로 모두 12개의 새로운 변수가 요구된다. 분석도 어려울 뿐만 아니라 성공하더라도 결과를 해석하는 데 엄청난 노력이 요구된다. 더미변수를 이용한 회귀분석은 간단한 명목이나 순서변수를 분석하기에는 적당하지만 일반적으로 사용되는 설문지 데이터에 적용하기에는 무리가 따른다. 여기서는 일반적인 설문조사에서 얻어진 순서 데이터를 요인분석을 통해 요인점수로 변환하여 회귀분석을 수행하는 방법에 대해서 살펴볼 것이다.

요인점수화를 통해 회귀분석을 수행하기 위한 연구문제는 다음과 같다.

회귀분석을 위한 연구문제 - 04

제품만족도와 할인행사 등이 소비자의 제품 구입비용에 영향을 미치는지를 알아보기 위해서 다음과 같은 설문조사를 수행하였다. 제품만족도와 할인행사가 어떠한 영향을 미치는지를 분석하라.

문항 1) 제품의 기능에 만족하십니까?
　　　① 매우 불만족한다　② 불만족한다　③ 보통이다　④ 만족한다　⑤ 매우 만족한다

문항 2) 제품의 디자인에 만족하십니까?
　　　① 매우 불만족한다　② 불만족한다　③ 보통이다　④ 만족한다　⑤ 매우 만족한다

문항 3) 제품의 A/S에 만족하십니까?
　　　① 매우 불만족한다　② 불만족한다　③ 보통이다　④ 만족한다　⑤ 매우 만족한다

문항 4) 연 4회의 할인행사에 만족하십니까?
　　　① 매우 불만족한다　② 불만족한다　③ 보통이다　④ 만족한다　⑤ 매우 만족한다

문항 5) 할인행사의 할인율에 만족하십니까?
　　　① 매우 불만족한다　② 불만족한다　③ 보통이다　④ 만족한다　⑤매우 만족한다

문항 6) 할인행사에 제공하는 서비스에 만족하십니까?
　　　① 매우 불만족한다　② 불만족한다　③ 보통이다　④ 만족한다　⑤매우 만족한다

문항 7) 제품 구입을 위해서 어느 정도의 비용을 쓰십니까? (　　　)

제품구입 비용 (문항 7)	문항 1	문항 2	문항 3	문항 4	문항 5	문항 6
4.06	2	2	1	3	3	4
4.39	2	2	2	4	4	5
5.02	3	3	3	5	5	5
5.23	3	4	3	4	5	4
5.57	3	4	4	5	3	2
6.50	4	3	4	1	3	3
6.65	4	3	3	1	3	4
7.26	4	4	4	5	5	5
7.48	4	4	4	4	4	4
7.39	5	4	5	4	3	3
7.50	5	5	5	5	3	5
7.55	5	5	5	3	4	4

1) 요인점수를 이용한 다중회귀분석의 절차 및 내용

연구문제에서 제시된 문항들을 살펴보면, 문항 1)～문항 3)까지는 제품만족과

관련된 것으로 볼 수 있으며 문항 4)～문항 6)은 할인행사와 관련된 문항들이
다. 이 문항들이 요인분석을 통해 각각의 요인으로 묶여야만 요인점수화할 수
있다. 따라서 먼저 탐색적 요인분석을 수행하여 제품만족도 요인과 할인행사 요
인으로 묶이는지를 확인한 후 각각의 요인점수를 구한 다음 회귀분식에 적용하
면 된다. 최초 설문조사를 통해 얻어진 데이터는 순서 데이터였으나 요인점수화
를 통해 양적 데이터로 변환이 된다. 전체적인 프로세스를 구조화하면 다음과
같다.

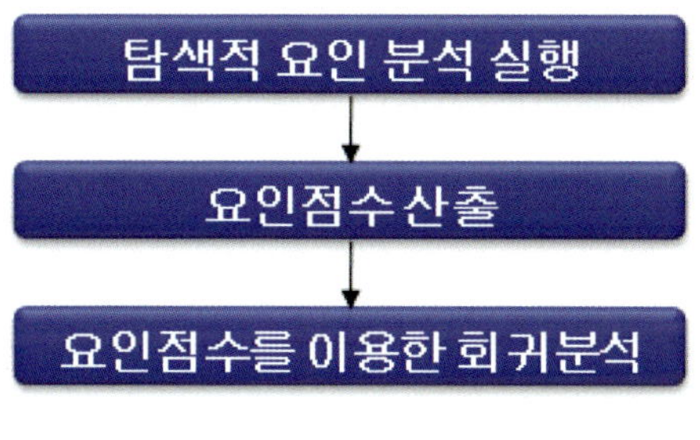

그림 6-36

위의 과정을 통해 얻어진 요인들을 대상으로 다중회귀분석을 수행할 때는 다
중공선성 문제를 고려할 필요가 없다. 요인점수를 산출할 때 각 요인 간 관련성
이 없도록 구성되기 때문이다.

2) 요인점수 산출을 위한 탐색적 요인분석 실행 방법

요인점수를 이용한 다중회귀분석 과정은 탐색적 요인분석과 다중회귀분석 과
정을 모두 수행하여야 하기 때문에 전체적인 과정을 정확하게 따라 수행하여야
한다.

위의 연구문제를 코딩한 화면은 <그림 6-37>과 같다. 문항 7)은 변수 Y로
하였고, 문항 1)～문항 6)까지는 변수 Q1～Q6로 하였다.

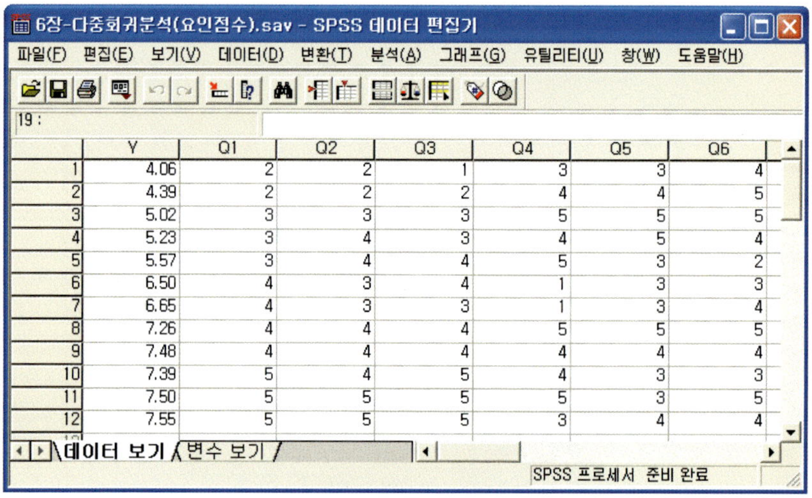

그림 6-37 코딩 화면

설문조사 데이터를 이용하여 요인점수를 산출하기 위해서는 먼저 요인분석을 실행하여야 한다. 요인분석을 실행하기 위한 메뉴 선택은 <그림 6-38>과 같이 【분석】 - 【데이터 축소】 - 【요인분석】 을 선택하면 된다.

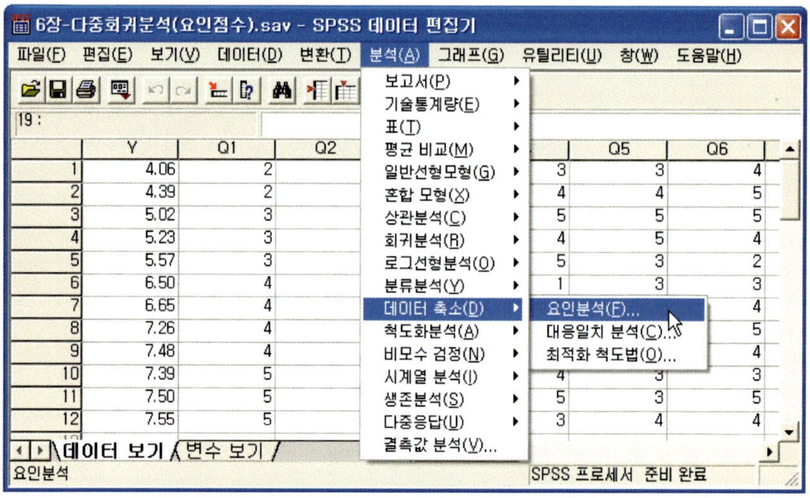

그림 6-38 요인점수 산출을 위한 요인분석 메뉴 선택

<그림 6-39>과 같이 {요인분석} 화면이 나타나면, 왼쪽에서 요인분석에 사용할 변수들을 선택하여 『변수』 항목으로 이동시킨다. 이동이 완료된 화면은

<그림 6-40>과 같다.

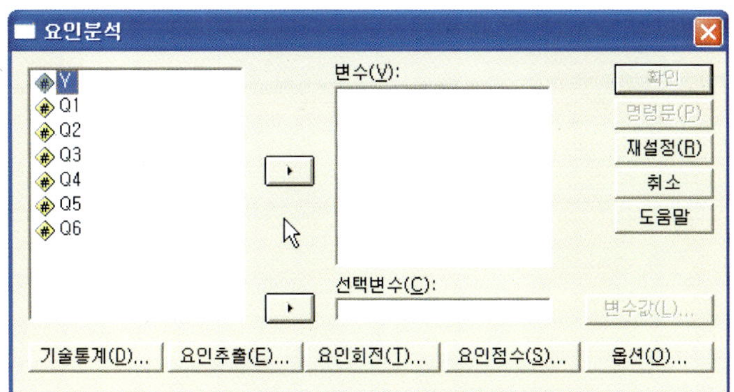

그림 6-39 요인분석 윈도우 화면

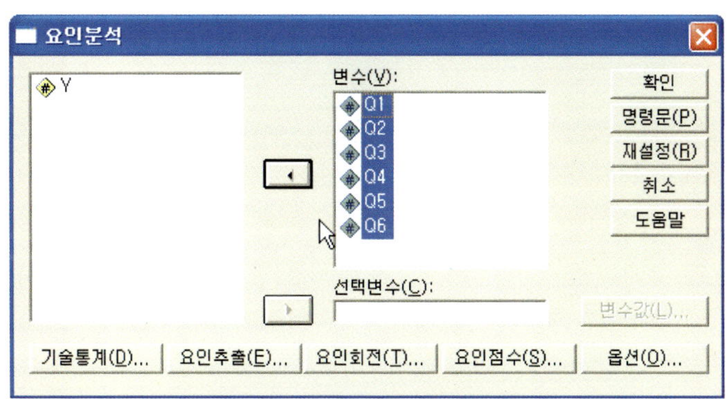

그림 6-40 변수 설정 화면

　　<그림 6-40> 화면에서 [요인추출] 버튼을 클릭하면 <그림 6-41>과 같은 {요인분석: 요인추출} 윈도우 화면이 출력된다. 『방법』 항목에 디폴트로 "주성분"이 나타나는데, 일반적으로 요인추출 방식으로 주성분 분석을 사용하므로 그대로 둔다. 『분석』 항목의 설정도 그림과 같이 설정한다. 『추출』 항목에는 「고유값 기준」과 「요인의 수」 두 가지가 있다. 「고유값 기준」은 향후 분석 시 고윳값이 1 이상인 것을 요인으로 하겠다는 것이고, 「요인의 수」는 분석자가 임의로 몇 개의 요인을 추출하고자 할 때 사용한다. 일반적으로 「고유값 기준」을 이용하여 분석을 하나 만약 여러 학문적 보고에 의해 요인의 수가 결정되어 있거나, 요인의 수를 미리 알고 있으면 「요인의 수」를 이용할 수도 있다. 본 예

제의 경우 요인의 수가 몇 개인지 알고 있지 않으므로 그림과 같이「고유값 기준」을 이용한다.

　[계속] 버튼을 누르면 이전 화면으로 복귀하게 되고, 거기서 [요인회전] 버튼을 클릭하면 <그림 6-42>과 같이 {요인분석: 요인회전} 윈도우가 나타난다.

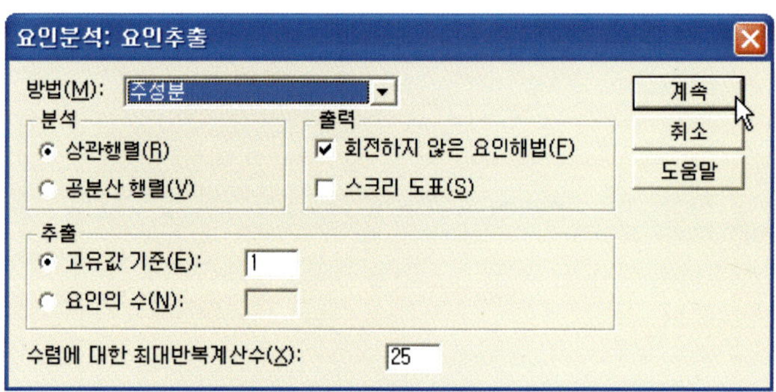

그림 6-41 요인추출 윈도우 화면

　<그림 6-42>의『방법』항목에서「베리멕스」를 선택하고『출력』항목에서「회전 해법」을 선택한다.「베리멕스」요인 회전 방법은 요인을 해석하기 편하도록 직각회전을 시키는 방법이다. 이와 관련된 자세한 내용은 요인분석 방법에서 설명될 것이다.

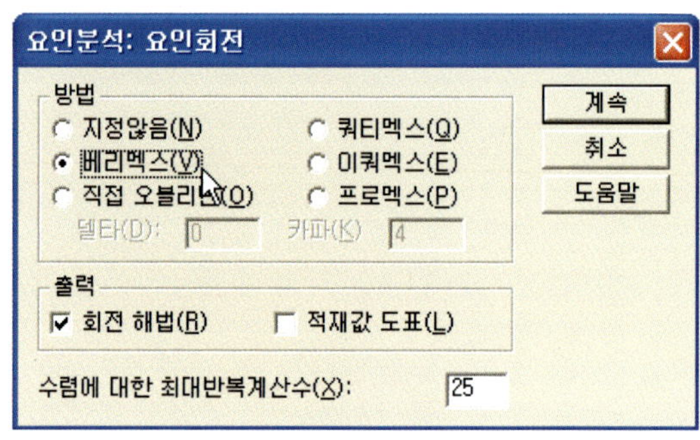

그림 6-42 요인회전 방법 선택 화면

　[계속] 버튼을 클릭하면 이전 화면으로 복귀하게 되고, 거기서 [요인점수] 버튼을 클릭하면 <그림 6-43>과 같은 {요인분석: 요인점수} 윈도우가 나타난

다.『변수로 저장』항목을 체크한 후『방법』항목에서「회귀분석」을 선택한다. 여기서의 설정에 따라 요인이 추출될 경우 각 요인에 대한 점수를 출력해 준다. 우리는 뒤에서 요인 값이 출력된 모습을 보게 될 것이다.

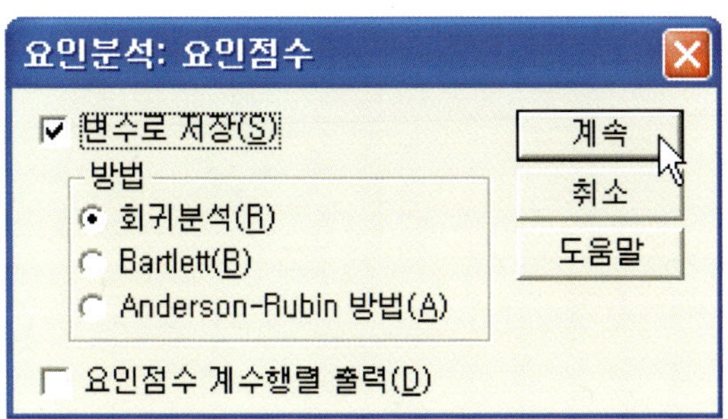

그림 6-43 요인점수 저장 화면

[계속] 버튼을 클릭하면 이전 화면으로 복귀하게 되고, 거기서 [옵션] 버튼을 클릭하면 <그림 6-44>과 같이 {요인분석: 옵션} 윈도우가 나타난다.『계수출력형식』항목에서「크기순 정렬」을 선택한다. 여기서의 선택은 분석의 결과에 영향을 미치는 것이 아니라 분석 결과를 보기 쉽게 나열해 주는 것이다. 따라서 반드시 해야 하는 부분은 아니지만 보다 쉽게 결과를 살펴보기 위해서 설정해 두는 것이 좋다.

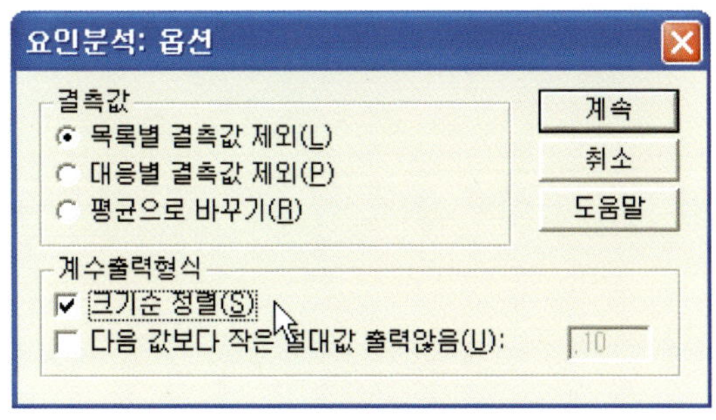

그림 6-44 옵션 화면

[계속] 버튼을 클릭하면 이전 화면으로 복귀하게 되고, 거기서 [확인] 버튼을 클릭하면 <그림 6-45>와 같이 분석 결과가 출력된다.

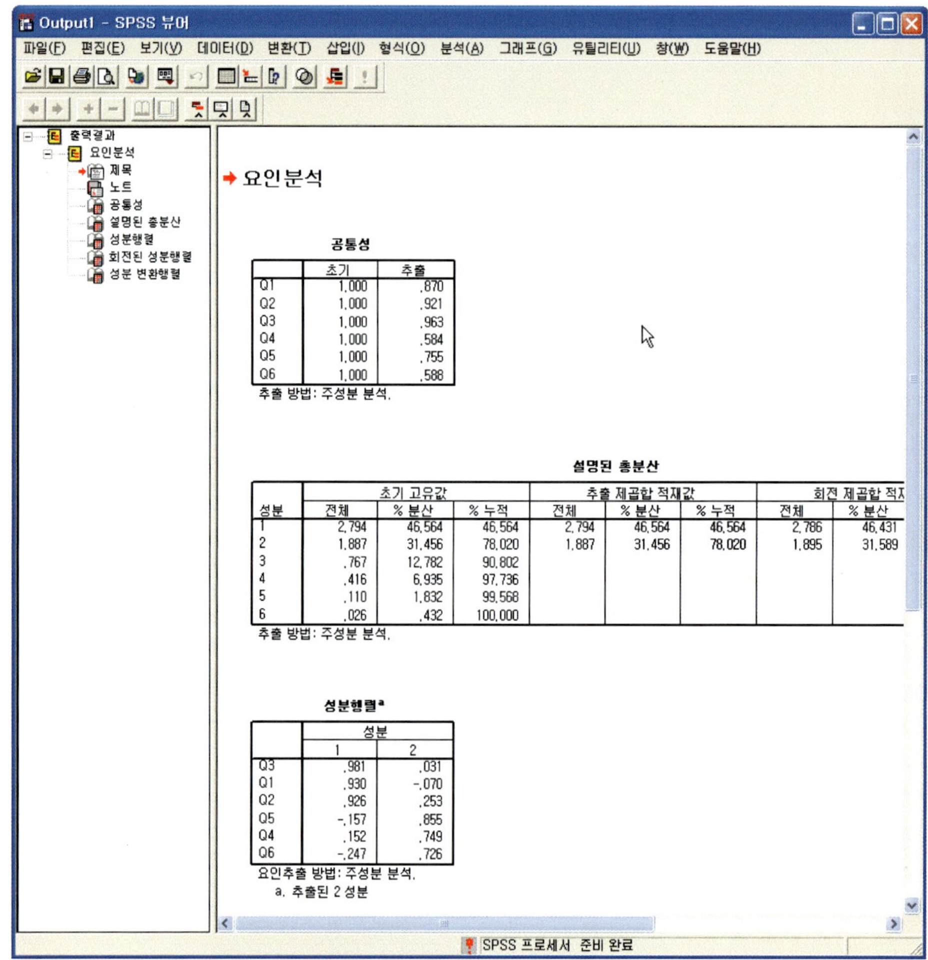

그림 6-45 요인분석 결과 출력 화면

3) 요인점수 산출을 위한 탐색적 요인분석 결과 해석과 회귀분석

요인분석을 수행하면 여러 결과들이 출력되지만, 여기서는 요인점수를 이용한 회귀분석이 주목적이므로 관련된 중요 결과들만을 살펴볼 것이다. 요인분석의 자세한 결과 해석은 요인분석 부분에서 다루게 될 것이다. 요인분석 결과에서 가장 먼저 살펴볼 곳은 <표 6-37>의 [설명된 총분산] 결과이다. 본 예제에서 우리가 원하는 것은 문항 1~문항 6 중 문항 1~문항 3이 제품만족도 요인으로 묶이고, 문항 4~문항 6까지가 할인행사 요인으로 묶이는 것이다. [설명된 총분산] 결과의『초기 고유값』항목의「전체」부분을 보면 고윳값이 1 이상인 것은 두 개로 2.794와 1.887로 나타나 있다. 우리가 원하는 대로 2개의 요인으로 묶인 것이다(SPSS에서는 요인을 성분이란 단어로 표기하고 있다.). 그리고 이 두 요인의 설명력은「% 누적」부분에 출력되어 있다. 두 번째 성분의「% 누적」부분을 보면 78.020으로, 즉 78.02%를 설명하는 것이다. 이 정도면 우리가 설정한 요인이 설명력을 갖추었다고 할 수 있다. 설명력이 어느 정도 되어야 하는지는 정확하게 정해진 것이 없으나 일반적으로 60% 이상 되어야 구해진 요인이 의미가 있는 것으로 알려져 있으나 아무리 낮아도 50% 이상은 되어야 한다.

표 6-37 요인분석 결과: 설명된 총분산

설명된 총분산

성분	초기 고유값			추출 제곱할 적재값			회전 제곱합 적재값		
	전체	%분산	%누적	전체	%분산	%누적	전체	%분산	%누적
1	2.794	46.564	46.564	2.794	46.564	46.564	2.786	46.431	46.431
2	1.887	31.456	78.020	1.887	31.456	78.020	1.895	31.589	78.020
3	.767	12.782	90.802						
4	.416	6.935	97.736						
5	.110	1.832	99.568						
6	.026	.432	100.000						

추출 방법: 주성분 분석.

두 개의 요인으로 묶이는 것을 확인하였으므로 이제는 두 개의 요인이 어떻게 구성되는지를 살펴봐야 한다. 비록 두 개의 요인으로 묶였다 하더라도 요인을 구성하는 문항들이 우리가 원하는 바와 다르게 구성된다면 문제가 된다. 즉 우리는 문항 1~문항 3까지가 하나의 요인으로 묶이기를 기대하고 있는데, 분석결과 문항 1, 문항 2, 문항 4가 묶여 버리면 우리가 원하던 요인이 아니기 때문에 분석에 사용할 수 없게 된다. 문항 1과 문항 2는 제품만족도 항목이지만 문항 4는 할인행사 항목이기 때문에 이들 3개 문항을 제품만족도 요인이라 할 수 없기 때문이다. 이렇게 관련 문항들이 정상적으로 잘 묶였는지를 확인하는 부분이 <표 6-38>의 [회전된 성분 결과]이다. 결과를 보는 방법은 다음과 같다. 먼저『성분』항목을 보면 "1"과 "2"로 나타나 있다. 이는 두 개의 요인이 문항들로 묶인다는 것을 나타내는 것이다. 만약 3개의 요인으로 묶인다면 3까지 출력되었을 것이다. 첫 번째 성분, 즉 첫 번째 요인을 보면 문항 3은 0.979, 문항 2는 0.946, 문항 1은 0.920으로 나타나 있고 이후 값들은 상대적으로 작은 값을 보이고 있다. 따라서 문항 3, 문항 2, 문항 1이 묶인 것으로 본다. 문항 5의 2번째 성분을 보면, 아래 문항 6과 문항 4가 비슷한 값들을 보이고 그 위에 값들은 상대적으로 매우 작은 값을 보이고 있다. 따라서 문항 5, 문항 6, 문항 4가 두 번째 요인으로 묶인 것으로 본다. 이렇게 상대적으로 높은 값들로 구성된 문항들을 하나의 요인으로 묶는 것이다. 결국 분석결과를 살펴보면, 우리가 원하는 대로 문항들이 묶인 것을 알 수 있다.

　우리는 앞에서 제품만족도 요인, 할인행사 요인이란 명칭을 사용하였는데 실제로는 이렇게 먼저 요인명을 설정하는 것이 아니라 요인분석을 통해 묶인 문항들을 살펴봐서 동일한 의미를 가진 명칭을 사용하는 것이다. 즉 문항 1부터 문항 3까지의 내용을 보니 제품만족도와 관련 있는 문항들로 구성되어 있기 때문에 제품만족도 요인이라고 명칭을 부여하는 것이다.

표 6-38 회전된 성분 결과

회전된 성분행렬[a]

	성분	
	1	2
Q3	.979	-.061
Q2	.946	.164
Q1	.920	-.157
Q5	-.076	.866
Q6	-.178	.746
Q4	.222	.731

요인 추출 방법: 주성분 분석.
회전 방법: Kaiser 정규화가 있는 베리멕스.
a. 3반복계산에서 요인회전이 수렴되었습니다.

　각 요인이 원하는 형태로 묶였다면, 이제는 요인점수를 확인할 차례이다. <그림 6-43>에서 요인점수를 변수로 저장하도록 설정하였기 때문에 각 요인별 점수를 우리는 아래의 <그림 6-46>에서와 같이 데이터 보기 탭에서 확인할 수 있다.

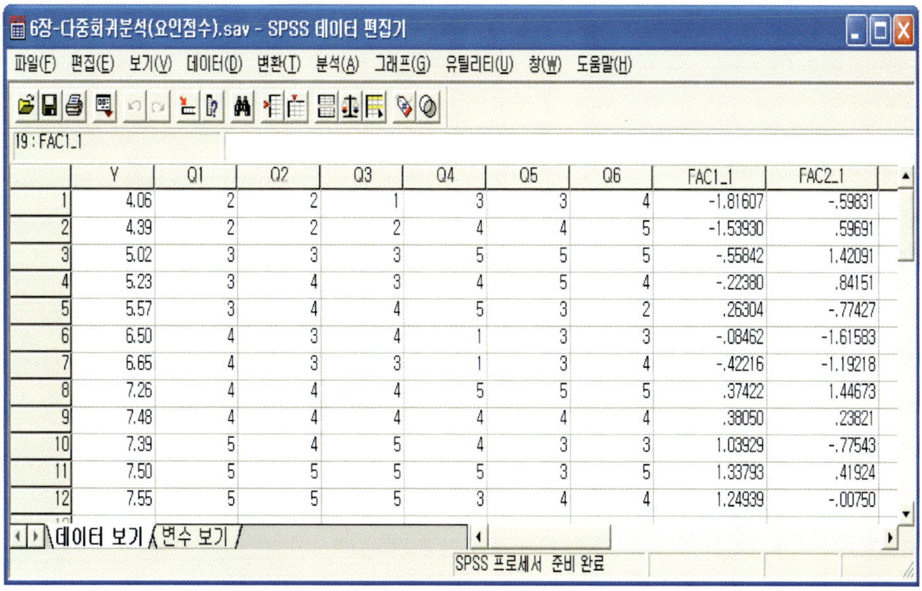

그림 6-46 각 요인별 요인점수 출력 화면

위의 화면을 살펴보면, 오른쪽 끝부분에 "FAC1_1", "FAC2_1" 변수가 새로 생성되어 있는 것을 볼 수 있다. 이 변수들이 바로 각 요인점수를 나타내는 변수이며, 그리고 그 아래에 출력되어 있는 값들이 요인점수가 된다. 요인분석 결과 각 항목들이 두 개의 요인으로 묶였기 때문에 2개의 변수만 나타난 것이며, 만약 3개의 요인으로 묶였다면 여기에 3개의 요인이 나타날 것이다. FAC1_1이 위의 결과에서 보여 주고 있는 성분 1, 즉 첫 번째 요인에 대한 점수들이고, FAC2_1이 성분 2, 즉 두 번째 요인에 대한 점수들이다.

출력된 변수 이름 그대로 사용해도 무리는 없으나 요인 수가 많아질 경우 각 요인을 구별하기에는 적당하지 않으므로 요인변수 이름을 수정하는 것이 좋다. 이를 위해서 변수 보기 탭을 선택하여 <그림 6-47>과 같이 변수 목록을 연 다음 이름 항목과 설명 항목을 적당하게 변경한다.

	이름	유형	자리수	소수점이하자리	설명	값
1	Y	숫자	8	2		없음
2	Q1	숫자	8	0		없음
3	Q2	숫자	8	0		없음
4	Q3	숫자	8	0		없음
5	Q4	숫자	8	0		없음
6	Q5	숫자	8	0		없음
7	Q6	숫자	8	0		없음
8	FAC1_1	숫자	11	5	REGR factor sc	없음
9	FAC2_1	숫자	11	5	REGR factor sc	없음

그림 6-47 요인변수 이름 수정을 위한 변수 보기 탭 화면

<그림 6-48>은 요인변수 이름을 제품만족도와 할인행사로 변경하고 설명 부분도 제품만족도요인, 할인행사요인으로 변경한 모습이다.

	이름	유형	자리수	소수점이하자리	설명	값
1	Y	숫자	8	2		없음
2	Q1	숫자	8	0		없음
3	Q2	숫자	8	0		없음
4	Q3	숫자	8	0		없음
5	Q4	숫자	8	0		없음
6	Q5	숫자	8	0		없음
7	Q6	숫자	8	0		없음
8	제품만족도	숫자	11	5	제품만족도요인	없음
9	할인행사	숫자	11	5	할인행사요인	없음

그림 6-48 요인변수 이름 수정 화면

지금까지 우리는 각 요인점수를 구하였고, 요인변수 이름도 알아보기 쉽게 변

경하였다. 이제는 이들 요인점수를 이용하여 회귀분석을 수행할 차례이다. 회귀분석을 수행하기 위해서 <그림 6 – 49>과 같이 【분석】 – 【회귀분석】 – 【선형】 메뉴를 선택하면 {선형회귀분석} 윈도우가 <그림 6 – 50>과 같이 나타난다.

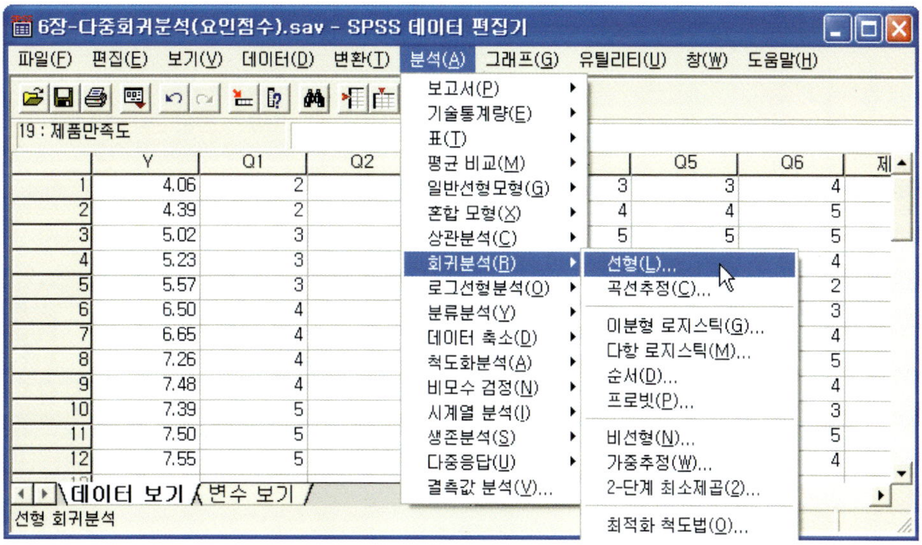

그림 6 – 49 회귀분석을 위한 메뉴 선택 화면

위의 요인분석에서 얻어진 요인변수인 제품만족도요인과 할인행사요인 변수가 왼쪽 변수 출력 화면에 나타나 있는 것을 볼 수 있다.

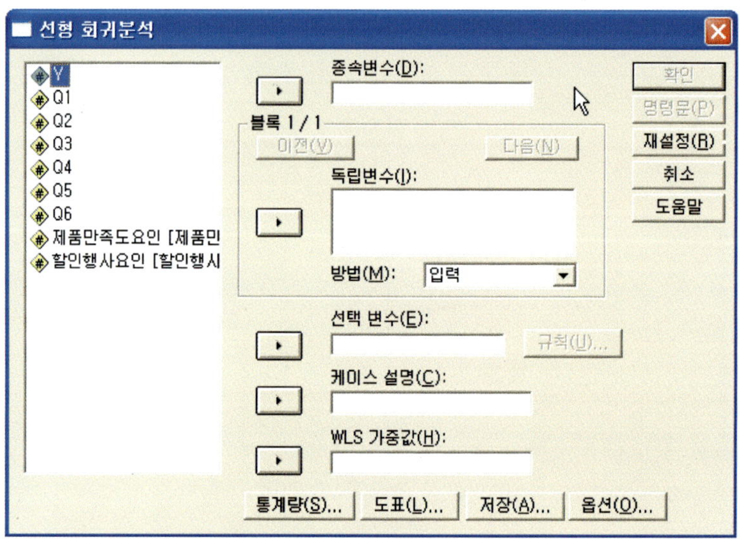

그림 6-50 선형회귀분석 윈도우 화면

<그림 6-51>과 같이 왼쪽 화면에서 Y변수를 『종속변수』 항목으로 이동시키고, 위에 얻어진 요인변수인 제품만족도요인과 할인행사요인 변수를 『독립변수』 항목으로 이동시킨다.

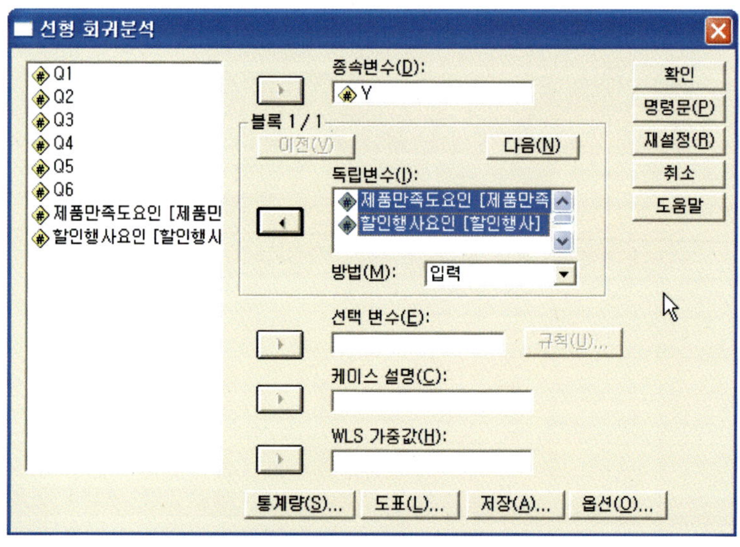

그림 6-51 종속변수 및 독립변수 설정 화면

[통계량] 버튼을 클릭하면 <그림 6-52>와 같이 {선형회귀분석: 통계량} 윈도우가 나타나며, 여기서 아래 그림과 같이 항목을 체크한 다음 [계속] 버튼을 눌러 앞 화면으로 복귀한다.

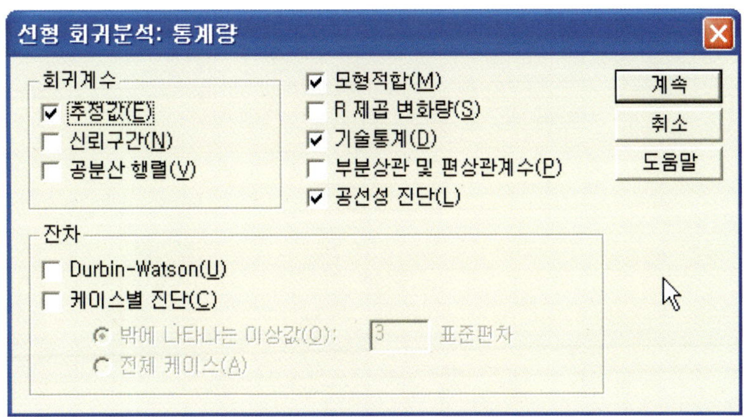

그림 6-52 통계량 옵션 설정 화면

이제 [확인] 버튼을 눌러 회귀분석을 실행하면 <그림 6-53>과 같은 분석결과 출력 화면을 볼 수 있다.

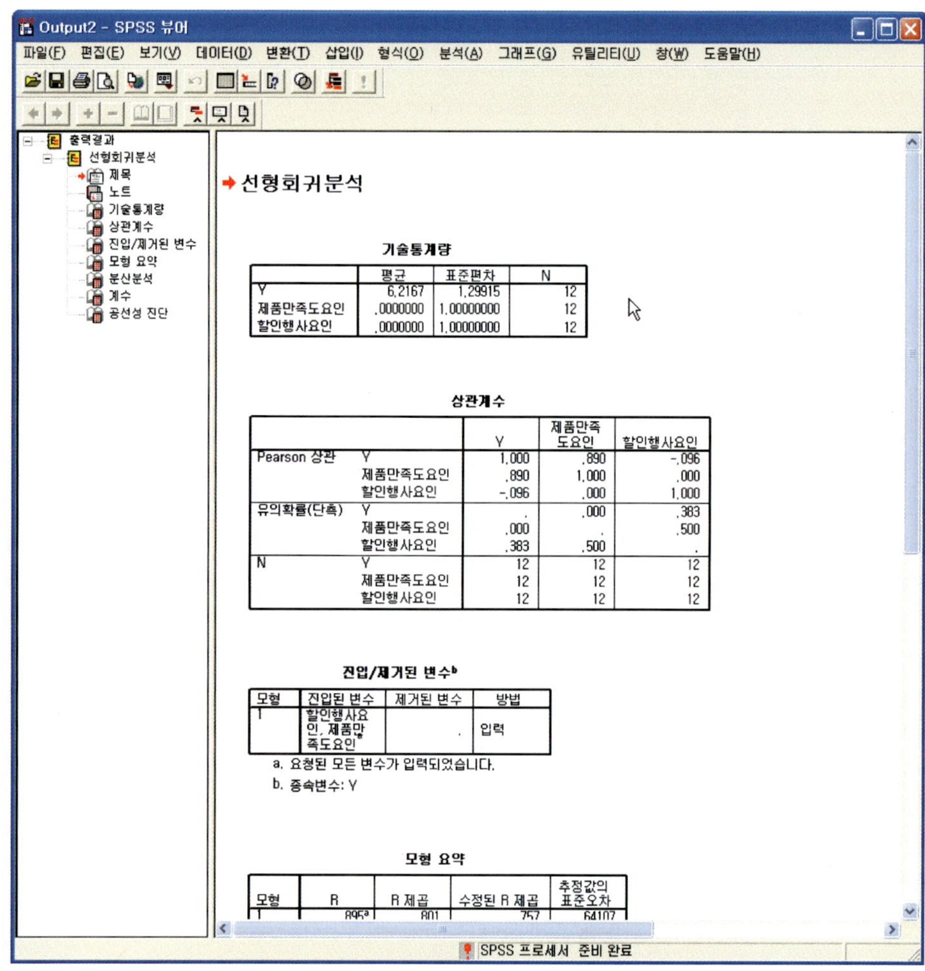

그림 6-53 회귀분석 출력 화면

4) 요인점수를 이용한 회귀분석 결과 해석 방법

회귀분석 결과에 대한 해석은 위에서 살펴본 다중회귀분석 결과 해석과 다를 게 없다. 따라서 여기서는 결과들만을 살펴보도록 하자.

회귀분석에 사용된 변인들에 대한 상관계수 값들이 <표 6-39>에 나타나 있다. 값들을 살펴보면, 종속변인인 Y변수와 제품만족도요인, 할인행사요인 간 의 상관계수 값들이 각각 0.890, -0.096로 나타나 있다. 이를 토대로 제품만족도요인은 종속변인인 Y에 영향을 끼칠 것으로 예측해 볼 수 있으며, 반면에 할인행사요인은 종속변인 Y에 영향을 끼치지 않은 것으로 예측해 볼 수 있다. 여기서 눈여겨볼 부분은 독립변수들 간의 상관계수 값이다. 제품만족도요인과 할인행사요인 간의 상관계수 값이 0으로 나타나 있음을 볼 수 있는데 이러한 결과는 두 요인이 요인분석을 통해서 얻어진 요인점수로 구성되어 있기 때문이다. 요인분석 시 각 요인 간의 관련성이 가장 적게, 즉 최대한 분산이 겹치지 않게 요인을 구성하기 때문에 요인점수로 얻어진 요인들에 대한 상관계수 값들은 거의 대부분 0이거나 0에 가까운 값을 갖게 된다. 따라서 요인점수로 구성된 요인들을 독립변수로 사용하는 회귀분석 시에는 독립변수들 간의 다중공선성을 걱정하지 않아도 되며, 당연히 다중공선성 검정을 수행할 필요가 없다.

표 6-39 회귀분석에 따른 상관계수 분석 결과

상관계수

		Y	제품만족 도요인	할인행사요인
Pearson 상관	Y	1.000	.890	−.096
	제품만족도요인	.890	1.000	.000
	할인행사요인	−.096	.000	1.000
유의확률(단측)	Y	.	.000	.383
	제품만족도요인	.000	.	.500
	할인행사요인	.383	.500	.
N	Y	12	12	12
	제품만족도요인	12	12	12
	할인행사요인	12	12	12

<표 6-40>에는 회귀모형에 대한 결정계수가 $R^2 = 0.082$로 나타나 본 회귀모형으로 종속변수를 충분히 예측할 수 있는 것으로 검정되었다.

표 6-40 결정계수

모형 요약

모형	R	R 제곱	수정된 R 제곱	추정값의 표준오차
1	.895[a]	.801	.757	.64107

a. 예측값: (상수), 할인행사요인. 제품만족도요인

<표 6-41>에는 회귀모형이 선형적인 관계가 성립하는지를 검정한 분산분석 결과가 나타나 있다. $F = 18.088$로 유의확률 $p = 0.001$로 나타나 본 회귀식이 선형관계를 만족하고 있는 것으로 검정되었다.

표 6-41 회귀분석에서의 분산분석 테이블

분산분석[b]

모형		제곱합	자유도	평균제곱	F	유의확률
1	선형회귀분석	14.867	2	7.433	18.088	.001[a]
	잔차	3.699	9	.411		
	합계	18.566	11			

a. 예측값: (상수), 할인행사요인, 제품만족도요인
b. 종족변수: Y

<표 6-42>는 회귀식을 구성하는 각 계수들과 계수들에 대한 유의성 검정 결과가 나타나 있다. 상관관계 부분에서 예측한 대로 제품만족도요인은 $t = 5.980$으로 유의확률 $p = 0.000$으로 나타나 종속변수에 영향을 미치는 것으로 나타난 반면 할인행사요인은 종속변수에 유의한 영향을 미치지 않는 것으로 검정되었다.

표 6-42 계수 테이블

계수[a]

모형		비표준화 계수		표준화 계수	t	유의확률	공선성 통계량	
		B	표준오차	베타			공차한계	VIF
1	(상수)	6.217	.185		33.593	.000		
	제품만족도요인	1.156	.193	.890	5.980	.000	1.000	1.000
	할인행사요인	−.125	.193	−.096	−.647	.534	1.000	1.000

a. 종속변수: Y

교차분석
Cross tabulation

1. 교차분석의 개념

하나의 집단을 두 개의 범주로 나누어 표의 형태로 나타낸 것을 교차표(cross table) 또는 분할표라 하며, 이렇게 구성된 표를 대상으로 분석을 수행하는 것을 교차분석(cross tabulation: 약칭으로 자주 crosstab으로 표기하기도 한다.)이라 한다. 아래 <표 7-1>은 교차표의 한 예로, 한 집단을 성별과 참여 여부 두 범주로 분류한 것이다. 이 같은 구조의 표를 r×c 테이블이라 하는데 r은 row, c는 column을 나타낸다.

표 7-1 교차표

참여 여부＼성별	남성	여성	합계
참여	40	30	70
비참여	20	10	30
합계	60	40	100

교차분석은 확률화(randomization) 및 비확률화(non-randomization) 비교 연구(comparative study)에 자주 사용하는 분석방법으로 주로 설문 조사에 대한 분석 시 많이 이용되고 있다. 특히 조사를 통해 얻어진 데이터가 질적 변수로서 빈도를 이용한 분석을 하고자 할 때 주로 사용된다.

여기서는 주로 설문지 데이터를 대상으로 교차분석을 수행하는 방법들에 대해서 알아볼 것이다. 교차분석을 수행하기 전에 설문지 데이터를 코딩하는 것이 선행되어야 하므로 코딩 방법과 그에 따른 SPSS의 기능을 살펴본 후 교차분석에 대해서 알아볼 것이다.

2. 설문지 데이터 코딩

데이터를 코딩하는 기초적인 방법은 Chapter Ⅱ에서 다룬 바 있으므로 여기서는 설문지의 특수한 경우에 대해서만 살펴볼 것이다. 설문지 문항의 구성 종류를 살펴보면 다음과 같은 종류들이 존재할 수 있다.

(문항종류 1) 귀하께서 가장 좋아하는 종목을 하나 선택하시오.
　　　　　① 농구　②축구　③야구　④배구　⑤탁구
(문항종류 2) 귀하께서 좋아하는 종목 2개를 선택하시오.
　　　　　① 농구　②축구　③야구　④배구　⑤탁구
(문항종류 3) 귀하께서 좋아하는 종목 모두를 선택하시오.
　　　　　① 농구　②축구　③야구　④배구　⑤탁구
(문항종류 4) 귀하께서 좋아하는 종목 순서대로 순위를 적어 주십시오(　－　－　－　).
　　　　　① 농구　②축구　③야구　④배구　⑤탁구
(문항종류 5) 귀하께서 좋아하는 종목 순서대로 순위를 2개 적어 주십시오(　　－　　).
　　　　　① 농구　②축구　③야구　④배구　⑤탁구

(문항종류 1)은 가장 일반적인 형태로 단일응답 문항이라 하며, 일반적인 코딩을 수행하면 된다. (문항종류 2)~(문항종류 5)까지는 복수응답 문항이며, 특히 (문항종류 4)와 (문항종류 5)는 순위응답 문항이라 한다. 설문지 문항이 복수응답 문항일 경우 코딩하는 방법에 대해서 알아보자.

1) 복수응답 문항의 코딩(문항종류 2) 및 분석

(문항종류 2) 귀하께서 좋아하는 종목 2개를 선택하시오.
　　　① 농구　　② 축구　　③ 야구　　④ 배구　　⑤ 탁구

위의 문항은 응답자가 2개의 항목만을 선택할 수 있다. 응답자가 3개의 종목을 좋아하더라도 2개만을 선택해야 한다. 따라서 필요한 변수는 2개가 된다. 위 문항에 대해서 10명의 응답자가 다음과 같이 응답하였다고 가정하자.

응답자	첫 번째 종목	두 번째 종목	응답자	첫 번째 종목	두 번째 종목
1	1	2	6	1	3
2	1	3	7	1	3
3	2	3	8	2	3
4	2	3	9	2	3
5	2	3	10	2	4

응답 결과를 코딩한 화면은 아래 <그림 7 - 1>과 같다.

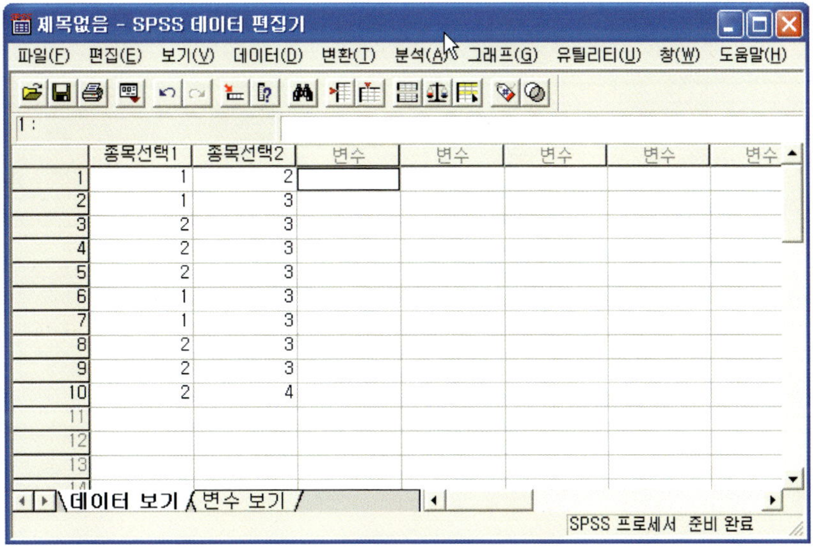

그림 7 - 1 복수응답 문항(문항종류 2)의 코딩 완료 화면

코딩이 완료된 후 문항을 분석하기 위해서는 아래 <그림 7-2>와 같이 변수군 정의를 위한 【분석】-【다중응답】-【변수군 정의】 메뉴를 선택해야 한다.

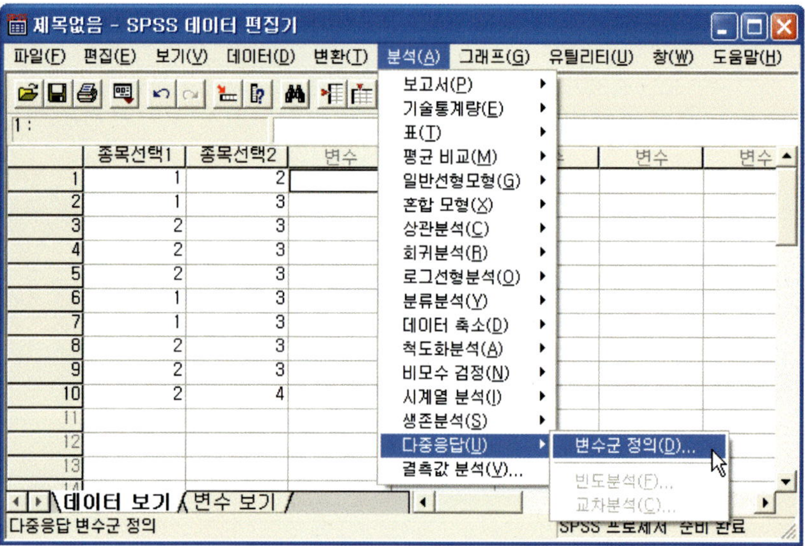

그림 7-2 다중응답 분석을 위한 메뉴 선택 화면

메뉴를 선택하면, {다중응답 변수군 정의} 윈도우(<그림 7-3>)가 나타난다.

그림 7-3 다중응답 변수군 정의 윈도우

『변수군 정의』 항목에 보이는 "종목변수 1"과 "종목변수 2" 두 개의 변수는, 실제로는 하나의 문항에 대한 변수이므로 이를 하나의 변수로 통합하여야 한다. 이 같은 역할을 {다중응답 변수군 정의} 윈도우에서 하게 된다. 방법은 다음과 같다.

① "종목선택 1"과 "종목선택 2" 모두를 『변수군에 포함된 변수』 항목으로 이동시킨다.
② 변수에 입력된 값들이 1∼5까지이므로 『변수들의 코딩형식』 항목에서 「범주형」을 선택하여 「범위」에 1과 5를 입력한다.
③ 『이름』 항목에 새롭게 생성할 변수이름을 입력한다("선호종목"이란 변수이름을 입력한다.).
④ [추가] 버튼을 누르면 "선호종목" 변수가 『다중응답 변수군』 항목에 추가된다.

각 항목 입력 모습과 완료된 모습은 아래 <그림 7-4>, <그림 7-5>와 같다.

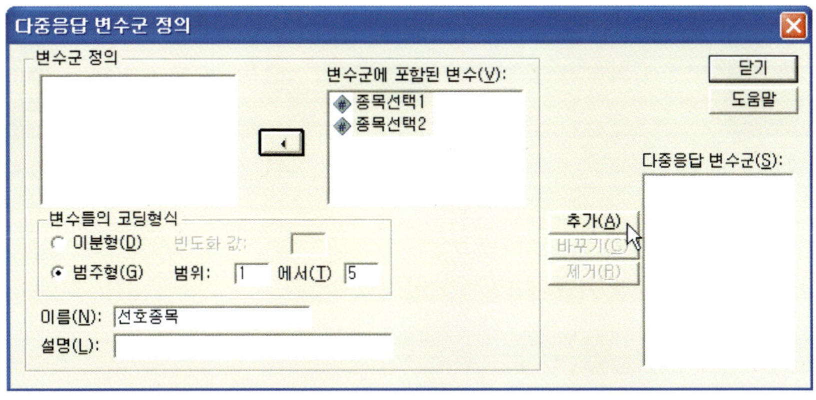

그림 7-4 다중응답 변수군 정의 화면: 각 항목 입력 화면

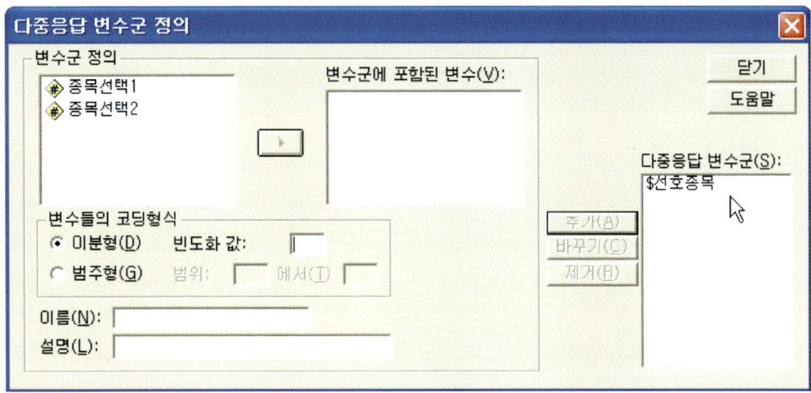

그림 7-5 다중응답 변수군 정의 화면: 각 항목 입력 완료 화면

<그림 7-5>에서 [닫기] 버튼을 누르면 <그림 7-1>의 코딩 완료 화면으로 복귀하게 된다. 이제 다중응답 변수군을 대상으로 빈도분석을 수행해 보자. 아래 <그림 7-6>과 같이 【분석】 - 【다중응답】 - 【빈도분석】 메뉴를 선택한다.

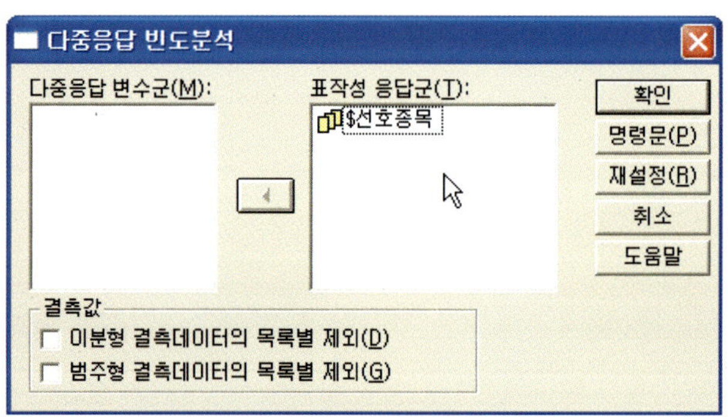

그림 7-6 다중응답 변수군을 대상으로 한 빈도분석 메뉴 선택 화면

아래 <그림 7-7>과 같이 {다중응답 빈도분석} 윈도우가 나타나면 『다중응답 변수군』 항목에서 "선호종목" 변수를 선택하여 『표작성 응답군』 항목으로 이동시킨다. "선호종목" 이름 옆에 붙어 있는 $ 기호는 다중응답 변수임을 나타내는 기호이다. [확인] 버튼을 누르면 분석 결과가 <그림 7-8>과 같이 나타난다.

그림 7-7 다중응답 빈도분석 윈도우

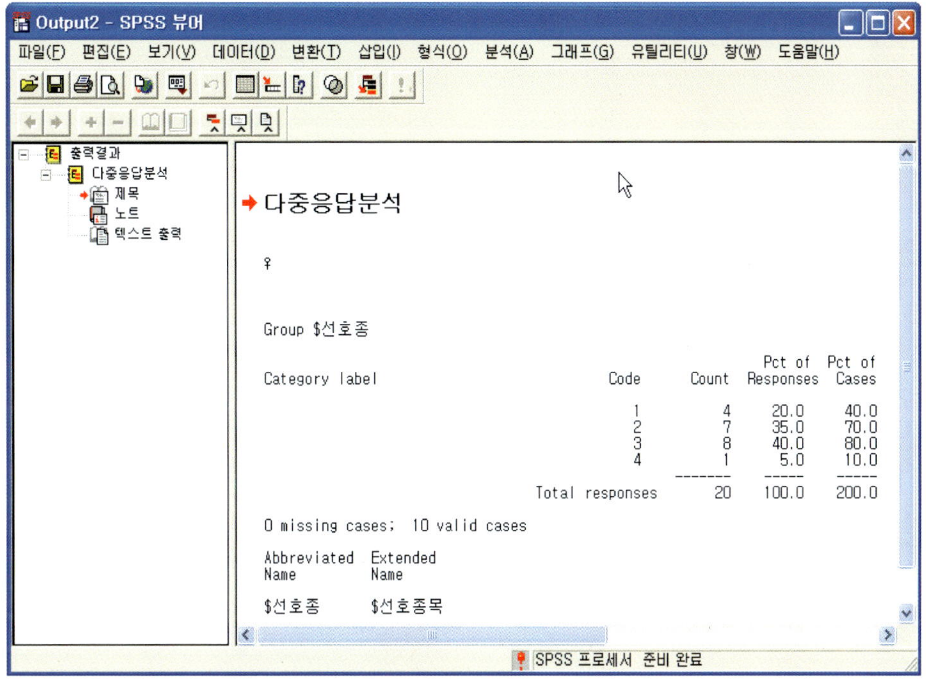

그림 7-8 당중응답 빈도분석 결과 출력 화면

  분석결과를 살펴보면, [Code], [Count], [Pct of Responses], [Pct of Cases] 4개의 항목이 출력되어 있다. [Code]는 응답자가 선택한 종목의 종류를 나타내는 것이고, [Count]는 해당 종목을 선택한 횟수이다. 합계를 보면 20으로 되어 있는데 이는 10명의 응답자가 2개씩 선택하였기 때문에 총선택 횟수가 20으로 나온 것이다. [Pct of Responses]는 응답 횟수에 대한 백분율이다. [Pct of Cases]에 나타난 퍼센트(%)는 응답자에 대한 퍼센트이다.

2) 복수응답 문항의 코딩(문항종류 3) 및 분석

(문항종류 3) 귀하께서 좋아하는 종목 모두를 선택하시오.
　　　　① 농구　② 축구　③ 야구　④ 배구　⑤ 탁구

  위의 문항은 (문항종류 2)와는 다르게 응답자가 선택해야 할 종목 개수가 정해져 있지 않다. 모두를 선택할 수 있다. 즉 응답자는 최대 5개의 종목을 선택할 수 있다. 따라서 위 문항의 응답을 코딩하기 위해서는 최소 5개의 변수가 필요하다. 문제는 응답자마다 선택한 개수가 다를 수 있다는 것이다. 어떤 사람은 2개, 어떤 사람은 3개 또 어떤 사람은 5개 모두를 선택할 수 있다. 이와 같은 문항을 코딩할 때는 각 항목에 대해서 이분형 응답으로 간주하여 처리하는 것이 좋다. 위의 문항이 아래와 같이 되어 있다고 보는 것이다.

① 귀하께서는 농구를 좋아하십니까?   예   아니오
② 귀하께서는 축구를 좋아하십니까?   예   아니오
③ 귀하께서는 야구를 좋아하십니까?   예   아니오
④ 귀하께서는 배구를 좋아하십니까?   예   아니오
⑤ 귀하께서는 탁구를 좋아하십니까?   예   아니오

'예'와 '아니오'를 선택하게 하여 예의 경우에는 1로 코딩하고 '아니오'의 경우에는 0으로 코딩하는 것이 좋다. 이같이 하나의 설문 문항을 여러 개의 이분형 문항으로 간주하여 코딩하는 경우도 다중응답 형태로 처리하여 분석하게 된다. 위의 설문 문항에 대해서 아래와 같은 응답을 얻었다고 하자.

종목 번호	농구	축구	야구	배구	탁구	종목 번호	농구	축구	야구	배구	탁구
1	1	1	0	1	0	6	0	1	1	0	1
2	1	1	1	1	1	7	1	1	1	0	0
3	0	1	1	1	0	8	1	1	1	0	0
4	1	1	1	0	0	9	0	1	1	1	0
5	1	1	1	0	0	10	1	1	1	1	1

위의 응답 결과를 보면 응답자 1번의 경우 농구와 축구 그리고 배구를 좋아한다고 응답하였고, 야구와 탁구는 좋아하지 않은 것으로 응답한 것이다. 응답자 2번의 경우는 모든 종목을 좋아하는 것으로 응답한 것이다. 이러한 데이터를 코딩 입력한 모습은 <그림 7-9>와 같다. 〖변수 보기〗 탭을 클릭하여 변수 보기 화면으로 이동 후 농구 변수의 값 항목에 1과 0에 대한 설명을 입력한다 (<그림 7-10>).

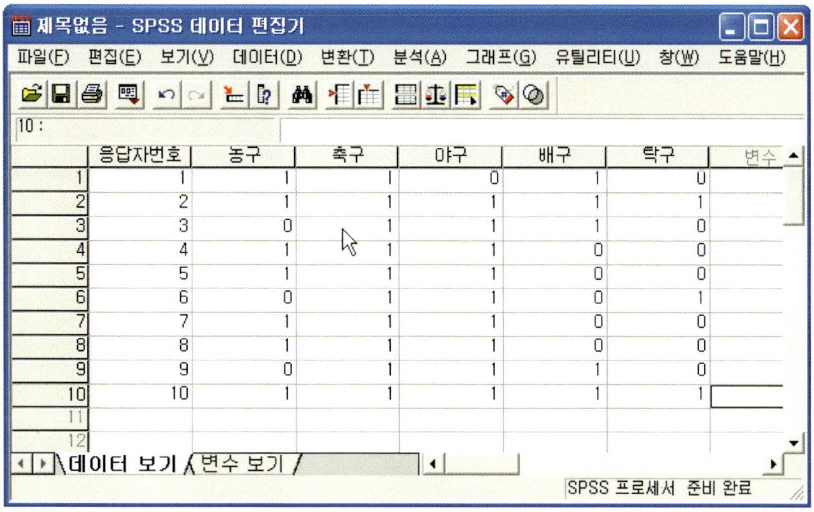

그림 7-9 코딩 완료 화면

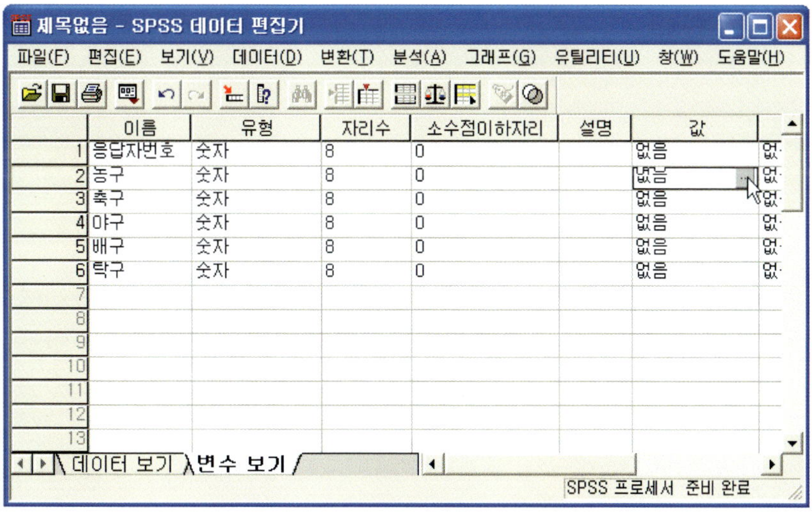

그림 7-10 변수 보기 탭을 이용한 값 설명 입력하기

　　<그림 7-10>에서와 같이 『값』 항목에 나타나 있는 버튼을 클릭하면 아래 <그림 7-11>과 같이 {변수값 설명} 윈도우가 나타난다. 『변수값』 항목에 0을 입력하고 『변수값 설명』 항목에 '싫어한다'를 입력한 후 [추가] 버튼을 누르면 설명이 입력되고, 다시 『변수값』 항목에 1을 입력하고 『변수값 설명』 항목에 '좋아한다'를 입력한 후 [추가] 버튼을 눌러 2개의 설명이 입력되도록 한다

(<그림 7-11> 참조). 여기까지 하면 다중응답에 대한 변수군 정의는 끝난 것이다. 이제 다중응답 변수군에 대한 빈도분석을 수행할 차례이다.

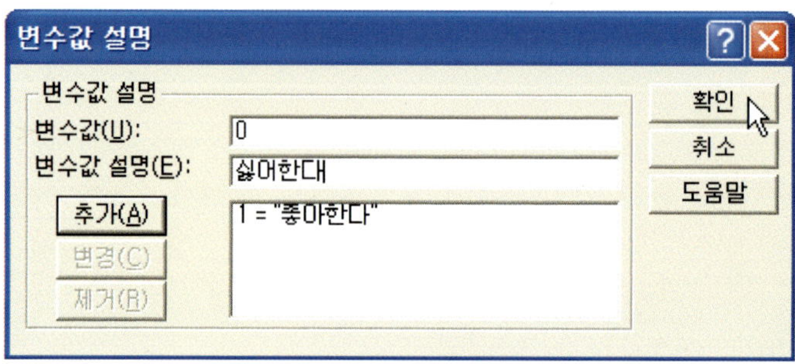

그림 7-11 변수값 설명 입력하기

<그림 7-12>와 같이 【분석】－【다중응답】－【빈도분석】 메뉴를 선택한다.

그림 7-12 다중응답을 위한 변수군 정의 메뉴 선택 화면

<그림 7-13>과 같은 {다중응답 변수군 정의} 윈도우가 나타나면,『변수군 정의』 항목에서 농구, 축구, 야구, 배구, 탁구 변수들을 선택해서『변수군에 포함된 변수』 항목으로 이동시킨다.『변수들의 코딩형식』 항목에서「이분형」을

선택하고 「빈도화 값」 항목에 1을 입력한다. 『이름』 항목에 새로 생성될 변수군 이름으로 "선호종목"을 입력한다. 여기까지 완료된 모습은 <그림 7 - 14>와 같다.

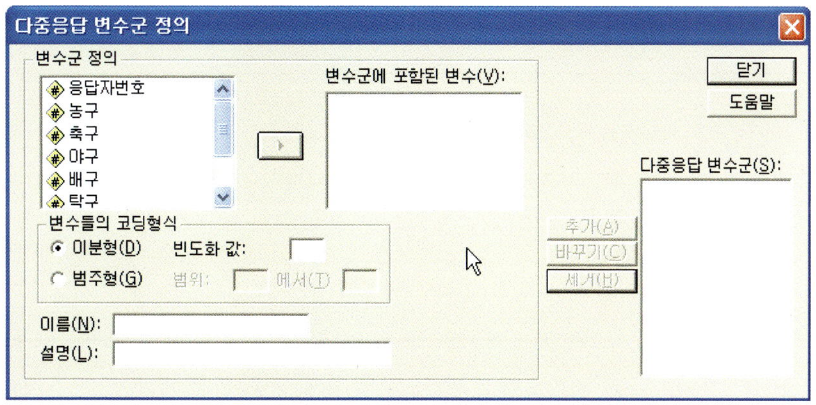

그림 7-13 다중응답 변수군 정의 윈도우

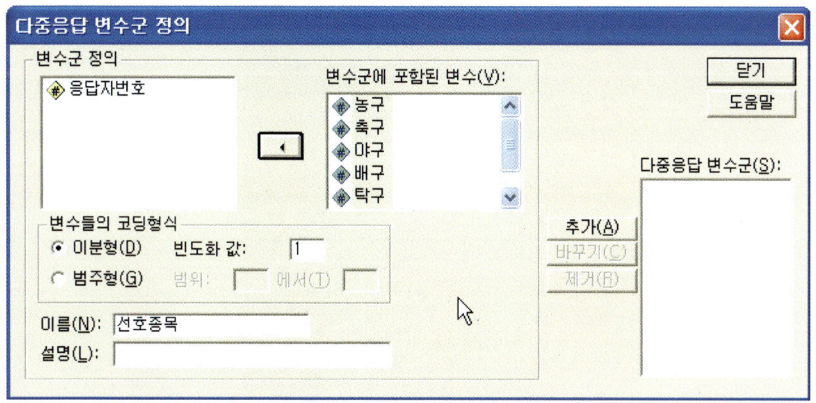

그림 7-14 변수군 정의 설정 화면

[추가] 버튼을 누르면 선호종목 변수가 『다중응답 변수군』 항목에 포함된 것을 <그림 7 - 15>와 같이 볼 수 있다.

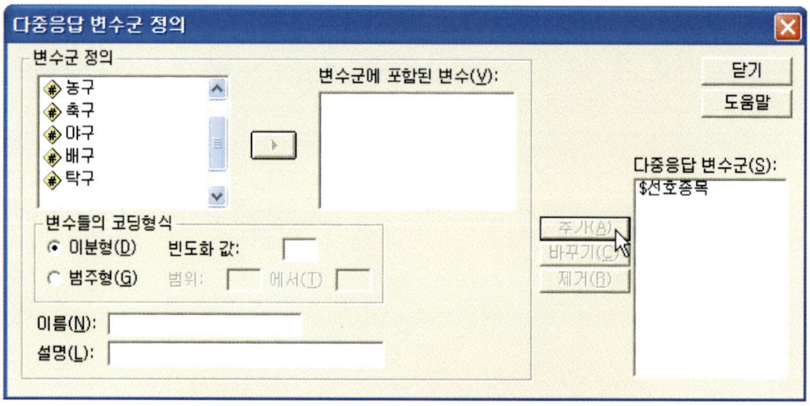

그림 7-15 변수군 정의 설정 완료 화면

다중응답 변수군에 대한 빈도분석을 수행하기 위해서는 위에서 해 본 것과 같이 【분석】-【다중응답】-【빈도분석】 메뉴를 선택한다(<그림 7-16> 참조).

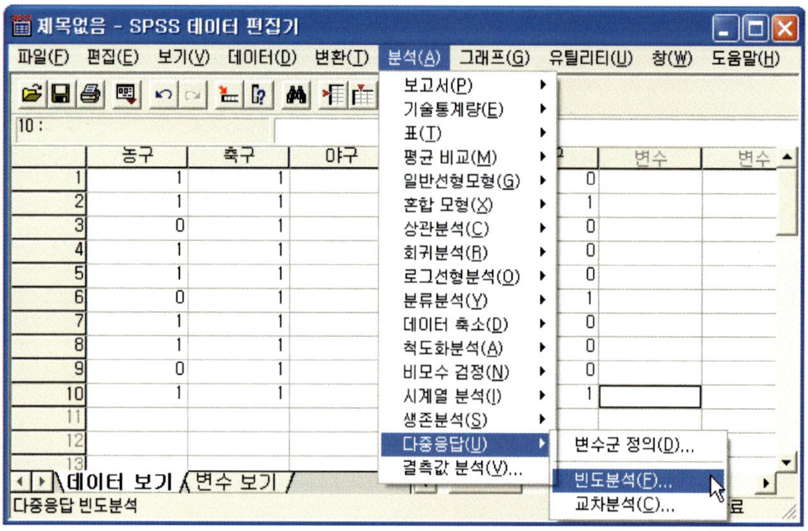

그림 7-16 다중응답에 대한 빈도분석 메뉴 선택 화면

<그림 7-17>같이 {다중응답 빈도분석} 윈도우가 나타나면 『다중응답 변수 군』 항목에서 "선호종목" 변수를 선택하여 『표작성 응답군』 항목으로 이동시킨

다. [확인] 버튼을 누르면 빈도분석이 수행되어 <그림 7－18>과 같은 빈도분석 결과가 출력된다.

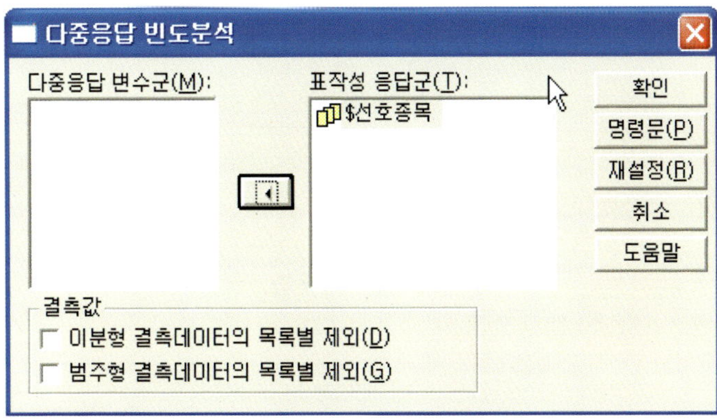

그림 7－17 다중응답 빈도분석 윈도우

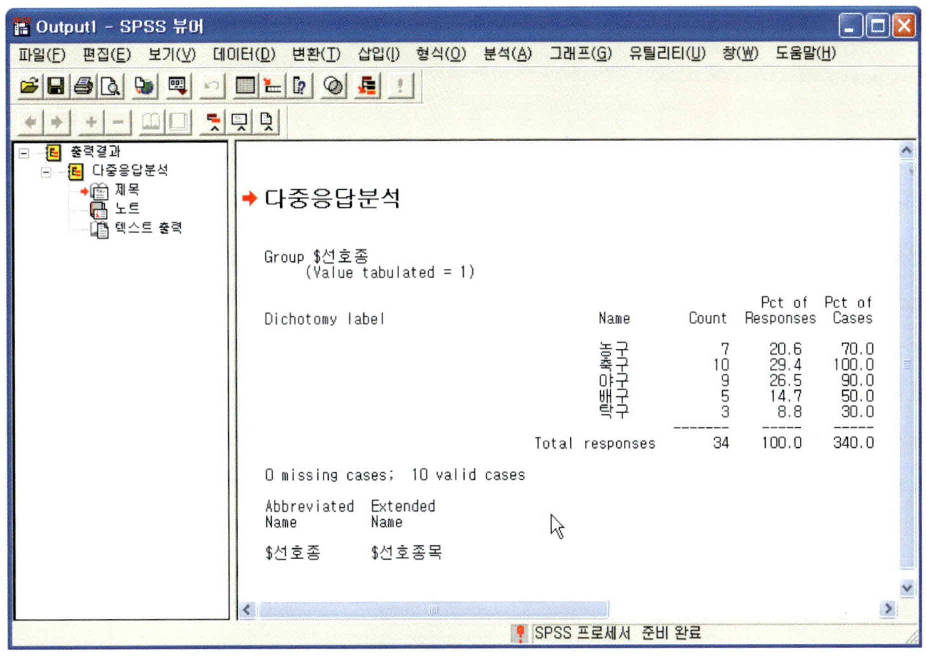

그림 7－18 다중응답에 대한 빈도분석 결과 출력 화면

출력된 분석결과를 보는 방법은 위에서(문항종류 2) 알아본 것과 동일하다.

3) 순위응답 형태의 복수응답 문항의 코딩(문항종류 4) 및 분석

> (문항종류 4) 귀하께서 좋아하는 종목을 순서대로 순위를 적어 주십시오(－ － －).
> ① 농구   ② 축구   ③ 야구   ④ 배구   ⑤ 탁구

위의 문항은 제시된 항목을 대상으로 순위를 설정하는 문항이다. 앞서 다루었던 문항들과는 순위를 설정한다는 점에서 차이가 난다. 주어진 항목들 모두를 사용한다는 점에서는 뒤에서 다루게 될 문항과 차별이 된다. 위 문항에 대해서 응답한 내용이 다음과 같다고 하자.

응답자 번호	응답	응답자 번호	응답
응답자 1	1-3-2-4-5	응답자 6	3-1-2-5-4
응답자 2	1-2-3-4-5	응답자 7	2-1-3-4-5
응답자 3	2-1-3-5-4	응답자 8	1-3-2-5-4
응답자 4	3-2-1-4-5	응답자 9	4-2-1-5-3
응답자 5	3-1-2-4-5	응답자 10	3-1-2-4-5

이 같은 응답 결과에 대해서 코딩을 할 때는 두 가지 방법이 있는데 첫 번째 방법은 <표 7－2>와 같이 항목을 변수로 사용하여 각 종목에 대한 순위를 코딩하는 것이다.

표 7－2 항목을 변수로 사용하여 순위를 코딩

번호 \ 종목	농구	축구	야구	배구	탁구	번호 \ 종목	농구	축구	야구	배구	탁구
1	1	3	2	4	5	6	2	3	1	5	4
2	1	2	3	4	5	7	2	1	3	4	5
3	2	1	3	5	4	8	1	3	2	5	4
4	3	2	1	4	5	9	3	2	5	1	4
5	2	3	1	4	5	10	2	3	1	4	5

이렇게 코딩을 할 경우 응답자의 응답 순서와 코딩 순서가 달라지기 때문에 코딩함에 있어 많은 혼란이 있을 수 있다(응답자 5의 응답 내용과 코딩 내용을

비교해 보라.).

 두 번째 방법은 <표 7 - 3>과 같이 순위를 변수로 설정하여 종목 번호를 코
딩하는 방식이다. 이 방법이 응답자가 응답한 형식대로 코딩을 할 수 있기 때문
에 첫 번째 코딩 방식보다 혼란이 없고 편하다.

표 7 - 3 순위를 변수로 사용하여 종목번호를 코딩

종목 번호	1위	2위	3위	4위	5위	종목 번호	1위	2위	3위	4위	5위
1	1	3	2	4	5	6	3	1	2	5	4
2	1	2	3	4	5	7	2	1	3	4	5
3	2	1	3	5	4	8	1	3	2	5	4
4	3	2	1	4	5	9	4	2	1	5	3
5	3	1	2	4	5	10	3	1	2	4	5

 위의 응답 결과를 이용하여 SPSS에 코딩한 모습한 <그림 7 - 19>와 같다.

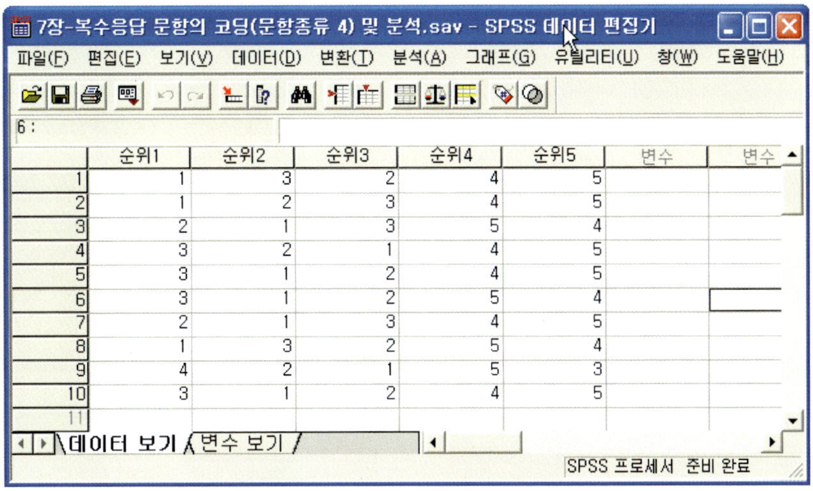

그림 7 - 19 순위를 변수로 사용하여 종목번호를 코딩 완료한 모습

 위에서 배운 대로 다중응답 변수군 정의를 한 후 다중응답 변수군에 대한 빈
도분석 결과는 <그림 7 - 20>과 같다.

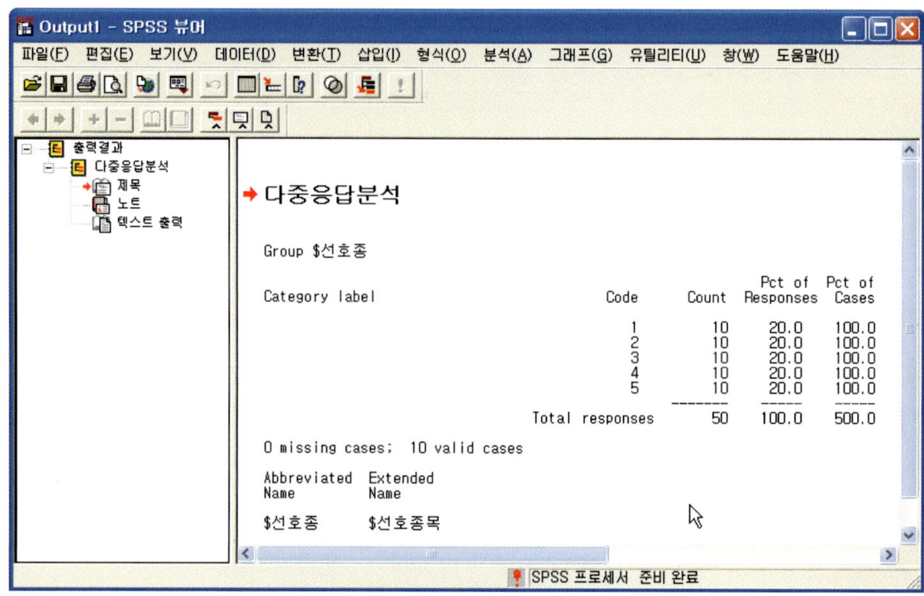

그림 7-20 다중응답 변수군에 대한 빈도분석 결과 출력 화면

출력결과를 살펴보면, 모든 항목에 대한 값이 동일한 것을 볼 수 있다. 이것은 모든 항목을 이용하여 순위를 응답하도록 되어 있기 때문에 당연한 결과이다. 만약 각 순위에 대한 응답 결과를 분석하고자 한다면 【분석】 - 【기술통계량】 - 【빈도분석】 메뉴를 사용하여 분석하여야 한다.

4) 순위응답 형태의 복수응답 문항의 코딩(문항종류 5) 및 분석

> (문항종류 5) 귀하께서 좋아하는 종목 순서대로 순위를 2개 적어 주십시오(　　–　　).
> 　　　① 농구　② 축구　③ 야구　④ 배구　⑤ 탁구

(문항종류 5)는 앞서 살펴본 (문항종류 4)와 순위의 개수만 다를 뿐 모든 것이 동일하다. 만약 항목인 종목을 변수로 사용한다면 5개의 코딩 변수가 요구되나, 순위를 변수로 사용하여 종목 번호를 코딩한다면 2개의 변수만이 필요하게 된다. 코딩과 다중응답 분석 방법은 위에서 많이 다루어 봤으므로 여기서는 생략하도록 하겠다.

3. 교차분석

교차분석은 일반적으로 교차표를 이용하여 둘 이상의 범주형 변수(명목변수, 순서변수)들의 비율을 분석하여 변수들 간의 관련성을 파악하는 데 사용된다. 또한 데이터를 탐색하고, 보기 편하게 구성하는 데 사용되기 때문에 여러 분야에서 이용되고 있으며 활용 빈도가 많은 분석 방법이다. 그러나 교차분석을 수행할 시 데이터에 대한 면밀한 검토가 수행되지 않을 경우 잘못된 결론을 이끌어 낼 수 있기 때문에 분석할 때 많은 주의가 요구되는 분석 방법이기도 하다. 여기서는 교차분석 시 필요한 기초적인 이용 방법과 다양한 분석 방법들에 대해서 살펴볼 것이다.

교차분석을 실습하기 위한 설문 데이터는 아래와 같다. 제품의 만족 정도와 할인 행상의 만족 정도를 알아보기 위한 설문으로 총 8개의 문항으로 구성되어 있으며, 성별과 연령대 그리고 구체적인 문항 6개이다. 응답자는 12명이며 이들이 응답한 결과를 표로 제시하고 있다. 응답 결과를 코딩 완료한 화면은 <그림 7 - 21>과 같다.

	성별	연령	문항1	문항2	문항3	문항4	문항5	문항6
1	1	2	2	2	1	3	3	4
2	1	3	2	2	2	4	4	5
3	1	1	3	3	3	5	5	5
4	1	3	3	4	3	4	5	4
5	1	2	3	4	4	5	3	2
6	1	2	4	3	4	1	3	3
7	2	3	4	3	3	1	3	4
8	2	1	4	4	4	5	5	5
9	2	1	4	4	4	4	4	4
10	2	2	5	4	5	4	3	3
11	2	3	5	5	5	5	3	5
12	2	2	5	5	5	3	4	4

그림 7-21 설문지 응답 결과의 코딩 완료 화면

교차분석을 위한 설문 데이터

제품에 대한 만족 정도와 할인행사에 대한 만족 정도를 알아보기 위해서 아래와 같은 설문지를 작성하여 조사한 내용이다.

성별) 귀하의 성별은 ?   ① 여성   ② 남성
연령) 귀하의 연령은 ?   ① 20대   ② 30대   ③ 40대
문항 1) 제품의 기능에 만족하십니까?
　　　　① 매우 불만족한다   ② 불만족한다   ③ 보통이다   ④ 만족한다   ⑤ 매우 만족한다
문항 2) 제품의 디자인에 만족하십니까?
　　　　① 매우 불만족한다   ② 불만족한다   ③ 보통이다   ④ 만족한다   ⑤ 매우 만족한다
문항 3) 제품의 A/S에 만족하십니까?
　　　　① 매우 불만족한다   ② 불만족한다   ③ 보통이다   ④ 만족한다   ⑤ 매우 만족한다
문항 4) 연 4회의 할인행사에 만족하십니까?
　　　　① 매우 불만족한다   ② 불만족한다   ③ 보통이다   ④ 만족한다   ⑤ 매우 만족한다
문항 5) 할인행사의 할인율에 만족하십니까?
　　　　① 매우 불만족한다   ② 불만족한다   ③ 보통이다   ④ 만족한다   ⑤ 매우 만족한다
문항 6) 할인행사에 제공하는 서비스에 만족하십니까?
　　　　① 매우 불만족한다   ② 불만족한다   ③ 보통이다   ④ 만족한다   ⑤ 매우 만족한다

성별	연령	문항 1	문항 2	문항 3	문항 4	문항 5	문항 6
1	2	2	2	1	3	3	4
1	3	2	2	2	4	4	5
1	1	3	3	3	5	5	5
1	3	3	4	3	4	5	4
1	2	3	4	4	5	3	2
1	2	4	3	4	1	3	3
2	3	4	3	3	1	3	4
2	1	4	4	4	5	5	5
2	1	4	4	4	4	4	4
2	2	5	4	5	4	3	3
2	3	5	5	5	5	3	5
2	2	5	5	5	3	4	4

1) 교차분석의 데이터 코딩 시 값 항목 설정 방법

　설문 응답 데이터를 코딩할 때는 가능한 한 응답 내용을 『변수 보기』 화면의 『값』 항목에 입력해 놓는 것이 차후 분석 결과를 보는 데 있어 편하다. 『값』 항목에 입력하는 방법은 전장에서 해 보았으므로 여기서는 보다 쉽게 값 항목을 입력하는 방법만 살펴보도록 한다.

　먼저 <그림 7-22>와 같이 『변수 보기』 탭으로 화면 이동 후 성별과 연령대에 대한 내용을 입력하고 문항 1번에 대한 항목들을 입력한다.

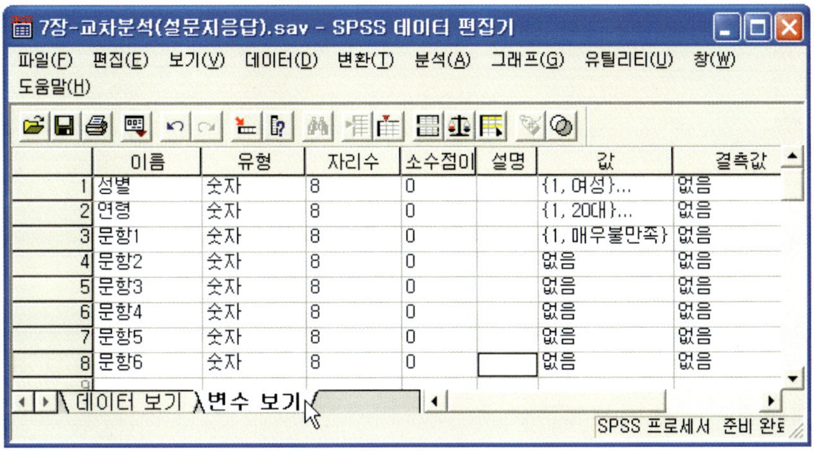

그림 7-22 변수 보기 탭의 값 항목 입력 화면

　설문 문항을 살펴보면, 문항 1부터 6번까지는 5점 척도로 동일한 내용이다. 따라서 문항 1번의 내용을 다른 문항의 『값』 항목에 그대로 사용하면 된다. <그림 7-23>과 같이 문항 1의 『값』 항목을 클릭한 후 오른쪽 마우스 버튼을 누르면 팝업 메뉴가 나타난다. 팝업 메뉴에서 복사를 클릭한 후 <그림 7-24>과 같이 문항 2에서 문항 6까지 마우스로 드래그를 하여 선택한 후 마우스 오른쪽 버튼을 클릭하면 팝업 메뉴에 【붙여넣기】 메뉴가 활성화되어 나타난다. 붙여 넣기를 실행하면 <그림 7-25>와 같이 선택된 모든 변수에 값들이 자동으로 들어간다.

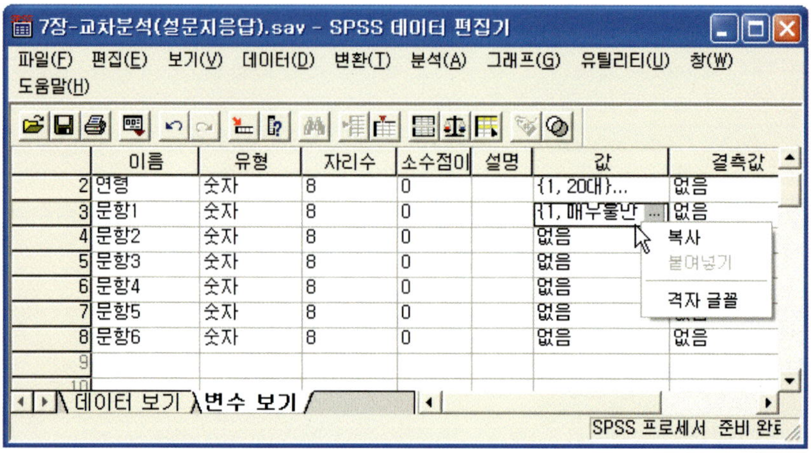

그림 7-23 『값』 항목 복사하기

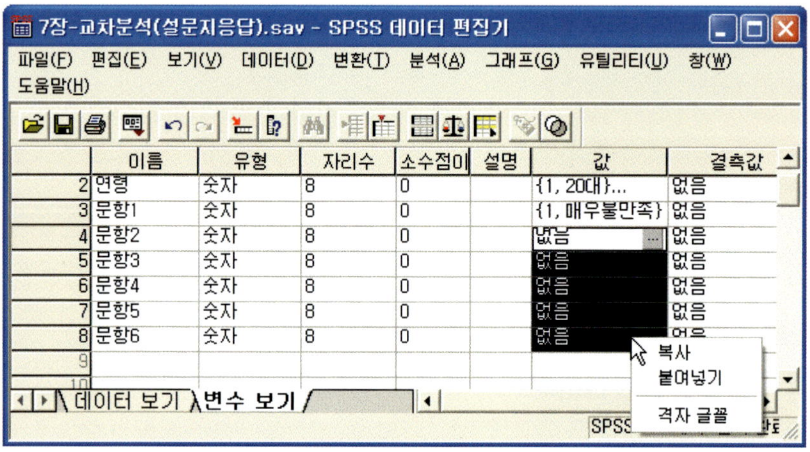

그림 7-24 『값』 항목 붙여 넣기

『값』 항목에 입력이 완료된 모습은 <그림 7-25>와 같다.

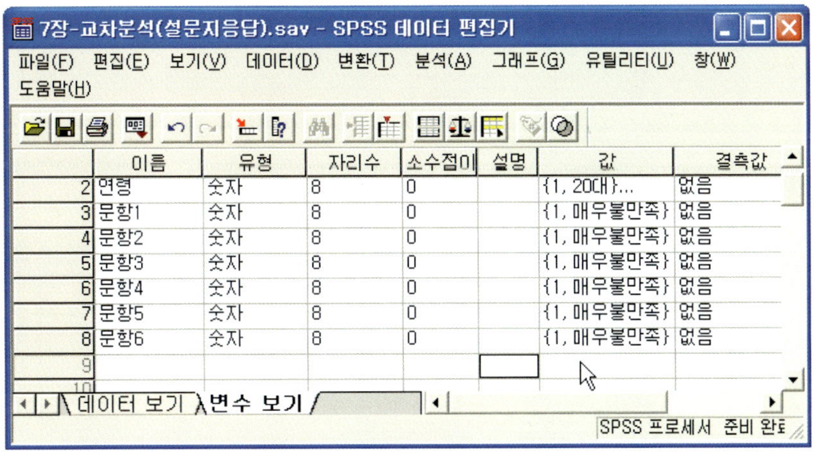

그림 7-25 『값』 항목에 입력 완료한 화면

2) 교차분석: 데이터 분포(도수) 확인하기

코딩이 완료되었으므로 이제 교차분석을 수행해 보자. 교차분석을 수행하기 위해서는 <그림 7-26>과 같이 【분석】 - 【기술통계량】 - 【교차분석】 을 선택한다.

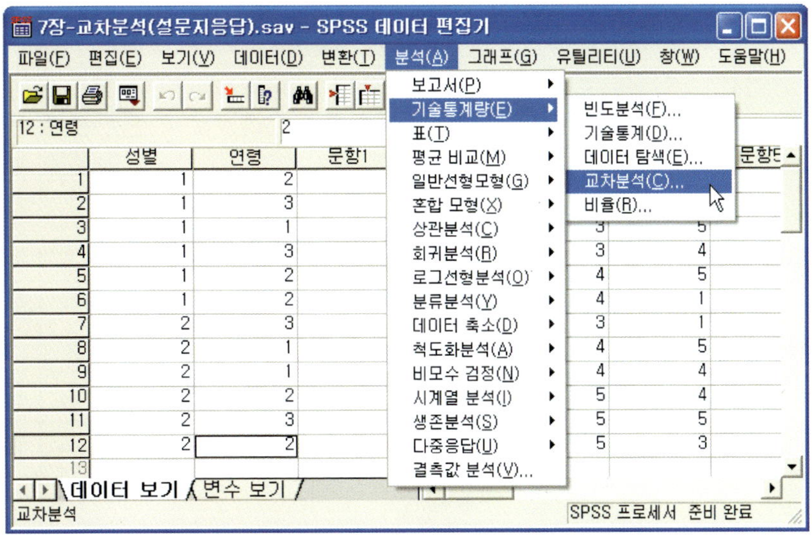

그림 7-26 교차분석 수행을 위한 메뉴 선택 화면

　　<그림 7-27>과 같이 {교차분석} 윈도우가 나타나면, 왼쪽에 나열되어 있는 변수들 중에서 성별 변수를 선택하여 『행』 항목으로 옮기고, 연령 변수를 선택하여 『열』 항목으로 옮긴다. 완료된 모습은 <그림 7-28>과 같다. 이렇게 변수를 설정한 것은 피험자들의 분포를 성별과 연령대별로 분포를 보기 위함이다.

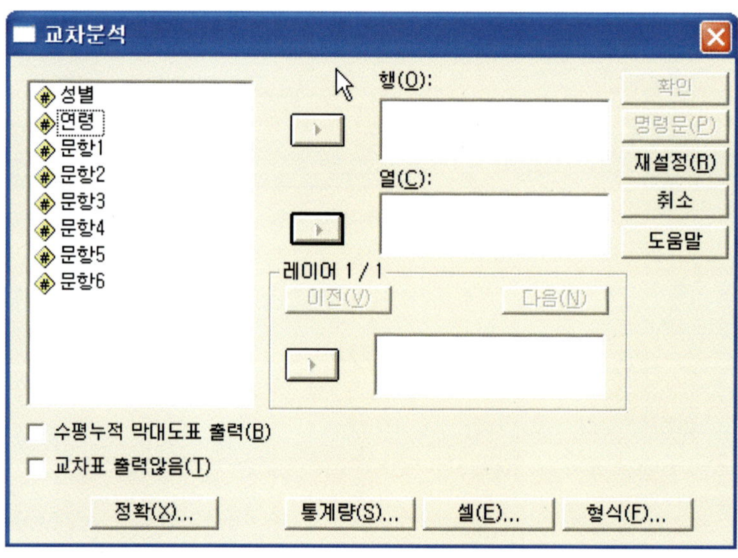

그림 7-27 교차분석 윈도우 화면

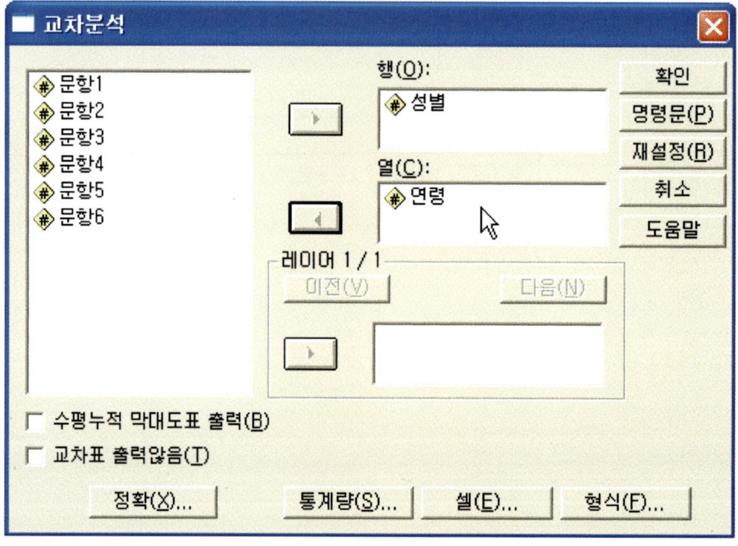

그림 7-28 교차분석 윈도우의 변수 설정 화면

[확인] 버튼을 클릭하면 <그림 7 – 29>와 같은 분석 결과를 볼 수 있다.

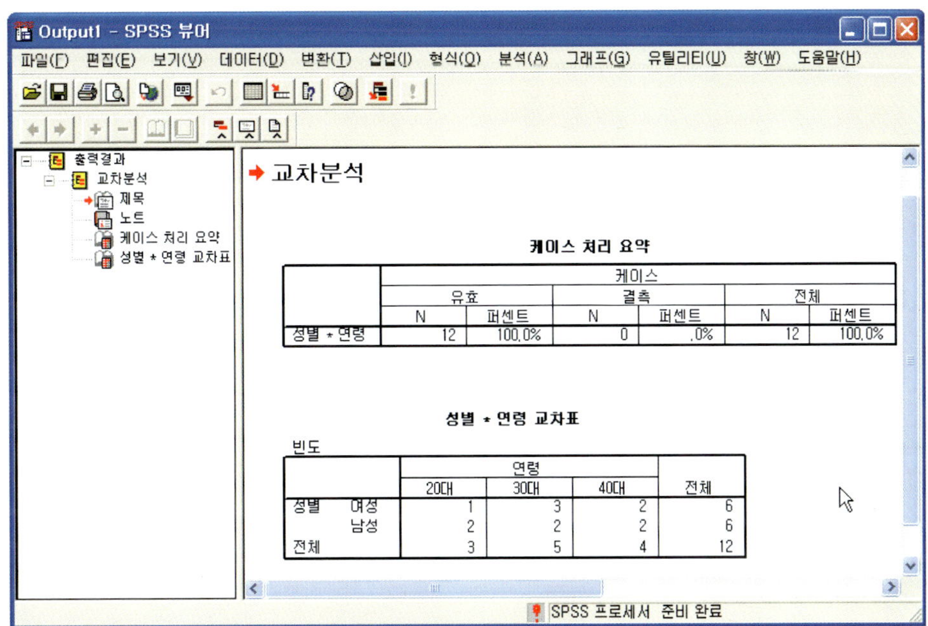

그림 7-29 교차분석 결과 출력 화면

<표 7 – 4>를 보면『성별』과『연령』항목의 하위 범주가 여성과 남성, 20대, 30대, 40대로 표기되어 있는 것을 볼 수 있다. 만약 위에서 코딩 시 『변수 보기』 탭의『값』항목에 문항의 항목들을 입력하지 않았다면, 성별은 1과 2로 연령은 1, 2, 3, 4로 표기되어 데이터를 살펴보는 데 혼돈을 가져왔을 것이다. 내용을 살펴보면, 각 하위 범주별로 몇 명의 피험자가 속해 있는지를 나타내고 있다. 피험자 중 여성은 총 6명이며 그중 20대가 1명, 30대가 3명, 40대가 2명으로 나타나 있다. 이 같은 교차표에서는 각 하위 범주별 피험자 빈도 또는 도수만을 확인할 수 있을 뿐이다.

표 7-4 교차분석: 데이터 분포(도수) 결과 출력

성별 * 연령 교차표

빈도

		연령			
		20대	30대	40대	전체
성별	여성	1	3	2	6
	남성	2	2	2	6
전체		3	5	4	12

3) 교차분석: 데이터 분포 비율 확인하기

　위의 자료는 도수만을 나타내고 있어 전체적인 데이터 분포를 확인하는 데 무리가 있다. 이제 여기에 데이터의 비율(퍼센트)까지 출력하도록 설정해 보자. <그림 7-28>에서 [셀] 버튼을 클릭하면 <그림 7-30>과 같은 {교차분석: 셀 출력} 윈도우가 나타난다.

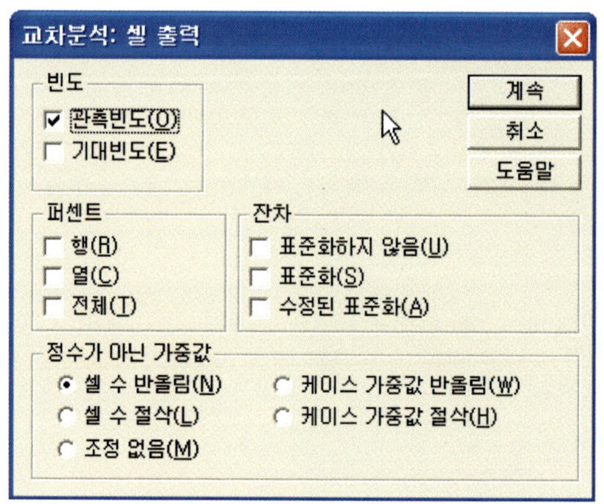

그림 7-30 교차분석: 셀 출력 윈도우

　『퍼센트』 항목에 나열되어 있는 「행」, 「열」, 「전체」 항목을 체크한다(<그림 7-31> 참조).

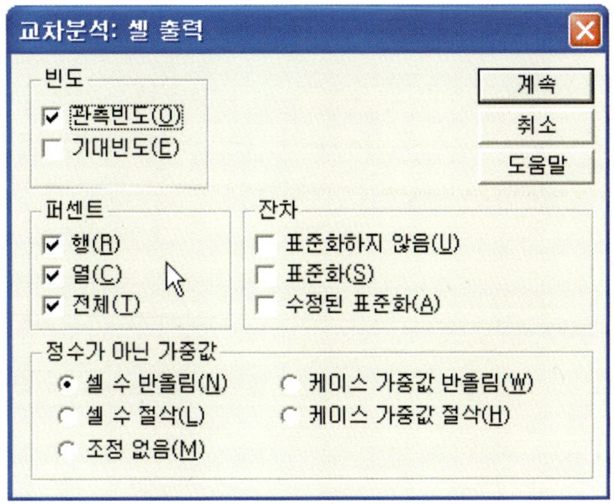

그림 7-31 퍼센트 항목 체크

[계속] 버튼을 클릭하여 앞 화면으로 복귀한 뒤 [확인] 버튼을 누르면 출력결과가 나타난다.

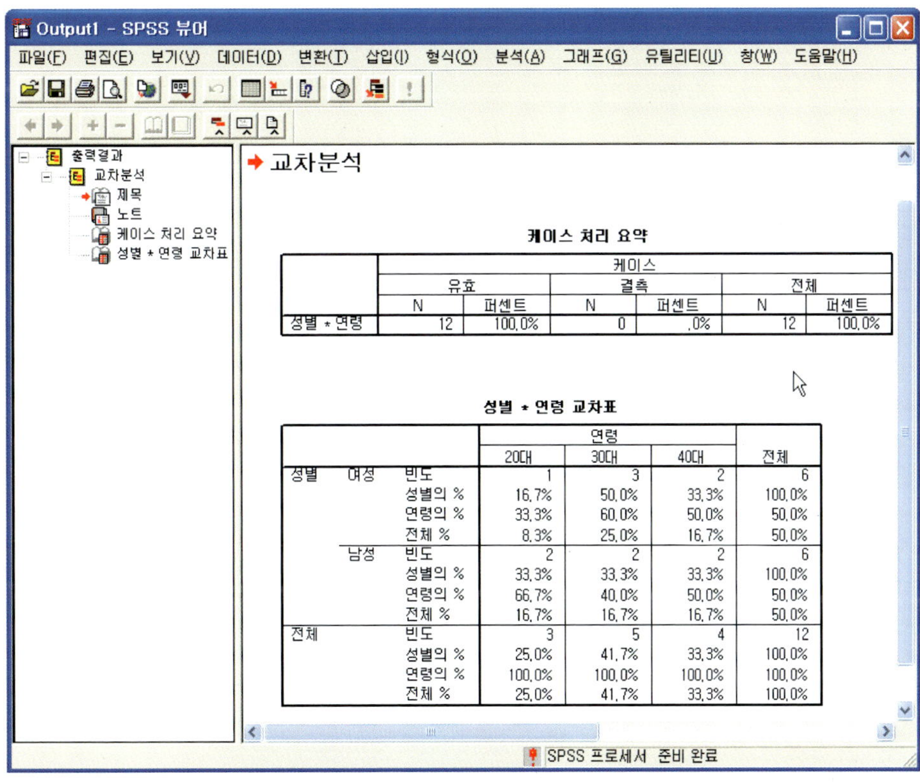

그림 7-32 퍼센트 항목 체크 후 결과 출력 화면

출력 결과의 교차표를 살펴보면, 빈도 밑에 각 항목의 퍼센트 값이 출력되어 있음을 볼 수 있다. 여성 20대의 경우 1명이며, 이는 여성의 16.7%를 차지하는 값이고, 20대 전체 중에서 33.3%를 차지하며, 전체 피험자 12명 중에서는 8.3%를 차지하는 값이다.

표 7-5 퍼센트 체크 후 출력 결과

성별 * 연령 교차표

			연령			전체
			20대	30대	40대	
성별	여성	빈도	1	3	2	6
		성별의 %	16.7%	50.0%	33.3%	100.0%
		연령의 %	33.3%	60.0%	50.0%	50.0%
		전체 %	8.3%	25.0%	16.7%	50.0%
	남성	빈도	2	2	2	6
		성별의 %	33.3%	33.3%	33.3%	100.0%
		연령의 %	66.7%	40.0%	50.0%	50.0%
		전체 %	16.7%	16.7%	16.7%	50.0%
전체		빈도	3	5	4	12
		성별의 %	25.0%	41.7%	33.3%	100.0%
		연령의 %	100.0%	100.0%	100.0%	100.0%
		전체 %	25.0%	41.7%	33.3%	100.0%

피험자들의 분포 상황을 살펴보기 위해서 교차분석을 수행하였지만 지금 같이 피험자 수가 매우 적을 때에는 교차표를 이용한 데이터의 탐색에서 얻을 수 있는 것은 매우 드물다. 따라서 이번에는 표본 크기가 큰 데이터를 이용하여 교차분석을 수행해 보면서 교차분석 시 주의할 사항들에 대해서 살펴보자.

4) 교차분석

<그림 7-33>은 성별, 연령, 교육수준, 결혼 여부, 월 소득, 직업만족도, 스키소유 여부에 대해서 조사된 내용을 코딩한 것으로 간주하고 코딩한 것이다. 연령변수는 응답 시 피험자들로부터 직접 연령을 입력하게 한 것이고, 연령대 변수는 연령 변수를 대상으로 하여 재코딩한 것이다.

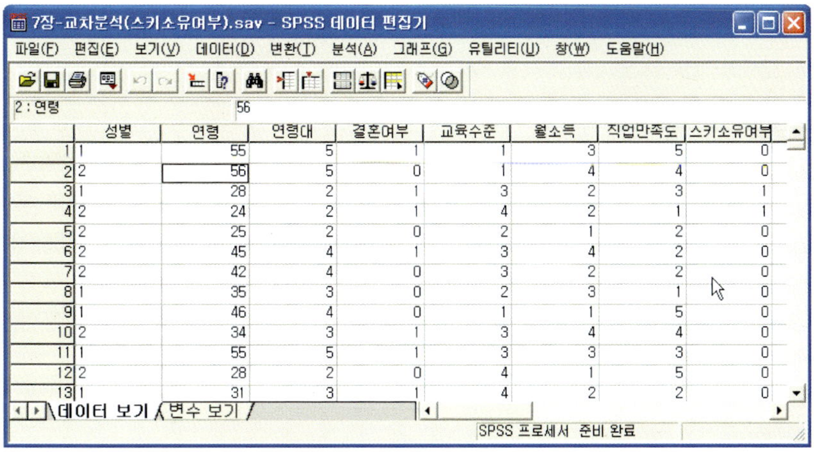

그림 7-33 스키소유 여부에 대한 데이터 코딩 완료 화면

위의 데이터를 이용하여 우리는 많은 것을 볼 수 있다. 가령, 성별에 따른 스키소유 여부나 또는 연령대에 따른 스키소유 여부 등 연구자의 연구 목적에 따라 다양하게 변수 관계를 설정할 수 있다. 그러나 여기서는 성별과 연령대 변수에 따른 스키소유 여부와 월 소득에 따른 스키소유 여부에 대해서만 살펴보도록 하자.

교차분석을 수행하기 위해서는 <그림 7-34>와 같이 【분석】 - 【기술통계량】 - 【교차분석】 메뉴를 선택한다.

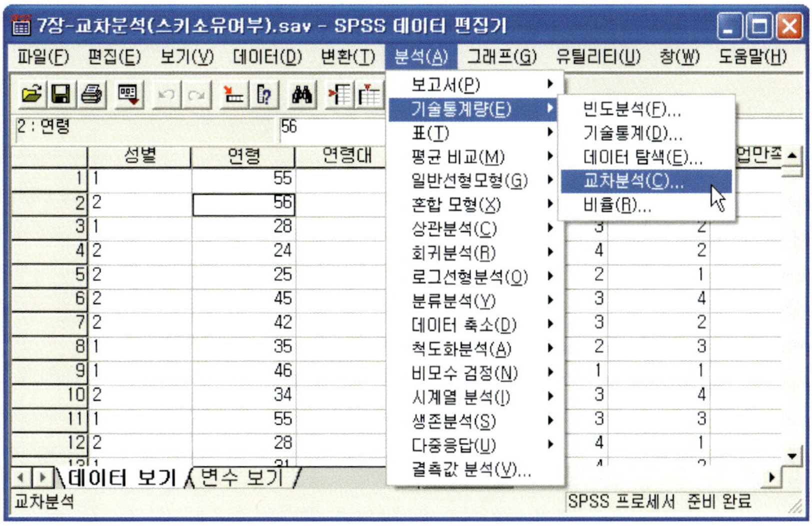

그림 7-34 교차분석을 위한 메뉴 선택 화면

{교차분석} 윈도우가 나타나면 성별, 연령대, 월 소득 변수를 선택하여 『행』 항목으로 옮기고, 스키소유 여부 변수를 선택하여 『열』 항목으로 옮긴다. 변수 설정이 완료된 화면은 <그림 7－35>와 같다.

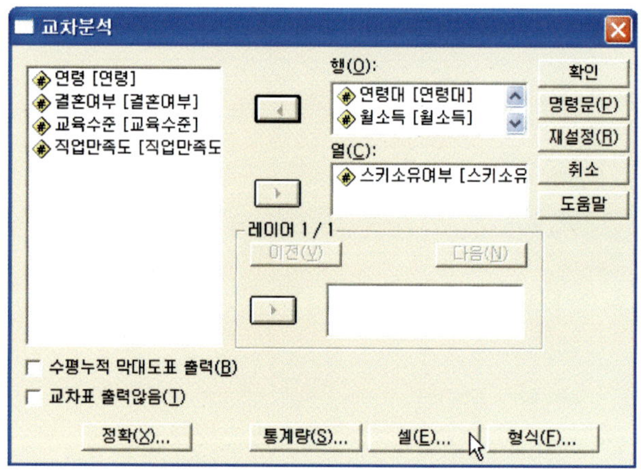

그림 7－35 교차분석 윈도우 화면

[셀] 버튼을 누르면 <그림 7－36>과 같은 {교차분석: 셀 출력} 윈도우가 나타난다. 『퍼센트』 항목의 「행」에 체크를 한다. [계속] 버튼을 클릭하여 이전 화면으로 복귀한 후 [확인] 버튼을 클릭하면 <그림 7－37>과 같은 교차분석 결과가 출력된다.

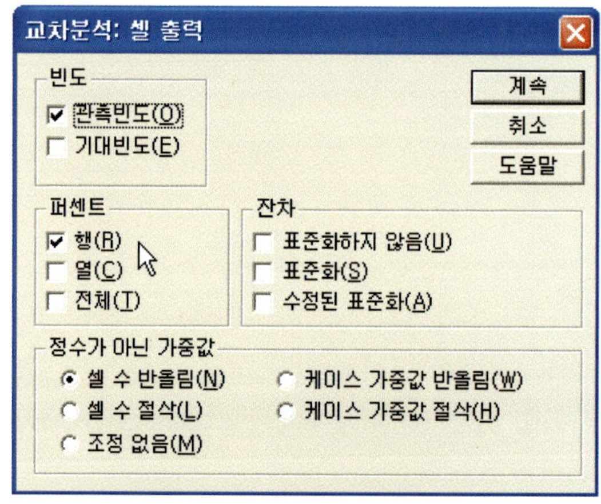

그림 7－36 교차분석: 셀 출력 화면

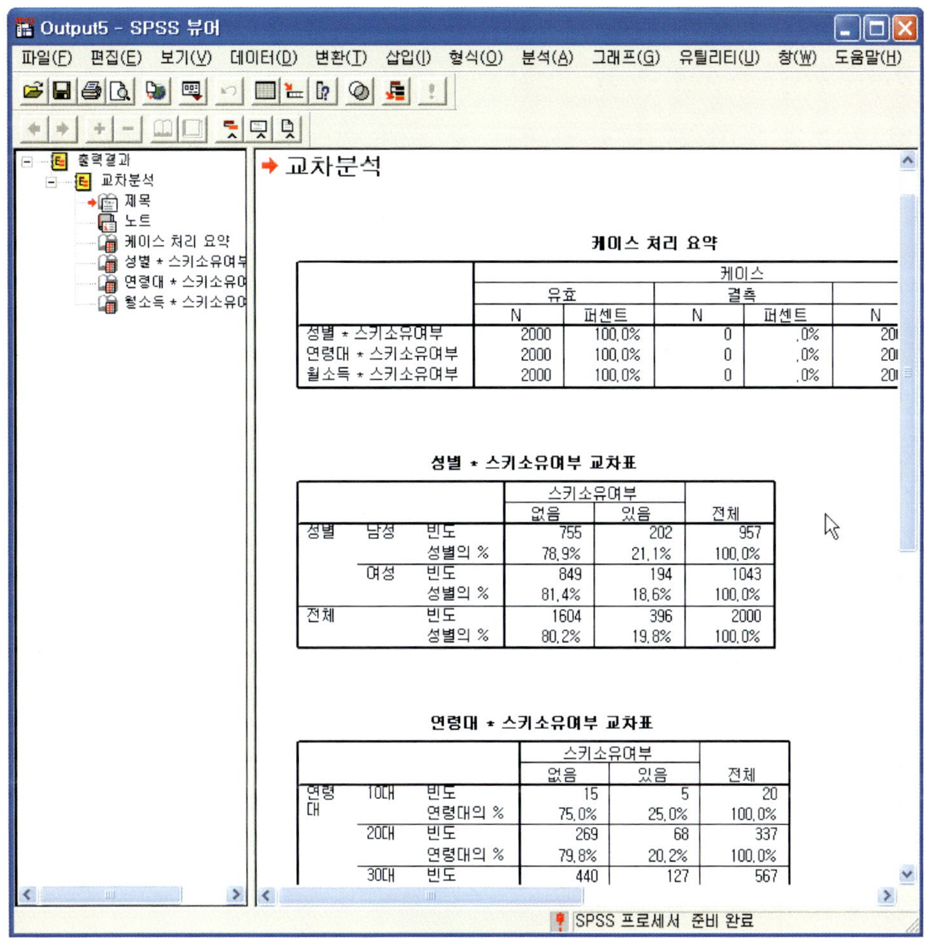

	케이스				
	유효		결측		N
	N	퍼센트	N	퍼센트	
성별 * 스키소유여부	2000	100.0%	0	.0%	200
연령대 * 스키소유여부	2000	100.0%	0	.0%	200
월소득 * 스키소유여부	2000	100.0%	0	.0%	200

성별 * 스키소유여부 교차표

			스키소유여부		전체
			없음	있음	
성별	남성	빈도	755	202	957
		성별의 %	78.9%	21.1%	100.0%
	여성	빈도	849	194	1043
		성별의 %	81.4%	18.6%	100.0%
전체		빈도	1604	396	2000
		성별의 %	80.2%	19.8%	100.0%

연령대 * 스키소유여부 교차표

			스키소유여부		전체
			없음	있음	
연령대	10대	빈도	15	5	20
		연령대의 %	75.0%	25.0%	100.0%
	20대	빈도	269	68	337
		연령대의 %	79.8%	20.2%	100.0%
	30대	빈도	440	127	567

그림 7-37 교차분석 결과 출력 화면

출력된 결과를 보면, 다음과 같은 총 4개의 결과를 볼 수 있다.

① [케이스 처리 요약]
② [성별*스키소유 여부 교차표]
③ [연령대*스키소유 여부 교차표]
③ [월 소득*스키소유 여부 교차표]

[케이스 처리 요약]은 분석에 사용된 케이스, 즉 응답자들에 대한 빈도 결과
를 보여 주고 있는 것으로 만약 결측치가 존재한다면 이 부분에서 확인할 수
있다.

<표 7-6>의 성별에 따른 스키소유 여부를 살펴보면, 성별에 상관없이 스키를 소유하고 있는 사람이 그렇지 않은 않은 사람보다 낮은 비율임을 알 수 있다. <표 7-7>의 연령대에 따른 스키소유 여부를 살펴보면, 10대, 20대, 30대에서 비교적 많이 소유하고 있는 반면, 40대 이후부터는 점차 스키소유 비율이 낮아지고 있음을 볼 수 있다. 이렇게 교차표는 응답자들의 분포를 한눈에 볼 수 있다는 장점이 있다. 그러나 여기서 나온 결과를 무작정 연구자가 다 받아들여서는 안 된다. 교차표에서 제공하는 것은 단순히 집계한 결과를 제공하기 때문에 이를 그대로 해석하는 것은 옳지 않다. 연구자는 좀 더 면밀하게 결과가 나온 이유를 살펴봐야 한다. [연령대*스키소유 여부 교차표]를 보면, 10대와 70대의 경우 매우 낮은 스키 소유 비율을 나타내고 있는데 이는 응답자가 다른 연령대에 비해 절대적인 수치가 작기 때문일 수 있다. 10대와 20대의 결과를 보면, 10대가 스키를 소유한 비율이 20대와 유사하지만 인원수는 매우 큰 차이를 나타내고 있다. 이는 10대의 값이 인원수에 의해 영향을 받았을 수 있다는 예측을 가능하게 한다.

표 7-6 성별*스키소유 여부 교차표

성별 * 스키소유여부 교차표

			스키소유여부		전체
			없음	있음	
성별	남성	빈도	755	202	957
		성별의 %	78.9%	21.1%	100.0%
	여성	빈도	849	194	1043
		성별의 %	81.4%	18.6%	100.0%
전체		빈도	1604	396	2000
		성별의 %	80.2%	19.8%	100.0%

표 7-7 연령대 * 스키소유 여부 교차표

연령대 * 스키소유여부 교차표

			스키소유여부		전체
			없음	있음	
연령대	10대	빈두	15	5	20
		연령대의 %	75.0%	25.0%	100.0%
	20대	빈도	269	68	337
		연령대의 %	79.8%	20.2%	100.0%
	30대	빈도	440	127	567
		연령대의 %	77.6%	22.4%	100.0%
	40대	빈도	417	99	516
		연령대의 %	80.8%	19.2%	100.0%
	50대	빈도	302	69	371
		연령대의 %	81.4%	18.6%	100.0%
	60대	빈도	136	24	160
		연령대의 %	85.0%	15.0%	100.0%
	70대	빈도	25	4	29
		연령대의 %	86.2%	13.8%	100.0%
전체		빈도	1604	396	2000
		연령대의 %	80.2%	19.8%	100.0%

좀 더 구체적으로 살펴보기 위해서 <표 7-8>의 [월 소득*스키소유 여부 교차표]를 살펴보자. 스키를 소유한 인원만(빈도값)을 보면 2백만 원~3백만 원 미만이 146명으로 2백만 원 미만의 53명에 비해 상대적으로 높은데 이는 2백만 원~3백만 원 미만의 응답자(780명)가 2백만 원 미만의 응답자(354명) 수에 비해 2배 이상이기 때문에 나타난 결과일 수 있다. 따라서 빈도뿐만 아니라 비율 값을 함께 고려해야 한다.

표 7-8 월 소득 * 스키소유 여부 교차표

월소득 * 스키소유여부 교차표

			스키소유여부		전체
			없음	있음	
월소득	2백만원 미만	빈도	301	53	354
		월소득의 %	85.0%	15.0%	100.0%
	2백만원-3백만원 미만	빈도	634	146	780
		월소득의 %	81.3%	18.7%	100.0%
	3백만원-4백만원 미만	빈도	258	71	329
		월소득의 %	78.4%	21.6%	100.0%
	4백만원 이상	빈도	411	126	537
		월소득의 %	76.5%	23.5%	100.0%
전체		빈도	1604	396	2000
		월소득의 %	80.2%	19.8%	100.0%

(1) 교차분석에서의 카이스퀘어(χ^2) 검정

<표 7-8>의 결과 중 비율 값을 보면, 월 소득이 높을수록 스키소유 비율이 높아지고 있음을 볼 수 있다(15.0%→18.7%→21.6%→23.5%). 이 결과를 토대로 월 소득이 스키소유 여부에 영향을 미치는 것으로 판단하는 것은 시기상조이다. 월 소득 변수와 스키소유 여부 변수 간에 관련성이 있는지를 검정하기 위해서는 카이스퀘어(χ^2) 분석을 수행하여야 한다. 카이스퀘어 분석을 하기 위해서는 <그림 7-38>과 같이 【분석】－【기술통계량】－【교차분석】을 선택한다.

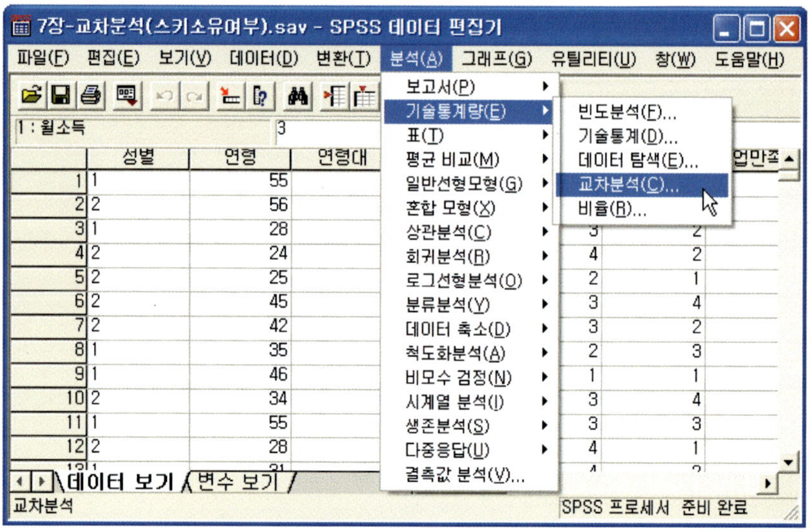

그림 7-38 χ^2-분석을 위한 메뉴 선택 화면

<그림 7-39>와 같이 {교차분석} 윈도우가 나타나면, 월 소득 변수를 『행』 항목으로 이동시키고, 스키소유 여부 변수를 『열』 항목으로 이동시킨다. [통계량] 버튼을 클릭하여 <그림 7-40>과 같이 {교차분석: 통계량} 윈도우가 나타나게 한 후, 『카이제곱』 항목을 체크한다.

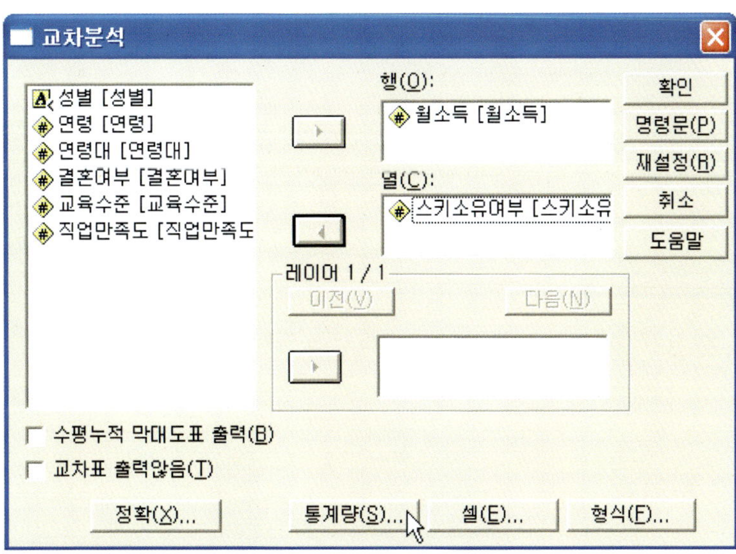

그림 7-39 교차분석 윈도우

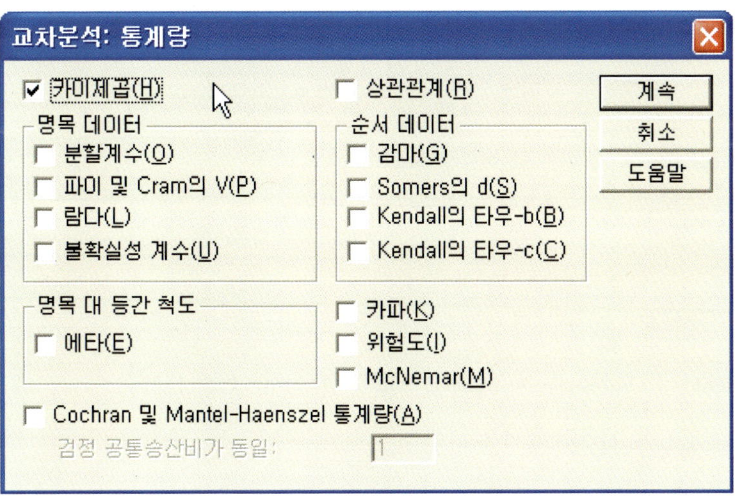

그림 7-40 교차분석: 통계량 윈도우

[계속] 버튼을 클릭하여, 앞 화면으로 복귀한 후 [확인] 버튼을 클릭하면 <그림 7-41>과 같은 검정 결과가 출력된다.

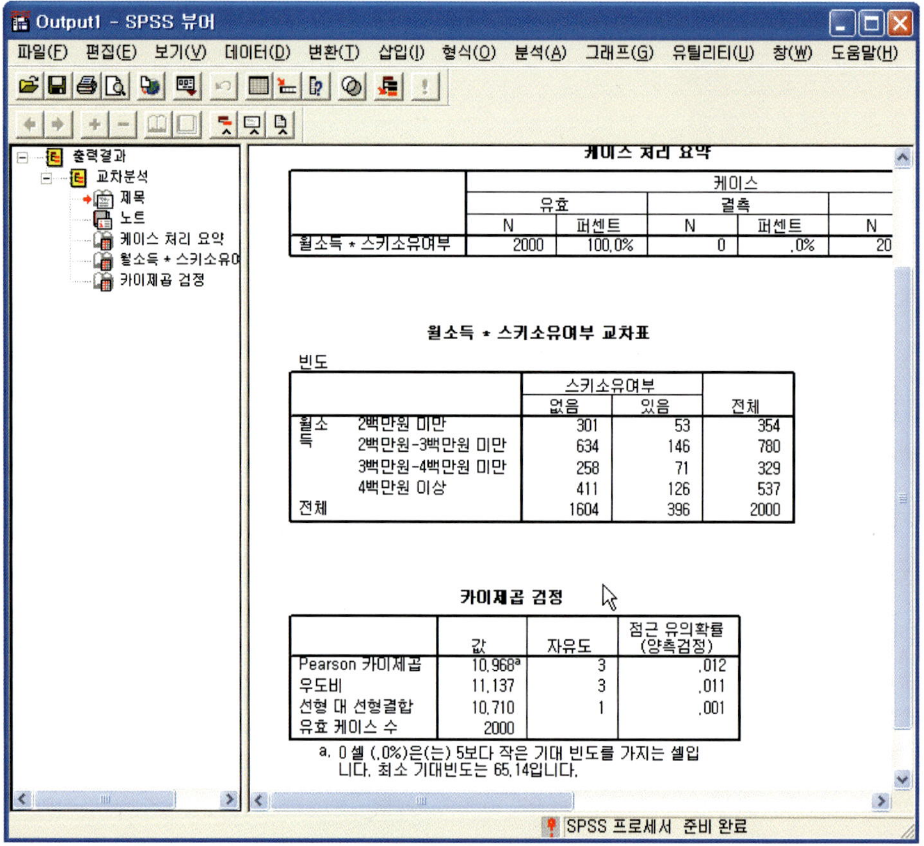

그림 7-41 카이제곱 검정 결과 출력 화면

　　출력된 결과물 중 마지막에 나타나 있는 카이제곱 검정 결과(<표 7-9> 참조)를 살펴보면, 「Pearson 카이제곱」 값이 10.968로 유의확률 $p=0.012$로 나타나 유의수준 $\alpha=0.05$하에서 두 변수, 즉 월 소득 변수와 스키소유 여부 변수 간에 관련성이 있는 것으로 나타났다. 이 같은 결과는 월 소득에 따라서 스키소유 여부의 비율이 다름을 나타내는 것이며, 비율의 차이는 위에서 살펴본 바와 같이 월 소득이 증가할수록 스키소유가 증가하는 것으로 나타난 것이다. 이렇게 카이스퀘어 검정을 통해서 우리는 비율의 차이가 임의적 또는 우연히 발생한 것이 아닌 통계학적으로 비율의 차이가 존재한다는 것을 검정할 수 있는 것이다.

표 7-9 월 소득 * 스키소유 여부 간의 카이제곱 검정 결과

카이제곱 검정

	값	자유도	점근 유의확률 (양측검정)
Pearson 카이제곱	10.968[a]	3	.012
우도비	11.137	3	.011
선형 대 선형결합	10.710	1	.001
유효 케이스 수	2000		

a. 0셀 (.0%)은(는) 5보다 작은 기대 빈도를 가지는 셀입니다. 최소 기대빈도는 65.14입니다.

(2) 제어변수를 이용한 카이스퀘어 검정

위에서 우리는 월 소득 변수와 스키소유 여부 변수 간에 통계적으로 관련성이 있음을 검정하였다. 즉, 월 소득이 증가할수록 스키소유가 증가하는 것을 확인한 것이다. 그러나 이 같은 결과는 단순히 통계적으로 검정된 것일 뿐 내용적으로 타당한 것인가에 대해서는 연구자의 면밀한 검토가 필요하다. 특히 교차분석을 사용할 경우에는 변수 간의 관련성을 주의 깊게 관찰하여 타당성 있는 검정 구조를 세우는 것이 무엇보다 중요하다.

위의 경우를 다시 살펴보도록 하자. 월 소득의 경우 교육수준(학력)에 의해 좌우되는 경향이 있다. 따라서 먼저 월 소득과 교육수준 간에 관련성이 있는지 조사할 필요가 있다. 이를 위해 교차분석을 통한 카이스퀘어 분석을 수행해 보면 다음과 같은 결과가 출력된다(위에서 수행한 카이스퀘어 검정에서 변수들만을 재설정하면 된다.).

<표 7-10>을 보면, 학력수준이 높을수록 4백만 원 이상의 소득자가 증가함을 볼 수 있고, 2백만 원 미만의 소득자 비율이 감소하고 있음을 알 수 있다. 이러한 관련성에 대한 카이스퀘어 검정 결과는 <표 7-11>에 나타나 있다. 「Pearson 카이제곱」 값이 34.090으로 유의확률 $p=0.001$로 나타나 유의수준 α =0.05하에서 교육수준과 월 소득 변수 간에 관련성이 있음이 검정되었다. 즉 교육수준이 높을수록 월 소득이 증가하는 것을 확인한 것이다.

표 7-10 교육수준 * 월 소득 교차표

교육수준 * 월소득 교차표

			월소득				전체
			2백만원 미만	2백만원–3백만원 미만	3백만원–4백만원 미만	4백만원 이상	
교육수준	중졸	빈도	96	185	54	104	439
		교육수준의 %	21.9%	42.1%	12.3%	23.7%	100.0%
	고졸	빈도	120	226	104	149	599
		교육수준의 %	20.0%	37.7%	17.4%	24.9%	100.0%
	대학중퇴	빈도	71	182	69	118	440
		교육수준의 %	16.1%	41.4%	15.7%	26.8%	100.0%
	대학졸업	빈도	57	144	79	128	408
		교육수준의 %	14.0%	35.3%	19.4%	31.4%	100.0%
	대학원졸업	빈도	10	43	23	38	114
		교육수준의 %	8.8%	37.7%	20.2%	33.3%	100.0%
전체		빈도	354	780	329	537	2000
		교육수준의 %	17.7%	39.0%	16.5%	26.9%	100.0%

표 7-11 교육수준 * 월 소득에 대한 카이스퀘어 검정 결과

카이제곱 검정

	값	자유도	점근 유의확률 (양측검정)
Pearson 카이제곱	34.090[a]	12	.001
우도비	35.236	12	.000
선형 대 선형결합	24.515	1	.000
유효 케이스 수	2000		

a. 0셀 (.0%)은(는) 5보다 작은 기대 빈도를 가지는 셀입니다. 최소 기대빈도는 18.75입니다.

월 소득이 증가할수록 스키소유가 증가하는 것을 확인하였으나, 월 소득이 교육수준에 의해 영향을 받는 것을 알아냈으므로 스키소유 여부는 근원적으로 교육수준에 의해 영향을 받는 것으로 생각할 수 있다. 그렇다면 이제 교육수준이 스키소유 여부에 영향을 미치는지 검정해 볼 필요가 있다. 위에서 수행했던 카이스퀘어 검정에서 교육수준 변수와 스키소유 여부 변수를 이용하여 카이스퀘어 검정을 수행하면 다음과 같은 결과를 얻을 수 있다.

<표 7-12>을 보면, 교육수준이 높을수록 스키소유 비율이 높아지고 있음을 볼 수 있다.

표 7-12 교육수준 * 스키소유 여부 교차표

교육수준 * 스키소유여부 교차표

			스키소유여부		전체
			없음	있음	
교육수준	중졸	빈도	397	42	439
		월소득의 %	90.4%	9.6%	100.0%
	고졸	빈도	531	68	599
		월소득의 %	88.6%	11.4%	100.0%
	대학중퇴	빈도	345	95	440
		월소득의 %	78.4%	21.6%	100.0%
	대학졸업	빈도	276	132	408
		월소득의 %	67.6%	32.4%	100.0%
	대학원졸업	빈도	55	59	114
		월소득의 %	48.2%	51.8%	100.0%
전체		빈도	1604	396	2000
		월소득의 %	80.2%	19.8%	100.0%

<표 7-13>은 교육수준과 스키소유 여부와의 카이스퀘어 검정 결과이다. 「Pearson 카이제곱」 값이 170.546으로 유의확률 $p=0.000$으로 나타나 유의수준 $\alpha=0.05$하에서 교육수준 변수와 스키소유 여부 변수 간에 관련성이 있음이 검정되었다.

표 7-13 교육수준 * 스키소유 여부 카이스퀘어 검정 결과

카이제곱 검정

	값	자유도	점근 유의확률 (양측검정)
Pearson 카이제곱	170.546[a]	4	.000
우도비	158.966	4	.000
선형 대 선형결합	153.700	1	.000
유효 케이스 수	2000		

a. 0셀 (.0%)은(는) 5보다 작은 기대 빈도를 가지는 셀입니다. 최소 기대빈도는 22.57입니다.

지금까지의 분석을 통해서 우리는 교육수준이 월 소득에 영향을 미치고, 월 소득은 스키소유 여부에 영향을 미치는 것을 확인하였다. 즉 스키소유 여부에 영향을 미치는 것은 교육수준이 근원적인 원인이 될 수 있음을 검정하였다. 지금까지의 검정 내용으로 결론을 만들어 낼 수 있을까? 비록 교육수준이 월 소득에 영향을 주고 있다 하더라도 월 소득이 스키소유 여부에 영향을 주고 있다

고 할 수 있을까? 그렇지 않다. 월 소득은 교육수준에 의해 영향을 받기 때문에 월 소득 고유의 영향을 검정하여야 한다. 즉 교육수준 변수를 제어하여 월 소득이 스키소유 여부에 끼치는 순수한 영향만을 검정하여야 한다. 위에서 수행해 본 월 소득과 스키소유 여부 간의 분석(<표 7-8> 참조)은 마치 월 소득과 스키소유 여부와의 순수한 관련성을 검정한 것 같지만 실제로는 교육수준이 월 소득에 영향을 미치고 있기 때문에 교육수준이 월 소득에 영향을 미친 상태에서 관련성을 검정한 것이다. 따라서 순수하게 월 소득의 영향을 검정하기 위해서는 교육수준을 제어한 상태에서 검정할 필요가 있다. 이렇게 특정 변수를 제어하여 카이스퀘어 검정을 수행하는 방법을 알아보자.

<그림 7-42>과 같이 【분석】-【기술통계량】-【교차분석】을 선택한다.

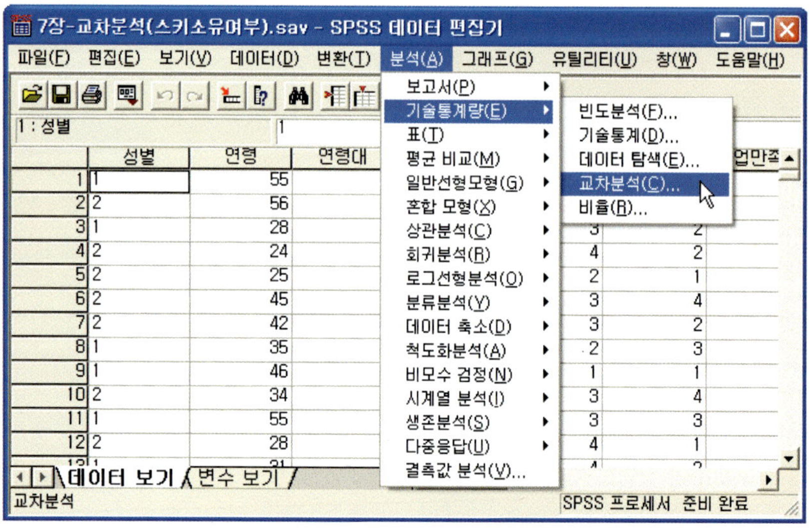

그림 7-42 변수 제어를 통한 교차분석 메뉴 선택 화면

<그림 7-43>과 같이 {교차분석} 윈도우가 나타나면, 월 소득 변수를 『행』 항목으로 이동시키고, 스키소유 여부 변수를 『열』 항목으로 이동시킨다. 그리고 교육수준 변수를 『레이어』 항목으로 이동시킨다. 『레이어』 항목으로 이동시킨 교육수준이 제어 변수가 되는 것이다. 일반적으로 『레이어』 항목을 사용하면 교차표를 3차원 구조로 만들 수 있다.

[셀] 버튼을 눌러 <그림 7-44>와 같이 {교차분석: 셀 출력} 윈도우가 나타

나면,『퍼센트』항목의「행」에 체크를 한다. [계속] 버튼을 클릭하여 이전 화면
으로 복귀한 후, [통계량] 버튼을 클릭하여 <그림 7－45>와 같이 {교차분석:
통계량} 윈도우가 나타나면「카이제곱」항목에 체크한다. [계속] 버튼을 클릭하
여 이전 화면으로 복귀한 후 [확인] 버튼을 누르면 <그림 7－46>와 같은 검정
결과가 출력된다.

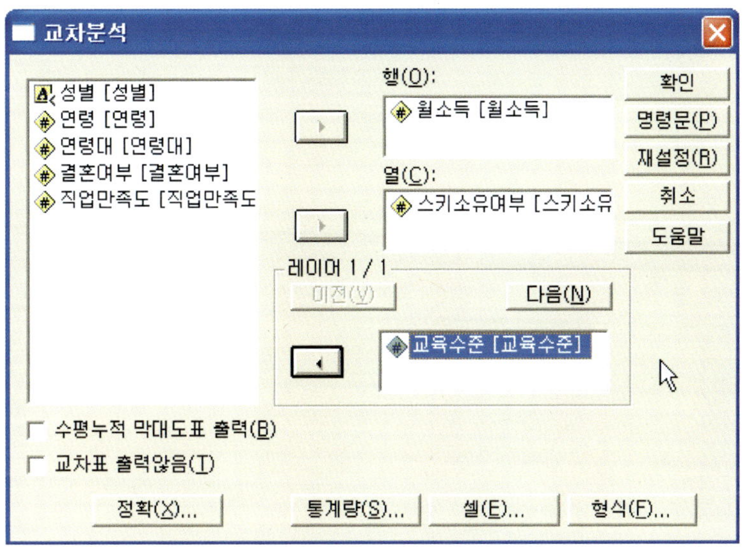

그림 7－43 교차분석 윈도우에서의 변수 설정 화면

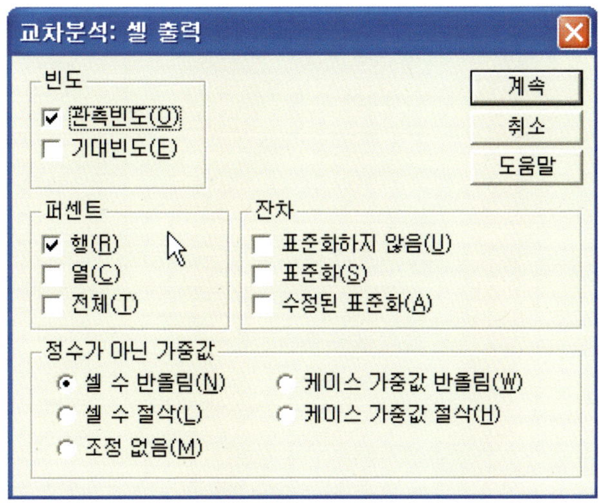

그림 7－44 교차분석: 셀 출력 화면

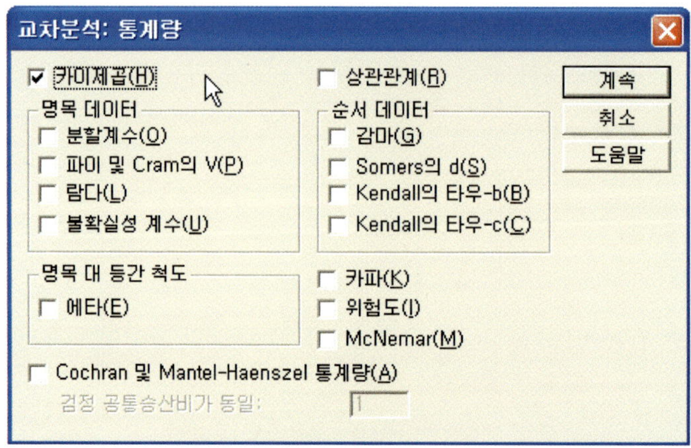

그림 7-45 교차분석: 통계량 윈도우 화면

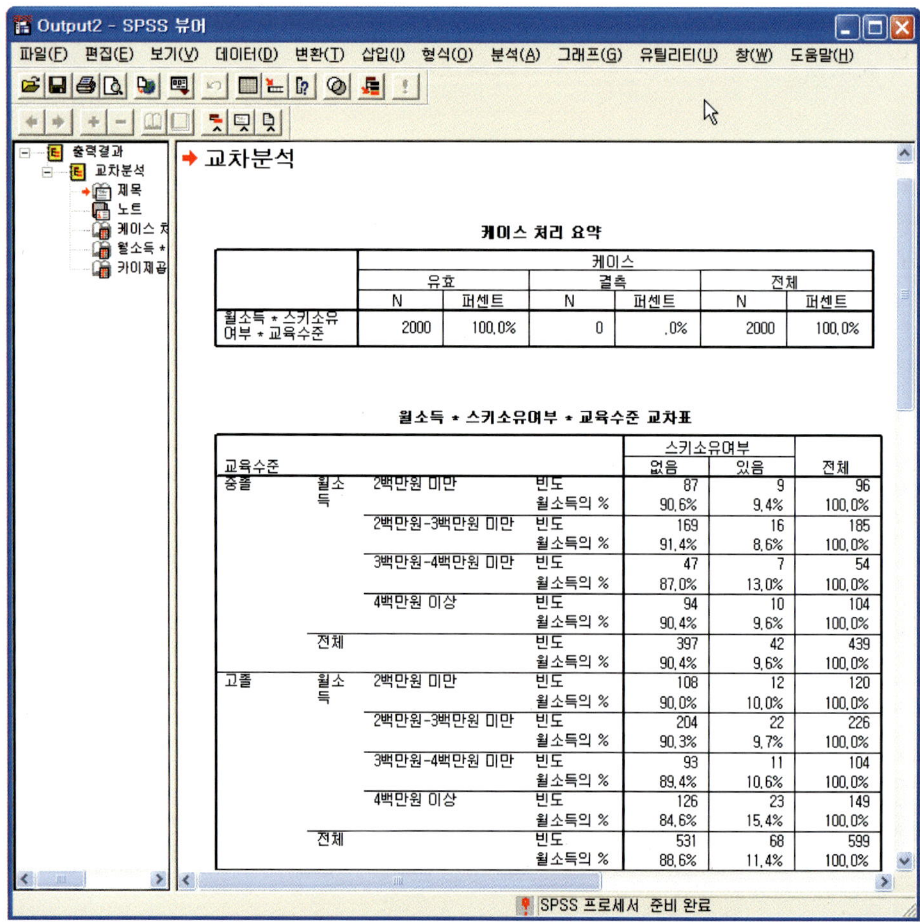

그림 7-46 제어 변수를 이용한 교차분석 검정 결과 출력 화면

주요 검정 결과를 살펴보면 <표 7 - 14>와 <표 7 - 15>와 같다. 먼저 <표 7 - 14>의 내용을 보면 월 소득과 스키소유 여부 간의 교차분석이 교육수준에 따라 분류되어 나타난 것을 볼 수 있다.

표 7 - 14 월 소득 * 스키소유 여부 * 교육수준 교차표 결과

월소득 * 스키소유여부 * 교육수준 교차표

교육수준				스키소유여부		전체
				없음	있음	
중졸	월소득	2백만원 미만	빈도	87	9	96
			월소득의 %	90.6%	9.4%	100.0%
		2백만원–3백만원 미만	빈도	169	16	185
			월소득의 %	91.4%	8.6%	100.0%
		3백만원–4백만원 미만	빈도	47	7	54
			월소득의 %	87.0%	13.0%	100.0%
		4백만원 이상	빈도	94	10	104
			월소득의 %	90.4%	9.6%	100.0%
	전체		빈도	397	42	439
			월소득의 %	90.4%	9.6%	100.0%
고졸	월소득	2백만원 미만	빈도	108	12	120
			월소득의 %	90.0%	10.0%	100.0%
		2백만원–3백만원 미만	빈도	204	22	226
			월소득의 %	90.3%	9.7%	100.0%
		3백만원–4백만원 미만	빈도	93	11	104
			월소득의 %	89.4%	10.6%	100.0%
		4백만원 이상	빈도	126	23	149
			월소득의 %	84.6%	15.4%	100.0%
	전체		빈도	531	68	599
			월소득의 %	88.6%	11.4%	100.0%
대학중퇴	월소득	2백만원 미만	빈도	57	14	71
			월소득의 %	80.3%	19.7%	100.0%
		2백만원–3백만원 미만	빈도	146	36	182
			월소득의 %	80.2%	19.8%	100.0%
		3백만원–4백만원 미만	빈도	52	17	69
			월소득의 %	75.4%	24.6%	100.0%
		4백만원 이상	빈도	90	28	118
			월소득의 %	76.3%	23.7%	100.0%
	전체		빈도	345	95	440
			월소득의 %	78.4%	21.6%	100.0%

교육수준				스키소유여부		전체
				없음	있음	
대학졸업	월소득	2백만원 미만	빈도	47	10	57
			월소득의 %	82.5%	17.5%	100.0%
		2백만원–3백만원 미만	빈도	91	53	144
			월소득의 %	63.2%	36.8%	100.0%
		3백만원–4백만원 미만	빈도	56	23	79
			월소득의 %	70.9%	29.1%	100.0%
		4백만원 이상	빈도	82	46	128
			월소득의 %	64.1%	35.9%	100.0%
	전체		빈도	276	132	408
			월소득의 %	67.6%	32.4%	100.0%
대학원졸업	월소득	2백만원 미만	빈도	2	8	10
			월소득의 %	20.0%	80.0%	100.0%
		2백만원–3백만원 미만	빈도	24	19	43
			월소득의 %	55.8%	44.2%	100.0%
		3백만원–4백만원 미만	빈도	10	13	23
			월소득의 %	43.5%	56.5%	100.0%
		4백만원 이상	빈도	19	19	38
			월소득의 %	50.0%	50.0%	100.0%
	전체		빈도	55	59	114
			월소득의 %	48.2%	51.8%	100.0%

<표 7 – 15>의 결과를 보면 대학졸업 그룹에서 「Pearson 카이제곱」 값이 8.146, 유의확률 $p = 0.043$으로 유의수준 $\alpha = 0.05$하에서 월 소득과 스키소유 여부 간에 관련성이 있는 것으로 나타났을 뿐 나머지 교육수준 그룹에서는 월 소득과 스키소유 여부 간에 관련성이 없는 것으로 나타났다. 이 같은 결과는 우리가 위에서 처음에 살펴본 월 소득과 스키소유 여부 간의 카이스퀘어 검정 결과 (<표 7 – 9> 참조)와는 다른 것이다. 즉, 교육수준을 제어할 경우 월 소득과 스키소유 여부 간의 관련성은 대학을 졸업한 그룹 이외에서는 없는 것으로 확인된 것이다.

표 7-15 월 소득 * 스키소유 여부 * 교육수준의 카이스퀘어 검정 결과

카이제곱 검정

교육수준		값	자유도	점근 유의확률 (양측검정)
숭졸	Pearson 카이제곱	.905[a]	3	.824
	우도비	.845	3	.839
	선형 대 선형결합	.103	1	.748
	유효 케이스 수	439		
고졸	Pearson 카이제곱	3.337[b]	3	.342
	우도비	3.154	3	.369
	선형 대 선형결합	2.435	1	.119
	유효 케이스 수	599		
대학중퇴	Pearson 카이제곱	1.196[c]	3	.754
	우도비	1.188	3	.756
	선형 대 선형결합	.869	1	.351
	유효 케이스 수	440		
대학졸업	Pearson 카이제곱	8.146[d]	3	.043
	우도비	8.768	3	.033
	선형 대 선형결합	2.254	1	.133
	유효 케이스 수	408		
대학원졸업	Pearson 카이제곱	4.438[e]	3	.218
	우도비	4.690	3	.196
	선형 대 선형결합	.322	1	.570
	유효 케이스 수	114		

a. 0셀(.0%)은(는) 5보다 작은 기대 빈도를 가지는 셀입니다. 최소 기대 빈도는 5.17입니다.
b. 0셀(.0%)은(는) 5보다 작은 기대 빈도를 가지는 셀입니다. 최소 기대 빈도는 11.81입니다.
c. 0셀(.0%)은(는) 5보다 작은 기대 빈도를 가지는 셀입니다. 최소 기대 빈도는 14.90입니다.
d. 0셀(.0%)은(는) 5보다 작은 기대 빈도를 가지는 셀입니다. 최소 기대 빈도는 18.44입니다.
e. 0셀(.0%)은(는) 5보다 작은 기대 빈도를 가지는 셀입니다. 최소 기대 빈도는 4.82입니다.

만약 우리가 교육수준을 제어하지 않고 처음의 결과를 가지고 분석을 끝냈다면, 마치 월 소득이 교육수준과는 무관하게 스키소유 여부에 영향을 끼치는 것으로 잘못된 판정을 내렸을 것이다. 또한 제어 변수를 사용하지 않고 교차분석만을 반복적으로 사용하였다면, 교육수준과 월 소득이 스키소유 여부에 영향을 끼치는 것으로 잘못된 결론을 내렸을 것이다. 이렇듯 교차분석을 이용한 검정에서는 단순히 통계기법을 적용하거나 또는 SPSS의 분석 기능만을 활용해서 검정 결과를 내리는 것은 매우 위험하며, 자신의 연구 대상이 되는 변수들 간의 관련성을 면밀히 검토하여 분석하여야 한다. 뛰어난 연구자가 되기 위해서는 복잡한 계산을 인간 대신 해 주는 컴퓨터에게 논리적 판단 능력까지 맡겨서는 안 되며, 반드시 자신의 분석 구조와 내용의 타당성 및 논리성을 심도 있게 관찰, 조사할 필요가 있다.

만약 연구자의 연구 목적이 월 소득과 스키소유 여부와의 관련성을 알아보는 것이라고 가정한다면, 위에서 살펴본 교육수준은 스키소유 여부에 영향을 미치는 **교락요인**(confounding factor)이라고 할 수 있다. 교락요인이란 **처리요인**(treatment factor), 즉 월 소득과 관련성이 있고 **반응요인**(response factor), 즉 스키소유 여부 변수에 영향을 주는 요인을 말한다. 일반적으로 교락요인이 처리변수와 상관성이 있을 경우 잘못된 결과를 도출시킬 수 있다. 위에서 우리는 교육수준을 제어변수라고 표기하였으나, 교육수준 변수의 역할을 고려하면 교락요인이 되는 것이다.

위에서 <표 7-9>의 내용을 보면 마치 월 소득이 스키소유 여부에 영향을 주는 것으로 나타났지만, 교락요인인 교육수준을 고려해 보면 대학졸업 그룹에서만 나타났을 뿐 다른 그룹에서는 그러한 결과를 대응시킬 수 없다는 것을 알 수 있었다(<표 7-15>). 이렇듯 교락요인은 결과를 왜곡시키거나 또는 과소·과대평가하는 오류를 범하게 한다.

이현섭

▌약 력

고려대학교 이학박사

강현민

▌약 력

고려대학교 이학박사
고려대학교 사범대학 체육교육과 부교수

Inside
통계분석&
SPSS

초판인쇄 | 2009년 12월 22일
초판발행 | 2009년 12월 22일

지은이 | 이현섭 · 강현민
펴낸이 | 채종준
펴낸곳 | 한국학술정보㈜
주 소 | 경기도 파주시 교하읍 문발리 파주출판문화정보산업단지 513-5
전 화 | 031) 908-3181(대표)
팩 스 | 031) 908-3189
홈페이지 | http://www.kstudy.com
E-mail | 출판사업부 publish@kstudy.com

등 록 | 제일산-115호(2000. 6. 19)

ISBN   978-89-268-0615-9 93310 (Paper Book)
        978-89-268-0616-6 98310 (e-Book)

이담
Books 는 한국학술정보(주)의 지식실용서 브랜드입니다.